本教材第 2 版曾获首届全国教材建设奖全国优秀教材二等奖

"十四五"职业教育国家规划教材

"十三五"职业教育国家规划教材

# 建筑工程测量

## 第 3 版

主编 李向民
参编 蒋 霖 王 伟 周海峰

机械工业出版社

本书共分 10 个单元，内容包括测量基本知识、水准测量、角度测量、距离测量与坐标测量、控制测量、地形图测绘与应用、施工测量的基本工作、建筑施工测量、建筑变形测量与竣工图编绘、线路施工测量。每个单元附有学习目标、学习重点与难点、单元小结、思考与拓展题。

本书为高职高专院校土建类专业测量课程教材，适用于土木建筑大类专业教学使用，也可供从事相关专业工作的技术人员参考。

本书配有电子课件、微课视频等资源，凡使用本书作为授课教材的教师可登录机械工业出版社教育服务网 www.cmpedu.com，以教师身份免费注册获取。

图书在版编目（CIP）数据

建筑工程测量／李向民主编. -- 3 版. -- 北京：机械工业出版社，2024.12（2025.1重印）.--（"十四五"职业教育国家规划教材）. -- ISBN 978-7-111-77099-2

Ⅰ. TU198

中国国家版本馆 CIP 数据核字第 2024W56489 号

机械工业出版社（北京市百万庄大街 22 号　邮政编码 100037）
策划编辑：王靖辉　　　　　　责任编辑：王靖辉
责任校对：梁　园　张昕妍　　封面设计：严娅萍
责任印制：张　博
三河市宏达印刷有限公司印刷
2025 年 1 月第 3 版第 2 次印刷
184mm×260mm・17.75 印张・435 千字
标准书号：ISBN 978-7-111-77099-2
定价：55.00 元

电话服务　　　　　　　　网络服务
客服电话：010-88361066　机　工　官　网：www.cmpbook.com
　　　　　010-88379833　机　工　官　博：weibo.com/cmp1952
　　　　　010-68326294　金　书　网：www.golden-book.com
封底无防伪标均为盗版　　机工教育服务网：www.cmpedu.com

# 关于"十四五"职业教育
# 国家规划教材的出版说明

为贯彻落实《中共中央关于认真学习宣传贯彻党的二十大精神的决定》《习近平新时代中国特色社会主义思想进课程教材指南》《职业院校教材管理办法》等文件精神，机械工业出版社与教材编写团队一道，认真执行思政内容进教材、进课堂、进头脑要求，尊重教育规律，遵循学科特点，对教材内容进行了更新，着力落实以下要求：

1. 提升教材铸魂育人功能，培育、践行社会主义核心价值观，教育引导学生树立共产主义远大理想和中国特色社会主义共同理想，坚定"四个自信"，厚植爱国主义情怀，把爱国情、强国志、报国行自觉融入建设社会主义现代化强国、实现中华民族伟大复兴的奋斗之中。同时，弘扬中华优秀传统文化，深入开展宪法法治教育。

2. 注重科学思维方法训练和科学伦理教育，培养学生探索未知、追求真理、勇攀科学高峰的责任感和使命感；强化学生工程伦理教育，培养学生精益求精的大国工匠精神，激发学生科技报国的家国情怀和使命担当。加快构建中国特色哲学社会科学学科体系、学术体系、话语体系。帮助学生了解相关专业和行业领域的国家战略、法律法规和相关政策，引导学生深入社会实践、关注现实问题，培育学生经世济民、诚信服务、德法兼修的职业素养。

3. 教育引导学生深刻理解并自觉实践各行业的职业精神、职业规范，增强职业责任感，培养遵纪守法、爱岗敬业、无私奉献、诚实守信、公道办事、开拓创新的职业品格和行为习惯。

在此基础上，及时更新教材知识内容，体现产业发展的新技术、新工艺、新规范、新标准。加强教材数字化建设，丰富配套资源，形成可听、可视、可练、可互动的融媒体教材。

教材建设需要各方的共同努力，也欢迎相关教材使用院校的师生及时反馈意见和建议，我们将认真组织力量进行研究，在后续重印及再版时吸纳改进，不断推动高质量教材出版。

机械工业出版社

# 前言
## PREFACE

　　建筑工程项目在规划、设计、施工乃至使用的各个阶段，都需要进行测量工作，掌握建筑工程测量的知识与技能，是建筑工程技术、建设工程管理、建筑设计、工程监理、工程造价、城乡规划、园林工程技术以及给排水工程技术等专业技术人员的基本要求，因此，在职业院校中，"建筑工程测量"一直是土建类专业的重要课程。为满足教学的需要，我们在2010年结合"建筑工程测量"国家精品在线开放课程的建设，出版了《建筑工程测量》，我们在2019年结合"建筑工程测量"国家级精品资源共享课的建设，修订出版了《建筑工程测量　第2版》，该版教材更好地适应了建筑工程测量技术的发展与要求，满足了土建类专业对"建筑工程测量"课程设置的要求，并融入国家职业资格标准和职业技能标准，同时配套了丰富的多媒体教学资源，包括课程网站、电子课件和二维码链接的微课视频等，受到了广大读者的欢迎。本书先后被评为"十三五"职业教育国家规划教材、"十四五"职业教育国家规划教材，并荣获全国优秀教材二等奖。

　　教育、科技、人才是全面建设社会主义现代化国家的基础性、战略性支撑。培养造就大批德才兼备的高素质人才，是国家和民族长远发展大计。为了更好地培养掌握现代测量知识和技能，德智体美全面发展的土建类专业人才，我们对《建筑工程测量　第2版》再次进行了修订，目标是建设成为职业教育优质教材。

　　本书再次修订，继续坚持以学生为本的编写原则，注重引入行业、企业实际施工标准，将规范化、标准化的工艺流程、操作规范引入教材，体现行业特色，助力提升学生的职业技能与素养，以现代测量仪器，如自动安平水准仪、电子经纬仪、全站仪、实时动态卫星定位测量仪等为主，介绍了测量仪器的构造和使用方法。与第2版教材相比，第3版教材全部依据现行测量规范进行了修订，并且在内容方面也进行了补充和更新，具体如下：

1. 突出了国产测量设备和技术的重要性。
2. 根据《工程测量标准》（GB 50026—2020）对部分测量技术要求进行了更新。
3. 对部分内容进行重新编写，使其更加通俗易懂。
4. 补充了利用AutoCAD展点绘图和网络RTK应用的内容，去除了简易法测设角度、高程和建筑的内容。
5. 加强了数字水准测量、卫星定位测量、数字地形图测绘、建筑施工测量等方面的多媒体资源建设，增加了二维码链接的微课视频。

　　为落实党的二十大报告提出的"推进教育数字化，建设全民终身学习的学习型社会、学习型大国"要求。本书配套有丰富的信息化教学资源，具体参见信息化资源列表，本书的主要内容与"爱课程"平台上的"建筑工程测量"国家级精品资源共享课一致（网址是http://www.icourses.cn/coursestatic/course_3249.html），与"智慧职教 mooc 平台"上的"建筑工程测量"线上课程相同（网址是 https://mooc.icve.com.cn/cms/courseDetails/index.htm? cid=jzggxj045lxm490），便于教师授课和学生自学，欢迎广大读者浏览。本书另配套有《建筑工程测量实训》教材，便于进行实践环节的教学。

　　本书由广西建设职业技术学院李向民任主编，具体编写分工为：单元1、单元2、单元3由广西南宁市国图测绘有限公司周海峰编写，单元4、单元5由河南建筑职业技术学院王伟编写，单元6、单元7由广西建设职业技术学院蒋霖编写，单元8、单元9、单元10由李向民编写。

　　由于编者水平有限，书中可能存在不妥之处，恳请读者批评指正。

编　者

# 资 源 列 表

| 单元 | 微课名称 | 对应章节 | 其他资源 |
|---|---|---|---|
| 单元1 测量基本知识 | 关于地球 | 1.2.1 | 1. 课程标准<br>2. PPT课件<br>3. 教材习题答案<br>4. 模拟试卷<br>5. 中级测量放线工理论考试题和参考答案<br>6. 内业处理软件<br>7. 模拟操作软件,包括:拓普康全站仪 GTS-100N 模拟教学软件,DiNi 电子水准仪 PC 练习版,NIKON DTM352、DTM552 中文操作系统模拟器,徕卡 TPS400 全站仪模拟器,拓普康 GTS-330N 全站仪模拟教学软件<br><br>建筑工程测量微课 |
| | 大地水准面 | 1.2.1 | |
| | 参考椭圆体 | 1.2.1 | |
| | 大地坐标系 | 1.2.2 | |
| | 高斯平面直角坐标系 | 1.2.2 | |
| | 独立平面直角坐标系 | 1.2.2 | |
| | 高程系统 | 1.2.2 | |
| | 测量的基本工作 | 1.2.3 | |
| | 水平面代替水准面的影响 | 1.2.3 | |
| | 测量工作概述 | 1.3 | |
| 单元2 水准测量 | 水准测量原理 | 2.1 | |
| | 水准仪的构造 | 2.2.1 | |
| | 自动安平水准仪的使用 | 2.3 | |
| | 路线水准测量方法 | 2.4.3 | |
| | 水准仪的轴线关系 | 2.6.1 | |
| | 水准仪圆水准轴检校 | 2.6.2 | |
| | 水准仪横丝的检校 | 2.6.3 | |
| | 水准仪 $i$ 角的检校 | 2.6.4 | |
| | 数字水准仪测量原理 | 2.8.1 | |
| | 数字水准仪的构造 | 2.8.2 | |
| | 数字水准仪的使用方法 | 2.8.3 | |
| 单元3 角度测量 | 水平角测量原理 | 3.1.1 | |
| | 垂直角测量原理 | 3.1.2 | |
| | 经纬仪构造 | 3.2 | |
| | 经纬仪对中整平 | 3.3.1 | |
| | 经纬仪照准读数 | 3.3.2 | |
| | 水平角观测 | 3.4 | |
| | 竖直度盘 | 3.5.1 | |
| | 垂直角计算公式 | 3.5.2 | |
| | 竖盘指标差 | 3.5.3 | |
| | 垂直角观测 | 3.5.4 | |
| | 经纬仪的轴线关系 | 3.6.1 | |
| | 经纬仪水准管轴的检校 | 3.6.2 | |
| | 经纬仪十字丝的检校 | 3.6.3 | |

(续)

| 单元 | | 微课名称 | 对应章节 | 其他资源 |
|---|---|---|---|---|
| 单元3 | 角度测量 | 经纬仪视准轴的检校 | 3.6.4 | |
| | | 经纬仪横轴的检校 | 3.6.5 | |
| | | 经纬仪竖盘指标差的检校 | 3.6.6 | |
| | | 激光对点器的检查与更换 | 3.6.7 | |
| 单元4 | 距离测量与坐标测量 | 钢尺量距的一般方法 | 4.1.3 | |
| | | 视距测量的观测与计算 | 4.2.2 | |
| | | 光电测距原理 | 4.3.1 | |
| | | 全站仪的构造 | 4.3.3 | |
| | | 全站仪光电测距 | 4.3.3 | |
| | | 全站仪坐标测量 | 4.5 | |
| 单元5 | 控制测量 | 控制测量概述 | 5.1 | 1. 课程标准<br>2. PPT 课件<br>3. 教材习题答案<br>4. 模拟试卷<br>5. 中级测量放线工理论考试题和参考答案<br>6. 内业处理软件<br>7. 模拟操作软件，包括：拓普康全站仪 GTS-100N 模拟教学软件，DiNi 电子水准仪 PC 练习版，NIKON DTM352、DTM552 中文操作系统模拟器，徕卡 TPS400 全站仪模拟器，拓普康 GTS-330N 全站仪模拟教学软件<br><br>建筑工程测量微课 |
| | | 导线外业测量 | 5.2.2 | |
| | | 四等水准测量 | 5.4.1 | |
| | | 三角高程测量 | 5.4.2 | |
| | | ESDPS 附合导线计算 | 5.5.2 | |
| | | ESDPS 闭合导线计算 | 5.5.3 | |
| | | 电子表格闭合导线计算 | 5.5.4 | |
| | | 电子表格附合导线计算 | 5.5.4 | |
| | | 卫星定位测量原理 | 5.6.3 | |
| | | RTK 定位测量模式 | 5.6.4 | |
| | | 单基站 RTK 测量-内置电台模式 | 5.6.5 | |
| | | 单基站 RTK 测量-外挂电台模式 | 5.6.5 | |
| | | 网络 RTK 测量 | 5.6.5 | |
| 单元6 | 地形图测绘与应用 | 比例尺 | 6.1.1 | |
| | | 地物符号 | 6.1.3 | |
| | | 地貌符号 | 6.1.4 | |
| | | 全站仪野外数据采集 | 6.2.2 | |
| | | 地形图绘制方法-AutoCAD | 6.2.2 | |
| | | 南方全站仪坐标文件转换为 CASS 坐标文件 | 6.3.4 | |
| | | CASS 坐标文件转换为图形 | 6.3.4 | |
| | | 绘制房屋 | 6.3.4 | |
| | | 绘制地类界和内部道路 | 6.3.4 | |
| | | 绘制独立地物 | 6.3.4 | |
| | | 分幅与图幅整饰 | 6.3.4 | |
| | | RTK 数字测图 | 6.3.5 | |
| | | 图上量测坐标 | 6.4.1 | |

(续)

| 单元 | 微课名称 | 对应章节 | 其他资源 |
|---|---|---|---|
| 单元6 地形图测绘与应用 | 图上量测距离 | 6.4.2 | |
| | 图上量取方位角 | 6.4.3 | |
| | 图上量测高程 | 6.4.4 | |
| | 图上量测坡度 | 6.4.5 | |
| | 图上量测面积 | 6.4.6 | |
| | 绘断面图 | 6.5.1 | |
| | 计算土方量 | 6.5.2 | |
| 单元7 施工测量的基本工作 | 钢尺水平距离测设 | 7.2.1 | 1. 课程标准<br>2. PPT课件<br>3. 教材习题答案<br>4. 模拟试卷<br>5. 中级测量放线工理论考试题和参考答案<br>6. 内业处理软件<br>7. 模拟操作软件,包括:拓普康全站仪GTS-100N模拟教学软件,DiNi电子水准仪PC练习版,NIKON DTM352、DTM552中文操作系统模拟器,徕卡TPS400全站仪模拟器,拓普康GTS-330N全站仪模拟教学软件<br><br>建筑工程测量微课 |
| | 全站仪水平距离测设 | 7.2.1 | |
| | 水平角测设方法 | 7.2.2 | |
| | 高程测设方法 | 7.2.3 | |
| | 全站仪极坐标法放样 | 7.4.1 | |
| | 全站仪后方交会法设站 | 7.4.2 | |
| | RTK点放样 | 7.5.1 | |
| | RTK线放样 | 7.5.2 | |
| | 激光铅垂仪投测轴线 | 7.6.1 | |
| | 激光经纬仪 | 7.6.2 | |
| | 激光投线仪用于装修施工测量 | 7.6.3 | |
| 单元8 建筑施工测量 | 建筑场区平面控制测量 | 8.1.1 | |
| | 建筑场区高程控制测量 | 8.1.5 | |
| | 场地土方地形测量 | 8.2.1 | |
| | 建筑物的定位测量 | 8.2.2 | |
| | 引测轴线桩 | 8.2.3 | |
| | 基础开挖标高测量 | 8.2.4 | |
| | 基础轴线放样测量 | 8.2.4 | |
| | 基础标高放样测量 | 8.2.4 | |
| | 墙柱轴线测设 | 8.2.5 | |
| | 墙柱标高测设 | 8.2.5 | |
| | 墙柱铅垂度控制 | 8.2.5 | |
| | 吊锤线法轴线投测 | 8.2.6 | |
| | 水准仪钢尺高程传递 | 8.2.6 | |
| | 激光铅垂仪高层建筑轴线投测 | 8.3.3 | |
| | 楼层建筑轴线放样 | 8.3.3 | |
| | 厂房控制网的测设 | 8.4.1 | |
| | 厂房柱列轴线的测设 | 8.4.2 | |
| | 厂房柱子基础的测设 | 8.4.3 | |

（续）

| 单元 | 微课名称 | 对应章节 | 其他资源 |
|---|---|---|---|
| 单元8 建筑施工测量 | 厂房柱子的安装测量 | 8.4.4 | |
| | 厂房吊车梁的安装测量 | 8.4.4 | |
| | 厂房吊车轨道的安装测量 | 8.4.4 | |
| | 钢结构建筑的特点与精度要求 | 8.6.1 | |
| | 钢结构建筑的控制测量 | 8.6.2 | |
| | 建筑轴线放样 | 8.6.3 | |
| | 钢结构地脚螺栓安装测量 | 8.6.3 | |
| | 首层钢柱安装测量 | 8.6.3 | 1. 课程标准 |
| | 二层钢柱安装测量 | 8.6.3 | 2. PPT课件 |
| | 钢梁安装测量 | 8.6.3 | 3. 教材习题答案 |
| | 钢结构其他构件施工测量 | 8.6.3 | 4. 模拟试卷 |
| | 图上查询和标注 XY 坐标 | 8.7 | 5. 中级测量放线工理论考试题和参考答案 |
| | 总平面图的缩放 | 8.7.1 | 6. 内业处理软件 |
| | 总平面图的平移和旋转 | 8.7.1 | 7. 模拟操作软件，包括：拓普康全站仪 GTS-100N 模拟教学软件，DiNi 电子水准仪 PC 练习版，NIKON DTM352、DTM552 中文操作系统模拟器，徕卡 TPS400 全站仪模拟器，拓普康 GTS-330N 全站仪模拟教学软件 |
| | 建筑图合并到总平面图 | 8.7.1 | |
| | 采集坐标的后期处理 | 8.7.2 | |
| 单元9 建筑变形测量与竣工图编绘 | 二等水准测量方法 | 9.1.2 | |
| | 建筑沉降观测 | 9.1.2 | |
| | 基坑垂直位移观测 | 9.1.2 | |
| | 深层水平位移观测 | 9.1.5 | |
| | 锚杆和锚索内力监测 | 9.1.5 | |
| | 地下水位测量 | 9.1.5 | |
| | 基坑水平位移观测 | 9.1.5 | 建筑工程测量微课 |
| 单元10 线路施工测量 | 全站仪道路中线测设 | 10.1.3 | |
| | RTK 道路中线测设 | 10.1.3 | |
| | 道路纵断面测量 | 10.3.1 | |
| | 道路横断面测量 | 10.3.2 | |
| | RTK 横断面测量 | 10.3.2 | |
| | 路基边桩测设 | 10.4.3 | |
| | ESDPS 曲线坐标计算 | 10.6 | |
| | 道路之星曲线坐标计算 | 10.6 | |
| | 道路之星竖向高程计算 | 10.6 | |
| | 手机软件道路坐标计算 | 10.6 | |

# 目录 CONTENTS

前言
资源列表
**单元1 测量基本知识** ·············· 1
　子单元1　建筑工程测量的任务、内容、
　　　　　　现状和发展 ·············· 1
　子单元2　地面点位的确定 ············ 3
　子单元3　测量工作概述 ·············· 9
　单元小结 ·························· 11
　思考与拓展题 ······················ 11
**单元2 水准测量** ···················· 12
　子单元1　水准测量原理 ·············· 12
　子单元2　水准测量的仪器和工具 ······ 13
　子单元3　水准仪的使用 ·············· 17
　子单元4　水准测量方法 ·············· 18
　子单元5　水准测量成果计算 ·········· 22
　子单元6　水准仪的检验与校正 ········ 26
　子单元7　水准测量误差及注意事项 ···· 30
　子单元8　数字水准仪 ················ 32
　单元小结 ·························· 34
　思考与拓展题 ······················ 34
**单元3 角度测量** ···················· 37
　子单元1　角度测量原理 ·············· 37
　子单元2　经纬仪的构造 ·············· 38
　子单元3　经纬仪的使用 ·············· 42
　子单元4　水平角观测 ················ 45
　子单元5　垂直角观测 ················ 47
　子单元6　经纬仪的检验与校正 ········ 50
　子单元7　水平角测量误差与注意事项 ·· 55
　单元小结 ·························· 56
　思考与拓展题 ······················ 57
**单元4 距离测量与坐标测量** ·········· 59
　子单元1　钢尺量距 ·················· 59
　子单元2　视距测量 ·················· 65

　子单元3　光电测距与全站仪使用 ······ 70
　子单元4　直线定向与坐标计算 ········ 77
　子单元5　全站仪坐标测量 ············ 82
　单元小结 ·························· 84
　思考与拓展题 ······················ 85
**单元5 控制测量** ···················· 87
　子单元1　控制测量概述 ·············· 87
　子单元2　导线外业测量 ·············· 93
　子单元3　导线内业计算 ·············· 95
　子单元4　高程控制测量 ············· 105
　子单元5　用软件进行导线的内业计算 · 111
　子单元6　GNSS卫星定位测量 ········ 116
　单元小结 ························· 127
　思考与拓展题 ····················· 128
**单元6 地形图测绘与应用** ··········· 130
　子单元1　地形图基本知识 ··········· 130
　子单元2　地形图测绘方法 ··········· 139
　子单元3　全站仪和RTK数字测图 ···· 148
　子单元4　地形图的图上量测 ········· 152
　子单元5　地形图在工程建设中的应用 · 156
　子单元6　在计算机上数字地形图的
　　　　　　应用 ··················· 159
　单元小结 ························· 161
　思考与拓展题 ····················· 162
**单元7 施工测量的基本工作** ········· 164
　子单元1　施工测量概述 ············· 164
　子单元2　测设的基本工作 ··········· 165
　子单元3　测设平面点位的基本方法 ··· 173
　子单元4　全站仪测设方法 ··········· 176
　子单元5　RTK测设方法 ············· 179
　子单元6　激光施工测量仪器的基本
　　　　　　应用 ··················· 181
　单元小结 ························· 184

思考与拓展题 ……………………………… 185
**单元 8　建筑施工测量** …………………… 187
　子单元 1　建筑场区的施工控制测量 ……… 187
　子单元 2　多层建筑施工测量 …………… 192
　子单元 3　高层建筑施工测量 …………… 201
　子单元 4　工业厂房施工测量 …………… 208
　子单元 5　塔形构筑物施工测量 ………… 213
　子单元 6　钢结构建筑施工测量 ………… 215
　子单元 7　AutoCAD 在建筑施工测量中的
　　　　　　应用 ……………………………… 226
　　单元小结 ………………………………… 229
　　思考与拓展题 …………………………… 230
**单元 9　建筑变形测量与竣工图编绘** … 232
　子单元 1　建筑变形测量 ………………… 232
　子单元 2　竣工图编绘 …………………… 243
　　单元小结 ………………………………… 246
　　思考与拓展题 …………………………… 246
**单元 10　线路施工测量** ………………… 247
　子单元 1　中线测量 ……………………… 247
　子单元 2　圆曲线测设 …………………… 250
　子单元 3　纵横断面测量 ………………… 254
　子单元 4　道路施工测量 ………………… 259
　子单元 5　管道施工测量 ………………… 264
　子单元 6　用软件进行曲线放样数据
　　　　　　计算 ……………………………… 266
　　单元小结 ………………………………… 267
　　思考与拓展题 …………………………… 268
**参考文献** …………………………………… 270

# 单元1　测量基本知识

**学习目标：**

1. 了解测量的定义和建筑工程测量的主要任务。
2. 掌握确定地面点位的基准面、基准线以及平面直角坐标系和高程系统，熟悉测量工作的基本程序及基本原则。

**学习重点与难点：**

重点是地面点位的确定，难点是高斯平面直角坐标系。

## 子单元1　建筑工程测量的任务、内容、现状和发展

### 1.1.1　测量概述

　　测量是确定地球的形状和大小以及确定地面点之间的相对位置的一门技术。测量工作主要分为两个方面，一是将各种现有地面物体的位置和形状，以及地面的起伏形态等，用图形或数据表示出来，为规划设计和管理等工作提供依据，称为测定或测绘；二是将规划设计和管理等工作形成的图纸上的建筑物、构筑物或其他图形的位置在现场标定出来，作为施工的依据，称为测设或放样。

　　测量根据其所涉及的对象、方式、手段及其自身发展形成的特色，可分为大地测量、普通测量、摄影测量、海洋测量和工程测量等。大地测量是测定地球的形状和大小，在广大地区建立国家大地控制网等方面的技术和方法，为测量的其他分支提供基础测量数据和资料。普通测量是在较小区域内的测量工作，主要是指用地面作业方法，将地球表面局部地区的地物和地貌测绘成地形图，由于测区范围较小，为方便起见，可以不顾及地球曲率的影响，把地球表面当作平面对待。摄影测量是用摄影或遥感技术来测绘地形图，其中的航空摄影测量是测绘国家基本地形图的主要方法，无人机低空摄影测量是测绘城乡大比例尺地形图的主要方法。海洋测量是指测量地球表面水体及水下地貌，目前在军事、跨海工程、码头建设等方面有应用。工程测量是各项工程建设在规划设计、施工放样和运营管理阶段所进行的各种测量工作，它综合应用上述其他各测量分支的技术与方法，为工程建设提供测绘保障。例如，在规划设计阶段应用普通测量或摄影测量测绘大比例尺地形图，施工放样阶段应用大地测量

仪器和方法建立准确的定位控制网等。在不同的工程建设项目上，工程测量的技术和方法有很大的区别。

## 1.1.2 建筑工程测量的任务与内容

建筑工程测量属于工程测量的范畴，是工程测量在建筑工程建设领域中的具体表现，对象主要是多层建筑、高层建筑和工业建筑等工程，也包括道路和管线等配套工程。

**1. 大比例尺地形图测绘**

在规划设计阶段，应测绘建筑工程所在地区的大比例尺地形图，以便详细地表达地物和地貌的现状，为规划设计提供依据。在施工阶段，有时需要测绘更详细的局部地形图，或者根据施工现场变化的需要，测绘反映某施工阶段现状的地形图，作为施工组织管理和土方等工程量预、结算的依据。在竣工验收阶段，应测绘编制全面反映工程竣工时所有建筑物、道路、管线和园林绿化等方面现状的竣工总图，为验收以及今后的运营管理工作提供依据。

**2. 施工测量**

在施工阶段，无论是基础工程、主体工程还是装饰工程，都要先进行放样测量，确定建筑物不同部位的实地位置，并用桩点或线条标定出来，才能进行施工。例如，基础工程的基槽（坑）开挖施工前，先将图纸上设计好的建筑物的轴线标定到地面上，并引测到开挖范围以外保护起来，再放样出开挖边线和一层室内地面的设计标高线，才能进行开挖；主体工程的墙砌体施工前，先将墙轴线和边线在楼（地）面上弹出来，并立好高度标志，才能进行砌筑；装饰工程的墙（地）面砖施工前，先将纵横分缝线和水平标高线弹出来，才能进行铺装。每道工序施工完成后，还要及时对施工构部件的尺寸、位置和标高进行检核测量，作为检查、验收和竣工资料的依据。

**3. 变形观测**

对一些大型的、重要的或位于不良地基上的建筑物，在施工阶段和运营管理期间，要对建筑物和相关场地定期进行变形观测，以监测其稳定性。建筑变形一般有沉降、水平位移、倾斜和裂缝等，通过测量掌握这些变形的出现、发展和变化规律，使人们能及时地针对变形状态进行有效处理，对减少因建筑变形而造成的损失和保证安全有重要作用。

## 1.1.3 建筑工程测量的现状与发展方向

高质量发展是全面建设社会主义现代化国家的首要任务，要提高城市规划、建设、治理水平，加强城市基础设施建设，全面推进乡村振兴。近年来，建筑工程测量的技术水平得到了很大的提高。目前，自动安平水准仪、电子经纬仪和全站仪已成为常规测量仪器工具，提高了测量工作的速度、精度、可靠度和自动化程度。一些专用激光测量仪器设备，如用于高层建筑竖直投点的激光铅垂仪、用于大面积场地精确找平的激光扫平仪和用于地下开挖指向的激光经纬仪等的应用，为现代高大建筑和地下建筑的施工提供了更高效、准确的测量技术服务。卫星定位测量技术也逐渐被应用于建筑工程测量中，该技术作业时不受气候、地形和通视条件的影响，一般用于大范围和长距离施工场地中的控制性测量工作以及部分建筑施工的测量工作。无人机低空数字摄影测图已成为建筑场区大比例尺地形图测绘的主要方法，具有效率高、劳动强度低和成果多样化的特点。三维激光扫描在地形测图和竣工测量等工作中正逐渐得到应用，具有速度快和精度高的特点。计算机技术正在应用到测量数据处理、地形图测绘以及测量仪器自动控制等方面，进一步推动建筑工程测量从手工方式往电子化、数字化、自动化和智能化方向发展。

## 子单元 2  地面点位的确定

地面点位的确定是指以某种技术过程确定地面点的位置。建筑工程测量与其他测量工作一样，其本质任务是地面点位的确定，因为地球表面上的地物和地貌的形状即使再复杂，也可以认为是由点、线、面构成的，其中点是最基本的单元，合理选择一些点进行测量，就可以准确地确定地物和地貌的位置、形状和大小。因此，地面点位的确定是测量工作最基本的问题。

### 1.2.1  地球的形状与大小

为了确定地面点位，应有相应的基准面和基准线作为依据。测量工作是在地球表面上进行的，测量的基准面和基准线与地球的形状和大小有关。

关于地球　　大地水准面　　参考椭圆体

如图1-1所示，地球自然表面很不规则，有高山、丘陵、平原和海洋。其中最高的珠穆朗玛峰高出海平面达8848.86m，而最低的马里亚纳海沟低于海平面达11034m。但是这样的高低起伏，相对于地球巨大的半径来说还是很小的。再顾及海洋约占整个地球表面的71%，人们设想有一个静止的海水面，向陆地延伸包围整个地球，形成一个封闭的曲面，把这个曲面看作地球的形体。由于潮汐的作用，海水面的高度经常是不同的，假定其中有一个平均高度的静止海水面，则它所包围的形体称为大地体，代表了地球的形状与大小。我们把这个平均高度的静止海水面称为大地水准面，大地水准面便是测量工作的基准面。

此外，我们把任意静止的水面称为水准面，水准面有无数个，由于水准面与大地水准面平行，实际工作中也把水准面作为测量的基准面。例如，将液体充入到密封的特制玻璃容器中，并留一个气泡，便形成了用来衡量物体表面是否水平的水准器，若放在某物体表面上的水准器中的气泡居中，则认为该物体表面处于水平状态。每台测量仪器上一般都安装一个以上的水准器，为有关的测量工作提供基准面。

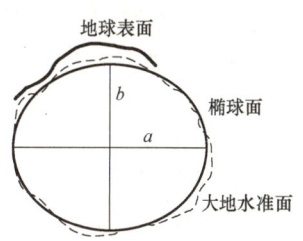

图1-1  大地水准面

由于地球的质量巨大，使得地球上任何一点都要受到地心吸引力的作用，同时地球又不停地作自转运动，这个点又受到离心力的作用，这两个力的合力称为重力，重力的作用线又称为铅垂线。铅垂线具有处处与水准面垂直的特性，因此把铅垂线作为测量工作的基准线。在日常生活和工作中，常利用这个原理，用吊锤线检查物体是否竖直，测量仪器一般也备有吊锤，供需要时使用，新型的测量仪器利用铅垂线原理进行自动安平。

用大地水准面表示地球形体是恰当的，但由于地球内部质量分布不均匀，引起铅垂线的方向产生不规则的变化，致使大地水准面成为一个非常复杂的曲面，而无法在这个曲面上进行测量数据处理。为此，采用一个与大地水准面非常接近的规则几何曲面来表示地球的形状与大小，即地球参考椭球面，其可作为测量计算工作的基准面，如图1-2所示。

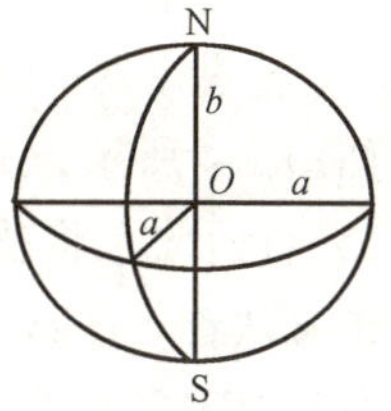

图1-2  地球参考椭球面

地球参考椭球面的形状与大小由其长半径 $a$ 和短半径 $b$（或扁率 $\alpha$）决定。我国在 20 世纪 50 年代和 80 年代分别建立了 1954 北京坐标系和 1980 西安坐标系；2008 年又建立了精度更高的 2000 国家大地坐标系，是我国目前正在推广使用的最新大地坐标系，其采用的地球椭球参数是：

$$a = 6378137 \text{m}$$
$$b = 6356752.314 \text{m}$$
$$\alpha = \frac{a-b}{a} = \frac{1}{298.257222101}$$

由于地球椭球的扁率很小，当测区面积不大时，可以把地球看作是圆球，其半径为：

$$R = \frac{2a+b}{3}$$

即 6371km，以圆球作为测量计算工作的基准面可以简化计算过程。当测区面积更小时（半径小于 10km 的圆范围），还可以把地球看作平面，使计算工作更为简单。

## 1.2.2 确定地面点位的方法

从数学中知道，一点的空间位置需要用三个独立的量来确定。在测量工作中，这三个量通常用该点在参考椭球面上的铅垂投影位置和该点沿投影方向到大地水准面的距离来表示。其中前者由两个量构成，称为坐标；后者由一个量构成，称为高程。也就是说，用坐标和高程来确定地面点的位置。

大地坐标系　高斯平面直角坐标系　独立平面直角坐标系　高程系统

### 1. 地面点在投影面上的坐标

（1）大地坐标系　地面点在参考椭球面上投影位置的坐标，可以用大地坐标系的经度和纬度表示。如图 1-3 所示，$O$ 为地球参考椭球面的中心，N、S 为北极和南极，NS 为旋转轴，通过旋转轴的平面称为子午面，它与参考椭球面的交线称为子午线，其中通过英国格林尼治天文台的子午线称为首子午线。通过 $O$ 点并且垂直于 NS 轴的平面称为赤道面，它与参考椭球面的交线称为赤道。

地面点 $P$ 的经度，是指过该点的子午面与首子午面之间的夹角，用 $L$ 表示，经度从首子午线起算，往东 0°~180° 称为东经，往西 0°~180° 称为西经。地面点 $P$ 的纬度，是指过该点的法线与赤道面间的夹角，用 $B$ 表示，纬度从赤道面起算，往北 0°~90° 称为北纬，往南 0°~90° 称为南纬。我国位于地球上的东北半球，因此所有点的经度和纬度均为东经和北纬，如北京某点的大地坐标为东经 116°23′，北纬 39°54′。

（2）高斯平面直角坐标系　对测量计算与绘图来说，建立在椭球面上的大地坐标系是不太方便的，高斯平面直角坐标系是将地球参考椭球面按经线划分成若干条带，把每条带按高斯提出的投影理论投影到平面上，然后在此平面上建立平面直角坐标系，使测量计算与绘图变得容易。

如图 1-4 所示，分带是从地球参考椭球面的首子午线起，经度每变化 6° 划一带（称为 6° 带），自西向东将整个地球划分为 60 条带。

带号从首子午线开始自西向东编，如图 1-5 所示，用阿拉伯数字 1，2，3，…，60 表示，东经 0°~6° 为第一带，6°~12° 为第二带，…，位于各带中央的子午线称为该带的中央子午线，第一带的中央子午线的经度为 3°，第二带的中央子午线的经度为 9°，依此类推，

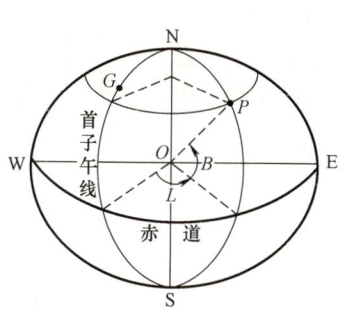

图 1-3 大地坐标

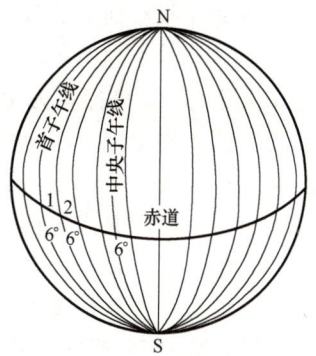

图 1-4 高斯投影分带

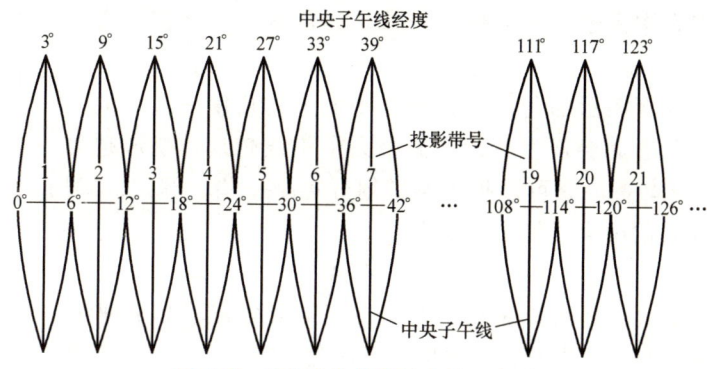

图 1-5 6°分带的带号及中央子午线

第 $N$ 带的中央子午线的经度 $L_0$ 为：

$$L_0 = 6N - 3°$$

高斯投影是设想用一个平面卷成一个空心椭圆柱，把它横着套在地球参考椭球体外面，使空心椭圆柱的中心轴线位于赤道面内并且通过球心，使地球参考椭球体上某条 6°带的中央子午线与椭圆柱面相切。在图形保持等角的条件下，将整个带投影到椭圆柱面上，如图 1-6a 所示。然后将此椭圆柱沿着南北极的母线剪切并展开抚平，便得到 6°带在平面上的形象，如图 1-6b 所示。由于分带很小，投影后的形象变形也很小，且离中央子午线越近，变形就越小。

在由高斯投影而成的平面上，中央子午线和赤道保持为直线，两者互相垂直。以中央子午线为坐标系纵轴 $x$，以赤道为横轴 $y$，其交点为 $O$，便构成此带的高斯平面直角坐标系，如

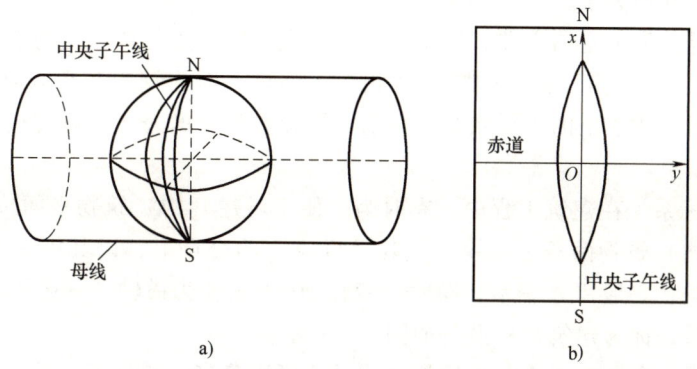

图 1-6 高斯平面直角坐标的投影

图 1-6b 所示。在这个投影面上的每一点位置，都可用直角坐标 $x$、$y$ 确定。此坐标与大地坐标的经纬度 $L$、$B$ 是对应的，它们之间有严密的数学关系，可以互相换算。

我国位于北半球，$x$ 坐标均为正值，而 $y$ 坐标则有正有负，为避免 $y$ 坐标出现负值，规定把 $x$ 轴向西平移 500km，如图 1-7 所示。此外，为表明某点位于哪一个 6°带的高斯平面直角坐标系，又规定 $y$ 坐标值前加上带号。例如某点坐标为：

$$x = 3267851 \text{m}$$
$$y = 21587366 \text{m}$$

表示该点位于第 21 个 6°带上，距赤道 3267851m，距中央子午线 87366m（去掉带号后的 $y$ 坐标 587366m 减 500000m 等于 87366m），结果为正表示该点在中央子午线东侧，若结果为负表示该点在中央子午线西侧。

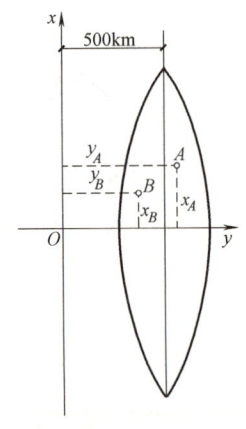

图 1-7 高斯平面直角坐标系

高斯投影能使球面图形的角度与投影在平面上的角度一致，但任意两点间的长度投影后会产生变形，离中央子午线越远，变形越大。在投影精度要求较高时，可以把投影带划分再小一些，例如，采用 3°分带，全球共分为 120 条带，第 $N$ 带的中央子午线经度为：

$$L_0 = 3N°$$

如果投影精度要求更高，还可以采用 1.5°分带。1.5°分带不必全球统一划分，可以将中央子午线的经度设置在测区的中心，因此也称为任意分带。

例如，广西南宁市的大地坐标约为东经 108°20′，北纬 22°48′，如果采用 6°分带，则位于第 19 带，中央子午线经度为 111°，市区在中央子午线西侧接近投影带边缘的位置，投影误差较大。如果采用 3°分带，则位于第 36 带，中央子午线经度为 108°，市区在中央子午线附近，投影精度较高。

（3）独立平面直角坐标系　当测量区域较小时，球面近似于平面，可以直接用与测区中心点相切的平面来代替曲面，然后在此平面上建立一个平面直角坐标系。由于它与大地坐标系没有联系，故称为独立平面直角坐标系，有时也称为假定平面直角坐标系。

如图 1-8 所示，独立平面直角坐标系与高斯平面直角坐标系一样，规定南北方向为纵轴 $x$，东西方向为横轴 $y$；$x$ 轴向北为正，向南为负，$y$ 轴向东为正，向西为负。地面上某点 $A$ 的位置可用 $x_A$ 和 $y_A$ 来表示。独立平面直角坐标系的原点 $O$ 一般选在测区的西南角以外，使测区内所有点的坐标均为正值。

值得注意的是，为了定向方便，测量上的平面直角坐标系与数学上的平面直角坐标系的规定不同，$x$ 轴与 $y$ 轴互换，象限的顺序也相反。不过，因为轴向与象限顺序同时都改变，测量坐标系的实质与数学上的坐标系是一致的，因此数学中的公式可以直接应用到测量计算中，不需作任何变更。

（4）建筑坐标系　在建筑工程中，有时为了便于对建（构）筑物平面位置的施工放样，将原点设在建（构）筑物两条主轴线（或其平行线）的交点上，以其中一条主轴线（或其平行线）作为纵轴，一般用 $A$ 表示，顺时针旋转 90°方向作为横轴，一般用 $B$ 表示，建立一个平面直角坐标系，称为建筑坐标系，如图 1-9 所示。

将建筑坐标系与高斯平面直角坐标系连测后，可以确定建筑坐标系的原点相对于高斯平

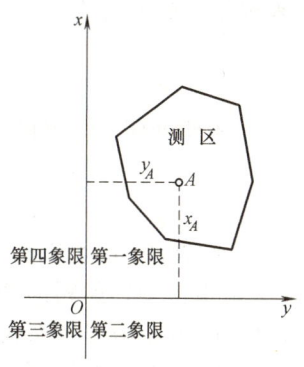

图 1-8 独立平面直角坐标系

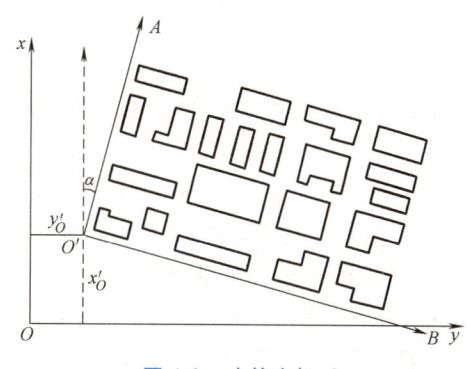

图 1-9 建筑坐标系

面直角坐标系的坐标值,以及建筑坐标系的纵轴与高斯平面直角坐标系纵轴之间的角度,根据这些参数,可以在这两个坐标系之间进行点位坐标换算。

**2. 地面点的高程**

(1) 绝对高程  地面点到大地水准面的铅垂距离,称为该点的绝对高程,简称高程,或称海拔,习惯用 $H$ 表示。如图 1-10 所示,地面点 $A$、$B$ 的高程分别为 $H_A$、$H_B$。数值越大表示地面点越高,当地面点在大地水准面的上方时,高程为正;反之,高程为负。

我国在青岛设立验潮站,长期观测和记录黄海海水面的高低变化,取其平均值作为大地水准面的位置,其高程为零,过该点的大地水准面即为我国计算高程的基准面。为了便于观测和使用,在青岛建立了我国的水准原点。根据青岛验潮站 1950 年到 1956 年的验潮数据确定的黄海平均海水面所定义的高程基准,称为 1956 年黄海高程系统,其水准原点起算高程为 72.289m。根据青岛验潮站从 1952 年到 1979 年的验潮数据确定的黄海平均海水面所定义的高程基准,称为 1985 国家高程基准,是目前正在推广使用的高程系统,其水准原点起算高程为 72.260m。

(2) 相对高程  当有些地区引用绝对高程有困难时,或者为了计算和使用上的方便,可采用相对高程系统。相对高程是采用假定的水准面作为起算高程的基准面,地面点到该水准面的铅垂距离叫该点的相对高程。由于高程基准面是根据实际情况假定的,故相对高程有时也称为假定高

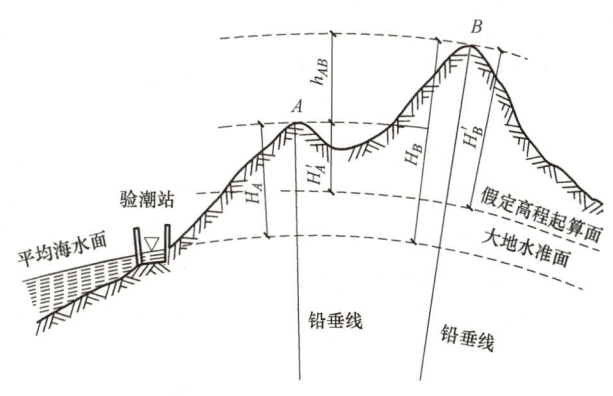

图 1-10 高程和高差

程。如图 1-10 所示,地面点 $A$、$B$ 的相对高程分别为 $H_A'$ 和 $H_B'$。

相对高程系统与黄海高程系统或国家高程基准连测后,可以推算出相对高程系统所对应的假定水准面的绝对高程,进而可以把地面点的相对高程换算成绝对高程,也可把地面点的绝对高程换算成相对高程。如图 1-10 所示,若假定水准面的绝对高程为 $H_0$,则地面点 $A$ 的换算关系为:

$$H_A' = H_A - H_0$$
$$H_A = H_A' + H_0$$

(3）高差　两个地面点之间的高程差称为高差，习惯用 $h$ 来表示。高差有方向性和正负，但与高程基准无关。如图 1-10 所示，$A$ 点至 $B$ 点的高差为：

$$h_{AB}=H_B-H_A=H_B'-H_A'$$

当 $h_{AB}$ 为正时，$B$ 点高于 $A$ 点；当 $h_{AB}$ 为负时，$B$ 点低于 $A$ 点。同时不难证明，高差的方向相反时，其绝对值相等而符号相反，即

$$h_{AB}=-h_{BA}$$

例如，若 $A$ 点高程 280m，$B$ 点高程 400m，则 $A$ 到 $B$ 的高差 $h_{AB}=120$m，$B$ 到 $A$ 的高差 $h_{BA}=-120$m。用平面代替曲面作为高程的起算面，对高程的影响是很大的，如距离 200m 时，就有 3mm 的误差，超过了允许的精度要求。因此，高程的起算面不能用切平面代替，应使用大地水准面。如果测区内没有国家高程点，也应采用通过测区内某点的水准面作为高程起算面。

### 1.2.3　确定地面点位的基本测量工作

地面点位可以用它在投影面上的坐标和高程来确定，但在实际工作中一般不是直接测量坐标和高程，而是通过测量地面点与已知坐标和高程的点之间的几何关系，经过计算间接地得到坐标和高程。

如图 1-11 所示，$M$ 和 $N$ 是已知坐标点，它们在水平面上的投影位置为 $m$、$n$，地面点 $A$、$B$ 是待定点，它们在水平面上的投影位置为 $a$、$b$。若观测了水平角 $\beta_1$、水平距离 $D_1$，可用三角函数计算出 $a$ 点的坐标，同理，若又观测了水平角 $\beta_2$ 和水平距离 $D_2$，则可计算出 $b$ 点的坐标。

因此，水平角测量和水平距离测量是确定地面点坐标或平面位置的基本测量工作。

若 $M$ 点的高程已知为 $H_M$，观测了高差 $h_{MA}$，则可利用高差计算公式转换后计算出 $A$ 点的高程：

$$H_A=H_M+h_{MA}$$

同理，若又观测了高差 $h_{AB}$，可计算出 $B$ 点的高程。因此可以说高差测量是确定地面点高程的基本工作，由于高差测量的目的是求取高程，习惯上仍称其为高程测量。

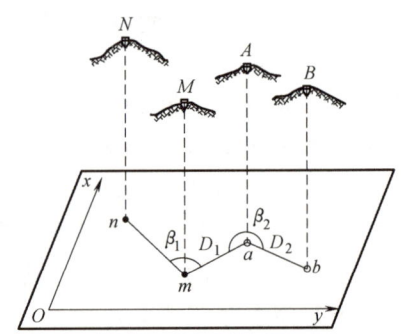

图 1-11　基本测量工作

综上所述，地面点间的水平角、水平距离和高差是确定地面点位的三个基本要素，因此把水平角测量、水平距离测量和高程测量称为确定地面点位的三项基本测量工作。

## 知识链接　水平面代替水准面的限度

当测区较小或工程对测量精度要求较低时，可用平面代替水准面，直接把地面点投影到平面上，以确定其位置。但是以平面代替水准面有一定的限度，只要投影后产生的误差不超过测量限差即可。

如图 1-12 所示，在测区中选一点 $A$，沿垂线投影到水准面 $P$ 上为 $a$，过 $a$ 点作切平面 $P'$，地面上 $A$、$B$ 两点投影到水准面上的弧长为 $D$，在水平面上的距离为 $D'$，距离误差 $\Delta D=D'-D$，高程误差 $\Delta h=b'b$。

计算可知,当 $D$ 为 20km 时,距离误差仅为三十万分之一,对普通测量来说可以忽略不计。在此,对平面位置而言,在半径为 10km 的范围内可以用水平面代替水准面。

水平面代替水准面对高程的影响,当 $D$ 为 200m 时,高程误差就有 3.1mm。所以地球曲率对高程影响很大,在高程测量中即使距离很短也应顾及地球曲率的影响。

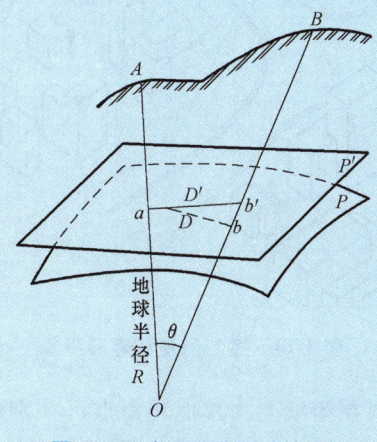

图 1-12　水平面代替水准面

## 子单元 3　测量工作概述

测量工作概述

如前所述,测量的主要工作是测定和测设。具体来说,测量工作通过水平角测量、水平距离测量以及高程测量确定点的位置。一定数量点的组合,表示出地物和地貌的位置形状与大小,这些点反映了地物和地貌的几何特征,称为碎部点。对测定来说,是将实地上的地形碎部点测绘到图纸上,而测设则相反,是将图纸上建(构)筑物的碎部点标定到实地上。

无论是测定还是测设,一个测区内要测量的碎部点通常很多,为了避免测量错误的出现和测量误差的积累,保证测区内所有地物和地貌的点位具有必要的精度,使所测绘的地形图的内容准确,或者使所测设的建(构)筑物的位置及尺寸关系正确,测区内的测量工作必须按照一定的程序,遵循一定的原则来进行。

### 1.3.1　测量工作的基本程序

如图 1-13 所示,测区内有房屋、道路、河流、桥梁等地物,还有高低起伏的地貌。为了把这些地物和地貌测绘到图纸上,选择一些能代表地物和地貌的几何形状的特征点(称为碎部点),测量出它们与已知点之间的水平角度、水平距离和高差,然后根据这些数据,按一定的比例在图纸上标出点的位置,最后将有关的点相连,描绘成图。

由于测量工作中不可避免地存在误差,如果测绘出一个特征点后又以此点为准测绘另一个特征点,依此类推测完全图,则测量误差就会逐点传递和积累,最后导致图形变形,达不到应有的精度。为了避免这种情况的出现,必须先在整个测区范围内选择若干具有控制意义的点(称为控制点),例如图 1-13 中的 1、2、…、8 点,以较精确的方法测定其平面位置和高程(称为控制测量)。然后以这些控制点为依据测绘周围局部地区的碎部点(称为碎部测量)。例如,把仪器安置在 8 号点上,测量出某建筑物上所有能通视的转角点 $a$、$b$、$c$、$d$、

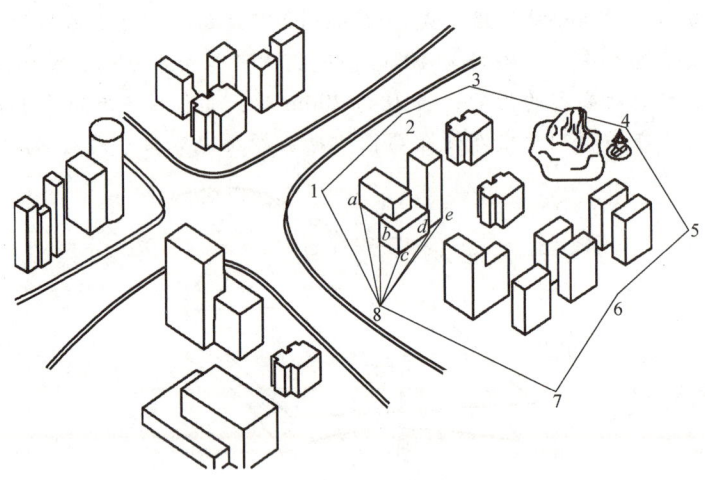

图 1-13 控制测量和碎部测量

$e$ 的平面位置和高程，然后绘制在图纸上，其他转角点可在别的控制点上观测。当测定了主要转角点后，少数"死角"可丈量有关边长后用几何作图的方式绘出。

按照这个程序测图，不但可以保证成果的精度，而且由于先用少量精度较高的点控制了整个测区，在测区内建立了统一的坐标系统和高程系统，就可以安排多个测量小组同时在各个局部区域进行碎部测量工作，从而加快了工作的进程。此外，也可以根据实际的需要，先测某个局部区域，其他部分留待以后再测。

当测区较大时，仅做一级控制不能满足测图要求，可做多级控制。做多级控制时，上一级的精度应比下一级的精度高一个层次，由高级到低级分级布设，才能保证最后一级控制点的精度达到要求。

上述测量工作的基本程序可以归纳为"先控制后碎部""从整体到局部"和"由高级到低级"。对施工测量放样来说，也要遵循这个基本程序，先在整个建筑施工场地范围内进行控制测量，得到一定数量控制点的平面坐标和高程，然后以这些控制点为依据，在局部地区逐个对建（构）筑物进行轴线点测设。如果施工场地范围较大时，控制测量也应由高级到低级分级加密布置，使控制点的数量和精度均能满足施工放样的要求。

## 1.3.2 测量工作的基本原则

测量成果的好坏，直接或间接地影响到建筑工程的布局、成本、质量与安全等，特别是施工放样，如果出现错误，就会造成难以挽回的损失。而从上述测量的基本程序可以看出，测量是一个多层次、多工序的复杂的工作，在测量过程中不但会有误差，还有可能会出现错误。为了杜绝错误，保证测量成果准确无误，在测量工作过程中，必须遵循"边工作边检核"的基本原则，即在测量工作中，不管是外业观测、放样还是内业计算、绘图，每一步工作均应进行检核，上一步工作未检核合格不得进行下一步工作。实践证明，做好检核工作，可大大减少测量成果出错的机会，同时，由于每步都有检核，可以及早发现错误，减少了返工重测的工作量，对提高测量工作的效率也很有意义。作为将来从事测量工作的学生，要遵循测量工作的基本原则，全面贯彻党的教育方针，落实立德树人根本任务，成为德智体美劳全面发展的社会主义建设者和接班人。

## 单元小结

本单元主要学习测量的主要任务和分类，测量在建筑工程中的作用，测量的基准面和基准线，测量平面直角坐标系和高程系统，测量的基本工作。对初学者来说，要注意以下问题：

1）测量是确定地球的形状和大小以及确定地面点之间的相对位置的技术。其中，将各种现有地面物体的位置和形状，以及地面的起伏形态等，用图形或数据表示出来，为规划设计和管理等工作提供依据，称为测定或测绘；将规划设计和管理等工作形成的图纸上的建筑物、构筑物或其他图形的位置在现场标定出来，作为施工的依据称为测设或放样。

2）测量在地球表面进行，测量的基准线是铅垂线，基准面是水准面，大地水准面是高程系统的基准面，参考椭球面是测量计算的基准面。

3）地面点的位置是由其平面位置和高程决定，平面位置一般用高斯平面直角坐标系表示，其中 $x$ 为纵坐标指向北方，$y$ 为横坐标指向东方，与数学坐标系相反，但计算公式不变。高程是地面点到大地水准面的垂直距离，用 $H$ 表示。高差是两点之间的高程差，用 $h$ 表示，高差有方向性和正负之分。

4）在实际工作中一般是通过测量水平角、水平距离和高差，经过计算间接得到平面坐标和高程，或者直接确定点位之间的几何关系。因此角度测量、距离测量和高程测量称为三项基本测量工作。

5）为了控制误差的积累，并保持坐标和高程系统的一致，测量应遵循"从整体到局部""先控制后碎部"的原则。为了避免出错，测量过程中应注意进行检核，遵循"上一步工作未检核合格不进行下一步工作"的原则。

## 思考与拓展题

1-1 测定与测设有什么区别？

1-2 测量工作的基准面和基准线是什么？它们的关系是什么？

1-3 大地水准面和参考椭球面的用途是什么？

1-4 测量中的平面直角坐标系和数学上的平面直角坐标系有哪些不同？

1-5 设某地面点的经度为东经 130°25′，请问该点位于 6°投影带的第几带？其中央子午线的经度为多少？

1-6 若我国某处地面点 $A$ 的高斯平面直角坐标值为 $x = 2520179.89$m，$y = 18432109.47$m，则 $A$ 点位于 6°投影带的第几带？该带中央子午线的经度是多少？$A$ 点在该带中央子午线的哪一侧？距离中央子午线和赤道各为多少 m？

1-7 某地面点的相对高程为 $-34.58$m，其对应的假定水准面的绝对高程为 $168.98$m，则该点的绝对高程是多少？绘出示意图。

1-8 已知 $A$、$B$、$C$ 三点的高程分别为 $156.328$m、$45.986$m、$451.215$m，则 $A$ 至 $B$、$B$ 至 $C$、$C$ 至 $A$ 的高差分别是多少？

1-9 已知 $A$ 点的高程为 $78.654$m，$B$ 点到 $A$ 点的高差为 $-12.325$m，问 $B$ 点高程为多少？

1-10 如何理解确定地面点位的基本测量工作？

1-11 如何理解测量工作的基本程序和原则？

# 单元2 水准测量

**学习目标：**
1. 能使用自动安平水准仪进行水准测量的观测、记录和计算。
2. 掌握水准仪的检验与校正方法。

**学习重点与难点：**

重点是水准测量原理，水准测量的观测、记录和计算；难点是水准仪的检验与校正。

测量地面上各点高程的工作，称为高程测量。高程测量的方法根据所使用的仪器和施测方法的不同，有水准测量法、三角高程测量法和卫星定位高程测量法等。其中水准测量法是最基本的一种方法，具有操作简便、精度高和成果可靠的特点，在大地测量、普通测量和工程测量中被广泛采用。本单元主要介绍水准测量法。

## 子单元1 水准测量原理

水准测量原理

水准测量是指利用水准仪提供的水平视线，对地面上两点的水准尺分别读数，求取两点之间的高差，然后由其中已知点的高程求出未知点的高程。

### 2.1.1 高差法水准测量

如图2-1所示，$A$ 为已知点，其高程 $H_A$ 已知；$B$ 为未知点，其高程 $H_B$ 待求。可在 $A$、$B$ 两点上竖立水准尺，在两点之间安置水准仪，利用水准仪提供的水平视线先后在 $A$、$B$ 点的水准尺上读取读数 $a$、$b$，则 $A$、$B$ 点之间的高差 $h_{AB}$ 为

$$h_{AB} = a - b \tag{2-1}$$

$B$ 点的高程为

$$H_B = H_A + h_{AB} \tag{2-2}$$

由于测量是由 $A$ 点向 $B$ 点前进，故称 $A$ 点为后视点，$B$ 点为前视点，$a$、$b$ 分别为后视读数和前视读数。地面上两点间的高差等于后视读数减前视读数。

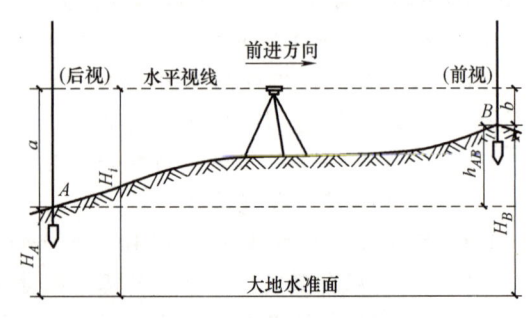

图2-1 水准测量原理

例如，设 $A$ 点的高程为 50.329m，后视 $A$ 点读数为 1.628m，前视 $B$ 点读数为 1.024m，则 $A$、$B$ 两点的高差是

$$h_{AB} = a - b = (1.628 - 1.024)\text{m} = 0.604\text{m}$$

$B$ 点高程是

$$H_B = H_A + h_{AB} = (50.329 + 0.604)\text{m} = 50.933\text{m}$$

### 2.1.2 视线高法水准测量

当需要在一个测站上同时观测多个地面点的高程时，先观测后视读数，然后依次在待测点竖立水准尺，分别用水准仪读出其读数，再用式（2-2）计算各点高程。为简化计算，可把式（2-2）变换成

$$H_B = (H_A + a) - b \tag{2-3}$$

式中，$(H_A + a)$ 实际上是仪器水平视线的高程，称为视线高，用式（2-3）计算高程的方法称为视线高法，在实际测量工作中应用很广泛。

例如，设 $A$ 点为后视点，高程为 50.329m，后视 $A$ 点读数为 1.628m，在 5 个待定高程点的前视读数分别为 1.024m、2.098m、0.748m、3.416m、0.947m，采用视线高法求各待定点的高程。水准仪视线高程等于测站高程加后视读数：

$$H_A + a = (50.329 + 1.628)\text{m} = 51.957\text{m}$$

各待定点高程等于视线高程减其前视读数：

$$H_1 = (51.957 - 1.024)\text{m} = 50.933\text{m}$$
$$H_2 = (51.957 - 2.098)\text{m} = 49.859\text{m}$$
$$H_3 = (51.957 - 0.748)\text{m} = 51.209\text{m}$$
$$H_4 = (51.957 - 3.416)\text{m} = 48.541\text{m}$$
$$H_5 = (51.957 - 0.947)\text{m} = 51.010\text{m}$$

### 2.1.3 路线法水准测量

当 $A$、$B$ 两点距离较远或高差较大时，不能仅安置一次仪器测得两点间的高差，此时必须逐站安置仪器，沿某条路线进行连续的水准测量，依次测出各站的高差，各站高差之和就是 $A$、$B$ 两点间的高差，最后根据此高差和 $A$ 点的已知高程求 $B$ 点高程。其中各站临时选定的作为传递高程的立尺点称为"转点"。

## 子单元 2 水准测量的仪器和工具

水准测量所使用的仪器为水准仪，工具为水准尺和尺垫。水准仪按精度分为 $DS_3$、$DS_1$、$DS_{05}$ 等几种不同等级的仪器。"D"表示"大地测量仪器"，"S"表示"水准仪"，下标中的数字表示仪器能达到的观测精度，即每公里往返测高差中误差（毫米）。例如，$DS_3$ 型水准仪的精度为"±3mm"，$DS_{05}$ 型水准仪的精度为"±0.5mm"。$DS_3$ 属于普通水准仪，而 $DS_1$ 和 $DS_{05}$ 属于精密水准仪。另外，从水准仪获得水平视线的方式来分，可分为人工调平的气泡式水准仪和自动调平的自动安平水准仪，自动安平水准仪的型号标注为"$DSZ_n$"，与

前者相比多了个"Z"以示区别；从读取水准尺读数的方式来分，有人工读数的光学水准仪和自动读数的数字水准仪。

目前一般工程测量最常用的是普通精度的人工读数自动安平水准仪，在高等级控制测量和精密工程测量中，常用的是精密的自动安平数字水准仪。下面主要介绍自动安平水准仪的构造，在本单元的最后简单介绍数字水准仪。

### 2.2.1 自动安平水准仪

这里所说的自动安平水准仪，指普通精度的人工读数自动安平水准仪。根据水准测量的原理，水准仪安置在三脚架上使用，照准水准尺进行读数，并且视线必须是水平的。因此，水准仪主要由基座、望远镜、水准器和视线水平补偿器构成。其中基座用于连接三脚架，望远镜用于照准水准尺读数，水准器用于大致水平地安置仪器，视线水平补偿器用于使视线自动地精确水平。图 2-2 是苏州一光仪器公司生产的 $DSZ_2$ 自动安平水准仪。

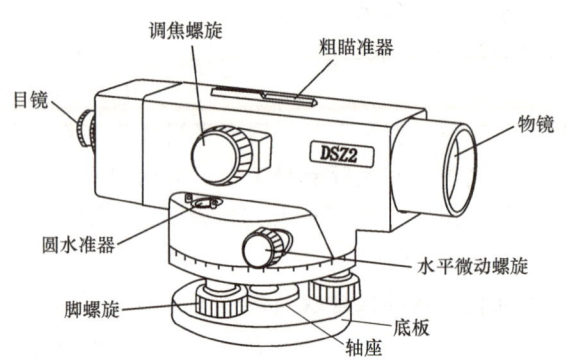

图 2-2 $DSZ_2$ 自动安平水准仪

**1. 基座**

基座由轴座、脚螺旋和底板等构成，其作用是支承仪器的上部并与三脚架相连。其中底板用于整个仪器与下部三脚架连接，轴座用于仪器的竖轴在其内旋转，脚螺旋用于调整仪器使之大致水平。

**2. 望远镜**

望远镜是瞄准目标并在水准尺上进行读数的部件，主要由物镜、目镜、调焦透镜和十字丝分划板组成。图 2-3 是水准仪内对光望远镜构造图。

物镜是由几个光学透镜组成的复合透镜组，其作用是将远处的目标在十字丝分划板附近形成缩小而明亮的实像。

目镜也由复合透镜组组成，其作用是将物镜所呈的实像与十字丝一起进行放大，它所成的像是虚像。

十字丝分划板是一块圆形的刻有

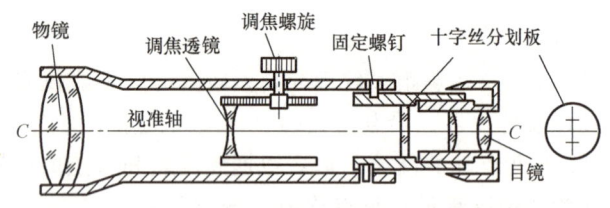

图 2-3 水准仪内对光望远镜构造

分划线的平板玻璃片，安装在金属环内。十字丝分划板上互相垂直的两条长丝，称为十字丝，是瞄准目标和读数的重要部件。其中纵丝也称为竖丝，横丝也称为中丝。另有上、下两条对称的短丝称为视距丝，用于在需要时以较低的精度测量距离。

调焦透镜是安装在物镜与十字丝分划板之间的凹透镜。当旋转调焦螺旋，前后移动凹透镜时，可以改变由物镜与调焦透镜组成的复合透镜的等效焦距，从而使目标的影像正好落在十字丝分划板平面上，再通过目镜的放大作用，就可以清晰地看到放大了的目标影像以及十字丝。

物镜的光心与十字丝交点的连线称为视准轴，用 $CC$ 表示，是水准仪上重要的轴线之一，延长视准轴并使其水平，即得到水准测量中所需的水平视线。

望远镜安装在基座上，可以绕基座的轴座水平旋转，为了方便准确地照准目标，望远镜下方的左右两侧都设置有水平微动螺旋，用于使望远镜做微小的旋转，准确瞄准目标。

### 3. 水准器

水准器用于衡量仪器是否处于水平状态，水准器分为圆水准器和管水准器。如图 2-4 所示，管水准器又称为水准管。其中，圆水准器的精度较低，管水准器的精度较高。自动安平水准仪安装有一个圆水准器，安置水准仪时，必须使圆水准器气泡居中，使仪器大致水平，这时视线水平补偿器可以正常工作，获得一条水平视线。

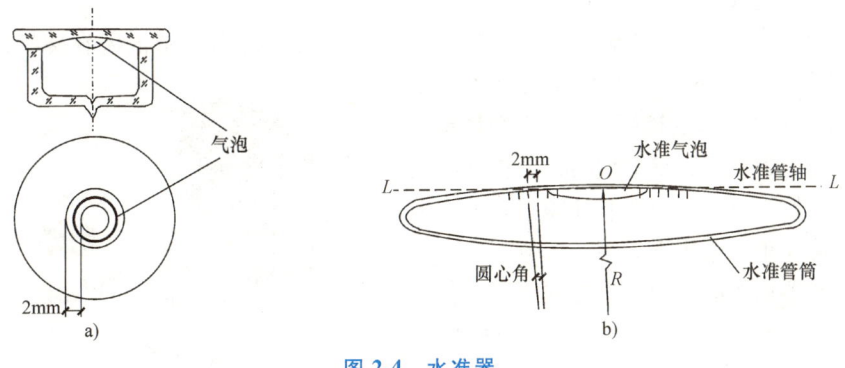

图 2-4 水准器

a) 圆水准器  b) 管水准器

圆水准器顶面内壁是球面，正中刻有一圆圈，圆圈中心为圆水准器零点，过零点的球面法线称为圆水准器轴。水准器内装酒精和乙醇的混合液加热熔封，冷却后形成一个气泡，在重力作用下，气泡位于管内最高位置。当气泡居中时，圆水准器轴处于竖直位置。不居中时，气泡中心偏离零点 2mm 所对应的圆水准器轴倾斜角值称为圆水准器分划值，普通水准仪一般为 8′~10′，由于它的精度较低，故只用于仪器的粗略整平。

管水准器是将玻璃管纵向内壁磨成圆弧，内装酒精和乙醇，有一个较长的气泡，圆弧中心为水准管零点，过零点的水准管圆弧纵切线，称为水准管轴，当水准管零点与气泡中心重合时，称为气泡居中。气泡居中时，水准管轴处于水平位置。为便于确定气泡居中，在水准管上刻有间距为 2mm 的分划线，分划线对称于零点，当气泡两端点距水准管两端刻划的格数相等时，即为水准管气泡居中。相邻两分划线间的圆弧（弧长 2mm）所对的圆心角，称为水准管分划值。水准管的分划值一般为 20″~60″，精度远高于圆水准器。

### 4. 视线水平补偿器

气泡式水准仪除安装一个圆水准器外，还安装有一个与望远镜平行的管水准器，通过调整管水准器气泡居中来获得一条水平视线。自动安平水准仪则是利用自动安平补偿器代替水准管，自动获得一条水平视线。使用这种水准仪时，只要使圆水准器气泡居中，即仪器大致水平，即可瞄准水准尺读数。因此，既简化操作，提高速度，又避免由于外界温度变化导致水准管与视准轴不平行带来的误差，从而提高观测成果的精度。

自动补偿的原理。如图 2-5a 所示，当望远镜视准轴倾斜了一个小角 $\alpha$ 时，由水准尺的 $a_0$ 点过物镜光心 $O$ 所形成的水平光线，不再通过十字丝中心 $B$，而通过偏离 $B$ 点的 $A$ 点处。若在十字丝分划板前面，安装一个补偿器，使水平光线偏转 $\beta$ 角，并恰好通过十字丝中心 $B$，则在视准轴有微小倾斜时，十字丝中心 $B$ 仍能读出视线水平时的读数，相当于得到一条

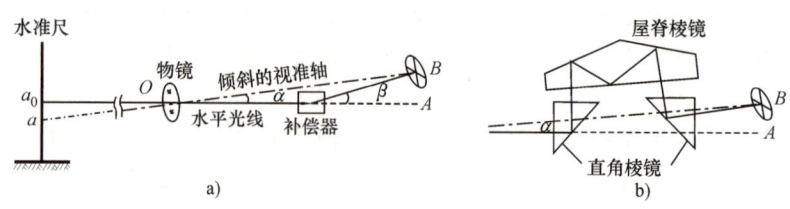

图 2-5 自动安平原理

水平视线，从而达到自动补偿目的。

图 2-5b 是一般自动安平水准仪采用的补偿器，补偿器的构造是把屋脊棱镜固定在望远镜内，在屋脊棱镜的下方，用交叉的金属片吊挂两个直角棱镜，当望远镜倾斜时，直角棱镜在重力作用下与望远镜作相反的偏转，并借助阻尼器的作用快速静止下来。当视准轴倾斜 α 时，实际上直角棱镜在重力作用下并不产生倾斜，水平光线进入补偿器后，沿实线所示方向行进，使水平视线恰好通过十字丝中心 B，达到补偿的目的。

简单来说，自动安平的本质，是利用铅垂线作为测量的基准线，而铅垂线是不需要人工调节自动获得的，从而实现自动安平。

图 2-6 是苏州一光仪器公司生产的 $DSZ_2$ 自动安平水准仪的补偿器，补偿器工作范围为 ±14′，自动安平精度 ≤ ±0.3″，自动安平时间

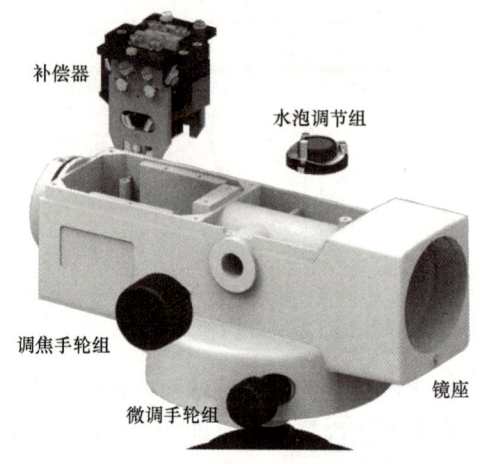

图 2-6 自动安平补偿器

<2s，精度指标是每 1km 往返测高差中误差 ±1.5mm，高于 $DS_3$ 微倾式水准仪的精度指标。

## 2.2.2 水准尺

水准尺是水准测量时使用的标尺，采用经过干燥处理且伸缩性较小的优质木材制成，现在有很多用铝合金制成的水准尺。从外形看，常见的有直尺和塔尺两种，如图 2-7 所示。

### 1. 直尺

直尺一般为双面尺，尺长 3m，两根为一对，如图 2-7a 所示。直尺的两面分别绘有黑白和红白相间的区格式厘米分划，黑白相间的一面称为黑面尺，也称为主尺；红白相间的一面称为红面尺，也称为辅尺。在每一分米处均有两个数字组成的注记，第一个表示米，第二个表示分米，例如 "28" 表示 2.8m。黑面尺底端起点为零，红面尺底端起点其中一根为 4.687m，另一根为 4.787m。设置两面起点不同的目的，是为了防止两面出现同样的读数错误。这种直尺适用于精度较高的水准测量中。

### 2. 塔尺

塔尺也称为标尺，由两节或三节套接在一起，其长度有

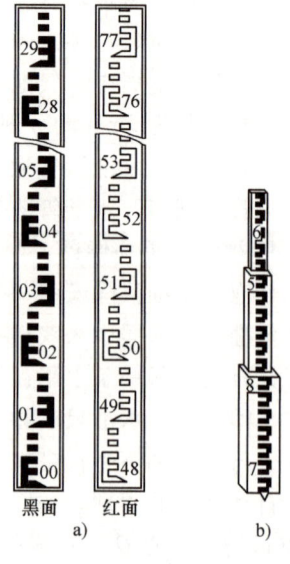

图 2-7 水准尺

a) 直尺 b) 塔尺

3m、4m 和 5m 等，如图 2-7b 所示。塔尺最小分划为 1cm 或 0.5cm，一般为黑白相间或红白相间，底端起点均为零。每分米处有由点和数字组成的注记，点数表示米，数字表示分米，例如"∴5"表示 3.5m。塔尺由于存在接头，容易松动，故精度低于直尺，但使用和携带方便，适用于施工测量等。

### 2.2.3 尺垫

尺垫由生铁铸成，如图 2-8 所示。其下部有三个支脚，上部中央有一凸起的半球体。尺垫用于进行多测站连续水准测量时，在转点上作为临时立尺点，以防止水准尺下沉和立尺点移动。使用时应将尺垫的支脚牢固地踩入地下，然后将水准尺立于其半球顶上。

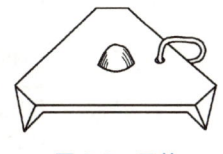

图 2-8 尺垫

自动安平水准仪的使用

## 子单元 3　水准仪的使用

在每个测站上，水准仪的使用包括安置水准仪、粗略整平、照准水准尺、精确整平和读数等基本操作步骤，其中自动安平水准仪不需要精确整平这个操作。下面以自动安平水准仪为例，具体介绍水准仪的使用方法。

### 2.3.1 安置水准仪

打开三脚架，调节架腿长度，使其与观测者高度相适应，用目估法使架头大致水平，并将三脚架腿尖踩入土中或使其与地面稳固接触，然后将水准仪从仪器箱中取出，置放在三脚架头上，一手握住仪器，另一手用连接螺旋将仪器固连在三脚架上。

### 2.3.2 粗略整平

粗略整平是转动基座脚螺旋，使圆水准器气泡居中，此时仪器竖轴铅垂，视准轴粗略水平。其操作方法如下：松开水平制动螺旋，转动仪器使圆水准器位于某两个基座螺旋之间，如图 2-9a 所示，圆水准器位于①②基座螺旋之间，观察气泡的位置，设气泡未居中并位于 $a$ 处，可按图中所示方向用两手同时相对转动脚螺旋①②，使气泡从 $a$ 处移至 $b$ 处；然后用一只手转动另一脚螺旋③，如图 2-9b 所示，使气泡居中。

在整平过程中，要根据气泡偏移的位置判断应该旋转哪个脚螺旋，同时还要注意两个规则：气泡的移动方向与左手大拇指移动方向一致；右手旋转的方向与左手相反。

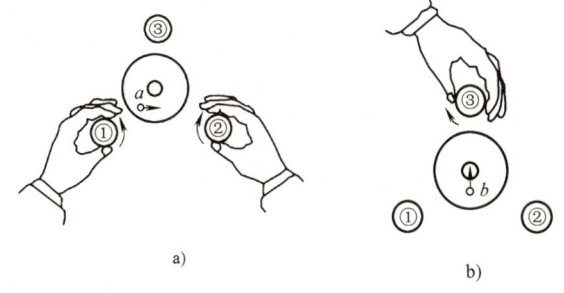

图 2-9 整平圆水准器

### 2.3.3 照准水准尺

先进行目镜调焦，把望远镜对着明亮的背景，转动目镜调焦螺旋，使十字丝清晰。再进行初步照准，旋转望远镜，用粗瞄准器对准水准尺。最后精确照准，从望远镜中观察，转动

17

物镜调焦螺旋，使水准尺分划清晰，再转动微动螺旋，使十字丝竖丝靠近水准尺边缘或内部，如图 2-10 所示。

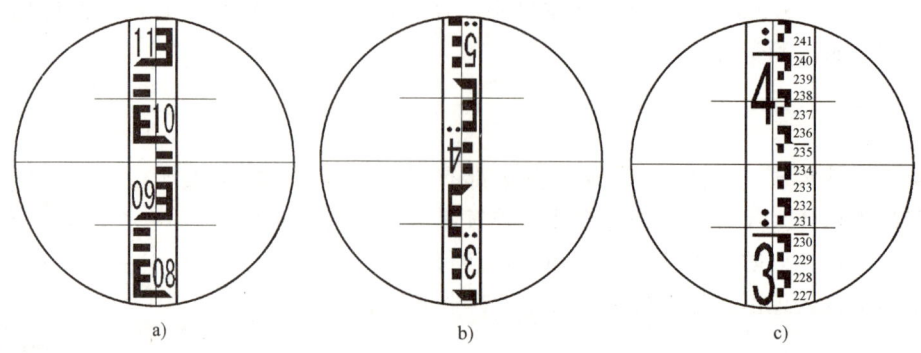

图 2-10 照准水准尺

水准仪的十字丝横丝有三根，中间的长横丝称为中丝，用于读取水准尺读数；上、下两根短横丝是用来粗略测量水准仪到水准尺距离的，称为上、下视距线，简称上丝和下丝。上丝和下丝的读数也可用来检核中丝读数，即中丝读数应等于上、下丝读数的平均值。照准目标后，眼睛在目镜端上下做少量移动，若发现目标影像和十字丝有相对运动，这种现象称为视差。产生视差的原因是目标的影像与十字丝分划板不重合。视差对读数的精度有较大影响，应认真调焦目镜使十字丝清晰，再调焦物镜使水准尺影像清晰，即可消除视差。

### 2.3.4 读数

使自动安平水准仪照准标尺即可进行读数。有的自动安平水准仪为了确保补偿器没有被卡住而失效，专门设置了一个补偿器按钮，在读数前可以先按一下补偿器按钮，待影像稳定下来后再读数。

读数是用中丝在水准尺上读数，直接读米、分米和厘米，估读毫米，共四位数，其中米和分米是标注在尺面上的，可直接读取（最长刻划处即是整分米所在的位置），厘米是从整分米处往高处数刻划得到的，毫米是不足一个刻划的高度，是估读出来的。例如，图 2-10a 是 1cm 刻划的直尺，读数为 0.976m；图 2-10b 是 1cm 刻划的塔尺，读数为 2.423m；图 2-10c 是塔尺的另一面，刻划为 0.5cm，每厘米处注有读数，便于近距离观测，读数为 2.338m。

读数时，注意从小往大读，自动安平水准仪的望远镜一般都是正像，即是由下往上读；若望远镜是倒像，则是由上往下读。一般应先读后尺读数，再转动望远镜照准前尺，读前尺读数，后尺读数减前尺读数为两点之间的高差，后尺点高程加高差即为前尺点高程。

## 子单元 4　水准测量方法

### 2.4.1 水准点

为了统一全国的高程系统和满足各种测量的需要，测绘部门在全国各地埋设了很多高程标志，称为水准点，由专业测量单位按国家等级水准测量的要求观测其高程。这些水准点，按精度由高到低分为一、二、三、四等，称为国家等级水准点，埋设永久性标志。永久性水准点一般用混凝土制成，顶面嵌入不锈钢或不易锈蚀材料制成的半球状标志，标志的顶点代表水准点的点位。顶点高程，即为水准点高程，如图 2-11 所示。永久性水准点也可用金属标志埋设于基础稳固的建筑物墙脚上，称为墙脚水准点。水准测量通常是从水准点开始，测量其他待定点的高程。

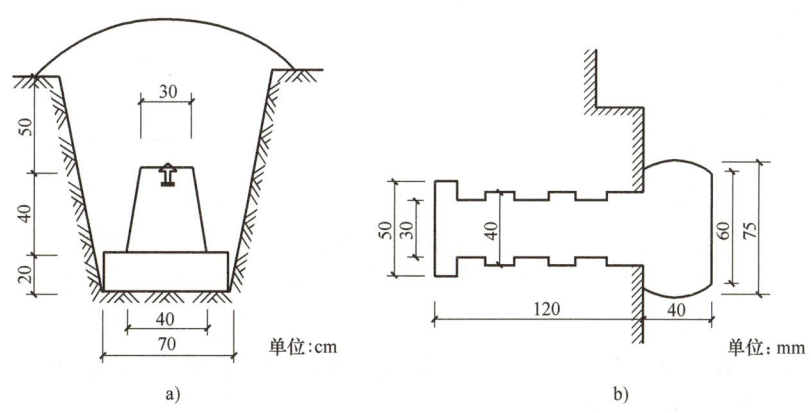

图 2-11 永久性水准点

a) 埋地水准点 b) 墙脚水准点

实际工作中常在国家等级水准点的基础上进行补充和加密，得到精度低于国家等级要求的水准点，这个测量工作称为普通水准测量，具体又分为五等水准测量和图根水准测量。普通水准测量可按上述格式埋设永久性水准点，也可埋设临时性水准点。临时性水准点可在地面凸出的坚硬稳固的岩石上用红漆标记；也可用木桩打入地下，桩顶钉一半球形铁钉，如图 2-12 所示。

水准点埋设之后，绘出水准点附近的草图，以便将来现场查找。水准点应进行编号，编号前通常加注 BM，以表示水准点，如 BM$A$、BM5 等。

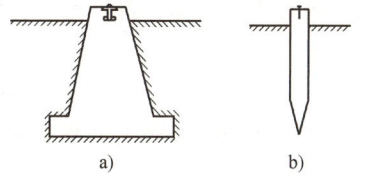

图 2-12 临时性水准点

a) 混凝土水准点 b) 木质水准点

### 2.4.2 水准路线

水准测量外业观测所经过的路线称为水准路线。为了避免观测、记录和计算中发生人为差错，并保证测量成果能达到一定的精度要求，必须按某种形式布设水准路线。布设水准路线时，应考虑已知水准点、待定点的分布和实际地形情况，既要能包含所有待定点，又要能进行成果检核。水准路线的基本形式有闭合水准路线、附合水准路线和支水准路线。

**1. 闭合水准路线**

如图 2-13a 所示，从已知水准点 $A$ 出发，沿高程待定点 1，2，…进行路线水准测量，最后再回到原已知水准点 $A$，这种起止于同一已知水准点的封闭水准路线称为闭合水准路线。闭合水准路线高差代数和的理论值等于零，即 $\sum h = 0$，利用这个特性可以检核观测成果是否正确。

**2. 附合水准路线**

如图 2-13b 所示，从已知水准点 $A$ 出发，沿高程待定点 1，2，…进行路线水准测量，最后附合另一已知水准点 $B$，这种起止于两个已知水准点间的水准路线称为附合水准路线。附

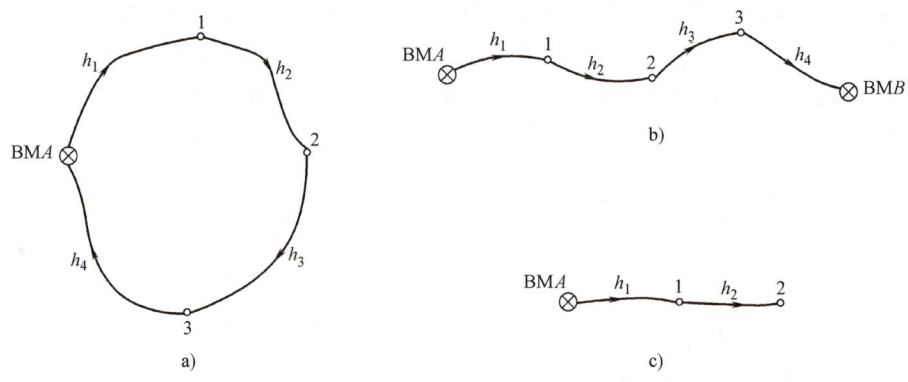

图 2-13 水准路线
a）闭合水准路线　b）附合水准路线　c）支水准路线

合水准路线高差代数和的理论值等于起点 $A$ 至终点 $B$ 的高差，即 $\sum h = H_B - H_A$，利用这个特性也可以检核观测成果是否正确。

### 3. 支水准路线

如图 2-13c 所示，从已知水准点 $A$ 出发，沿高程待定点 1，2，…进行路线水准测量，既不闭合于该已知点也不附合另一已知点的水准路线，称为支水准路线。支水准路线缺乏检核条件，一般要求进行往返观测，或者限制路线长度或点数。往返观测时，往测高差与返测高差的绝对值应相等，符号相反，即 $h_{A2} = -h_{2A}$。

## 2.4.3 水准测量的方法

在用连续的路线水准测量确定相隔较远或高差较大的两点之间的高差时，应当按照规定的观测程序进行观测，按一定的格式进行记录和计算，同时，在观测中还应进行各种检核。这样才能避免观测结果出错并达到一定的精度要求。不同等级的水准测量有相应的观测程序和记录格式，检核方法也有所不同。下面主要介绍用自动安平水准仪进行普通水准测量的方法和要求。

### 1. 观测程序

如图 2-14 所示，$A$ 为已知水准点，其高程为 156.836m，$P$ 为待测高程点，拟在两点之间设置若干个转点，经过连续多站水准测量，测出 $A$、$P$ 两点间的高差，计算 $P$ 点的高程。

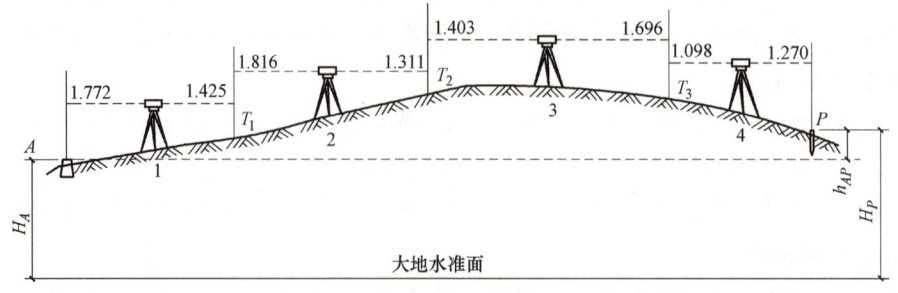

图 2-14 观测与读数

具体观测步骤是：

1）在 $A$ 点前方适当位置，选择转点 $T_1$，放上尺垫，在 $A$、$T_1$ 点上分别立水准尺。在距 $A$ 和 $T_1$ 大致相等的 1 处安置水准仪，调节基座脚螺旋使圆水准器气泡居中，使水准仪粗略水平。

2）照准后视点 $A$ 上水准尺，读数 $a_1$（1.772m），记入表 2-1 中 $A$ 点后视读数栏内。

3）旋转望远镜，照准前视点 $T_1$ 上水准尺，读数 $b_1$（1.425m），记入 1 点前视读数栏内。

4）按式（2-1）计算 $A$ 至 $T_1$ 点高差 $h_1$（1.772m−1.425m=0.347m），记入测站 1 的高差栏内。至此完成了第一个测站的观测。

5）在 $T_1$ 点前方适当位置，选择转点 $T_2$，放上尺垫，将 $A$ 点水准尺移至 $T_2$ 点，$T_1$ 点水准尺不动，将水准仪由 1 处移至距 $T_1$ 和 $T_2$ 点大致相等的 2 处。将水准仪粗略整平后，按 2）~4）所述步骤和方法，观测并计算出 $T_1$ 至 $T_2$ 点高差 $h_2$。同理连续设站，直至测出最后一个转点至待定点 $P$ 之间的高差。

设上述各测站的读数如图 2-14 所示，则读数记录和高差计算结果见表 2-1。

**2. 高程计算**

全部观测完成后，将各测站的高差相加，得总高差，即 $h_{AP} = \sum h = 0.387\text{m}$ 然后按式（2-2）计算待定点 $P$ 的高程为：

$$H_P = H_A + h_{AP} = 156.836\text{m} + 0.387\text{m} = 157.223\text{m}$$

为了保证计算正确无误，对记录表中每一页所计算的高差和高程要进行计算检核，即后视读数总和减去前视读数总和、高差总和、待定点高程与水准点高程之差值，这三个数字应当相等，否则就是计算有错。如表 2-1 中，三者结果均为 0.387，说明计算正确。在计算时，先检核高差计算是否正确，当高差计算正确后再进行高程的计算。表 2-1 中各转点的高程也可不逐一计算，用 $A$ 点高程加上高差总和即为 $P$ 点高程。注意，计算检核只能检查计算是否正确，对读数不正确等观测过程中发生的错误，是不能通过计算检核检查出来的。

表 2-1 水准测量手簿

| 测站 | 点号 | 后视读数/m | 前视读数/m | 高差/m | 高程/m | 备注 |
|---|---|---|---|---|---|---|
| 1 | $A$ | 1.772 |  | 0.347 | 156.836 | 水准点 |
| 2 | $T_1$ | 1.816 | 1.425 | 0.505 | 157.183 | 转点 |
| 3 | $T_2$ | 1.403 | 1.311 | −0.293 | 157.688 | 转点 |
| 4 | $T_3$ | 1.098 | 1.696 | −0.172 | 157.395 | 转点 |
|  | $P$ |  | 1.270 |  | 157.223 | 待定点 |
| 计算检核 |  | $\sum=6.089-$ $5.702=0.387$ | $\sum=5.702$ | $\sum=0.387$ | $157.223-$ $156.836=0.387$ |  |

### 2.4.4 测站检核

按照上述观测方法，若任一测站上的后视读数或者前视读数不正确，或者观测质量太差，都将影响高程的正确性和精度。因此，必须在每个测站上进行测站检核，一旦发现错误或不满足精度要求，必须及时重测。测站检核主要采用双面尺法和变动仪器高度法。

**1. 双面尺法**

利用双面水准尺，在每个测站上只架设一次仪器，保持仪器高度不变，分别读取后视和前视的黑面与红面读数,按式(2-1)分别计算出黑面高差 $h_黑$ 和红面高差 $h_红$。由于两水准尺的黑面底端起点读数相同(都为0),而红面底端起点读数相差 100mm[即(4787-4687)mm=100mm],应在红面高差 $h_红$ 中加或减 100mm 后,再与黑面高差 $h_黑$ 进行比较,两者之差不超过容许值(5mm)时说明满足要求,取黑、红面高差平均值作为两点之间的高差,否则,应立即重测。

**2. 变动仪器高度法**

在每个测站上,读后尺和前尺的读数,计算高差后,重新安置仪器(将仪器升高或降低 10cm 以上),再读后尺和前尺的读数并计算高差,两次高差之差的容许值与双面尺法相同(5mm),满足要求时取平均值作为两点之间的高差,否则重测。

# 子单元 5　水准测量成果计算

上述两点间的水准路线称为一个测段,一般水准路线有数个待定点,由数个测段构成,每个测段少则一个测站,多则几十个测站,经过对各测段的观测,分别得到各测段的高差。水准测量成果计算的目的,是根据水准路线上已知水准点的高程和各测段的高差,求出各待定点的高程。

在计算前,要先检查外业观测手簿,确认各测段两点间的高差计算正确,再列表进行水准测量成果计算。首先是检核整条水准路线的观测误差是否达到精度要求,若没有达到要求,要进行重测;若达到要求,可把观测误差按一定原则调整后,再求取待定点的高程。具体内容包括以下几个方面:计算高差闭合差;当高差闭合差满足限差要求时,调整闭合差;求改正后高差;计算待定点高程。

## 2.5.1　闭合水准路线成果计算

图 2-15 是一条闭合水准路线,由四段组成,各段的观测高差和测站数如图所示,箭头表示水准测量进行的方向,BMA 为已知水准点,高程为 42.372m,1、2、3 点为待定高程点。

水准测量成果计算表见表 2-2,计算前先将已知水准点高程、各测段观测高差及其测站数填入表内相应栏目内,然后按以下步骤进行计算。

**1. 计算高差闭合差**

一条水准路线的实际观测高差与已知理论高差的差值称为高差闭合差,用 $f_h$ 表示,即

$$f_h = 观测值 - 理论值 \tag{2-4}$$

对于闭合水准路线,高差闭合差的观测值为路线高差代数和,即 $\sum h_测 = h_1 + h_2 + \cdots + h_n$,理论值 $\sum h_理 = 0$,按式(2-4)有

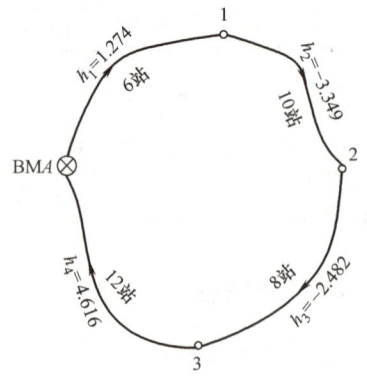

图 2-15　闭合水准路线略图

$$f_h = \sum h_测 \tag{2-5}$$

将表 2-2 中的观测高差代入式(2-5),得高差闭合差为 $f_h = 0.059\text{m} = 59\text{mm}$。

表 2-2　水准测量成果计算表

| 测段编号 | 点　名 | 测站数 | 观测高差/m | 改正数/m | 改正后高差/m | 高程/m | 备　注 |
|---|---|---|---|---|---|---|---|
| 1 | BMA | 6 | 1.274 | -0.010 | 1.264 | 42.372 | 水准点 |
| 2 | 1 | 10 | -3.349 | -0.016 | -3.365 | 43.636 | |
| 3 | 2 | 8 | -2.482 | -0.013 | -2.495 | 40.271 | |
| 4 | 3 | 12 | 4.616 | -0.020 | 4.596 | 37.776 | |
| ∑ | BMA | 36 | 0.059 | -0.059 | 0.000 | 42.372 | 水准点 |
| 计算检核 | 高差闭合差:$f_h = \sum h = 0.059\text{m} = 59\text{mm}$ | | | 闭合差容许值:$f_{h容} = \pm 12\sqrt{36}\text{mm} = \pm72\text{mm}$ | | | 成果合格 |

**2. 高差闭合差的容许值**

高差闭合差 $f_h$ 被用于检核测量成果是否合格。如果 $f_h$ 不超过高差闭合差容许值 $f_{h容}$，则成果合格。否则，应查明原因，重新观测。在等外水准测量时，平地和山地的高差闭合差容许值分别为

平地：　　　　　　　　　$f_{h容} = \pm 40\sqrt{L}$ mm　　　　　　　　　　　　(2-6)

山地：　　　　　　　　　$f_{h容} = \pm 12\sqrt{n}$ mm　　　　　　　　　　　　(2-7)

式中　$L$——水准路线长度，单位为 km；

　　　$n$——水准路线的测站数。

当每千米水准路线中测站数超过 16 站时，可认为是山地，采用式（2-7）计算容许差。

将表 2-2 中的测站数累加，得总测站数 $n = 36$，代入式（2-7）得高差闭合差的容许值为

$$f_{h容} = \pm 12\sqrt{36}\text{mm} = \pm 72\text{mm}$$

由于 $|f_h| < |f_{h容}|$，精度符合等外水准测量要求。

**3. 高差闭合差的调整**

高差闭合差调整的目的是在有误差的情况下，使各测段的高差更合理一些。方法是将水准路线中的各段观测高差加上一个改正数，使得改正后高差总和与理论值相等。在同一条水准路线上，可认为观测条件相同，即每千米（或测站）出现误差的可能性相等，因此，可将闭合差反号后，按与距离（或测站数）成比例分配原则，计算各段高差的改正数，然后进行相应的改正。计算过程如下：

（1）改正数　对于第 $i$ 段观测高差($i = 1, 2, \cdots, n$)，其改正数 $v_i$ 的计算公式为

$$v_i = -\frac{f_h}{\sum L} L_i \qquad (2\text{-}8)$$

或

$$v_i = -\frac{f_h}{\sum n} n_i \qquad (2\text{-}9)$$

式中　$\sum L$——水准路线总长度；

　　　$L_i$——第 $i$ 测段长度；

　　　$\sum n$——水准路线总测站数；

　　　$n_i$——第 $i$ 测段站数。

将各段改正数均按上式求出后，记入改正数栏。高差改正数凑整后的总和，必须与高差闭合差绝对值相等，符号相反。

将表2-2中的数据代入式（2-9）得各段高差的改正数为

$$v_1 = -\frac{0.059}{36}\text{m} \times 6 = -0.010\text{m}$$

$$v_2 = -\frac{0.059}{36}\text{m} \times 10 = -0.016\text{m}$$

$$v_3 = -\frac{0.059}{36}\text{m} \times 8 = -0.013\text{m}$$

$$v_4 = -\frac{0.059}{36}\text{m} \times 12 = -0.020\text{m}$$

由于 $\sum v = -0.059\text{m} = -f_h$，说明改正数的计算正确，可以进行下一步的计算。

（2）求改正后的各段高差　将各观测高差与对应的改正数相加，可得各段改正后高差，计算公式为

$$h_{i改} = h_i + v_i \tag{2-10}$$

式中　$h_{i改}$——改正后的高差；

$\quad\quad h_i$——原观测高差；

$\quad\quad v_i$——该高差的改正数。

改正后高差总和应等于高差总和的理论值。

将表2-2中的观测高差与其改正数代入式（2-10），得各段改正后的高差为

$$h_{1改} = (1.274 - 0.010)\text{m} = 1.264\text{m}$$

$$h_{2改} = (-3.349 - 0.016)\text{m} = -3.365\text{m}$$

$$h_{3改} = (-2.482 - 0.013)\text{m} = -2.495\text{m}$$

$$h_{4改} = (4.616 - 0.020)\text{m} = 4.596\text{m}$$

由于 $\sum h_{i改} = 0.000$，说明改正后高差计算正确。

**4. 高程计算**

根据改正后高差，从起点 $A$ 开始，逐点推算出各待定点高程，直至3号点，记入高程栏。为了检核高程计算是否正确，对闭合水准路线应继续推算到起点 $A$，$A$ 的推算高程应等于已知高程。

根据表2-2的已知高程和改正后高差，得各点的高程为

$$H_1 = (42.372 + 1.264)\text{m} = 43.636\text{m}$$

$$H_2 = [43.636 + (-3.365)]\text{m} = 40.271\text{m}$$

$$H_3 = [40.271 + (-2.495)]\text{m} = 37.776\text{m}$$

$$H_A = (37.776 + 4.596)\text{m} = 42.372\text{m}$$

上述计算中，$A$ 的推算高程 $H_A$ 等于其已知高程，说明高程计算正确。

## 2.5.2　附合水准路线的成果计算

图2-16是一条附合水准路线，由四段组成，起点 $A$ 的高程为72.394m，终点 $B$ 的高程

为73.128m,各段观测高差和路线长度如图所示,计算1、2、3点的高程。

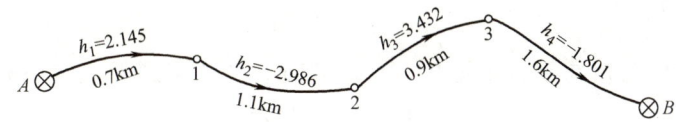

图 2-16 附合水准路线略图

附合水准路线成果计算的步骤、方法与闭合水准路线基本一样,只是在闭合差计算公式有一点区别。这里着重介绍高差闭合差的计算方法,其他计算过程不再详述,计算结果见表 2-3。

表 2-3 水准测量成果计算表

| 测段编号 | 点 名 | 距离/km | 实测高差/m | 改正数/m | 改正后高差/m | 高程/m | 备 注 |
|---|---|---|---|---|---|---|---|
| 1 | A | 0.7 | 2.145 | -0.009 | 2.136 | 72.394 | 水准点 |
| 2 | 1 | 1.1 | -2.986 | -0.014 | -3.000 | 74.530 | |
| 3 | 2 | 0.9 | 3.432 | -0.012 | 3.420 | 71.530 | |
| 4 | 3 | 1.6 | -1.801 | -0.021 | -1.822 | 74.950 | |
| ∑ | B | 4.3 | 0.790 | -0.056 | 0.734 | 73.128 | 水准点 |
| 计算检核 | $\sum h = 0.790\mathrm{m}$　　$H_B - H_A = (73.128 - 72.394)\mathrm{m} = 0.734\mathrm{m}$<br>高差闭合差:$f_h = \sum h - (H_B - H_A) = 0.056\mathrm{m}$<br>闭合差容许值:$f_{h容} = \pm 40\sqrt{4.3}\mathrm{mm} = \pm 83\mathrm{mm}$　　成果合格 | | | | | | |

**1. 闭合差计算**

在计算附合水准路线闭合差时,观测值为路线高差代数和,即 $\sum h_{测} = h_1 + h_2 + \cdots + h_n$,理论值 $\sum h_{理} = H_{终} - H_{起}$,按式(2-4)有

$$f_h = \sum h_{测} - (H_{终} - H_{起}) \tag{2-11}$$

将表 2-3 的观测高差总和以及 A、B 两点的已知高程代入式(2-11)得闭合差为

$$f_h = [0.790 - (73.128 - 72.394)]\mathrm{m} = 0.056\mathrm{m}$$

**2. 高差闭合差的容许值**

由于只有路线长度数据,因此按式(2-6)计算高差闭合差的容许值,即

$$f_{h容} = \pm 40\sqrt{L} = \pm 40\sqrt{4.3}\mathrm{mm} = \pm 83\mathrm{mm}$$

由于 $|f_h| < |f_{h容}|$,精度符合要求。

**3. 高差闭合差的调整**

高差闭合差的调整是将闭合差反号后,按与距离成比例分配原则,计算各段高差的改正数,然后进行相应的改正。其中,改正数用式(2-8)计算,改正后高差用式(2-10)计算,计算结果填在表 2-3 的相应栏目内。

**4. 高程计算**

根据改正后高差,从起点 A 开始,逐点推算出各待定点高程,直至 B 点,记入高程栏。

若 $B$ 点的推算高程等于其已知高程，则说明高程计算正确。

### 2.5.3 支水准路线成果计算

设某水准路线的已知点 $A$ 的高程 $H_A = 152.371\text{m}$，从 $A$ 点到 $P$ 点的往测高差和返测高差分别为 $h_{往} = -2.216\text{m}$、$h_{返} = +2.238\text{m}$，往返测总测站数 $n = 9$。

**1. 求往、返测高差闭合差**

支水准路线往返观测时，往测高差与返测高差代数和的观测值为 $h_{往} + h_{返}$，理论值为零。按式（2-4）有

$$f_h = h_{往} + h_{返} \tag{2-12}$$

因此，这里的闭合差为 $f_h = (-2.216 + 2.238)\text{m} = +0.022\text{m}$

**2. 高差闭合差容许值**

支水准路线高差闭合差的容许值的计算与闭合路线及附合路线一样，这里将测站数代入式（2-7）得

$$f_{h容} = \pm 12\sqrt{n} = \pm 12\sqrt{9}\,\text{mm} = \pm 36\text{mm}$$

由于 $|f_h| < |f_{h容}|$，精度符合要求。

**3. 求改正后高差**

支水准路线往返测高差的平均值即为改正后高差，符号以往测为准，因此计算公式为

$$h = \frac{h_{往} - h_{返}}{2} \tag{2-13}$$

这里改正后的高差为

$$h = \frac{-2.216 - 2.238}{2}\text{m} = -2.227\text{m}$$

**4. 高程计算**

待定点 $P$ 的高程为

$$H_P = H_A + h = (152.371 - 2.227)\text{m} = 150.144\text{m}$$

## 子单元 6　水准仪的检验与校正

水准测量前，应对所使用的水准仪进行检验校正。检验校正时，先做一般性检查，内容包括：微动螺旋和目镜、物镜调焦螺旋是否有效；基座脚螺旋是否灵活；连接螺旋与三脚架头连接是否可靠；架脚有无松动。自动安平水准仪要检验补偿器的性能，其方法是整平仪器后先在水准尺上读数，然后少许转动物镜或目镜下面的一个脚螺旋，人为地使视线倾斜，再次读数，若两次读数相同说明补偿器性能良好，否则需由专业人员修理。

水准仪的检验与校正，主要是检验仪器各主要轴线之间的几何条件是否满足，若不满足，则应校正。

### 2.6.1 水准仪应满足的几何条件

如图 2-17 所示，气泡式水准仪的主要轴线有视准轴 $CC$、水准管轴 $LL$、圆水

水准仪的轴线关系

准器轴 $L'L'$ 和竖轴（仪器旋转轴）$VV$。此外，还有读取水准尺上读数的十字丝横丝。

水准测量中，通过调水准管气泡居中（水准管轴水平），实现视准轴水平，从而正确测定两点之间的高差，因此，水准管轴必须平行于视准轴，这是水准仪应满足的主要条件。自动安平水准仪没有水准管，但其自动安平补偿器能自动获得水平视线，可以将自动安平补偿器看作水准管。自动安平补偿器工作正常时，相当于水准管轴平行于视准轴。

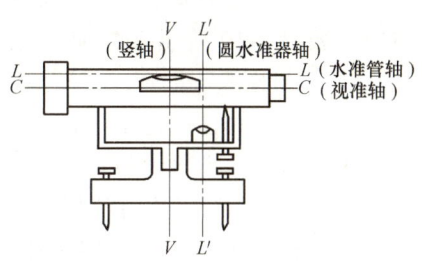

图 2-17 水准仪的主要轴线

通过调圆水准器气泡居中（圆水准器轴铅垂），实现竖轴铅垂，从而使水准仪旋转到任意方向上，其水平程度都能达到自动安平补偿器正常工作的范围，因此，圆水准器轴应平行于竖轴；另外，竖轴铅垂时，十字丝横丝应水平，以便在水准尺上读数，因此，十字丝横丝应垂直于竖轴。综上所述，水准仪应满足下列条件：

1）圆水准器轴平行于竖轴（$L'L' // VV$）。
2）十字丝横丝垂直于竖轴。
3）水准管轴平行于视准轴（$LL // CC$）。

上述条件在仪器出厂时一般能够满足，但由于仪器在运输、使用中会受到振动、磨损，轴线间的几何条件可能有些变化，因此，在水准测量前，应对所使用的仪器按上述顺序进行检验与校正。

### 2.6.2 圆水准器轴平行于竖轴的检验与校正

**1. 检验**

转动基座脚螺旋使圆水准器气泡居中，则圆水准器轴处于铅垂位置。若圆水准器轴不平行于竖轴，如图 2-18a 所示，设两轴的夹角为 $\alpha$，则竖轴偏离铅垂方向 $\alpha$。将望远镜绕竖轴旋转 180°后，竖轴位置不变，而圆水准器轴移到图 2-18b 的位置，此时，圆水准器轴与铅垂线之间的夹角为 $2\alpha$。此角值的大小由气泡偏离圆水准器零点的弧长表现出来。因此，检验时，只要将水准仪旋转 180°后发现气泡不居中，就说明圆水准器轴与竖轴不平行，需要校正，而且校正时只要使气泡向零点方向返回一半，就可使圆水准器轴平行于竖轴。

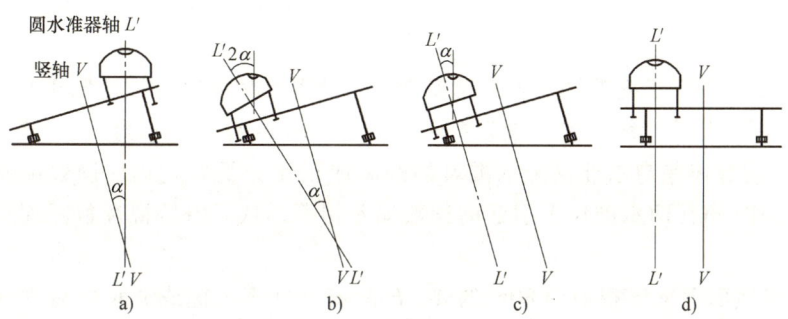

图 2-18 圆水准器轴平行于竖轴的检验与校正

a）气泡居中，竖轴不铅直  b）旋转 180°  c）校正气泡返回一半  d）竖轴铅直并平行圆水准器轴

## 2. 校正

用六角形小扳手调节圆水准器旁边的两个校正螺钉，如图 2-19 所示。先使气泡向零点方向返回一半，如图 2-18c 所示，此时气泡虽不居中，但圆水准器轴已平行于竖轴，再用脚螺旋调气泡居中，则圆水准器轴与竖轴同时处于铅垂位置，如图 2-18d 所示。这时仪器无论转到任何位置，气泡都将居中。校正工作一般需反复多次，直至气泡不偏出圆圈为止。

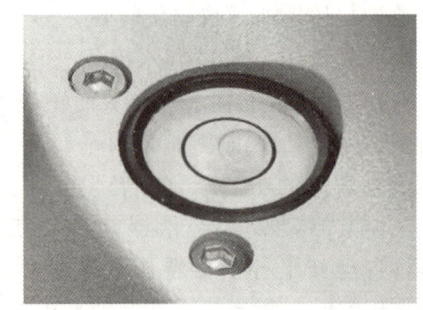

图 2-19　校正圆水准器

水准仪横丝的检校

### 2.6.3　十字丝横丝垂直于竖轴的检验与校正

**1. 检验**

安置和整平仪器后，用横丝与竖丝的交点瞄准远处的一个明显点 $M$，如图 2-20a 所示，拧紧制动螺旋，慢慢转动微动螺旋，并进行观察。若 $M$ 点不偏离横丝，如图 2-20b 所示，说明横丝垂直于竖轴；若 $M$ 点逐渐偏离横丝，在另一端产生一个偏移量，如图 2-20c 所示，则横丝不垂直于竖轴。

**2. 校正**

旋下目镜处的护盖，用螺钉旋具松开十字丝分划板座的固定螺钉，如图 2-21 所示，微微旋转十字丝分划板座，使 $M$ 点移动到十字丝横丝，最后拧紧分划板座的固定螺钉，上好护盖。此项校正要反复几次，直到满足条件为止。有的自动安平水准仪的十字丝分划板不能旋转调节，则需要送维修部进行处理。

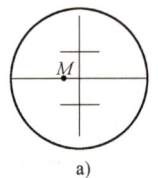

图 2-20　十字丝的检验

a) 瞄准 $M$ 点　b) $M$ 点不偏离横丝　c) $M$ 点偏离横丝

图 2-21　十字丝的校正

水准仪 $i$ 角的检校

### 2.6.4　水准管轴平行于视准轴的检验与校正

**1. 检验**

若水准管轴不平行于视准轴或者自动安平补偿装置有偏差时，视准轴相对于水平线将倾斜一个小角（用 $i$ 表示，称为视准轴误差，或简称 $i$ 角误差），从而使读数产生偏差 $x$。如图 2-22 所示，读数偏差与水准仪至水准尺的距离成正比，距离越远，读数偏差越大。若前后视距相等，则 $i$ 角在两水准尺上引起的读数偏差相等，从而由后视读数减前视读数所得高差不受影响。

1）在平坦地面上选定相距约 80m 的 $A$、$B$ 两点，打入木桩或放尺垫后立水准尺。先用皮尺量出与 $A$、$B$ 距离相等的 $O_1$ 点，在该点安置自动安平水准仪，分别读取 $A$、$B$ 两点水准尺的读数 $a_1$ 和 $b_1$，得 $A$、$B$ 点之间的高差 $h_1$。

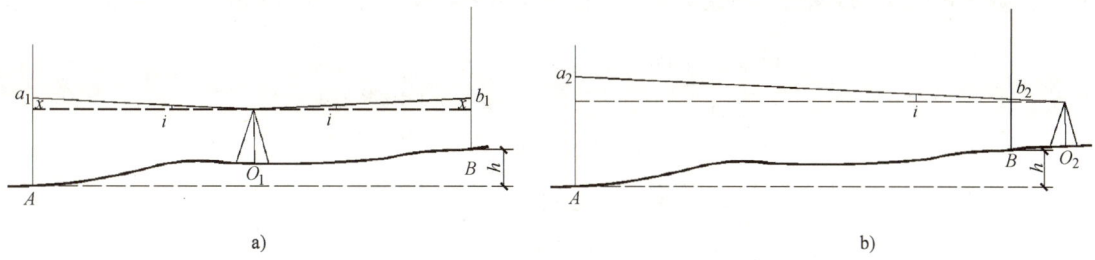

图 2-22 视准轴误差的检验

$$h_1 = a_1 - b_1$$

由于距离相等，视准轴与水准管轴即使不平行，产生的读数偏差也可以抵消，因此 $h_1$ 可以认为是 $A$、$B$ 点之间的正确高差。为确保此高差的准确，一般用双面尺法或变动仪器高度法进行两次观测，若两高差之差不超过 3mm，则取两高差平均值作为 $A$、$B$ 两点的高差。

2）把水准仪安置在距 $B$ 点约 3m 的 $O_2$ 点，读出 $B$ 点尺上读数 $b_2$，因水准仪至 $B$ 点很近，其 $i$ 角引起的读数偏差可认为近似为零，即认为读数 $b_2$ 正确。由此，可计算出水平视线在 $A$ 点尺上的读数应为

$$a_2 = h_1 + b_2$$

然后，瞄准 $A$ 点水准尺，读出水准尺上实际读数 $a_2'$，若 $a_2' = a_2$，说明两轴平行，若 $a_2' \neq a_2$，则两轴之间存在 $i$ 角，其值为

$$i = \frac{a_2 - a_2'}{D_{AB}} \rho$$

式中　$D_{AB}$——$A$、$B$ 两点水平距离；

$\rho = 206265''$。

对于 $DS_3$ 型水准仪，$i$ 角值大于 $20''$ 时，需要进行校正。

【例】 设仪器安置在中点时，在 $A$、$B$ 两尺的读数分别是 $a_1 = 1.583$，$b_1 = 1.132$，则正确高差为

$$h_1 = a_1 - b_1 = 1.583 - 1.132 = 0.451$$

把仪器安置在靠近 $B$ 端时，若在 $B$ 尺的读数是 $b_2 = 1.248$，则水平视线在 $A$ 点尺上的读数应为

$$a_2 = 0.451 + 1.248 = 1.699$$

若读出 $A$ 点水准尺上实际读数 $a_2'$ 为 1.682，则水准管轴和视准轴的 $i$ 角为

$$i = \frac{1.699 - 1.682}{80} \times 206265'' = 44''$$

$i$ 角值大于 $20''$，需要进行校正。

**2. 校正**

自动安平水准仪因补偿器无法校正，只能校正视准轴，也就是通过移动十字丝的上下位置，使十字丝中心与物镜中心所构成的视准轴发生上下改变，到达正确的位置。

如图 2-23 所示，打开望远镜目镜护盖，露出十字丝分划板调节螺钉，调节上、下两个螺钉，使十字丝中心往上或者往下移动。观测十字丝横丝在水准尺上的读数的变化。当读数等于

应有读数 1.699 时，旋紧上、下调节螺钉。此项校正需反复进行，直到 $i$ 角小于 20″为止。

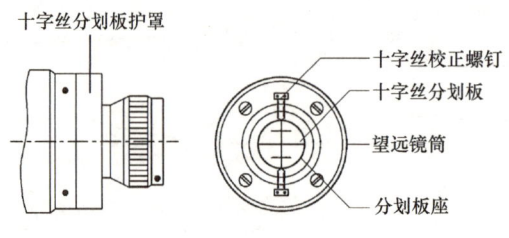

图 2-23　$i$ 角校正

## 子单元 7　水准测量误差及注意事项

水准测量误差来源于仪器误差、观测误差和外界条件的影响三个方面。在水准测量作业中，应注意根据产生误差的原因，采取相应措施，尽量消除或减弱其影响。

### 2.7.1　仪器误差

**1. 视准轴误差**

视准轴的 $i$ 角误差虽经校正，但仍然存在少量残余误差，使读数产生误差。在观测时应使前、后视距尽量相等，可消除或减弱此项误差的影响。

**2. 十字丝横丝误差**

由于十字丝横丝与竖轴不垂直，横丝的不同位置在水准尺上的读数不同，从而产生误差。观测时应尽量用横丝的中间位置读数。

**3. 水准尺误差**

水准尺刻划不准、尺子弯曲、底部零点磨损等误差的存在，都会影响读数精度，因此水准测量前必须用标准尺进行检验。若水准尺刻划不准、尺子弯曲，则该尺不能使用；若是尺底零点不准，则应在起点和终点使用同一根水准尺，使其误差在计算中抵消。

### 2.7.2　观测误差

**1. 估读水准尺误差**

在水准尺上估读毫米时，由于人眼分辨力以及望远镜放大倍率是有限的，会使读数产生误差。估读误差与望远镜放大倍率以及视线长度有关。在水准测量时，应遵循不同等级的测量对望远镜放大倍率和最大视线长度的规定，以保证估读精度。同时，视差对读数影响很大，观测时要仔细进行目镜和物镜的调焦，严格消除视差。

**2. 水准尺倾斜误差**

水准尺倾斜，总是使读数增大。倾斜角越大，造成的读数误差就越大。所以，水准测量时，应尽量使水准尺竖直，并保持稳定。

### 2.7.3　外界条件的影响

**1. 仪器下沉的影响**

仪器下沉将使视线降低，从而引起高差误差，精度要求较高等级的水准测量，在测站上采用"后、前、前、后"观测程序，可以减弱仪器下沉对高差误差的影响。

**2. 尺垫下沉的影响**

在土质松软地带，尺垫容易产生下沉，引起下站后视读数增大。采用往返观测取高差平均值，可减弱此项误差影响。

**3. 地球曲率及大气折光的影响**

由于地球曲率和大气折光的影响，测站上水准仪的水平视线相对与之对应的水准面，会在水准尺上产生读数误差，视线越长误差越大。若前、后视距相等，则地球曲率与大气折光对高差的影响将得到消除或大大减弱。

**4. 天气的影响**

温度变化会引起大气折光的变化，夏天气温较高时，水准尺影像会跳动，影响准确读数；光线较暗和有雾气时，也会影响准确读数。因此，水准测量时，应选择有利观测的时间。

## 知识链接　系统误差和偶然误差

测量误差按照对观测结果影响的性质不同，可分为系统误差和偶然误差两大类。

**1. 系统误差**

在相同的观测条件下，对某量进行一系列的观测，如果误差出现的符号相同，数值大小保持为常数，或按一定的规律变化，这种误差称为系统误差。例如，某钢尺的注记长度为30m，经鉴定其实际长度为30.003m，即每量一整尺段，就会产生0.003m的误差，这种误差的数值和符号都是固定的，误差的大小与所量距离成正比。又如，水准仪经检验校正后，仍会存在视准轴不水平的残余 $i$ 角误差，使得观测时在水准尺上读数会产生误差，这种误差的大小与水准尺至水准仪的距离成正比，且保持同一符号。这些误差都属于系统误差。

系统误差具有积累性，对测量结果的质量影响很大，所以，必须使系统误差从测量结果中消除或减弱到允许范围之内，通常采用以下方法：

1）用计算的方法加以改正。对某些误差应求出其大小，加入测量结果中，使其得到改正，消除误差影响。例如，用钢尺量距时，可以对观测值加入尺长改正数和温度改正数，来消除尺长误差和温度变化误差对钢尺的影响。

2）检校仪器。对测量时所使用的仪器进行检验与校正，把误差减小到最小程度。例如，水准仪的视准轴误差检校后，$i$ 角不得大于 $20''$。

3）采用合理的观测方法。通过合理的观测方法可使误差自行消除或减弱。例如，在水准测量中，用前后视距离相等的方法能消除 $i$ 角误差的影响。

**2. 偶然误差**

在相同的观测条件下，对某量进行一系列的观测，如果误差的符号和大小都没有表现出一致的倾向，即每个误差从表面上看，不论其符号上或数值上都没有任何规律性，这种误差称为偶然误差。例如，水准测量在水准尺上的估读误差等。

偶然误差就其单个而言，看不出有任何规律，但是随着对同一量观测次数的增加，大量的偶然误差就能表现出一种统计规律性，观测次数越多，这种规律性越明显。大量的观测统计资料结果表明，偶然误差具有如下特性：

1）在一定的观测条件下，偶然误差的绝对值不会超过一定的限值。

2) 绝对值较小的误差比绝对值较大的误差出现的机会多。

3) 绝对值相等的正负误差出现的机会相同。

4) 偶然误差的算术平均值，随着观测次数的无限增加而趋近于零。

事实上对任何一个未知量不可能进行无限次的观测，因此，偶然误差不能用计算改正或用一定的观测方法简单地加以消除。只能根据偶然误差的特性，合理地处理观测数据，减小偶然误差的影响，求出待定量的最可靠值，并衡量其精度。

## 子单元 8　数字水准仪

近年来，随着光电技术的发展，出现了精密的自动安平和自动读数的数字水准仪，进一步提高了水准测量的精度和工作效率，若与电子手簿连接，还可实现观测和数据记录的自动化。数字水准仪代表了水准测量发展的方向。图 2-24 是南方测绘仪器公司生产的 DL-2007 数字水准仪，图 2-25 是配套的条码水准尺。

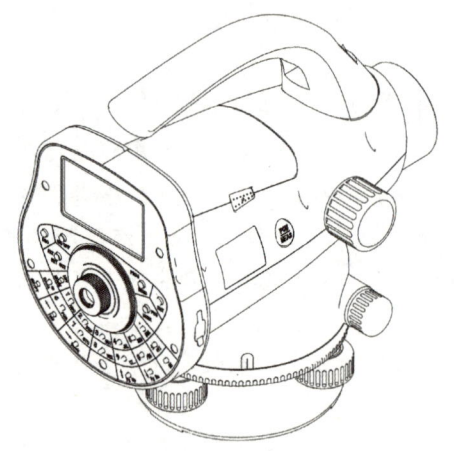

图 2-24　DL-2007 数字水准仪

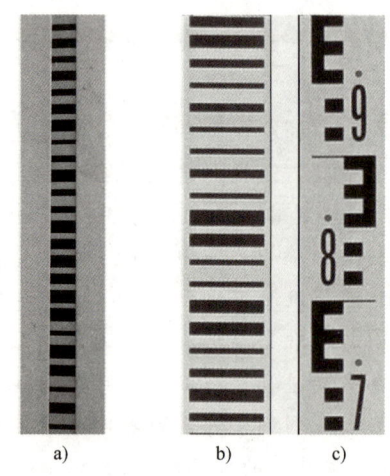

图 2-25　铟钢和玻璃钢条形码水准尺

### 2.8.1　数字水准仪测量原理

数字水准仪采用光电感应技术读取水准尺上的条形码读数。水准尺上的条形码作为参照信号存在仪器内，测量时用望远镜照准水准尺并调焦后，水准尺上的条形码影像成像在 CCD 阵列光电探测器上，探测器将接收到的光图像先转换成模拟信号，再转换为数字信号传送给仪器的处理器，通过与机内事先存储好的水准尺条形码参照信号进行相关比较，当两个信号处于最佳相关位置时，即可获得水准尺上的水平视线读数和视距读数，最后将处理结果存储并送往屏幕显示。

数字水准仪测量原理

### 2.8.2　数字水准仪的构造

不同型号的数字水准仪，其外观有所不同，具体操作方法也有所不同，但其基本构造、基本功能和基本使用方法是相同的。下面以南方测绘仪器公司生产的

数字水准仪的构造

DL-2007数字水准仪为例,介绍数字水准仪的构造与使用。

如图2-24所示,DL-2007数字水准仪由基座、圆水准器、望远镜、自动安平补偿器、光电探测器、数据处理系统以及操作面板等部件组成,具有良好的操作界面和丰富的内置应用软件,可以自动完成尺上读数、数据处理、数据显示和数据储存等工作,具有速度快、精度高、作业劳动强度小,内外业一体化等优点。测量数据储存在仪器内存或SD卡中,可以很方便地导出到电脑中做进一步的处理,其中内存16M,可以储存2万点数据。

DL-2007数字水准仪配套使用的条形码水准尺如图2-25所示,最小读数可显示到0.01mm。其中图2-25a是铟钢条形码尺,铟钢作为读数尺面,张拉在铝合金或者木质的尺身中,尺长很稳定,用于高等级的水准测量,测量精度达到每公里往返测标准差0.7mm。图2-25b是玻璃钢条形码尺,条形码直接刻划在玻璃钢尺身上,尺长没有铟钢稳定,用于较低等级的水准测量,测量精度是每公里往返测标准差2.0mm。图2-25c是玻璃钢条形码尺的背面,刻划与普通水准尺相同,用于人工按光学水准仪读数。

### 2.8.3 数字水准仪的使用

数字水准仪的操作步骤与自动安平水准仪相同,分为整平、照准和读数三个步骤。

**1. 整平**

与普通的自动安平水准仪一样,转动基座脚螺旋,使圆水准器的气泡居中,仪器便处于大致水平的状态。而后打开仪器电源开关开机,仪器自检合格后,在显示屏上显示主菜单,如图2-26a所示,根据需要进行相关设置和选择测量程序,此时即可进行测量工作。

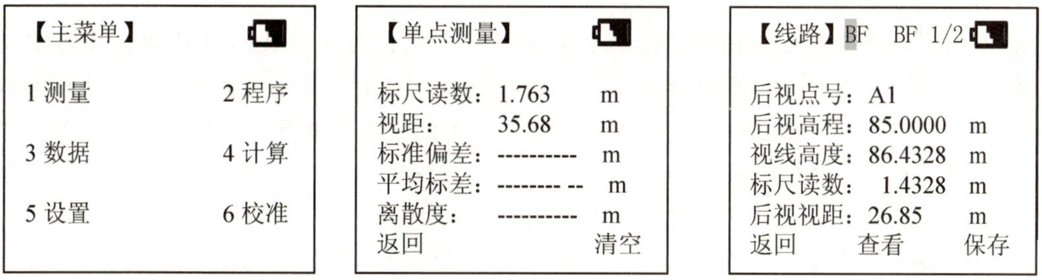

图2-26 DL-2007数字水准仪显示界面
a) 主菜单　b) 单点测量　c) 线路测量

**2. 照准**

先转动目镜调焦螺旋,看清十字丝;然后转动仪器照准标尺,转动目镜调焦螺旋,消除视差,看清目标;最后旋转水平微动螺旋,用十字丝竖丝照准条码尺中央。

**3. 读数**

按测量键,仪器自动在条码水准尺上读取中丝读数,并测出仪器至水准尺的视距,读数和视距都在显示屏上显示出来,如图2-26b所示。若在"测量并记录"模式下,仪器将自动记录测量的数据。

如果是进行水准路线测量,后视观测完毕后,仪器自动显示提示符提醒测量员观测前视。当前视观测完毕后仪器又自动显示提示符提醒进行下一测站后视的观测,如此连续进行直至路线终点，显示界面如图 2-26c 所示，其中后视高程是依照前一站转点的高程推算的。

一个测站观测完毕，对观测数据进行检核，合格后迁移到下一站观测。测量工作结束，按电源键关机。

## 单元小结

本单元主要学习水准测量的原理、水准仪的操作与使用、水准测量的步骤与方法、水准测量的计算和水准仪的检校，此外对数字水准仪作了简单的介绍。

### 1. 水准测量的原理

水准测量的原理是利用水准仪提供的水平视线，对地面上两点的水准尺分别读数，根据读数差和其中已知点的高程求出未知点的高程。其中高差法是先计算两点的高差再计算未知点的高程；视线高法是先计算水平视线高程再计算未知点的高程。

### 2. 水准仪使用

水准仪使用的关键是整平和照准。整平是调节基座螺旋使圆水准器居中，整平的规则是左手大拇指移动方向与气泡的移动方向一致；照准是用十字丝竖丝瞄准标尺的中心，照准时要调节十字丝和水准尺的影像使之都很清晰，消除视差。

### 3. 水准尺读数

正确读数的关键是先弄清标尺格式，然后由小往大方向读数。应注意标尺是 1cm 刻划还是 0.5cm 刻划，它的整米和整分米刻划及注记是怎样的，尺底是从 0 开始还是从多少开始。

### 4. 水准测量方法

水准测量时先照准已知高程点读数，称为后视读数；再照准待测点读数，称为前视读数。一个测站上只需读一个后视读数，可以观测多个待测点，这时一般用视线高法计算待测点的高程。如果已知点与待测点较远或高差较大，不能一站完成观测，则需要按一定的路线进行连续水准测量，这时一般用高差法计算待测点的高程。为了检核成果，路线应为闭合路线或附合路线，如果是支路线应进行往返观测。

### 5. 水准路线测量成果计算

闭合水准路线的闭合差是各段高差之和，附合水准路线的闭合差是各段高差之和与始、终点高差之差，支路线的闭合差是往返测高差之和。闭合差小于容许限差时，可按各段的路程或测站数的比例分配闭合差。

### 6. 水准测量误差

造成水准测量误差的原因有仪器误差、观测误差和外界条件的影响三个方面，其中水准仪视准轴误差是主要误差之一，应使用经过检校合格的仪器观测，并在观测中尽量使前后视距相等。

## 思考与拓展题

2-1　设 $A$ 为后视点，$B$ 为前视点，$A$ 点的高程为 56.428m，若后视读数为 1.204m，前视读数为 1.515m。$A$、$B$ 两点的高差是多少？$B$ 点比 $A$ 点高还是低？$B$ 点高程是多少？请绘出示意图。

2-2 产生视差的原因是什么？怎样消除视差？

2-3 自动安平水准仪上的圆水准器的作用是什么？调气泡居中时使用什么螺旋？调节螺旋时有什么规律？

2-4 水准测量时，前后视距相等可消除或减弱哪些误差的影响？

2-5 测站检核的目的是什么？有哪些检核方法？

2-6 将图2-27中水准测量观测数据按表2-1格式填入记录手簿中，计算各测站的高差和 $B$ 点的高程，并进行计算检核。

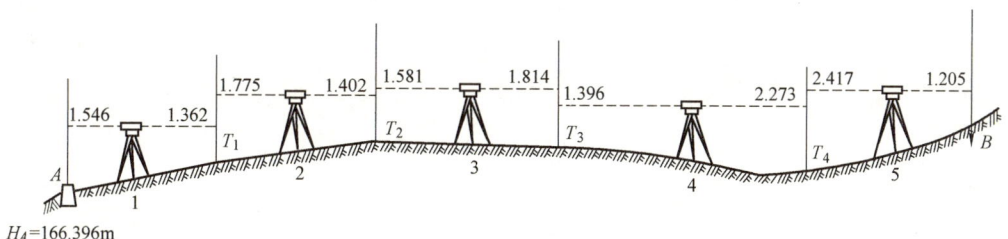

图2-27 水准测量观测示意图

2-7 表2-4为等外附合水准路线观测成果，请进行闭合差检核和分配后，求出各待定点的高程。

表2-4 水准测量成果计算表

| 测段编号 | 点名 | 测站数 | 观测高差/m | 改正数/m | 改正后高差/m | 高程/m | 备注 |
|---|---|---|---|---|---|---|---|
| 1 | BMA | 8 | 3.135 | | | 212.267 | 已知点 |
| 2 | 1 | 10 | 2.096 | | | | |
| 3 | 2 | 16 | -4.381 | | | | |
| 4 | 3 | 12 | 5.824 | | | | |
| ∑ | BMB | | | | | 218.998 | 已知点 |

2-8 图2-28为一条等外闭合水准路线，根据已知数据及观测数据，列表进行成果计算。

2-9 图2-29为一条等外支水准路线，已知数据及观测数据，往返测路线总长度为2.6km，试进行闭合差检核并计算1点的高程。

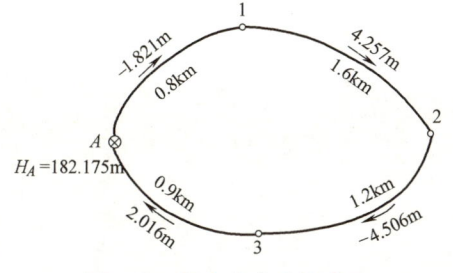

图2-28 闭合水准路线略图

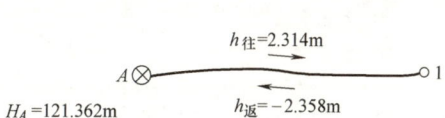

图2-29 支水准路线略图

2-10　水准仪有哪些轴线？它们之间应满足哪些条件？

2-11　安置水准仪在 $A$、$B$ 两点之间，并使水准仪至 $A$、$B$ 两点的距离相等，各为 40m，测得 $A$、$B$ 两点的高差 $h_{AB}=0.224$m，再把仪器搬至 $B$ 点近处，$B$ 尺读数 $b_2=1.446$m，$A$ 尺读数 $a_2=1.695$，试问水准管轴是否平行于视准轴？如果不平行于视准轴，$i$ 角是多少？视线是向上倾斜还是向下倾斜？如何进行校正？

2-12　数字水准仪的主要特点是什么？由哪些部分构成？

# 单元3 角度测量

> **学习目标：**
> 1. 能使用电子经纬仪进行角度的观测、记录和计算。
> 2. 掌握电子经纬仪的检验与校正。
>
> **学习重点与难点：**
>
> 重点是角度测量原理、经纬仪的操作与使用、水平角观测和垂直角观测；难点是经纬仪的检验与校正。

角度测量是测量工作的基本工作之一，它分为水平角测量和垂直角测量。水平角测量是为了确定地面点的平面位置，垂直角测量是为了利用三角原理间接地确定地面点的高程，或将斜距换算为水平距离。角度测量仪器是经纬仪，它不但可以测量水平角和垂直角，还可以间接地测量距离和高差，是测量工作中最常用的仪器之一。

## 子单元1 角度测量原理

水平角测量原理

### 3.1.1 水平角测量原理

为了测定地面点的平面位置，需要观测水平角。空间相交的两条直线在水平面上的投影所构成的夹角称为水平角，用 $\beta$ 表示，其数值为 $0°\sim360°$。如图 3-1 所示，将地面上高程不同的三点 $A$、$O$、$B$ 沿铅垂线方向投影到同一水平面 $H$ 上，得到 $a$、$o$、$b$ 三点，则水平线 $oa$、$ob$ 之间的夹角 $\beta$，就是地面上 $OA$、$OB$ 两方向线之间的水平角。

由图 3-1 可以看出，水平角 $\beta$ 就是过 $OA$、$OB$ 两直线所作竖直面之间的二面角。为了测出水平角的大小，可以设想在两竖直面的交线上任选一点 $o'$ 处，水平放置一个按顺时针方向刻划的圆形量角器（称为水平度盘），使其圆心与 $o$ 在同一铅垂线上。过 $OA$、$OB$ 的竖直面与水平度盘的交线的读数分别为 $a'$、$b'$，于是地面上 $OA$、$OB$ 两方向线之间的水平角 $\beta$ 可按下式求得：

$$\beta = b' - a' \tag{3-1}$$

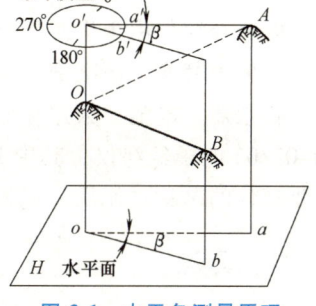

图 3-1 水平角测量原理

例如，若 OA 竖直面与水平度盘的交线的读数为 82°，OB 竖直面与水平度盘的交线的读数为 124°，则其水平角为：$\beta = 124° - 82° = 42°$。

综上所述，用于测量水平角的仪器，必须具备一个能安置成水平的带有刻划的度盘，并且能使度盘中心位于角顶点的铅垂线上。还要有一个能照准不同方向、不同高度目标的望远镜，它不仅能在水平方向旋转，而且能在竖直方向旋转而形成一个竖直面。经纬仪就是根据上述要求设计制造的测角仪器。

### 3.1.2 垂直角测量原理

垂直角也称为竖直角，是同一竖直面内倾斜视线与水平线之间的夹角，角值范围为 $-90° \sim +90°$，一般用 $\alpha$ 表示。如图 3-2 所示，当倾斜视线位于水平线之上时，垂直角为仰角，符号为正；当倾斜视线位于水平线之下时，垂直角为俯角，符号为负。

垂直角与水平角一样，其角值也是度盘上两方向读数之差，所不同的是该度盘是竖直放置的，因此称为竖直度盘。另外，两方向中有一个是水平线方向。为了观测方便，任何类型的经纬仪，当视线水平时，其竖盘读数都是一个常数（一般为 90°或 270°）。这样，在测量垂直角时，只需用望远镜瞄准目标点，读取倾斜视线的竖盘读数，即可根据读数与常数的差值计算出垂直角。

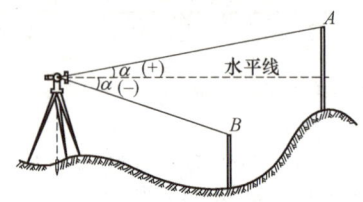

图 3-2 垂直角测量原理

例如，若视线水平时的竖盘读数为 90°，视线上倾时的竖盘读数为 82°，则垂直角为 $\alpha = 90° - 82° = 8°$。

## 子单元 2　经纬仪的构造

经纬仪是测量工作中普遍采用的测角仪器。经纬仪按精度可分为 $DJ_1$、$DJ_2$ 和 $DJ_6$ 等不同等级。D、J 分别是大地测量、经纬仪两词汉语拼音的第一个字母；下标是精度指标，表示用该等级经纬仪进行水平角观测时，一测回方向值的中误差，以秒为单位，数值越大则精度越低。在普通测量中，常用的是 $DJ_6$ 级和 $DJ_2$ 级经纬仪，其中 $DJ_6$ 级经纬仪属于普通经纬仪，$DJ_2$ 级经纬仪属于精密经纬仪。经纬仪按读数方式不同又可分为光学经纬仪和电子经纬仪，光学经纬仪利用几何光学原理进行度盘读数，需要人工读数；电子经纬仪利用光电转换原理进行度盘读数，可以自动显示读数。由于电子经纬仪比光学经纬仪使用更方便，现在光学经纬仪已基本被淘汰，主要使用电子经纬仪，因此本单元只介绍电子经纬仪的构造与使用。

电子经纬仪由于生产厂家的不同，仪器的部件和结构不尽相同，但是其基本构造大致一样，主要由基座、照准部、水准器、度盘及电子读数装置、键盘及显示屏五部分组成，此外还有补偿器、电池、数据存储及传输等配套部件。如图 3-3 所示是南方测绘仪器公司生产的 DT-02/05 电子经纬仪，其中 DT-02 是 2 秒级经纬仪，DT-05 是 5 秒级经纬仪，现以此为例将主要部件的名称和作用分述如下。

### 3.2.1 基座

基座用来支承仪器，并通过连接螺旋将基座与脚架相连。基座上的轴座固定螺丝用来连接

单元3 角度测量

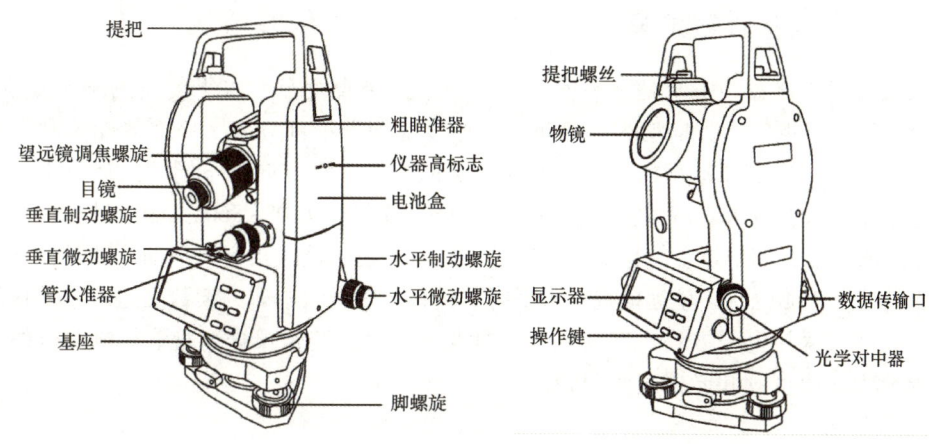

图 3-3 电子经纬仪构造

基座和照准部，脚螺旋用来整平仪器。基座的中心轴可以使仪器在水平方向旋转，称为竖轴。中心轴和连接螺旋都是空心的，以便仪器上对中器的光线能穿过它们，到达地面点标志。

### 3.2.2 照准部

照准部是指基座上方能绕竖轴转动照准目标的部分，主要包括望远镜、水平制动螺旋与微动螺旋、垂直制动螺旋与微动螺旋。望远镜构造与水准仪望远镜相同，有物镜、目镜和十字丝等。它的物镜调焦螺旋套在望远镜的后部。望远镜与横轴连在一起，可以绕横轴上下旋转。水平制动螺旋控制照准部在水平方向的转动，拧紧后再用水平微动螺旋使照准部在水平方向上作微小转动，精确照准不同方位的目标。垂直制动螺旋用来控制望远镜在上下方向的转动，拧紧后再用垂直微动螺旋使望远镜上下做微小转动，精确照准不同高度的目标。利用这两对制动与微动螺旋，可以方便准确地照准任何方向的目标。

照准部上还设置一个对中器，即使仪器中心和点位标志中心在铅垂方向对准的光学装置。一种是光学对中器，相当于一个微型望远镜，用于对中时照准地面的标志，如图 3-4 所示。光学对中器有一个用于照准的小圆圈，可通过转动光学对中器的目镜螺旋使之清晰。地面标志的清晰度，则通过伸缩光学对中器的长短来调节。另一种是激光对中器，用红色的可见激光束代替视线，直接观察光斑对准地面标志即可，操作更加方便，现在的电子经纬仪一般采用激光对中器。

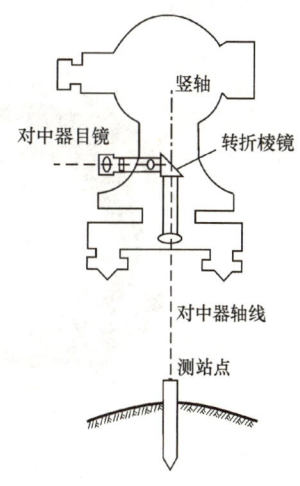

图 3-4 光学对中器

### 3.2.3 水准器

经纬仪有两个水准器，一个是精度较低的圆水准器，设置在基座上，用于仪器的粗略整平。另一个是精度较高的管水准器，设置在照准部上，用于仪器的精确整平。水准器的内部构造与水准仪的相同。

## 3.2.4 度盘及电子读数装置

经纬仪有两个度盘,一个是水平度盘,另一个是竖直度盘。水平度盘用来测量水平角,读数为 0°~360°,顺时针方向增大。测量时水平度盘与照准部分离,照准部旋转时,水平度盘不动,读数指标线随照准部的转动而变化,从而根据两个方向的不同读数计算水平角。

竖直度盘用来测量垂直角,它和水平度盘一样,读数也为 0°~360°,顺时针方向增大,它固定在横轴的一端,随望远镜一起绕横轴转动。竖直度盘的读数指标线不动,并且在补偿器的作用下自动处于正确位置,望远镜视线水平时的读数与照准目标时的读数之差即为垂直角。

电子经纬仪采用电子方法自动读数,度盘及电子读数装置根据度盘取得电信号的方式不同,主要分为编码度盘和光栅度盘两种。

**1. 编码度盘**

图 3-5a 为编码度盘示意图,编码度盘为绝对式光电扫描度盘,即在编码度盘的每一个位置上都可以直接读出度、分、秒的数值。编码度盘上透光和不透光的两种状态分别表示二进制的"0"和"1"。在编码度盘的上方,沿径向在各条码道相应的位置上分别安装 4 个照明器,一般采用发光二极管作照明光源。同样,在码盘下方相应的位置上安装 4 个接收光电二极管作接收器。光源发出的光经过码盘,就产生了透光与不透光信号,被光电二极管接收。由此,光信号转变为电信号,4 位组合起来就是编码度盘某一径向的读数,再经过译码器,将二进制数转换成十进制数显示输出。测角时编码度盘不动,而发光管和接收管(统称传感器或读数头)随照准部转动,并可在任何位置读出编码度盘径向的二进制读数,并显示十进制读数。

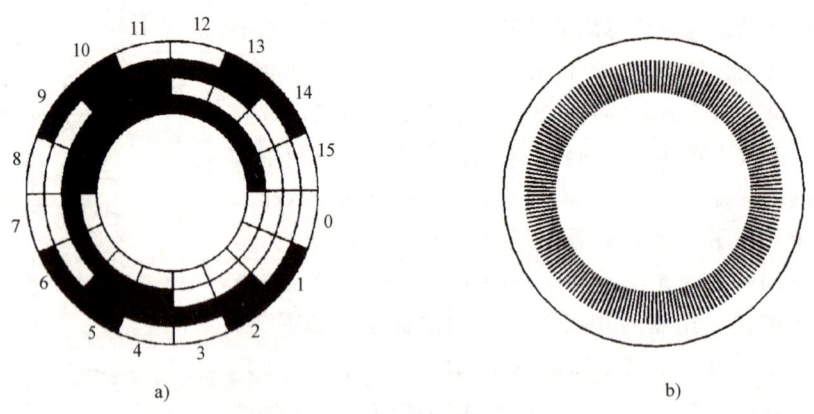

图 3-5 编码度盘和光栅度盘

**2. 光栅度盘**

图 3-5b 为光栅度盘示意图,光栅度盘上均匀地刻有许多一定间隔的细线。光栅的基本参数是刻线的密度和栅距(相邻两刻线之间的距离)。栅线为不透光区,缝隙为透光区,它们都对应一角度值。在光栅盘的上下对应位置上装有光源、指示光栅和接收器(光电二极管),称为读数头,可随照准部相对于光栅盘转动。由计数器累计读数头所转动的栅距数,从而求得所转动的角度值。因为光栅度盘上没有绝对度数,只是累计移动光栅的条数来计数,故称为增量式光栅度盘,其读数系统为增量式读数系统。

上述两种度盘及电子读数方式中，编码度盘方式制作工艺要求更高。由于有绝对读数，能随时保存读数，仪器观测过程中需要关机更换电池时，能在更换电池后继续观测，而使用光栅度盘的经纬仪只能重新开始观测。DT-02/05 电子经纬仪采用的是编码度盘。

### 3.2.5 键盘及显示屏

电子经纬仪通过键盘及显示屏可进行人机交流，例如，进行各种测量操作和显示角度测量结果等，是仪器的重要组成部分。不同型号的电子经纬仪其键盘及显示屏的式样不同，但按键功能和显示格式是基本相同的，如图 3-6 所示为 DT-02/05 电子经纬仪的键盘及显示屏。

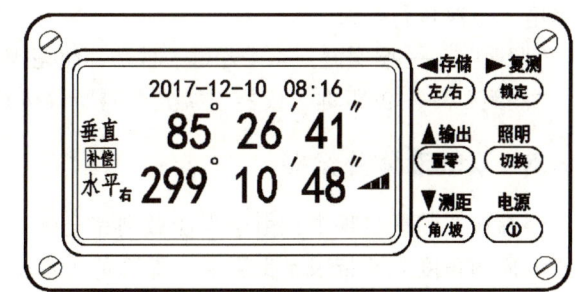

图 3-6 电子经纬仪键盘及显示屏

**1. 显示与读数**

开机后，显示屏的下方即显示出水平度盘读数，例如，水平$_右$ 299°10′48″，再上下摇动一下望远镜，显示屏的上方即显示出竖盘读数，即垂直 85°26′41″。角度观测时，只要照准目标，显示屏上便自动显示出相应的度盘读数值，非常方便。注意水平角观测时，"水平"两字的右侧应出现字符"右"或者"R"，表示水平度盘读数往右旋转（即顺时针方向）增大，如果出现字符"左"或者"L"，表示水平度盘读数往左旋转（即逆时针方向）增大。

显示屏右下角的三角形符号显示电池消耗信息。电池充电后一般可供仪器使用 8~10 小时，如果发现电量不足，应及时更换电池或充电后再使用。每次取下电池盒时，都必须先关掉仪器电源，否则容易损坏仪器。

**2. 按键功能与使用方法**

键盘上每个按键具有一键两用的双重功能，按键内所标示的功能为第一功能，直接按此键时执行第一功能，按键上方面板所标示的功能为第二功能，当按下"切换"键后再按此键时执行第二功能，角度测量中经常使用的是第一功能，第二功能用得比较少。各键功能与使用方法如下：

"电源"——电源开关键。按此键开机；再按此键，持续时间大于 2 秒则关机。

"左/右"——显示左旋或右旋水平角选择键。连续按此键时两种角值交替显示，一般采用右旋状态观测。DT-02 电子经纬仪采用激光对中的机型，此键兼做激光对中器开关键，长按此键 3 秒后激光点亮，再长按此键 3 秒后熄灭。

"锁定"——水平角锁定键。在观测水平角过程中，若需保持所测（或对某方向需预置）方向水平度盘读数时，按此键两次即可。水平度盘读数被锁定后，显示屏左下角出现"锁定"两个字提示，再转动仪器水平度盘读数也不发生变化。当照准至所需方向后，再按此键一次，解除锁定功能，进行正常观测。

"置零"——水平角置零键。按此键两次，水平度盘读数置为 0°00′00″。

"角/坡"——垂直角和斜率百分比显示转换键。连续按此键两种数值交替显示。通常垂直角测量的读数显示单位为角度。斜率模式则显示为坡度，坡度=（高差/平距）×100%。

"▲"——移动键。有上、下、左、右四个方向的移动键，在特种功能模式中按相应的键，显示屏中的光标可上、下、左、右移动，或者使数字增、减。

"切换"——第一功能和第二功能是模式转换键。连续按键，仪器交替进入一种模式。在特种功能模式中按此键，可以退出或者确定。

"存储"——存储键。按此键当前角度会闪烁两次，然后存储到内存中。

"复测"——复测键。按此键进入复测状态。

"输出"——输出键。连接其他设备或电子手簿时，按此键输出当前角度到串口，也可以令电子手簿执行记录。

"照明"——照明键。长按此键3秒开，照亮望远镜十字丝和显示屏，再长按此键3秒关。

"测距"——测距键。仪器连接光电测距仪进行距离测量时使用。

### 3.2.6 双轴液体补偿器

经纬仪在测量过程中，由于不能做到完全整平，仪器竖轴有微小的倾斜，给水平方向和竖直方向的角度观测带来不良影响，即降低了水平角和垂直角的观测精度。早期的电子经纬仪采用单轴补偿器（亦称为竖直度盘自动归零装置），补偿仪器竖轴倾斜对垂直角带来的误差。现在的电子经纬仪一般采用双轴补偿器，既可测量竖轴在水平方向（横轴方向）的倾斜分量，补偿竖轴倾斜对水平角带来的误差，又能测量竖轴在垂直方向（望远镜旋转方向）的倾斜分量，补偿竖轴倾斜对垂直角带来的误差。

双轴补偿器一般采用液体补偿器，称为双轴液体补偿器，如图3-7所示。当仪器倾斜时，密封的液体形成的光楔会导致光束偏移，仪器的微处理器则根据偏移的大小计算出仪器的倾斜量以及此倾斜量对应的改正数，系统在改正后输出读数。双轴液体补偿器对提高角度测量精度有重要作用，是电子经纬仪的一个重要装置。南方DT-02/05电子经纬仪的双轴液体补偿器，仪器整平到3′范围以内时，其自动补偿精度可达1″。新型的电子经纬仪把双轴液体补偿器探测到的竖轴倾斜量，在显示器上用数字或者图形的方式显示出来，称为电子气泡，使仪器的操作与使用更加方便。

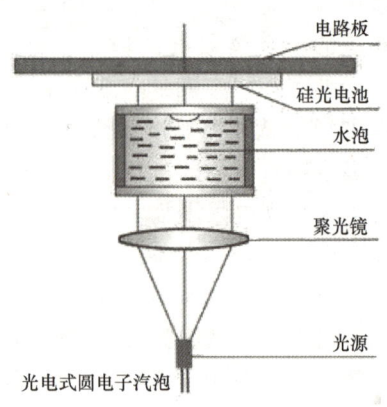

图3-7 双轴液体补偿器

# 子单元3 经纬仪的使用

经纬仪的使用包括对中、整平、瞄准和读数四项基本操作。对中和整平是仪器的安置工作，瞄准和读数是观测工作。

### 3.3.1 安置经纬仪

经纬仪对中整平

经纬仪的安置是把经纬仪安放在三脚架上并上紧中心连接螺旋，然后进行仪器的对中和整平。对中目的是使仪器中心与地面上的测站点位于同一铅垂线上；整平目的是使仪器的竖轴竖直，水平度盘处于水平位置。对中和整平是两项互相影响的工作，尤其在不平坦地面上安置仪器时，影响更大，因此必须按照一定的步骤与方法进行操作，才能准确、快速地安置好仪器。

### 1. 安放经纬仪

打开三脚架，使架头大致水平并大致对中，从仪器箱取出经纬仪，安放在脚架上，拧紧中心螺丝（拧紧前手不要放开经纬仪把手）。如果是光学对中器，先转动光学对中器螺旋使对中器中心小圆圈清晰，再伸缩光学对中器使地面标志影像清晰；如果是激光对中器，按电源键和激光对中器打开键（例如，DT-02/05电子经纬仪长按"左/右"键3秒打开），在地面上看到对中器中心射出的红色激光斑。然后进行下面的对中整平工作。

### 2. 对中整平

（1）粗略对中　手持两个架腿（第三个架腿不动），前后左右移动经纬仪（尽量不要转动），同时观察对中器中心与地面标志点是否对上，当对中器中心与地面标志点接近时，慢慢放下脚架，踩稳三个脚架，然后转动基座脚螺旋使对中器中心对准地面标志中心。

（2）粗略整平　通过伸缩三脚架，使圆水准器气泡居中，此时经纬仪粗略水平。注意这步操作中不能使脚架位置移动，因此在伸缩脚架时，最好用脚轻轻踏住脚架。圆水准器气泡居中后，检查对中器中心是否还与地面标志点对准，若偏离较大，转动基座脚螺旋使对中器中心重新对准地面标志，然后伸缩三脚架使圆水准器气泡居中；若偏离不大，进行下一步操作。

（3）精确对中　松开基座与脚架之间的中心螺旋，在脚架头上平移仪器，使对中器中心精确对准地面标志点，然后旋紧中心螺旋。如果前面第（1）、（2）步操作后，对中没有偏离，可省略本步操作。

（4）精确整平　通过转动基座脚螺旋精确整平，使照准部水准管气泡在各个方向均居中，具体操作方法如下：先转动照准部，使照准部水准管平行于任意两个脚螺旋的连线方向，如图3-8a所示，两手同时向内或向外旋转这两个脚螺旋，使气泡居中（气泡移动的方向与转动脚螺旋时左手大拇指运动方向相同）；再将照准部旋转90°，旋转第三个脚螺旋使气泡居中，如图3-8b所示。按这两个步骤反复进行整平，直至水准管在任何方向气泡均居中时为止（气泡偏移量不超过1格）。

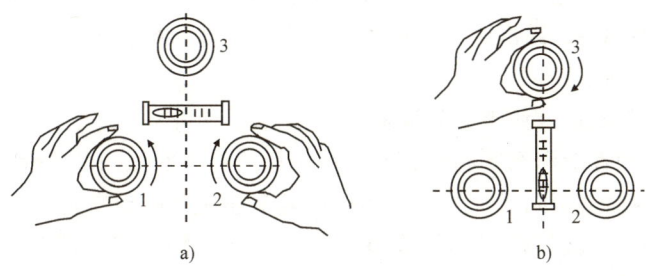

图3-8　精确整平经纬仪

检查对中器中心是否偏离地面标志点，如偏离量大于规定的值（2mm），重复（3）、（4）步操作。

注意：第（2）步粗略整平时，不能用调节基座脚螺旋的方法，否则会给对中造成很大的影响；第（3）步在架头上移动仪器精确对中时，仪器不能转动，否则会给整平造成较大的影响。

### 3.3.2 瞄准

经纬仪
照准读数

观测水平角时，瞄准是指用十字丝的竖丝精确照准目标的中心。常用的瞄准标志有标杆、测钎、觇牌和铅垂线等，如图 3-9a 所示。当目标成像较小时，为了便于观察和判断，一般用双丝夹住目标，使目标在中间位置。为了避免因目标在地面点上不竖直引起的偏心误差，瞄准时尽量照准目标的底部，如图 3-9b 所示。

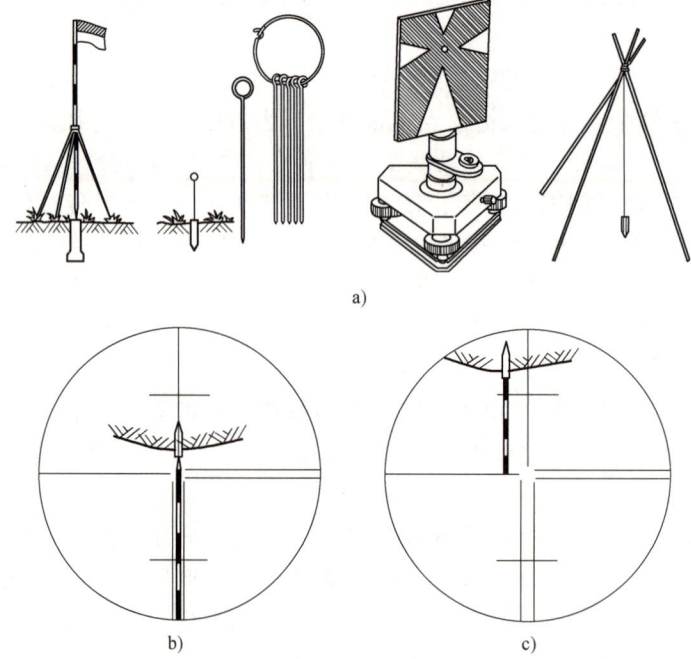

图 3-9 瞄准目标

a）用于瞄准的标志 b）水平角观测用竖丝瞄准 c）垂直角观测用横丝瞄准

观测垂直角时，瞄准是指用十字的横丝精确地切准目标的顶部或者中心。为了减小十字丝横丝不水平引起的误差，瞄准时尽量用横丝的中部照准目标，如图 3-9c 所示。

瞄准的操作步骤如下：

1）调节目镜调焦螺旋，使十字丝清晰。

2）松开垂直制动螺旋和水平制动螺旋，利用望远镜上的照门和准星（或瞄准器）瞄准目标，使在望远镜内能够看到目标物像，然后旋紧上述两个制动螺旋。

3）转动物镜调焦螺旋，使目标影像清晰，并注意消除视差，即眼睛上下左右移动时，十字丝在目标上的位置都不改变。

4）旋转垂直微动螺旋和水平微动螺旋，精确地照准目标。如是测水平角，用十字丝的竖丝精确照准目标的中心；如是测垂直角，用十字丝的横丝精确照准目标的顶部或者中心。

### 3.3.3 读数

照准目标后，即可进行读数。电子经纬仪的水平度盘读数和竖直度盘读数直接显示在屏幕上，读数非常方便，直接读取和记录即可。注意水平度盘读数时应为"右"状态，否则按"左/右"键变换过来。竖直度盘读数应为角度值,否则按"角度/坡度"键变换过来。角度读数和记录一般精确到秒。

电子经纬仪的双轴补偿包含了竖盘指标自动补偿,因此观测垂直角时,瞄准目标即可直接读取竖直度盘读数,而不必像一些没有补偿器的光学经纬仪,读数前要先调指标水准管气泡居中。

## 子单元4 水平角观测

水平角观测

水平角的观测方法,一般根据观测目标的多少,测角精度的要求和施测时所用的仪器来确定。常用的观测方法有测回法和方向法两种。测回法适用于观测两个方向之间的单个水平角,方向法适用于观测两个以上方向构成的多个水平角。目前在普通测量和工程测量中,一般采用测回法观测。

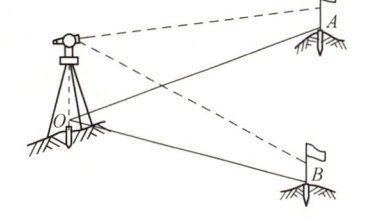

如图3-10所示,欲测量∠AOB对应的水平角,先在观测点A、B上设置观测目标,观测目标视距离的远近,可选择铅垂竖立的标杆或测钎,或悬挂吊垂线和安置对中基座觇牌。然后在测站点O安置仪器,使仪器对中、整平后,按下述步骤进行观测。

图 3-10 测回法观测水平角

### 3.4.1 盘左观测

"盘左"指竖盘处于望远镜左侧时的位置,也称为正镜,在这种状态下进行观测称为盘左观测,也称为上半测回观测,方法如下:

先瞄准左边目标A,使水平度盘置零,即使水平度盘读数为0°00′00″,以方便后面的角度计算。电子经纬仪按"置零"键两次,即可完成置零工作。

置零在一个测回的观测中只做一次,盘右观测时不要再置零。有时会出现盘右再瞄准目标A时,水平度盘读数比零小一点的情况,如359°59′52″,使后面的角度计算不方便,因此可以在瞄准目标A的左侧一点位置时就"置零",这样准确瞄准目标A时,读数比零稍大一点。

例如,读取水平度盘读数 $a_1$ 为0°01′24″,记入观测手簿(表3-1)中相应的位置。再顺时针旋转照准部,瞄准右边目标B,读取水平度盘读数 $b_1$(如63°04′36″),记入手簿。然后计算盘左观测的水平角 $\beta_左$,得到上半测回角值:

$$\beta_左 = b_1 - a_1 = 63°03′12″$$

表 3-1 测回法水平角观测手簿

| 测站 | 测回 | 竖盘位置 | 目标 | 水平度盘读数 ° ′ ″ | 半测回角值 ° ′ ″ | 一测回角值 ° ′ ″ | 各测回平均角值 ° ′ ″ | 示意图 |
|---|---|---|---|---|---|---|---|---|
| O | 1 | 盘左 | A | 0 01 24 | 63 03 12 | 63 03 18 | 63 03 36 | 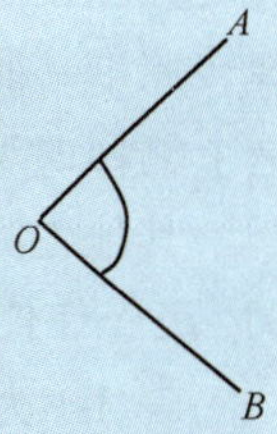 |
| | | | B | 63 04 36 | | | | |
| | | 盘右 | A | 180 01 30 | 63 03 24 | | | |
| | | | B | 243 04 54 | | | | |
| | 2 | 盘左 | A | 90 02 06 | 63 03 48 | 63 03 54 | | |
| | | | B | 153 05 54 | | | | |
| | | 盘右 | A | 270 02 12 | 63 04 00 | | | |
| | | | B | 333 06 12 | | | | |

### 3.4.2 盘右观测

"盘右"指竖盘处于望远镜右侧时的位置，也称为倒镜，在这种状态下进行观测称为盘右观测，也称为下半测回观测，其观测顺序与盘左观测相反，方法如下：

先瞄准右边目标 $B$，读取水平度盘读数 $b_2$（如 243°04′54″），记入观测手簿（表3-1）中相应的位置。再逆时针旋转照准部，瞄准左边目标 $A$，读取水平度盘读数 $a_2$（如 180°01′30″），记入手簿。然后计算盘右观测的水平角 $\beta_右$，得到下半测回角值：

$$\beta_右 = b_2 - a_2 = 63°03′24″$$

注意：虽然盘右观测的顺序与盘左相反，但读数记录在表上的位置和盘左一样，左边目标读数记在上方，右边目标读数记在下方。计算半测回角值时，都是右边读数减左边读数（本表 3-1 中是 $B$ 减 $A$），如果右边读数少于左边读数，则先加上 360°再减。

### 3.4.3 检核与计算

盘左和盘右两个半测回合起来称为一个测回。对于 $DJ_6$ 级经纬仪，两个半测回测得的角值之差 $\Delta\beta$ 的绝对值应不大于 30″，否则要重测；若观测成果合格，则取上、下两个半测回角值的平均值，作为一测回的角值 $\beta$。即当：

$$|\Delta\beta| = |\beta_左 - \beta_右| \leq 30″ \text{ 时}$$

$$\beta = \frac{1}{2}(\beta_左 + \beta_右)$$

表 3-1 中上、下两个半测回角值之差为 12″，成果合格。一测回角值为 63°03′18″。

此外，同一个目标的盘右读数与盘左读数理论上是相差 180°的，利用这个规律可以检查读数是否正确，偏差一点有可能，偏差大就要检查瞄准、读数、记录和仪器等是否有问题。

### 3.4.4 多测回观测

当测角精度要求较高时，往往需要观测几个测回，然后取各测回角值的平均值为最后成果。为了减小度盘分划误差的影响，各测回应均衡地利用度盘不同的位置进行读数。为此，各测回的盘左观测应改变起始方向读数，递增值为 $180/n$，$n$ 为测回数。例如，测回数 $n = 2$ 时，各测回起始方向读数应等于或略大于 0°、90°；测回数 $n = 3$ 时，各测回起始方向读数应等于或略大于 0°、60°、120°。

上述工作称为配置度盘，由于电子经纬仪键盘上没有用于输入数字的按键，配置度盘利用"锁定"键来进行。例如，第二测回要配置度盘为 90°多一点，方法是在盘左状态下，先水平转动照准部，当水平度盘读数大致等于 90°时，旋紧水平制动螺旋。然后转动水平微动螺旋，当读数比 90°稍大一点时（如 90°02′06″），按"锁定"键两次，将此读数锁定。最后旋转照准部照准第一个目标，此时读数仍为 90°02′06″，按"锁定"键一次解锁，即可开始这个测回的观测。

其他各测回观测的具体方法与第一测回相同，记录与限差要求也相同。要注意的是，用 $DJ_6$ 级经纬仪进行观测时，各测回角值之差的绝对值不得超过 40″，否则需重测。

表 3-1 为两个测回的观测结果及有关计算。两个测回角值之差为 36″，观测合格，最后取两个测回的平均值作为该水平角的成果：63°03′36″。

## 知识链接　方向法水平角观测

方向法适用于观测两个以上的方向。当方向数多于三个时，每半测回瞄准所需观测目标和读数后，应再次瞄准起始方向并读数，因此称为全圆方向法。而三个方向以下（包括三个方向）的方向法观测，可以不用再次瞄准起始方向。

我们把再次瞄准起始方向称为"归零"，起始方向的第二次读数与第一次读数之差称为"半测回归零差"。不同等级的经纬仪对归零差有不同的限差要求，如 $DJ_6$ 经纬仪为 18″，$DJ_2$ 经纬仪为 12″。若归零差超限，则说明在观测过程中，仪器的水平度盘、基座或脚架可能有变动，它会导致观测误差较大或者观测有错误，此半测回应重新观测。例如，仪器安置于 $O$ 点，观测 $A$、$B$、$C$ 三个目标，方向法观测的步骤如下：

**1. 盘左观测**

盘左瞄准起始方向 $A$（又称为零方向，应选择最清晰、最稳定的目标作为起始方向），读取水平度盘读数。顺时针方向转动照准部，依次瞄准方向 $B$、$C$，分别读取读数。至此，完成了上半测回的观测工作。

**2. 盘右观测**

倒转望远镜成盘右位置，从方向 $C$ 开始，逆时针方向转动照准部，依次瞄准方向 $C$、$B$、$A$，读取水平度盘读数。至此，完成了下半测回的观测工作。上、下半测回合称一个测回。

如需观测 $n$ 个测回，仍按 $180°/n$ 的递增变化，在每个测回配置水平度盘的起始位置。

**3. 方向观测法的计算**

首先计算各方向的平均读数。平均读数 $=\frac{1}{2}$[盘左读数+（盘右读数±180°）]，如 $OB$ 方向的平均读数为

$$\frac{1}{2}[51°23'36''+(231°23'42''-180°)]=51°23'39''$$

同一方向盘左观测与盘右观测的误差，称为两倍照准差，其差值用 $2C$ 表示。$C$ 值是视准轴与横轴不正交而产生的微小偏角，一般来讲，对于同一台经纬仪在同一测站，一个测回内测得各个方向的 $2C$ 值应当是一个常数，因此 $2C$ 值的变化大小可以在一定程度上用来衡量观测时照准的准确性。规范规定使用 $DJ_2$ 级经纬仪时，一测回内 $2C$ 互差不得大于 18″，$DJ_6$ 级经纬仪没有具体要求。

然后计算归零后方向值和各水平角值。将各方向（包括起始方向）的平均读数分别减去起始方向的平均读数，即得各方向的"归零后方向值"。将所需两方向的平均值相减，即可求得该两方向之间所夹的水平角值。

测回法与方向法的观测过程是相同的，测回法只是在计算过程上做了简化，其水平角结果值是相同的。

# 子单元5　垂直角观测

## 3.5.1　竖直度盘的构造

如图 3-11 所示，电子经纬仪竖直度盘主要部件包括竖直度盘（简称竖盘）、竖盘读数指

标线、竖盘指标自动补偿器。

竖盘固定在望远镜旋转轴的一端，随望远镜在竖直面内转动，而用来读取竖盘读数的指标，并不随望远镜转动，在竖盘指标自动补偿器的作用下，自动处于正确的位置。因此，当望远镜照准不同目标时可读出不同的竖盘读数。

竖盘从0°~360°顺时针全圆注记，竖盘装置应满足下述条件：仪器整平后，望远镜视线水平时，竖盘读数应为某一整度数，一般盘左时为90°，盘右时为270°。

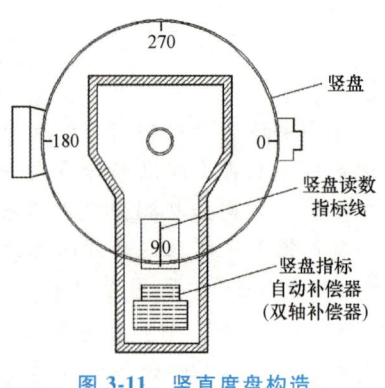

图3-11 竖直度盘构造

## 3.5.2 垂直角计算公式

由垂直角测量原理可知，垂直角等于视线倾斜时的目标读数与视线水平时的读数之差。至于在垂直角计算公式中，哪个是减数，哪个是被减数，应根据所用仪器的竖盘注记形式确定。根据垂直角的定义，视线上倾时，其垂直角值为正。由此，先将望远镜大致水平，观察并确定水平整读数是90°还是270°，然后将望远镜上仰，若读数增大，则垂直角等于目标读数减水平整读数；若读数减小，则垂直角等于水平整读数减目标读数。根据这个规律，可以分析出经纬仪的垂直角计算公式。对于图3-12所示的全圆顺时针注记竖盘，其垂直角计算公式分析如下：

1）盘左位置：如图3-12a所示，水平整读数为90°，视线上仰时，盘左目标读数 $L$ 小于90°，即读数减小，则盘左垂直角 $\alpha_L$ 为：

$$\alpha_L = 90° - L \tag{3-2}$$

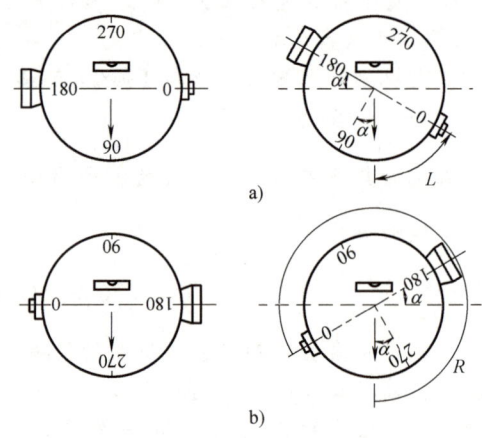

图3-12 垂直角计算公式分析图
a）盘左 b）盘右

2）盘右位置：如图3-12b所示，水平整读数为270°，视线上仰时，盘右目标读数 $R$ 大于270°，即读数增大，则盘右垂直角 $\alpha_R$ 为：

$$\alpha_R = R - 270° \tag{3-3}$$

3）盘左盘右平均垂直角值 $\alpha$ 为：

$$\alpha = \frac{1}{2}(\alpha_L + \alpha_R) \tag{3-4}$$

上述是目前常见电子经纬仪的垂直角计算公式。

## 3.5.3 竖盘指标差

上述垂直角计算公式的推导，是依据竖盘装置应满足的条件，即当望远镜视线水平时，竖盘读数应为整读数（90°或270°）。但是，实际上这一条件往往不能完全满足，电子经纬仪的双轴液体补偿器由于制造误差，以及仪器搬运和使用的振动等原因，读数在补偿后仍会有残留误差,相当于指标线没有处于正确的位置。这样,当望远镜视线水平时,竖盘指标不是正好指在整读数上,而是与整读数相差一个小角度 $x$,该角值称为竖盘指标差,简称指标差。

设指标偏离方向与竖盘注记方向相同时 $x$ 为正,相反时 $x$ 为负,则 $x$ 的两种形式的计算式如下:

$$x = \frac{1}{2}(L+R-360°) \quad (3-5)$$

$$x = \frac{1}{2}(\alpha_R - \alpha_L) \quad (3-6)$$

可以证明,盘左、盘右的垂直角取平均,可抵消指标差对垂直角的影响。指标差的互差,能反映观测成果的质量。对于 $DJ_6$ 级经纬仪,规范规定,同一测站上不同目标的指标差较差,不应超过 25″;同一测站上相同目标各测回垂直角较差也不应超过 25″。当允许只用半个测回测定垂直角时,可先测定指标差 $x$,然后用下式计算垂直角,可消除指标差的影响。

$$\alpha = \alpha_L + x$$
$$\alpha = \alpha_R - x \quad (3-7)$$

### 3.5.4 垂直角观测方法

**垂直角观测**

**1. 安置仪器**

如图 3-13 所示,在测站点 $O$ 安置电子经纬仪,对中整平,并在目标点 $A$ 竖立观测标志(如标杆)。注意,采用了竖盘指标自动补偿装置的仪器,当竖轴不垂直度超出设计规定时,竖盘指标将不能自动补偿归零,仪器竖直度盘读数处显示"b",将仪器重新精确整平,待"b"消失后,仪器方恢复正常,可以进行垂直角观测。

**2. 盘左观测**

以盘左位置瞄准目标,使十字丝横丝精确地切准 $A$ 点标杆的顶端,读取竖盘读数 $L$,记入手簿(表 3-2)。

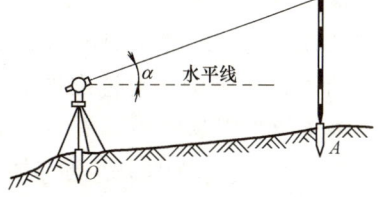

**图 3-13 垂直角观测**

**3. 盘右观测**

以盘右位置同以上方法瞄准原目标相同部位,读取竖盘读数 $R$,记入手簿。

**4. 计算垂直角**

根据公式(3-2)、公式(3-3)、公式(3-4)计算 $\alpha_L$、$\alpha_R$ 及平均值 $\alpha$,计算结果填在表中。

**5. 指标差计算与检核**

按公式(3-6)计算指标差,计算结果填在表中。

至此,完成了目标 $A$ 的一个测回的垂直角观测。目标 $B$ 的观测与目标 $A$ 的观测与计算相同,见表 3-2。$A$、$B$ 两目标的指标差之差为 18″,小于规定的 25″,成果合格。

表 3-2　垂直角观测手簿

| 测站 | 目标 | 竖盘位置 | 竖盘读数<br>° ′ ″ | 半测回垂直角<br>° ′ ″ | 指标差<br>″ | 一测回垂直角<br>° ′ ″ | 备注 |
|---|---|---|---|---|---|---|---|
| O | A | 盘左 | 76 43 12 | 13 16 48 | 9 | 13 16 57 | |
| | | 盘右 | 283 17 06 | 13 17 06 | | | |
| | B | 盘左 | 115 36 54 | -25 36 54 | 27 | -25 36 27 | |
| | | 盘右 | 244 24 00 | -25 36 00 | | | |

# 子单元 6　经纬仪的检验与校正

经纬仪的
轴线关系

## 3.6.1　经纬仪应满足的几何条件

经纬仪上的几条主要轴线如图 3-14 所示，VV 为仪器旋转轴，也称为竖轴或纵轴；LL 为照准部水准管轴；HH 为望远镜横轴，也称为望远镜旋转轴；CC 为望远镜视准轴。

根据测角原理，为了能精确地测量出水平角，经纬仪应满足的要求是：仪器的水平度盘必须水平，竖轴必须能铅垂地安置在角度的顶点上，望远镜绕横轴旋转时，视准轴能扫出一个竖直面。此外，为了精确地测量垂直角，竖盘指标应处于正确位置。

一般情况下，仪器加工、装配时能保证水平度盘垂直于竖轴。因此，只要竖轴垂直，水平度盘也就处于水平位置。竖轴垂直是靠照准部水准管气泡居中来实现的，因此，照准部水准管轴应垂直于竖轴。此外，若视准轴能垂直于横轴，则视准轴绕横轴旋转将扫出一个平面，此时，若竖轴竖直，且横轴垂直于竖轴，则视准轴必定能扫出一个竖直面。另外，为了能在望远镜中检查目标是否竖直和测角时便于照准，还要求十字丝的竖丝应在垂直于横轴的平面内。为了能正确对中，光学对中器或者激光对中器的轴线应与仪器竖轴在同一条线上。

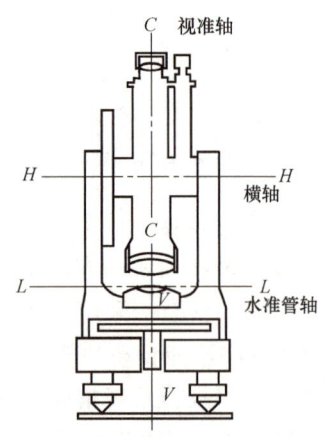

图 3-14　经纬仪的主要轴线

综上所述，经纬仪各轴线之间应满足下列几何条件：

1）照准部水准管轴垂直于仪器竖轴（$LL \perp VV$）。
2）十字丝的竖丝垂直于横轴。
3）望远镜视准轴垂直于横轴（$CC \perp HH$）。
4）横轴垂直于竖轴（$HH \perp VV$）。
5）竖盘指标应处于正确位置。
6）对中器轴线与竖轴重合。

上述这些条件在仪器出厂时一般是能满足精度要求的，但由于长期使用或受碰撞、震动等影响，可能发生变动。因此，要经常对仪器进行检验与校正。

## 3.6.2 水准管轴垂直于竖轴的检校

### 1. 检验

将仪器大致整平，转动照准部，使水准管平行于某两个脚螺旋的连线，调节这两个脚螺旋使水准管气泡居中，如图3-15a所示。然后将照准部旋转180°，若水准管气泡不居中，如图3-15b所示，则说明此条件不满足，且气泡偏离量是水准管轴不垂直于竖轴偏角的两倍，如果偏离量超过1格，应进行校正。

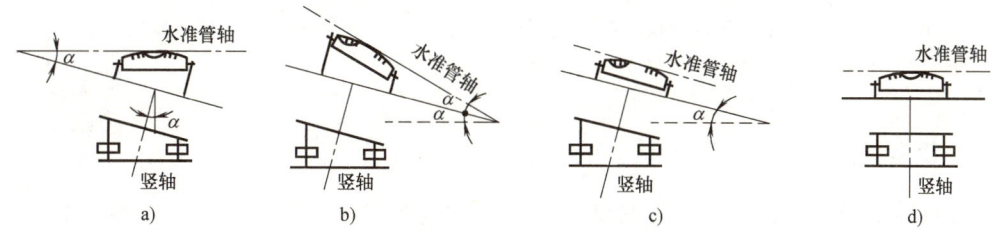

图3-15 水准管轴垂直于竖轴的检校

### 2. 校正

先用校正针拨动水准管校正螺丝，使气泡返回偏离值的一半，如图3-15c所示，此时水准管轴与竖轴垂直。再旋转脚螺旋使气泡居中，使竖轴处于竖直位置，如图3-15d所示，此时水准管轴垂直于竖轴并水平，仪器处于正确状态。

此项检验与校正应反复进行，直到照准部转动到任何位置，气泡偏离零点不超过1格为止。水准管不垂直于竖轴引起的观测误差是偶然误差，平时在测量工作中，应认真仔细地整平，使水准管在各方向都居中，然后再开始观测。

长水准器检校正确后，可对圆水准器进行检校。以长水准器为准精确整平仪器，若圆水准器气泡也居中就不必校正。若不居中，用校正针或内六角扳手调整气泡下方的校正螺丝使气泡居中。如图3-16所示，校正时，应先松开气泡偏移方向对面的校正螺丝，然后拧紧偏移方向的其余校正螺丝使气泡居中。气泡居中时，三个校正螺丝的紧固力均应一致。

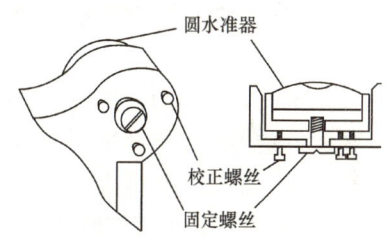

图3-16 圆水准器校正

## 3.6.3 十字丝的竖丝垂直于横轴的检校

### 1. 检验

如图3-17所示，整平仪器后，用十字丝竖丝的任意一端，精确瞄准远处一清晰固定的目标点，然后固定照准部和望远镜，再慢慢转动望远镜微动螺旋，使望远镜上仰或下俯，若目标点始终在竖丝上移动，则说明此条件满足。否则，需进行校正。

### 2. 校正

如图3-18所示，旋下目镜分划板护盖，松开4个压环固定螺丝，慢慢转动十字丝分划板座。然后再作检验，待条件满足后再拧紧压环固定螺丝，旋上护盖。

平时在测量工作中，应尽量使用十字丝的中心位置进行照准，减少因十字丝竖线不够竖直引起的测量误差。

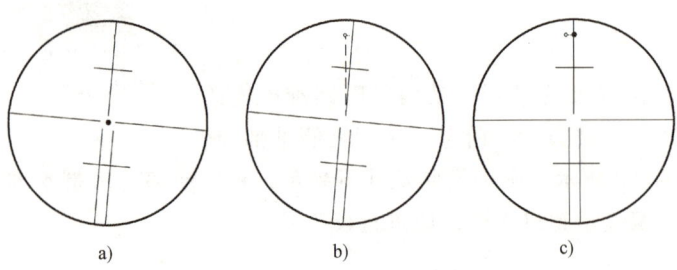

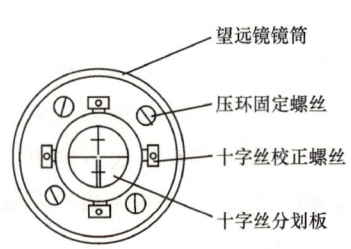

图 3-17 十字丝竖丝垂直于横轴的检验与校正
a) 十字丝交点照准一个点  b) 点偏离竖丝，需要校正  c) 校正后

图 3-18 校正十字丝竖丝

经纬仪视准轴的检校

### 3.6.4 望远镜视准轴垂直于横轴的检校

望远镜视准轴不垂直于横轴所偏离的角度 C 称为视准轴误差，又称照准差，如图 3-19 所示。它是由于十字丝分划板平面左右移动，使十字丝交点位置不正确而产生的。视准轴误差会使水平角观测值产生误差。有视准轴误差的望远镜绕横轴旋转时，视准轴扫出的面不是一个竖直平面，而是一个圆锥面。因此，目标的垂直角越大，视准轴误差引起的水平角观测值误差就越大。当目标的垂直角相同时，盘左观测与盘右观测中，此项误差大小相等，符号相反。利用这个规律进行检验与校正。

**1. 检验**

在距离仪器同高的远处设置目标 $A$，精确整平仪器并打开电源。盘左位置将望远镜照准目标 $A$，读取水平度盘读数（如 $L = 10°13'10''$）。盘右位置再次照准 $A$ 点，读取水平度盘读数（如 $R = 190°13'40''$）。计算两倍照准差 $2C$：

$$2C = L - (R \pm 180°) = -30''$$

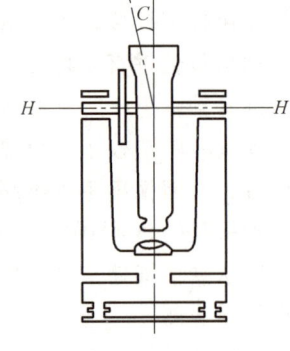

图 3-19 视准轴误差

根据规定，如果 $DJ_6$ 级经纬仪的两倍照准差 $2C$ 大于 $20''$ 就需校正（$DJ_2$ 是 $16''$）。这里 $30''$ 大于 $20''$，需要校正。

**2. 校正**

由于照准差 $C = -15''$，盘右正确读数应为原读数 $R$ 加 $C$，即

$$R_{正确} = 190°13'40'' - 15'' = 190°13'25''$$

用水平微动旋钮将水平角读数调整到该读数。取下目镜分划板座护盖，如图 3-18 所示，调整分划板左右两个十字丝校正螺丝，先松一侧后紧另一侧的螺丝，左右移动分划板使十字丝中心照准目标 $A$。

重复检验步骤，校正至 $|2C| < 20''$ 符合要求为止。将护盖安装回原位。

由于盘左、盘右观测时，视准轴误差的影响大小相等、方向相反，故取盘左和盘右观测值的平均值，可以消除视准轴误差的影响。

两倍照准差 $2C$ 可用来检查测角质量，如果观测中 $2C$ 变动较大，则可能是视准轴在观

测过程中发生变化或观测误差太大。为保证测角精度，$2C$ 的变化值不能超过一定限度，如 $DJ_2$ 级经纬仪测量水平角一测回，其 $2C$ 变动范围不能超过 $18''$。

### 3.6.5 横轴垂直于竖轴的检校

横轴不垂直于竖轴所产生的偏差角值 $i$ 称为横轴误差，如图 3-20 所示。产生横轴误差的原因是由于横轴两端在支架上不等高。由于有横轴误差，望远镜绕横轴旋转时，视准轴扫出的面将是一倾斜面，而不是竖直面。因此，在瞄准同一竖直面内高度不同的目标时，将会得到不同的水平度盘读数，从而影响测角精度。

**1. 检验**

如图 3-21 所示，在距一垂直墙面 20~30m 处，安置好经纬仪。以盘左位置瞄准墙上高处的 $P$ 点（仰角宜大于 30°），固定照准部，然后将望远镜大致放平，根据十字丝交点在墙上定出 $P_1$ 点。倒转望远镜成盘右位置，瞄准原目标 $P$ 点后，再将望远镜放平，在 $P_1$ 点同样高度上定出 $P_2$ 点。如果 $P_1$ 与 $P_2$ 点重合，则仪器满足此几何条件，否则需要校正。

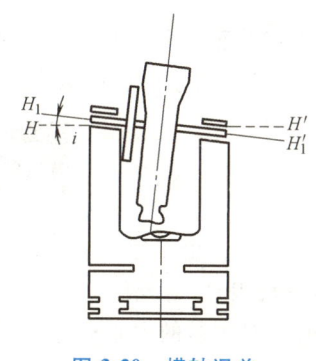

图 3-20　横轴误差

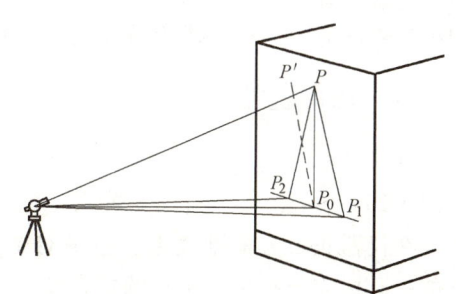

图 3-21　横轴垂直于竖轴的检校

**2. 校正**

取 $P_1$、$P_2$ 的中点 $P_0$，将十字丝交点对准 $P_0$ 点，固定照准部，然后抬高望远镜至 $P$ 点附近。此时十字丝交点偏离 $P$ 点，而位于 $P'$ 处。打开仪器没有竖盘一侧的盖板，拨动横轴一端的偏心轴承，使横轴的一端升高或降低，直至十字丝交点照准 $P$ 点为止。最后把盖板合上。

对于现代质量较好的电子经纬仪，横轴是密封的，此项条件一般能够满足，使用时通常只作检验，若要校正，须由仪器检修人员进行。

由图 3-21 可知，当用盘左和盘右观测一目标时，横轴倾斜误差大小相等，方向相反。因此，同样可以采用盘左和盘右观测取平均值的方法，消除它对观测结果的影响。

### 3.6.6 竖盘指标差的检校

**1. 检验**

安置经纬仪，以盘左、盘右位置瞄准同一目标 $P$，分别读取竖盘读数 $L$ 和 $R$，然后按式 (3-5) 计算竖盘指标差 $x$，即

$$x = \frac{1}{2}(L+R-360°)$$

根据规定，若 $x>16″$，应进行校正。

### 2. 校正

电子经纬仪产生竖盘指标差的原因，是竖盘指标自动补偿器的补偿不完全正确造成的，因此适当调节补偿值的大小，使其补偿量正确即可。校正方法如下：

整平仪器后，按住"置零"键开机，三声蜂鸣后松开按键，显示屏如图 3-22a 所示。转动仪器精确照准与仪器同高的远处任一清晰稳定目标 $A$，按"置零"键，显示屏如图 3-22b 所示。

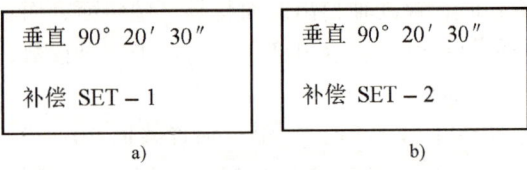

图 3-22 横轴垂直于竖轴的检校

纵转望远镜，盘右精确照准同一目标 $A$，按"置零"键，设置完成，仪器返回测角模式。经过这两步操作，仪器自动根据盘左和盘右观测的读数计算竖盘指标差，并对补偿器的修正值进行相应的调整，使竖盘指标差为零。

重复检验步骤重新测定指标差，若仍不符合要求，则应检查校正步骤的操作是否有误，目标照准是否准确等，按要求再重新进行设置。经反复操作仍不符合要求时，应送厂检修。

### 3.6.7 对中器的检校

#### 1. 检验

如图 3-23a 所示，将经纬仪安置到三脚架上，在一张白纸上画一个十字交叉并放在仪器正下方的地面上，整平对中。旋转照准部，每转 90°，观察对中器的中心标志与十字交叉点的重合度，如果照准部旋转时，对中器的中心标志一直与十字交叉点重合，则不必校正，如果偏差大于 1mm，则进行校正。

激光对点器的检查与更换

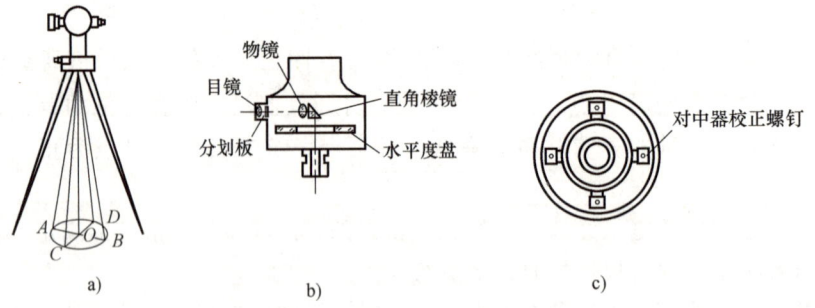

图 3-23 光学对中器的检校

#### 2. 校正

根据经纬仪型号和构造的不同，光学对中器是校正分划板，激光对中器的仪器则是直接更换激光对中器，下面分别进行介绍。

（1）光学对中器校正分划板  如图 3-23c 所示，将光学对中器目镜与调焦手轮之间的改正螺丝护盖取下，露出对中器校正螺丝。固定好画有十字交叉白纸，并在纸上标记出仪器每旋转 90°时对中器中心标志的四个落点，用直线连接对角点，两直线交点为 $O$。用校正针调整对中器的四个校正螺钉,使对中器的中心标志与 $O$ 点重合。重复检验、检查和校正,直至符合要求。调整须在 1.5m 和 0.8m 两个目标距离上,同时达到上述要求为止,再将护盖安装回原位。

(2) 激光对中器更换　将仪器从三脚基座上取下,用内六角扳手拧开三个螺钉将下壳取下,露出竖轴下面的激光对中器。再用内六角扳手拧开三个螺钉,将激光对中器取下。拔下电线插头。换上新的激光对中器,安装回原位即可。激光对中器更换一般需要送专业维修部门处理。

## 子单元 7　水平角测量误差与注意事项

在水平角测量中影响测角精度的因素很多,主要有仪器误差、观测误差以及外界条件的影响。

### 3.7.1　仪器误差

仪器误差的来源主要有两个方面:一是由于仪器加工装配不完善而引起的误差,如度盘刻划误差、度盘中心和照准部旋转中心不重合而引起的度盘偏心误差等。这些误差不能通过检校来消除或减小,只能用适当的观测方法来予以消除或减弱。例如,度盘刻划误差,可通过在不同的度盘位置测角来减小它的影响,度盘偏心误差可采用盘左、盘右观测取平均值的方法来消除或减弱。二是由于仪器检校不完善而引起的误差,如视准轴不完全垂直于横轴、横轴不完全垂直于竖轴等。这些误差经检校后的残余误差影响,可采用盘左、盘右观测取平均值的方法予以消除或减弱。

### 3.7.2　观测误差

**1. 仪器对中误差**

仪器存在对中误差时,仪器中心偏离地面标志的距离称为偏心距。对中误差使正确角值与实测角值之间存在误差。测角误差与偏心距成正比,即偏心距越大,误差越大;与测站到测点的距离成反比,即距离越短,误差越大。因此在进行水平角观测时,为保证测角精度,仪器对中误差不应超出相应规范的规定,特别是当测站到测点的距离较短时,更要严格对中。

**2. 仪器整平误差**

仪器整平误差是指安置仪器时没有将其严格整平,或在观测中照准部水准管气泡中心偏离零点,以致仪器竖轴不竖直,从而引起横轴倾斜的误差。整平误差是不能用观测方法消除其影响的,因此,在观测过程中,若发现水准管气泡偏离零点在一格以上,通常应在下一测回开始之前重新整平仪器。

整平误差与观测目标的垂直角有关,当观测目标的垂直角很小时,整平误差对测角的影响较小,随着垂直角增大,尤其当目标间的高差较大时,其影响亦随之增大。因此,在山区进行水平角测量时,更要注意仪器的整平。

**3. 目标偏心误差**

测量水平角时,所瞄准的目标偏斜或目标没有准确安放在地面标志中心,因而产生目标偏心误差，偏差的大小称为偏心距，它对水平角的影响与仪器对中误差类似，即误差与目标偏心距成正比，与边长成反比。因此，在测角时，应使观测目标中心和地面标志中心在一条铅垂线上。当用标杆作为观测目标时，应尽量瞄准标杆的底部。

#### 4. 照准误差

影响望远镜照准精度的因素主要有人眼的分辨能力、望远镜的放大倍率，目标的形状、大小、颜色以及大气的温度、透明度等。为了减弱照准误差的影响，除了选择合适的经纬仪测角外，还应尽量选择适宜的标志，有利的气候条件和合适的观测时间，在瞄准目标时必须仔细对光并消除视差。

#### 5. 读数误差

电子经纬仪采用电子的方法自动读数，读数误差主要取决于仪器的读数设备的精度和稳定性，基本没有人为的因素。但照准目标后，应待仪器稳定下来，显示器上的数值不变化时再读数，读数精确到秒。

### 3.7.3 外界条件的影响

外界条件的影响很多，如大风、松软的土质会影响仪器的稳定；大气透明度会影响照准精度；温度的变化会影响仪器的整平；受地面辐射热的影响，物像会跳动等。在观测中完全避免这些影响是不可能的，只能选择有利的观测时间和条件，尽量避开不利因素，使其对观测的影响降低到最低程度。例如，安置仪器时要踩实三脚架腿；晴天观测时要撑伞，不让阳光直照仪器；观测视线应避免从建筑物旁、冒烟的烟囱上面和靠近水面的空间通过。这些地方都会因局部气温变化而使光线产生不规则的折光，使观测成果受到影响。

## 单 元 小 结

本单元主要学习角度测量的原理、电子经纬仪的构造及使用、水平角和垂直角的测量方法、经纬仪的检验和校正等。

#### 1. 角度测量的原理

空间相交的两条直线在水平面上的投影所构成的夹角称为水平角，角值范围为 $0°\sim 360°$；同一竖直面内倾斜视线与水平线之间的夹角称为垂直角，角值范围为 $-90°\sim +90°$，经纬仪上的水平度盘用于水平角观测，竖直度盘用于垂直角观测。

#### 2. 经纬仪的基本操作

安置仪器、瞄准和读数，其中安置仪器指对中整平，是仪器操作的难点，一定要注意方法，特别是应通过伸缩脚架使圆水准器居中。

#### 3. 测回法观测两个方向之间的水平角

（1）盘左观测 从左目标 A 至右目标 B 按顺时针方向观测，分别读数 $a_1$ 和 $b_1$，半测回角值为 $\beta_左 = b_1 - a_1$。

（2）盘右观测 从右目标 B 至左目标 A 按逆时针方向观测，分别读数 $b_2$ 和 $a_2$，半测回角值为 $\beta_右 = b_2 - a_2$。

（3）水平角 $\beta = \dfrac{1}{2}(\beta_左 + \beta_右)$

### 4. 垂直角观测的方法

（1）盘左用横丝照准目标，读竖盘读数 $L$，盘右用横丝照准目标，读竖盘读数 $R$

（2）计算垂直角 $\begin{cases} \alpha_L = 90°-L \\ \alpha_R = R-270° \end{cases}$ $\alpha = \dfrac{1}{2}(\alpha_L+\alpha_R)$

（3）计算竖盘指标差 $x = \dfrac{1}{2}(\alpha_R-\alpha_L)$

### 5. 经纬仪几何轴线之间的关系及检校

水准管轴垂直仪器竖轴的检验与校正、视准轴垂直横轴的检验与校正、横轴垂直仪器竖轴的检验与校正、十字丝竖丝垂直横轴的检验与校正、竖盘指标差为零的检验与校正；光学对中器视准轴与仪器竖轴重合的检验与校正。

### 6. 适当的观测方法可以消除或减弱测角误差

采用盘左、盘右观测取平均值的方法可以消除或减弱的误差因素是：度盘偏心、视准轴不完全垂直于横轴，横轴不完全垂直于竖轴、竖盘指标差等。

## 思考与拓展题

3-1 什么是水平角？若某测站与两个不同高度的目标点位于同一竖直面内，那么测站与这两个目标构成的水平角是多少？

3-2 经纬仪由哪几大部分组成？各有何作用？

3-3 电子经纬仪的读数方式有哪两种，各有什么特点？

3-4 观测水平角时，对中整平的目的是什么？试述经纬仪对中整平的步骤与方法。

3-5 观测水平角时，若测四个测回，各测回起始方向读数应是多少？

3-6 什么是垂直角？如何推断经纬仪的垂直角计算公式？

3-7 什么是竖盘指标差？观测垂直角时如何消除竖盘指标差的影响？

3-8 整理表3-3测回法观测水平角的记录，并在备注栏内绘出测角示意图。

3-9 整理表3-4垂直角观测记录。

表 3-3 测回法观测水平角的记录

| 测站 | 测回 | 竖盘位置 | 目标 | 水平度盘读数 ° ′ ″ | 半测回角值 ° ′ ″ | 一测回角值 ° ′ ″ | 各测回平均角 ° ′ ″ | 备注 |
|---|---|---|---|---|---|---|---|---|
| A | 1 | 盘左 | 1 | 0 10 06 | | | | |
| | | | 2 | 86 42 30 | | | | |
| | | 盘右 | 1 | 180 09 54 | | | | |
| | | | 2 | 266 42 12 | | | | |
| | 2 | 盘左 | 1 | 90 10 42 | | | | |
| | | | 2 | 176 42 54 | | | | |
| | | 盘右 | 1 | 270 11 06 | | | | |
| | | | 2 | 356 43 00 | | | | |

表 3-4　垂直角观测记录

| 测站 | 目标 | 竖盘位置 | 竖盘读数 ° ′ ″ | 半测回垂直角 ° ′ ″ | 指标差 ′ ″ | 一测回垂直角 ° ′ ″ | 备注 |
|---|---|---|---|---|---|---|---|
| A | 1 | 盘左 | 64 35 54 | | | | |
| | | 盘右 | 295 23 12 | | | | |
| | 2 | 盘左 | 107 05 06 | | | | |
| | | 盘右 | 252 54 24 | | | | |

3-10　经纬仪上有哪些主要轴线？它们之间应满足什么条件？

3-11　观测水平角时，为什么要用盘左、盘右观测？盘左、盘右观测是否能消除因竖轴倾斜引起的水平角测量误差？

3-12　水平角观测时，应注意哪些事项？

# 单元4　距离测量与坐标测量

**学习目标：**

1. 能用钢尺进行水平距离测量。
2. 能用经纬仪进行视距测量。
3. 能用全站仪进行距离测量和坐标测量。
4. 能进行方位角计算和坐标计算。

**学习重点与难点：**

重点是各种距离测量的方法，方位角和坐标的计算；难点是钢尺量距的精密方法、方位角和坐标的计算。

距离测量是测量的基本工作之一。距离是指地面两点的连线铅垂投影到水平面上的长度，也称为水平距离，简称平距。地面上高程不同的两点的连线长度称为倾斜距离，简称斜距。测量时要注意把斜距换算为平距。如果不加特别说明，"距离"即指水平距离。水平距离测量的方法很多，按所用测距工具的不同有钢尺量距、视距测量、光电测距等。钢尺量距是用钢卷尺沿地面直接丈量距离；视距测量是利用经纬仪或水准仪望远镜中的视距丝观测标尺按几何光学原理进行测距；光电测距是用仪器发射并接收电磁波，通过测量电磁波在待测距离上往返传播的时间或相位差解算出距离。

坐标测量是在测定两点间水平距离的基础上，通过测定两点连线与标准方向间的水平夹角，按相应的数学公式，根据已知点计算未知点的平面直角坐标。两点连线与标准方向间的水平夹角，称为方位角，用来表示某直线的方向。方位角是测量的重要概念，在计算点位坐标和测设数据时经常用到。

## 子单元1　钢尺量距

钢尺量距具有操作简便、携带方便、成本低的特点。钢尺量距精度较高，在工程测量中应用非常广泛。钢尺量距一般用于地面比较平坦，距离比较短的情况。

### 4.1.1　钢尺量距的工具

钢尺量距的工具主要是钢尺。钢尺量距时可能用到其他的辅助工具，如标杆、测钎、垂球等，有时还需要经纬仪和水准仪配合。

**1. 钢尺**

钢尺是用薄钢片制成的带状尺，卷放在圆形盒内的称为盒装钢卷尺，如图 4-1a 所示；卷放在金属架或塑料架内的称为摇把式钢卷尺，如图 4-1b 所示。钢尺的宽度约 10~15mm，厚度约 0.4mm，长度有 20m、30m、50m 等几种。钢尺一般在表面镀有一层保护漆，以免生锈。钢尺整个尺长均有毫米刻划，注记米、分米和厘米。

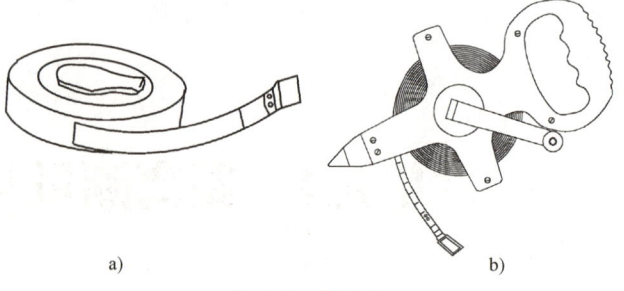

图 4-1 钢卷尺

钢尺一般以尺的起点端的某一刻线作为零点，如图 4-2 所示。量距时要十分注意钢尺零点位置，以免出错。

钢尺的优点：钢尺抗拉强度高，不易产生拉伸变形，刻度精度高，因此量距精度高。

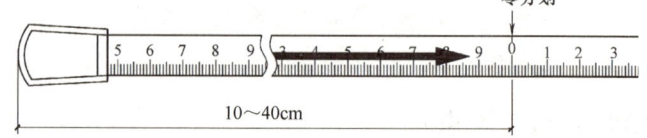

图 4-2 钢尺的零点

钢尺的缺点：钢尺性脆，易折，易断，易生锈，出现折痕不易修复，会造成尺长误差，从而影响量距精度，因此使用时应避免扭折，防车碾压。

钢尺量距最高精度可达到 1/10000。由于其在短距离量距中使用方便，在土建工程中应用非常广泛。

**2. 其他辅助工具**

测钎：由粗铁丝或细钢筋加工制成，长 30~40cm，一般 6 根或 11 根为一组。测钎用于分段丈量时，标定每段尺端点位置和记录整尺段数。

标杆：又称为花杆，直径约 3cm，长 2~3m，杆身用油漆涂成红白相间，每节 20cm。在距离丈量中，标杆主要用于分段点的定线。

垂球：用于在不平坦的地面直接量水平距离时，将平拉的钢尺端点投影到地面上。

弹簧秤：用于对钢尺施加规定的拉力，避免因拉力太小或太大造成的量距误差。

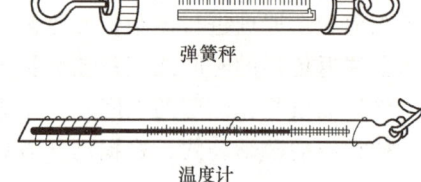

图 4-3 其他辅助工具

温度计：用于钢尺量距时测定温度，以便对钢尺长度进行温度改正，消除或减小因温度变化使尺长改变而造成的量距误差。

弹簧秤与温度计如图 4-3 所示，用于精密钢尺量距。

## 4.1.2 直线定线

当地面两点间距离较远或起伏较大时，在距离丈量之前，需在地面两点连线的方向上定出若干分段点的位置，以便分段量取，这项工作称为直线定线。按精度要求的不同，直线定线有目估定线和经纬仪定线两种方法。

## 1. 目估定线

在普通精度量距中，可采用目估定线。如图4-4所示，A、B为地面上待测距离的两个端点，两点互相通视，在A、B两点的直线上标出分段点1、2点。

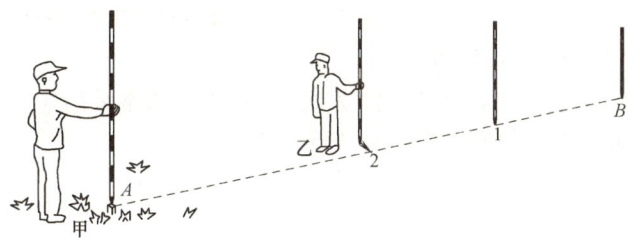

图4-4 目估定线

第一步，在A、B点上竖立标杆，测量员甲立于A点后1~2m处，目测标杆的同侧，由A瞄向B，构成一视线。

第二步，甲指挥乙持标杆于1点附近左右移动，直到三支标杆的同侧重合到一起。

第三步，乙将标杆或测钎竖直插在地上，得出1点。用同样方法得出2点。

两点间定线，一般应由远到近，即先定1点，再定2点，以免先立好的标杆挡住视线。定线也可与距离丈量同时进行。定线时，由于甲的视线位于上方，而量距时尺子贴近地面，因此所有标杆都应尽量保持垂直，且各标杆间距应小于一个整尺长。

## 2. 经纬仪定线

当直线定线精度要求较高时，可用经纬仪定线。如图4-5所示，欲在AB线内精确定出1、2等点的位置。可由甲将经纬仪安置于A点，对中、整平。用望远镜十字丝的纵丝照准B点，固定照准部水平制动螺旋。然后将望远镜向下俯视，用手势指挥乙

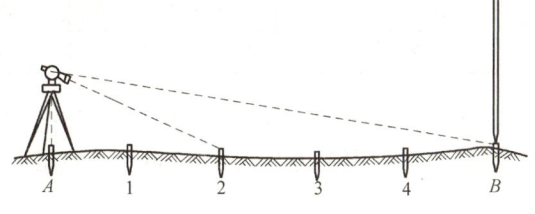

图4-5 经纬仪定线

移动标杆，当标杆与十字丝的纵丝重合时，在标杆的位置打下木桩，再根据十字丝的纵丝指挥乙在木桩上钉下铁钉，准确定出1点的位置。同理定出2点和其他各点的位置。如果采用带激光指向的电子经纬仪定线，可直接根据激光指示的方向来打桩和打铁钉，定线效率更高。

### 4.1.3 钢尺量距的一般方法

钢尺量距的一般方法

#### 1. 平坦地面的距离丈量

在平坦地面上，可直接沿地面丈量水平距离。如图4-6所示，欲测A、B两点之间的水平距离D，已定线出中间的分段点，其丈量工作可由后尺手、前尺手两人进行。

后尺手将钢尺零点一端放在A点。前尺手持钢尺末端拉在A1直线上，待钢尺拉平、拉紧、拉稳后，前尺手喊"预备"，后尺手将钢尺零点对准A点后说"好"，前尺手立即读出钢尺在1点的读数，得到

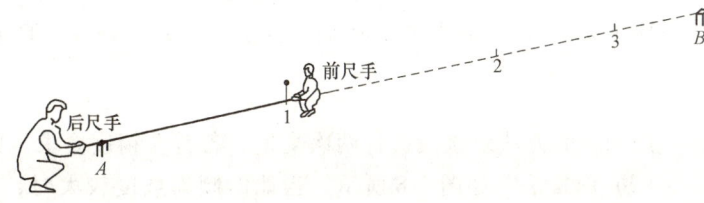

图4-6 钢尺丈量

第一个尺段的距离$D_1$。再用同样方法丈量第二段的距离$D_2$，直到最后一段的距离$D_n$。A、B两点间的水平距离D为全部测量的距离累加值。

$$D = D_1 + D_2 + \cdots + D_n \tag{4-1}$$

式中 $n$——尺段数。

为了检核丈量错误和提高成果精度，通常采用往返丈量进行比较，符合精度要求时，取往返丈量平均值作为丈量结果，即

$$D_{平均} = \frac{1}{2}(D_{往} + D_{返}) \tag{4-2}$$

距离丈量的精度，一般用相对误差 $K$ 表示，相对误差通常化为分子为1的分式：

$$K = \frac{|D_{往} - D_{返}|}{D_{平均}} = \frac{1}{\dfrac{D_{平均}}{|D_{往} - D_{返}|}} \tag{4-3}$$

钢尺量距一般方法的记录、计算及精度评定见表4-1。

表4-1 钢尺量距记录及成果计算

| 线段 | 往返测 | 尺段距离/m | | | | 总长/m | 往返平均/m | 往返误差/m | 相对精度 |
|---|---|---|---|---|---|---|---|---|---|
| | | 1 | 2 | 3 | 4 | | | | |
| AB | 往测 | 48.352 | 49.126 | 47.548 | 32.452 | 177.478 | 177.465 | 0.026 | 1/6800 |
| | 返测 | 48.347 | 49.118 | 47.542 | 32.445 | 177.452 | | | |

上表中线段 $AB$ 往测时总长为177.478m，返测时总长为177.452m，则往返平均总长为177.465m，往返误差为0.026m，量距相对精度为：

$$K = \frac{|177.478 - 177.452|}{177.465} = \frac{0.026}{177.465} \approx \frac{1}{6800}$$

相对误差分母越大，则 $K$ 值越小，精度越高；反之，精度越低。在平坦地区，钢尺量距一般方法的相对误差一般不应大于 1/3000；在量距较困难的地区，其相对误差也不应大于 1/2000。

**2. 倾斜地面的量距方法**

（1）平量法　当地势不平坦但起伏不大时，为了直接量取 $A$、$B$ 两点间的水平距离，可目估拉钢尺水平，由高处往低处丈量两次。如图4-7所示，甲在 $A$ 点指挥乙将钢尺拉在 $AB$ 线上，甲将钢尺零点对准 $A$ 点，乙将钢尺抬高，并目估使钢尺水平，然后用垂球线紧贴钢尺上某一整刻划线，将垂球尖投入地面上，用测钎插在垂球尖所指的1点处，此时尺上垂球线对应读数即为 $A1$ 的水平距离 $d_1$，同法丈量其余各段，直至 $B$ 点，则

$$D = \sum d \tag{4-4}$$

用同样的方法对该段进行两次丈量，若符合精度要求，则取其平均值作为最后结果。

（2）斜量法　如图4-8所示，当地面倾斜坡度较大时，可用钢尺量出 $AB$ 的斜距 $L$，然后用水准测量或其他方法测出 $A$、$B$ 两点的高差 $h$，则

$$D = \sqrt{L^2 - h^2} \tag{4-5}$$

斜量法也需测量两次，符合精度要求时，取平均值作为最后结果。

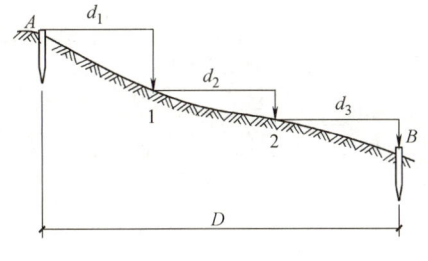

图 4-7 平量法

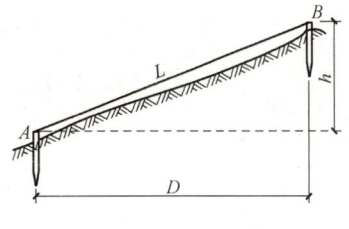

图 4-8 斜量法

### 4.1.4 钢尺量距的精密方法

钢尺量距的一般方法，精度最多只能达到 1/5000。当量距精度要求较高时，则应采用精密量距方法，并对有关误差进行改正。

**1. 钢尺检定**

钢尺因刻划误差、使用中的变形、丈量时温度变化和拉力不同的影响，其实际长度往往不等于尺上所注的长度即名义长度。通过钢尺检定，求出在标准温度（20℃）和标准拉力下（30m 钢尺的标准拉力为 10kg，50m 钢尺为 15kg）的实际长度，得到尺长方程式：

$$l_t = l_0 + \Delta l + \alpha(t-t_0)l_0 \tag{4-6}$$

式中　$l_t$——钢尺在温度 $t$（℃）时的实际长度；

　　　$l_0$——钢尺的名义长度；

　　　$\Delta l$——尺长改正数，即钢尺在温度 $t_0$ 时的实际长度减名义长度；

　　　$\alpha$——钢尺的线膨胀系数，其值约为（$1.15 \times 10^{-5} \sim 1.25 \times 10^{-5}$）/℃；

　　　$t_0$——钢尺检定时的温度，一般取 20℃；

　　　$t$——钢尺量距时的温度。

每根钢尺都应有尺长方程式，用以对丈量结果进行改正，尺长方程式中的尺长改正数 $\Delta l$ 要通过钢尺检定，与标准长度相比较而求得。例如，某 30m 钢尺的尺长方程式为

$$l = 30 - 0.006 + 0.000012 \times 30(t-20)$$

**2. 精密钢尺量距的外业操作程序**

在拟丈量的两点方向线上，清除影响丈量的障碍物，用经纬仪进行定线，标定分段点桩位和标志，用水准仪测定相邻桩顶间的高差，用检定过的钢尺分段丈量相邻桩点之间的斜距。如图 4-9 所示，其中两人拉尺，两人读数，一人记录和读温度。计入表 4-2。丈量时将弹簧秤挂在钢尺的零端，以便施加标准拉力。

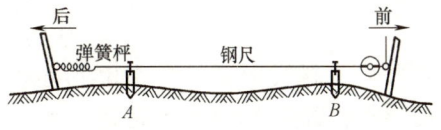

图 4-9 钢尺精密量距

钢尺拉紧后，两端读尺员同时读取读数，记入手簿。往前或往后移动钢尺 2~3cm 后再次丈量，每尺段应丈量 2~3 次，每次丈量结果的较差视不同要求而定，一般不得超过 2~3mm。符合精度要求后，取其平均值作为此尺段观测成果。每尺段读一次温度，估读到 0.5℃。同法量取其余各尺段，从起点丈量到终点，作为往测；从终点原路丈量至起点，作为返测，一般至少应往返测各一次。

表 4-2 精密量距记录计算表

钢尺号码:98012　　尺长方程式:$l=50-0.016+0.000012\times50(t-20)$　　标准拉力:15kg
读数者:　　　　　　记录计算者:　　　　　　　　　　　　　日期:

| 尺段编号 | 读数次数 | 前尺读数/m | 后尺读数/m | 尺段长度/m | 温度/℃ | 高差/m | 尺长改正数/mm | 温度改正正数/mm | 倾斜改正正数/mm | 改正后尺段长/m |
|---|---|---|---|---|---|---|---|---|---|---|
| P—1 | 1 | 49.9360 | 0.0700 | 49.8660 | 28.8 | -0.328 | -16.0 | 5.3 | -1.1 | 49.8534 |
| | 2 | 400 | 755 | 645 | | | | | | |
| | 3 | 500 | 850 | 650 | | | | | | |
| | 平均 | | | 49.8652 | | | | | | |

**3. 精密钢尺量距的内业成果计算**

精密量距应先按尺段进行尺长改正、温度改正和倾斜改正,求出各段改正后的水平距离,然后计算直线全长。下面以表 4-2 数据为例,介绍各段改正后水平距离的计算方法。

(1) 尺长改正

$$\Delta l_d = \frac{\Delta l}{l_0} \cdot l \tag{4-7}$$

式中　$\Delta l_d$——尺段的尺长改正数;
　　　$l_0$——钢尺名义长度;
　　　$l$——尺段的斜距。

例如,在表 4-2 中,$l_0=50$m,$\Delta l=-0.016$m,$l=49.8652$m,则尺长改正数为

$$\Delta l_d = \left(\frac{-0.016}{50}\times 49.8652\right)\text{m} = -0.016\text{m}$$

(2) 温度改正

$$\Delta l_t = \alpha(t-t_0)l \tag{4-8}$$

式中　$\Delta l_t$——尺段的温度改正数;
　　　$t$——量距时的温度;
　　　$\alpha$——钢尺膨胀系数;
　　　$l$——尺段的斜距。

例如,在表 4-2 中,$\alpha=0.000012$,$l=49.8652$m,$t=28.8$℃,则温度改正数为

$$\Delta l_t = [0.000012\times(28.8-20)\times 49.8652]\text{m} = 0.0053\text{m}$$

(3) 倾斜改正　如图 4-10 所示,$l$、$h$ 分别为两点间的斜距和高差,$d$ 为水平距离,则倾斜改正数 $\Delta l_h$ 为

$$\Delta l_h = -\frac{h^2}{2l} \tag{4-9}$$

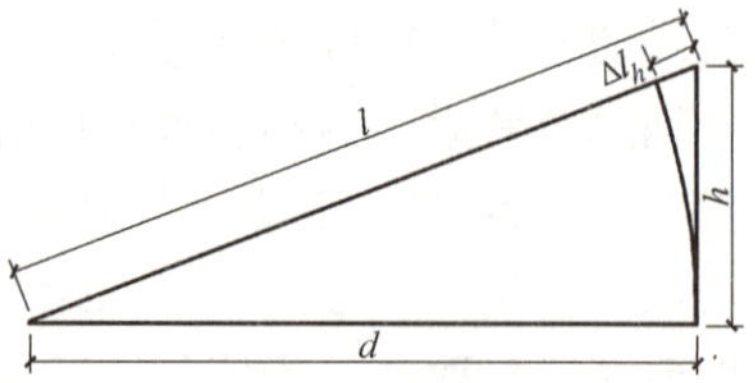

图 4-10　倾斜改正

式中　$\Delta l_h$——尺段的倾斜改正数;
　　　$h$——该尺段的高差;
　　　$l$——尺段的斜距。

例如,在表 4-2 中,$l=49.8652$m,$h=-0.328$m,则高差改正数为

$$\Delta l_h = -\frac{(-0.328)^2}{2 \times 49.8652}\text{m} = -0.0011\text{m}$$

（4）求改正后的水平距离

$$d = l + \Delta l_d + \Delta l_t + \Delta l_h \tag{4-10}$$

例如，在表 4-2 中，改正后的水平距离为

$$d = (49.8652 - 0.0160 + 0.0053 - 0.0011)\text{m} = 49.8534\text{m}$$

### 4.1.5 钢尺量距误差及注意事项

**1. 钢尺量距的误差**

（1）尺长误差　如果钢尺的名义长度和实际长度不符，则产生尺长误差。尺长误差是积累的，丈量的距离越长，误差越大。因此新购置的钢尺必须经过检定，测出其尺长改正值。

（2）温度误差　钢尺的长度随温度而变化，当丈量时的温度与钢尺检定时的标准温度不一致时，将产生温度误差。按照钢的膨胀系数计算，温度每变化 1℃，丈量距离为 30m 时对距离影响约为 0.4mm。

（3）钢尺倾斜和垂曲误差　在高低不平的地面上采用水平法量距时，钢尺不水平或中间下垂而成曲线时，都会使量得的长度比实际要大。因此丈量时必须注意钢尺水平，整尺段悬空时，中间应有人托住钢尺，否则会产生不容忽视的垂曲误差。

（4）定线误差　丈量时钢尺没有准确地放在所量距离的直线方向上，使所量距离不是直线而是一组折线，造成丈量结果偏大，这种误差称为定线误差。丈量 30m 的距离，当偏离直线为 0.25m 时，量距偏大 1mm。

（5）拉力误差　钢尺在丈量时所受拉应与检定时的拉力相同。50m 长的钢尺，若拉力变化 1kg，尺长将改变约 1mm。

（6）丈量误差　丈量时在地面上尺端点位置对不准、前、后尺手配合不佳，在尺上读数不准等都会引起丈量误差，这种误差对丈量结果的影响可正可负，大小不定。在丈量中要尽量做到对点准确，配合协调。

**2. 钢尺量距的注意事项**

1）钢尺须检定后才能使用，精度要求高时进行尺长改正和温度改正。

2）量距时拉钢尺要既平又稳，拉力要符合要求，采用斜拉法时要进行倾斜改正。

3）注意钢尺零刻划线位置，以免量错。

4）读数应准确，记录要清晰，严禁涂改数据，要防止 6 与 9 误读、10 和 4 误听。

5）钢尺在路面上丈量时，应防止人踩、车碾。钢尺卷结时不能硬拉，必须解除卷结后再拉，以免钢尺折断。

6）量距结束后，用软布擦去钢尺上的泥土和水，以防生锈。

7）不准将钢尺沿地面拖拉，以免磨损尺面分划。

# 子单元 2　视距测量

视距测量是用经纬仪和水准仪等测量仪器的望远镜内十字丝分划板上的视距丝及标尺

(水准尺),根据几何光学和三角学原理,测定两点间的水平距离和高差。这种方法操作简便、迅速,不受地面起伏的限制,但精度比较低(距离精度约1/300),只可用于地形图碎部测量和水准路线长度测量等精度要求不高的场合。

## 4.2.1 视距测量原理

**1. 视线水平时的视距测量公式**

(1) 水平距离公式 经纬仪、水准仪等测量仪器的十字丝分划板上,都有与横丝平行等距对称的两根短丝,称为视距丝。利用视距丝配合标尺就可以进行视距测量。

如图 4-11 所示,AB 为待测距离,在 A 点上安置经纬仪,B 点处竖立标尺,置望远镜视线水平,瞄准 B 点标尺,此时视线垂直于标尺。尺上 M、N 点成像在视距丝上的 m、n 处,MN 的长度可由上、下视距丝读数之差求得。上、下视距丝读数之差称为尺间隔。

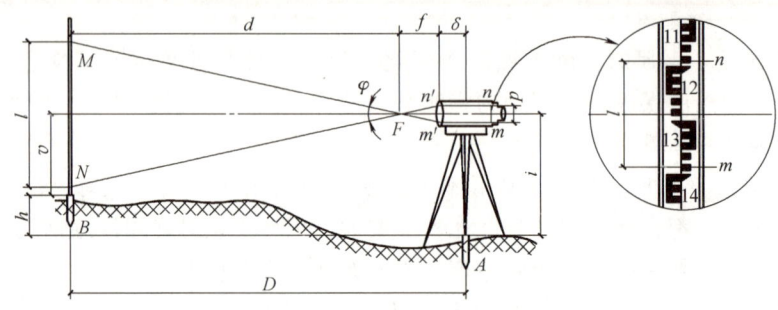

图 4-11 视线水平时的视距测量

在图 4-11 中,$l$ 为尺间隔;$p$ 为视距丝间距;$f$ 为物镜焦距;$\delta$ 为物镜至仪器中心的距离。由相似三角形 $MNF$ 与 $m'n'F$ 可得

$$\frac{d}{l}=\frac{f}{p}$$

则

$$d=\frac{f}{p}l$$

由图看出

$$D=d+f+\delta$$

则

$$D=\frac{f}{p}l+f+\delta$$

令 $f/p=K$,$f+\delta=C$,则有

$$D=Kl+C$$

式中  $K$——视距乘常数;
   $C$——视距加常数。

目前使用的内对光望远镜的视距常数,设计时已使 $K=100$,$C$ 接近于零,故水平距离公式可写为

$$D=Kl=100l \tag{4-11}$$

式中  $l$——上、下视距丝读数之差。

(2) 高差公式 在图 4-11 中,$i$ 为地面标志到仪器望远镜中心线的高度,可用尺子量取;$v$ 为十字丝中丝在标尺上的读数,称为目标高,$h$ 为 A、B 两点间的高差。从图中可以

看出高差公式为
$$h_{AB} = i - v \quad (4\text{-}12)$$

式中　$i$——仪器高，为仪器横轴至桩顶距离；

　　　$v$——中丝读数，为十字丝中丝在标尺上的读数。

**2. 视线倾斜时的视距测量公式**

（1）水平距离公式　当地面起伏较大或通视条件较差时，必须使视线倾斜才能读取尺间隔。这时视距尺仍是竖直的，但视线与尺面不垂直，如图 4-12 所示，因而不能直接应用上述视距公式。需根据垂直角 $\alpha$ 和三角函数进行换算。

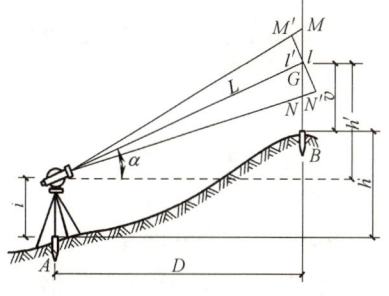

图 4-12　视线倾斜时的视距测量

由于图 4-12 中所示上下丝视线所夹的角度很小，可以将 $\angle GM'M$ 和 $\angle GN'N$ 近似地看成直角，并且可以证明 $\angle MGM'$ 和 $\angle NGN'$ 均等于 $\alpha$，则可以进行下列推导：

$$M'N' = M'G + GN' = MG\cos\alpha + GN\cos\alpha = MN\cos\alpha$$

即
$$l' = l\cos\alpha$$

代入式（4-11）可推出斜距为
$$L = Kl\cos\alpha$$

再将斜距化算为水平距离得公式：
$$D = Kl\cos^2\alpha \quad (4\text{-}13)$$

式中　$D$——$A$ 到 $B$ 水平距离；

　　　$K$——常数（100）；

　　　$l$——视距间隔，上、下视距丝读数之差；

　　　$\alpha$——垂直角。

（2）高差公式　由图 4-12 可以看出，$A$、$B$ 两点的高差 $h$ 为
$$h = h' + i - v$$

$h'$ 为初算高差，由图中可以看出
$$h' = D \cdot \tan\alpha$$

故得高差计算公式为
$$h = D \cdot \tan\alpha + i - v \quad (4\text{-}14)$$

式中　$i$——仪器高，为仪器横轴至桩顶距离；

　　　$v$——中丝读数，为十字丝中丝在标尺上的读数；

　　　$D$——$A$ 到 $B$ 水平距离；

　　　$\alpha$——垂直角；

　　　$h$——$A$ 到 $B$ 的高差。

### 4.2.2　视距测量的观测与计算

视距测量的观测与计算

欲测定 $A$、$B$ 两点间的平距和高差，已知 $A$ 点高程求 $B$ 点高程。观测和计算步骤如下：

1）安置电子经纬仪于测站 $A$ 点上，对中、整平、量取仪器高 $i$，置望远镜于盘左位置。

2）瞄准立于测点上的标尺，读取上、下丝读数（读到毫米）求出视距间隔 $l$，或将下丝瞄准某整分米处，上丝直接读出视距 $Kl$ 之值。

67

3) 读取标尺上的中丝读数 $v$（读到厘米）和竖盘读数 $L$（读到分）。

4) 计算。

① 尺间隔　$l$ = 上丝读数 - 下丝读数。

② 视距　$Kl = 100l$。

③ 垂直角　$\alpha = 90° - L$。

④ 水平距离　$D = Kl\cos^2\alpha$。

⑤ 高差　$h = D \cdot \tan\alpha + i - v$。

⑥ 测点高程　$H_B = H_A + h$。

以上各项，可用电子计算器计算，当在一个测站上观测多个点的距离和高程时，可列表（表4-3）记录读数和计算结果，计算结果精确到厘米即可。

【例4-1】 表4-3中，测站 $A$ 点的高程为 $H_A = 112.67$m，仪器高 $i = 1.46$m，1点的上、下丝读数分别为2.643m 和 2.317m，中丝读数 $v = 2.48$m，竖盘读数 $L = 87°42'$，求1点的水平距离和高程。

【解】 根据上述计算方法，具体计算过程如下：

尺间隔　$l = (2.643 - 2.317)$m $= 0.326$m

视距　$Kl = (100 \times 0.326)$m $= 32.6$m

垂直角　$\alpha = 90° - 87°42' = 2°18'$

水平距离　$D = 32.6$m $\times \cos^2 2°18' = 32.55$m

高差　$h = 32.55$m $\times \tan 2°18' + 1.46$m $- 2.48$m $= 0.29$m

测点高程　$H_1 = (112.67 + 0.29)$m $= 112.96$m

表 4-3　视距测量手簿

测站：$A$　　测站高程：112.67m　　仪器高：1.46m

| 点号 | 上丝读数<br>下丝读数 | 视距 $Kl$/m | 中丝读数/m | 竖盘读数 | 垂直角 | 水平距离/m | 高差/m | 高程/m |
|---|---|---|---|---|---|---|---|---|
| 1 | 2.643<br>2.317 | 32.6 | 2.48 | 87°42′ | 2°18′ | 32.55 | 0.29 | 112.96 |
| 2 | 1.984<br>1.397 | 58.7 | 1.69 | 96°15′ | -6°15′ | 58.00 | -6.58 | 106.09 |
| 3 | 2.617<br>1.723 | 89.4 | 2.17 | 88°51′ | 1°09′ | 89.36 | 1.08 | 113.75 |

### 4.2.3　视距测量误差及注意事项

**1. 读数误差**

由于人眼分辨力和望远镜放大率的限制，再加上视距丝本身具有一定宽度，它将遮盖尺上分划的一部分，因此会有估读误差，使尺间隔 $l$ 产生误差。由视距公式可知，如果尺间隔有1mm误差，将使视距产生0.1m误差。该误差与距离远近成正比，因此，有关测量规范对视线长度有限制要求。例如，测绘一般地区1:500地形图时，地物点的视线长度不大于60m。下丝对准整分米数，上丝直接读出视距间隔，可减小读数误差。

**2. 视距乘常数 $K$ 的误差**

由于温度变化，改变了物镜焦距和视距丝的间隔，因此常数 $K$ 不完全等于100。通过测定求出 K，若 K 值在 100±0.1 时，便可视其为 100。

**3. 视距尺倾斜误差**

视距尺倾斜对水平距离的影响较大，当视线倾角大时，影响更大，因此在山区观测时此项误差较严重。为减少此项误差影响，应在尺上安置水准器，严格使尺竖直。

**4. 外界气象条件对视距测量的影响**

（1）大气折光的影响　视线穿过大气时会产生折射，其光程从直线变为曲线，造成误差。由于视线靠近地面时折光大，所以规定视线应高出地面 1m 以上。

（2）大气湍流的影响　空气的湍流使视距成像不稳定，造成视距误差。当视线接近地面或水面时这种现象更为严重。所以视线要高出地面 1m 以上。除此以外，风和大气能见度对视距测量也会产生影响。风力过大，尺子会抖动，空气中灰尘和水汽会使视距尺成像不清晰，造成读数误差，所以应选择良好的天气进行测量。

**5. 注意尺间隔算式与仪器望远镜成像有关**

目前多数仪器的望远镜成像为正像，则尺间隔 $l$ = 上丝读数 − 下丝读数；如果望远镜成像为倒像，则尺间隔 $l$ = 下丝读数 − 上丝读数。

## 知识链接　计算器中角度的输入与输出

在用计算器进行含有角度的计算时，经常需要输入或输出带"度、分、秒"的角度值。首先检查计算器屏幕上是否有"DEG"字符，如果有，就说明计算器处于 360° 制；如果没有，请反复按 DRG 键使"DEG"字符出现。

**1. 角度输入**

常见的具有角度输入功能的计算器有两种：

（1）键盘上有 DEG 键的计算器　可把角度值由"度、分、秒"转换为"度"，如输入 276°36′48″ 的操作是：276.3648 DEG，屏幕上显示结果"276.613333"（°），注意输入时在整度数后键入小数点，分和秒一定是两位数，不足两位的用"0"补足。例如：

计算 cos168°7′8″ 的操作是：168.0708 DEG cos

计算 58°43′54″+95°33′26″ 的操作是：58.4354 DEG +95.3326 DEG

（2）键盘上有 °′″ 键的计算器　可直接输入"度、分、秒"，例如输入 276°36′48″ 的操作是：276 °′″ 36 °′″ 48 °′″。

**2. 角度输出**

（1）键盘上有 DEG 键的计算器　DEG 键的上方有第二功能键 DMS，可把角度值由"度"转换为"度、分、秒"。按 2ndF 再按 DEG 等于 DMS。

如键入：276.613333 2ndF DEG，屏幕上显示：276.3648，表示 276°36′48″。

再如求反正切函数 arctan1.564826，键入：1.564826 2ndF TAN 2ndF DEG，结果显示 57.2510，表示 57°25′10″。

（2）键盘上有 $\boxed{°'''}$ 键的计算器 $\boxed{°'''}$ 键的上方是其反功能键，可把以"度"为单位的角值转换为"度、分、秒"。$\boxed{INV}$ $\boxed{°'''}$ 等于 $\boxed{反°'''}$ 键。

不同型号的计算器，角度输入输出的方法可能有所不同，可按计算器的说明书操作。

## 子单元 3　光电测距与全站仪使用

光电测距是用光波作为载波，传输测距信号，测量两点间距离的一种方法。与传统的钢尺量距和视距测量相比，其具有测程长、精度高、作业快、工作强度低、几乎不受地形限制等优点，是目前精密量距的主要方法，可用于各种距离测量工作。

### 4.3.1　光电测距原理

光电测距是测定光波在两点间往返传播的时间，再按距离等于时间的一半乘光速来计算两点间的距离的。按测定时间的方法不同，光电测距仪测距方法有脉冲法和相位法。

光电测距原理

**1. 脉冲法测距**

用光电测距仪测定 $A$、$B$ 两点间的距离 $D$，在一端安置测距仪，另一端安放反光镜，如图 4-13 所示。脉冲式测距仪发出光脉冲射向反光镜，与此同时，仪器的电子门打开，由时标振荡器不断产生周期为 $T$ 的时标脉冲进入计数系统，当光脉冲经反光镜

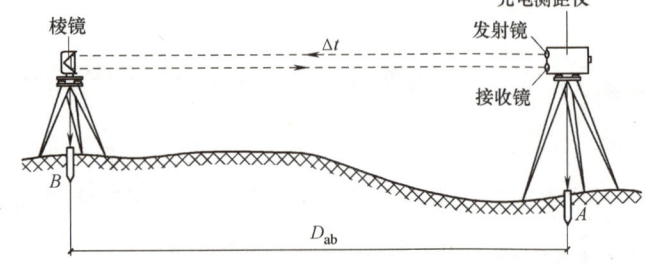

图 4-13　脉冲法光电测距原理

反射，回到测距仪时，仪器的电子门关闭，时标脉冲停止进入计数系统，若计数系统共记录了 $n$ 个时标脉冲，则光波往返的总时间 $\Delta t = nT$。测距公式如下：

$$D = \frac{1}{2} c \Delta t = \frac{1}{2} cnT \tag{4-15}$$

式中　$c$——光在空气中的传播速度，其值约为 300000000m/s；

　　　$n$——时标脉冲个数；

　　　$T$——时标脉冲周期。

由测距公式可知，这种方法不能测定小于一个周期的时间，距离的精度取决于周期 $T$ 的大小或者说振荡频率的高低。太高的频率对电子元件性能要求过高，所以一般脉冲法测距常用于激光雷达、微波雷达等远距离测距上，其测距精度为 0.5~1m。

**2. 相位法测距**

通过测定相位差来测定时间，进而求出距离，称为相位法测距。在工程中使用的红外测距仪，都是采用相位法测距原理。它是通过测量测距仪发射的调制波在待测距离上往返传播所产生的相位变化（载波相位差），间接地确定传播时间 $\Delta t$，进而求得待测距离 $D$。

相位测距法的大致工作过程是：测距仪在 $A$ 站发射频率为 $f$ 的调制波在待测距离上传播，这种光波射向测线另一端，被 $B$ 点反光镜反射后又回到 $A$ 点，被测距仪接收器接收，

所经过的时间为 $\Delta t$。为便于说明，将反光镜 $B$ 反射后回到 $A$ 点的光波沿测线方向展开，则调制波往返经过了 $2D$ 的路程，如图 4-14 所示。

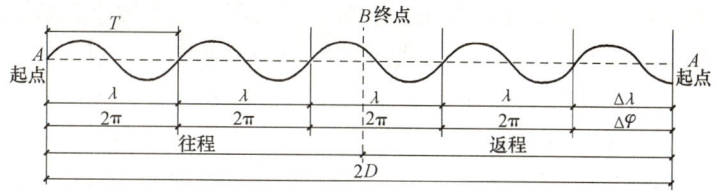

**图 4-14** 相位测距法原理

设调制波的角频率为 $\omega$，则调制波在测线上传播时的相位延迟角 $\varphi$ 为

$$\varphi = \omega \cdot \Delta t = 2\pi f \cdot \Delta t$$

$$\Delta t = \frac{\varphi}{2\pi f}$$

将 $\Delta t$ 代入式（4-15），得

$$D = \frac{1}{2} c \cdot \frac{\varphi}{2\pi f} \qquad (4\text{-}16)$$

从图 4-14 中可见，相位 $\varphi$ 还可以用相位的整周数（$2\pi$）的个数 $N$ 和不足一个整周数的 $\Delta\varphi$ 来表示，则

$$\varphi = N \times 2\pi + \Delta\varphi$$

将 $\varphi$ 代入式（4-16），得相位法测距基本公式：

$$D = \frac{1}{2} c \cdot \frac{N \times 2\pi + \Delta\varphi}{2\pi f} = \frac{\lambda}{2}\left(N + \frac{\Delta\varphi}{2\pi}\right)$$

式中　$\lambda$——调制光的波长，$\lambda = \dfrac{c}{f}$。

将该式与钢尺量距公式相比，有相像之处。$\lambda/2$ 相当于尺长，$N$ 为整尺段数，$\Delta\varphi/2\pi$ 为不足一整尺段的余长，令其为 $\Delta N$。因此称 $\lambda/2$ 为"光测尺"，令其为 $L_s$。光尺长度可用下式计算：

$$L_s = \frac{\lambda}{2} = \frac{c}{2f}$$

所以

$$D = L_s(N + \Delta N) \qquad (4\text{-}17)$$

通过公式可知，距离结果可以通过波长的一半乘以相位差计算得到。由于相位法测距仪的波长已知，相位差测定的精度高，从而保证了测距精度。

要注意的是，距离除了与时间（相位差）有关外，还与光速有关，光速则与光线所通过的大气折射率有关，而大气折射率与测距时的气温、气压、湿度等气象因素有关，所以在测距时还要测定测线的温度和气压，对所测距离进行气象改正。

测距仪对于相位 $\varphi$ 的测定是采用将接收测线上返回的载波相位与机内固定的参考相位在相位计中比相。相位计只能分辨 $0\sim 2\pi$ 之间的相位变化，即只能测出不足一个整周期的相位差 $\Delta\varphi$，而不能测出整周数 $N$。例如，光尺为 10m，只能测出小于 10m 的距离；光尺为 1000m，只能测出小于 1000m 的距离。由于仪器测相精度一般为 1/1000，1km 的测尺测量精度只有米级。测尺越长、精度越低。所以为了兼顾测程和精度，目前测距仪常采用多个调制频率（即 $n$ 个测尺）进行测距。用短测尺（称为精尺）测定精确的小数。用长测尺（称为粗尺）测定距离的大数。将两者衔接起来，就解决了长距离测距数字直接显示的问题。

例如，用短程相位式测距仪测距，仪器一般有两种调制频率，以 $\lambda_1/2 = 10\text{m}$ 作短光尺，以 $\lambda_2/2 = 1000\text{m}$ 作长光尺，假如精测时 $\Delta N_1 = 0.487$，粗测时 $\Delta N_2 = 0.485$，则所测距离为：精测距离为 4.87m（0.487×10m）；粗测距离为 485m（0.485×1000m）。综合两者结果，粗测距离中的 480m 是可信的，其零头数"5m"不太准确，应以精测距离 4.87m 为准，所以最终结果应为 $D = 480\text{m} + 4.87\text{m}$，即 $D = 484.87\text{m}$。在实际仪器结构中，由精、粗测尺读数计算距离工作，可由仪器内部的逻辑电路自动完成并显示。

### 3. 免棱镜测距

光电测距需要有反光镜来反射光信号，为了保证光线能原路返回以便接收，反光镜做成 90°角的实心光学棱镜，如图 4-15 所示，根据光的折射原理，任何方向的光线经过折射后，返回的光线与前进的方向平行。目前测距仪使用棱镜测距时测程可达几公里。

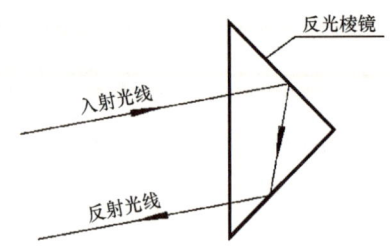

图 4-15 反光棱镜示意图

光电测距必须在待测点上安置棱镜，配合光电测距仪进行测距。但有的待测点不便甚至无法安置棱镜，使测距无法进行。现在新型的光电测距仪器能进行免棱镜测距，免棱镜测距时，仪器发射可见的红色激光束，光线照射到目标表面产生漫反射，仪器接收漫反射的回光信号，按相位法原理进行测距，测距精度与使用棱镜接近。但由于回光信号较弱，测量距离不能太远，一般在几百米以内。

为了提高免棱镜测距的测程，仪器采用较高的功率发射激光束，所以耗电相对较大。对需要经常观测的目标，有时在被测目标的位置贴上一块绘有观测标志的反光片，以提高回光强度和照准精度。具有免棱镜测距功能的全站仪，一般都有反射目标的选项，需要先设置到相应的状态。当设为免棱镜或者反射片观测状态时，仪器的棱镜常数自动设为零。

## 4.3.2 光电测距仪的精度指标

测距仪器的标称精度，按下式表示：

$$m_D = \pm(a + b \times D) \tag{4-18}$$

式中　$m_D$——测距中误差，单位为 mm；

$a$——标称精度中的固定误差，单位为 mm；

$b$——标称精度中的比例误差系数，单位为 mm/km；

$D$——测距长度，单位为 km。

例如，某测距仪的标称精度为 $\pm(3 + 2 \times D)$，即固定测距误差为 $\pm 3\text{mm}$，与距离成比例增大的测距误差为 2mm/km；若测距长度为 1km，其测距中误差为 $m_D = \pm(3\text{mm} + 2\text{mm/km} \times 1\text{km}) = \pm 5\text{mm}$，则该测距仪称为 5mm 级仪器。有时"$3 + 2 \times D$"简称为"3+2ppm"，其中"ppm"表示百万分之一，即 $10^{-6}$，与 mm/km 相同。

光电测距按 1km 测距中误差 $m_D$ 的大小，可分为 1mm 级、5mm 级和 10mm 级，目前工程中常用的是 5mm 级的测距仪器。

## 4.3.3 全站仪距离测量

全站仪的构造　　全站仪光电测距

全站仪是由电子测角、光电测距、数据处理和数据存储等单元组成的三维坐标测量系统，是能自动显示测量结果，能与外围设备交换信息的多功能测量仪器。由于仪器较完善地实现了测量和处理过程的电子一体化，所以通常称之为全站型电子速测仪，简称全站仪。它将电子经纬仪和光电测距仪融为一体，共用一个光学望远镜，使用起来很方便。

全站仪的数据处理和记录装置是由微处理器、存储器、输入和输出部分组成。由微处理器对获取的斜距、水平角、垂直角、视准轴误差、指标差、棱镜常数、气温、气压等信息进行处理，获得各种改正后的距离、坐标和高程等数据。在只读存储器中固化了一些常用的测量程序，如坐标测量、导线测量、放样测量、后方交会等，只要进入相应的测量程序模式，输入已知数据，便可依据程序进行测量，获取观测数据，并解算出相应的测量结果。通过输入、输出设备，可以输入数据和显示结果，也可以与计算机交互通信，将测量数据直接传输给计算机，在软件的支持下，进行计算、编辑和绘图。测量作业所需要的已知数据也可以从计算机输入全站仪，可以实现整个测量作业的高度自动化。

全站仪的型号很多，目前常见的全站仪品牌主要有我国的南方、科力达、苏州一光、博飞等，以及国外的徕卡、天宝、索佳、尼康等，各种型号仪器的基本结构大致相同，工作原理也基本相同。下面以南方测绘仪器公司生产的南方 NTS-360 系列全站仪为例，介绍光电测距方法。

**1. 南方 NTS-360 全站仪简介**

南方 NTS-360 系列全站仪的测角精度为 $\pm 2''$，测角度盘为绝对编码度盘，即使中途重置电源，角度信息也不会丢失。测距精度为 $\pm(2+2\times D)$，即测距固定误差为 $\pm 2mm$，比例误差为 $\pm 2mm/km$；使用单反光镜的最大测程为 5km。

南方 NTS-360 系列全站仪具体包括 NTS-360、NTS-360L 和 NTS-360R 三种型号，其中 NTS-360L 具有激光指向功能，NTS-360R 具有免棱镜功能，免棱镜的测距精度为 $\pm(5+3\times D)$，测程为 300m。三种全站仪的基本构造与使用方法相同。南方 NTS-360 系列全站仪的基本构造如图 4-16 所示，其中新款仪器的对中器由光学对中器升级为激光对中器。

南方 NTS-360 系列全站仪在测量水平角、垂直角和水平距离的基础上，配合内置计算软

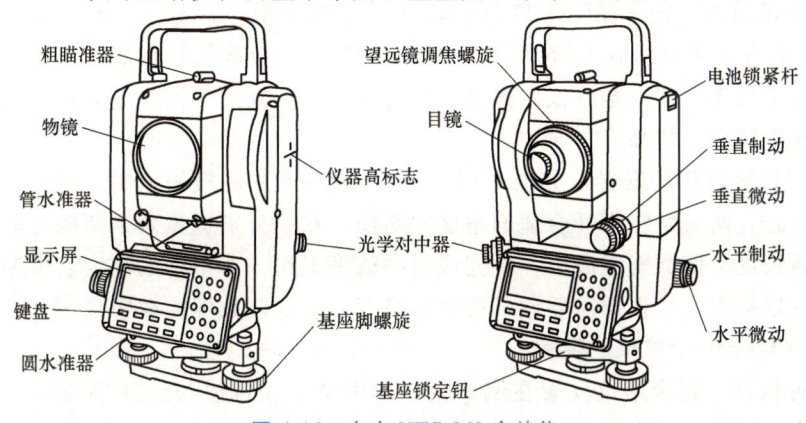

图 4-16　南方 NTS-360 全站仪

件还能进行高程测量、坐标测量、坐标放样以及对边测量、悬高测量、偏心测量、面积测量等,此外还预装了一些其他测量程序,为控制测量、地形测量、道路测量和工程放样等提供更大的方便。

测量数据可存储到仪器的内存中,还可以插入 SD 卡存储和转移数据,SD 卡上每 1 兆(MB)的内存可存储 5000 组测量数据与坐标,存储非常大并可扩展。所存数据能进行编辑、查阅和删除等操作,能方便地与计算机相互传输数据。

**2. 反光棱镜与觇牌**

与全站仪配套使用的反光棱镜与觇牌如图 4-17 所示,由于全站仪的望远镜视准轴与测距发射接收光轴是同轴的,故反光棱镜中心与觇牌中心一致。对中杆棱镜组的对中杆与两条铝脚架一起构成简便的三脚架系统,操作灵活方便,在低等级控制测量和施工放线测量中应用广泛。在精度要求不很高时,还可拆去其两条铝脚架,单独使用一根对中杆,携带和使用更加方便。

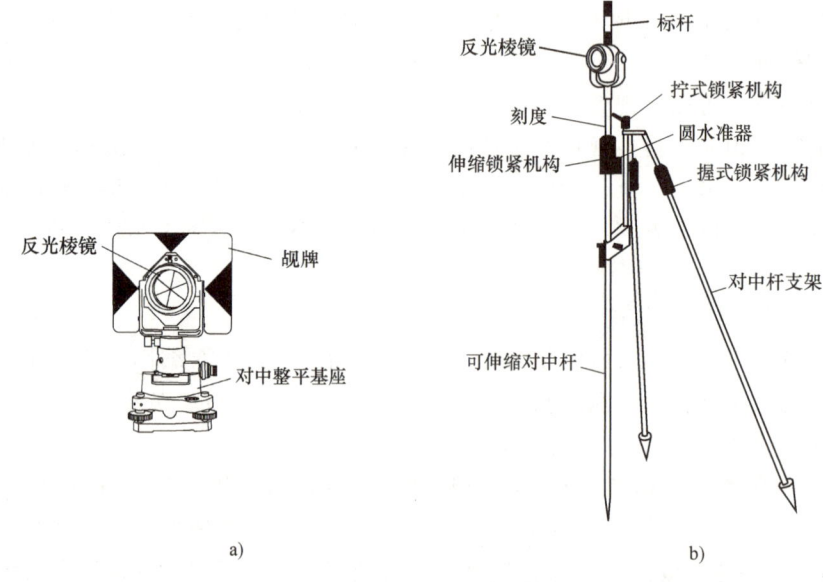

图 4-17 全站仪反光棱镜组
a)单棱镜组 b)对中杆棱镜组

(1)单棱镜组的安置 如图 4-17a 所示,将基座安放到三脚架上,利用基座上的光学对中器进行对中整平,具体方法与经纬仪对中整平相同。将反光棱镜和觇牌组装在一起,安放到基座上,再将反光面朝向全站仪,如果需要观测高程,则用小钢尺量取棱镜高度,即地面标志到棱镜或觇牌中心的高度。

(2)对中杆棱镜组的安置 如图 4-17b 所示,使用对中杆棱镜组时,将对中杆的下尖对准地面测量标志,两条架腿张开合适的角度并踏稳,双手分别握紧两条架腿上的握式锁紧机构,伸缩架腿长度,使圆气泡居中,便完成对中整平工作。对中杆的高度是可伸缩的,在接头处有杆高刻划标志,可根据需要调节棱镜的高度,刻划读数即为棱镜高度。

**3. 南方 NTS-360 全站仪的使用**

(1)安置仪器 将全站仪安置在测站上,对中整平,方法与经纬仪相同。如果全站仪有激光对中器,则先打开全站仪的电源开关,即有可见的红色对中激光束往下发出,然后再进行对中整平。安置反光棱镜于另一点上，经对中整平后，将反光面朝向全站仪。

（2）开机及初始化　按面板上的 POWER 键打开电源，转动一下照准部和望远镜，完成仪器的初始化，此时仪器一般处于测角状态。键盘及显示屏面板如图 4-18 所示，有关键盘符号的名称与功能如下：

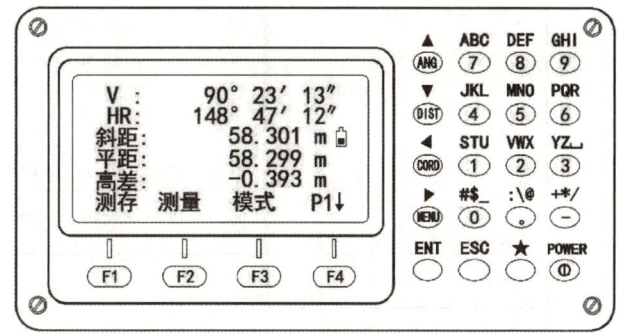

图 4-18　南方 NTS-360 全站仪面板

ANG（▲）——角度测量键（上移键），进入角度测量模式（上移光标）。

DIST（▼）——距离测量键（下移键），进入距离测量模式（下移光标）。

CORD（◄）——坐标测量键（左移键），进入坐标测量模式（左移光标）。

MENU（►）——菜单键（右移键），进入菜单模式（右移光标），可进行各种程序测量、数据采集、放样和存储管理等。

ENT 回车键——确认数据输入或存入该行数据并换行。

ESC 退出键——取消前一操作，返回到前一个显示屏或前一个模式。

★ 星键——进入参数设置和常用功能的操作状态。

POWER（电源开关键）——短按开机，长按关机。

F1~F4（功能键）——对应于显示屏最下方一排所示信息的功能，具体功能随不同测量状态而不同。

0~9（数字键）——输入数字和字母或选取菜单项。

。~ -符号键——输入符号、小数点、正负号。

开机时要注意观察显示窗右下方的电池信息，判断是否有足够的电池电量并采取相应的措施，电池信息意义如下：

☰——电量充足，可操作使用。

＝——刚出现此信息时，电池尚可使用 1 小时左右；若不掌握已消耗的时间，则应准备好备用的电池。

———电量已经不多，尽快结束操作，更换电池并充电。

—闪烁到消失——从闪烁到缺电关机大约可持续几分钟，电池已无电应立即更换电池。

全站仪标准测量模式有三种，即角度测量模式、距离测量模式和坐标测量模式。各测量模式又有若干页，其中 P1、P2、P3 分别表示第 1 页、第 2 页和第 3 页，可以用 F4 功能键进行翻页，如图 4-19 所示。

（3）温度、气压和棱镜常数设置　全站仪测距时发射红外光的光速随大气的温度和压力而改变，进行温度和气压设置，是通过输入测量时测站周围的温度和气压，由仪器自动对测距结果实施大气改正。棱镜常数是指仪器红外光经过棱镜反射回来时，在棱镜处多走了一段距离，这个距离对同一型号的棱镜来说是固定的，如南方全站仪配套的棱镜为 30mm，测距结果应减去 30mm，才能抵消其影响，-30mm 即为棱镜常数，在测距时输入全站仪，由仪器自动进行改正，显示正确的距离值。如果使用免棱镜功能或者反射片，则棱镜常数为 0。

```
┌─────────────────────┐    ┌─────────────────────┐    ┌─────────────────────┐
│                     │    │ V:      90°23′13″   │    │ V:      90°23′13″   │
│ V:      90°10′20″   │    │ HR:    148°47′12″   │    │ HR:    148°47′12″   │
│ HR:    120°30′40″   │    │ 斜距:    58.301 m   │    │ N:      123.456m    │
│                     │    │ 平距:    58.299 m   │    │ E:       34.567m    │
│                     │    │ 高差:    -0.393 m   │    │ Z:       78.912m    │
│ 测存 置零 置盘 P1↓  │    │ 测存 测量 模式 P1↓  │    │ 测存 测量 模式 P1↓  │
│ 锁定 复测 坡度 P2↓  │    │ 偏心 放样 m/f/i P2↓ │    │ 设置 后视 测站 P2↓  │
│ H蜂鸣 右左 竖角 P3↓ │    │                     │    │ 偏心 放样 均值 P3↓  │
└─────────────────────┘    └─────────────────────┘    └─────────────────────┘
         a)                          b)                          c)
```

图 4-19　全站仪的三种标准测量模式

a) 角度测量模式　b) 距离测量模式　c) 坐标测量模式

例如，预先测得测站周围的温度为+25℃，气压为 1017.5hPa，棱镜常数为-30mm，下面介绍具体设置方法。按★键，进入设置界面，如图 4-20a 所示，确认反射体是 [棱镜]，如果不是，可能是 [免棱镜] 或者 [反射片]，按▶键直到是 [棱镜] 模式。

然后再按 F4 键进入参数设置界面，在温度项输入 "25"，按▼键移动光标到气压项，输入 "1017.5"，再按▼键移动光标到棱镜常数项，输入 "-30"，最后按 F4 回车确认，如图 4-20b 所示。按 ESC 键退回到仪器开机初始化后的状态。

```
┌─────────────────────┐    ┌─────────────────────┐    ┌─────────────────────┐
│ 反射体:[棱镜]       │    │ 温度: 25.0℃         │    │ V:      76°58′55″   │
│                     │    │ 气压: 1017.5hPa     │    │ HR:    170°09′12″   │
│ 对比度: 2           │    │ 棱镜常数: -30mm     │    │ 斜距:    241.551m   │
│                     │    │ PPM 值:   -36PPm    │    │ 平距:    235.343m   │
│                     │    │ 回光信号: [    ]    │    │ 高差:     54.406m   │
│ 照明 补偿 指向 参数 │    │ 回退        确认    │    │ 测存 测量 模式 确认 │
└─────────────────────┘    └─────────────────────┘    └─────────────────────┘
         a)                          b)                          c)
```

图 4-20　温度、气压、棱镜常数设置和测距屏幕

（4）距离测量　按 DIST 键进入距离测量模式，照准棱镜中心，按 F2 测量键距离测量开始，1 秒钟左右后在屏幕上显示距离测量结果，如图 4-20c 所示。一般需要的是水平距离，即 "平距 235.343m"。测距结束后，如需要再次测距，再按 F2 键执行测量即可，如果需要保存距离测量结果，按 F1 测存键，则仪器进行距离测量，并将测量结果保存到内存或者 SD 卡中。

NTS-360 全站仪测距时有单次精测、N 次精测、重复精测和跟踪测量四种测量模式，测量时可根据工作需要选合适的测量模式，按 F3 模式键，测量模式便在这四种测量模式之间切换。普通测量一般采用单次精测即可，其他模式比较费电。

（5）角度测量　角度测量是全站仪的基本功能之一，开机一般默认进入测角状态，南方 NTS-360 也可按 ANG 键进入测角状态，屏幕上的 "V" 为竖直度盘读数，"HR"（度盘顺时针增大）或 "HL"（度盘逆时针增大）为水平度盘读数，水平角置零等操作按 F1~F4 功能键完成，具体操作方法与电子经纬仪基本相同。

### 4.3.4 光电测距的误差及注意事项

**1. 光电测距误差**

光电测距误差来自三个方面：首先是仪器误差，主要是测距仪的调制频率误差和仪器的测相误差；其次是人为误差，这方面主要是仪器对中、反射棱镜对中时产生的误差；第三为外界条件的影响，主要是气象参数即大气温度和气压的影响。

**2. 光电测距使用注意事项**

1）气象条件对光电测距影响较大，微风的阴天是观测的良好时机。
2）测线应高出地面障碍物，避免通过发热体和较宽水面的上空。
3）测线应避开强电磁场干扰的地方，如测线不宜距变压器、高压线太近。
4）镜站的后面不应有反光镜和强光源等背景的干扰。
5）要严防阳光及其他强光直射接收物镜，避免损坏光电器件，阳光下作业应撑伞保护仪器。

## 子单元4　直线定向与坐标计算

确定地面上两点在平面上的相对位置，除了测定两点之间的距离外，还应确定两点所连直线的方向。一条直线的方向，是根据某一标准方向来确定的。确定直线与标准方向之间的关系，称为直线定向。

### 4.4.1 标准方向

测量工作中常用真北方向、磁北方向和坐标北方向作为直线定向的标准方向。

**1. 真北方向**

过地球旋转轴南北极的平面与地球表面的交线叫真子午线。通过地球某点的真子午线的切线方向，称为该点的真子午线方向。指向北方的一端叫真北方向，如图4-21a所示。真北方向可用天文测量方法或陀螺经纬仪测定。地面上各点的真子午线方向是互相不平行的。

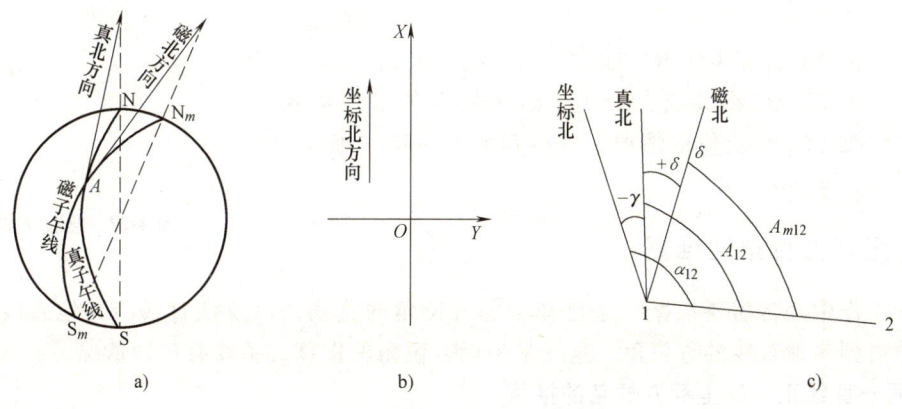

图4-21　标准方向和方位角

**2. 磁北方向**

磁子午线方向是磁针在地球磁场的作用下，自由静止时磁针轴线所指的方向，指向北端的方向称为磁北方向，如图 4-21a 所示。磁北方向可用罗盘仪测定。

**3. 坐标北方向**

在测量工作中通常采用高斯平面直角坐标或独立平面直角坐标确定地面点的位置，因此，取坐标纵轴（$X$ 轴）的平行线作为直线定向的标准方向，称为坐标北方向，如图 4-21b 所示。高斯平面直角坐标系中的坐标纵轴是高斯投影带中的中央子午线的平行线；独立平面直角坐标系中的坐标纵轴，可以由假定获得。

### 4.4.2 方位角

在测量工作中，常采用方位角表示直线的方向。如图 4-21c 所示，由标准方向的北端起顺时针方向旋转到某直线的水平角，称为该直线的方位角，方位角的范围是 0°~360°。由于标准方向有真北、磁北和坐标北之分，因此对应的方位角分别称为真方位角（用 $A$ 表示）、磁方位角（用 $A_m$ 表示）和坐标方位角（用 $\alpha$ 表示）。为了标明直线的方向，通常在方位角的右下方标注直线的起终点。如 $\alpha_{12}$ 表示直线 1 到 2 的坐标方位角，直线的起点是 1，终点是 2。

由于地球的旋转北极与磁北极不重合，所以地面上同一点的真北方向与磁北方向是不一致的，两者之间的夹角称为磁偏角，用 $\delta$ 表示。地球上不同地点的磁偏角并不相同，我国磁偏角的变化在 -10°~6°间。过同一点的真北方向与坐标北方向的夹角称为子午线收敛角，用 $\gamma$ 表示。规定磁北方向或坐标北方向偏于真北方向东侧时，$\delta$ 和 $\gamma$ 为正；偏于西侧时，$\delta$ 和 $\gamma$ 为负。不同点的 $\delta$、$\gamma$ 值一般是不相同的。由图 4-21c 可知，直线的三种方位角之间的关系如下：

$$A = A_m + \delta$$
$$A = \alpha + \gamma$$
$$\alpha = A_m + \delta - \gamma$$

测量工作中，最常用的是坐标方位角，有时直接简称方位角。如图 4-22 所示，直线 $O1$、$O2$、$O3$、$O4$ 的坐标方位角分别为 $\alpha_{01}$、$\alpha_{02}$、$\alpha_{03}$、$\alpha_{04}$。例如：$\alpha_{01} = 48°$，$\alpha_{02} = 130°$，$\alpha_{03} = 250°$，$\alpha_{04} = 310°$。

注意坐标方位角是 0°~360°顺时针增大的水平角，如果出现大于 360°的情况，应将其减去 360°，如 $A$ 到 $B$ 的方位角 $\alpha_{AB} = 430° = 70°$；如果出现负值的情况，应将其加上 360°，如 $M$ 到 $N$ 的方位角 $\alpha_{MN} = -50° = 310°$。

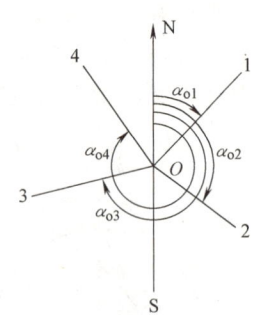

图 4-22 坐标方位角

### 4.4.3 坐标方位角的推算

测量工作中经常需要根据一条已知坐标方位角的直线，以及该直线与其他直线的水平角，计算得到其他直线的方位角，这就是坐标方位角的推算，主要有三种情况。

**1. 同一直线正、反坐标方位角的推算**

直线是有向线段，如图 4-23a 所示，直线 12 的坐标方位角为 $\alpha_{12}$，直线 21 的坐标方位角为 $\alpha_{21}$，如果把 $\alpha_{12}$ 称为直线 12 的正方位角，则 $\alpha_{21}$ 便称为直线 12 的反方位角，反之也一样。在同一平面直角坐标系中，由于各点的纵坐标轴方向彼此平行，因此正、反坐标方位角

应相差180°，即

$$\alpha_{反} = \alpha_{正} \pm 180° \quad (4-19)$$

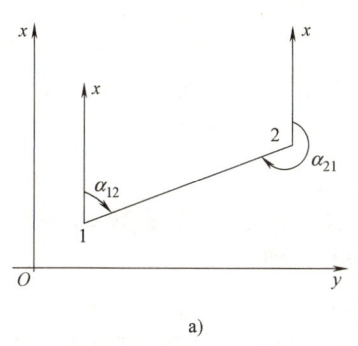
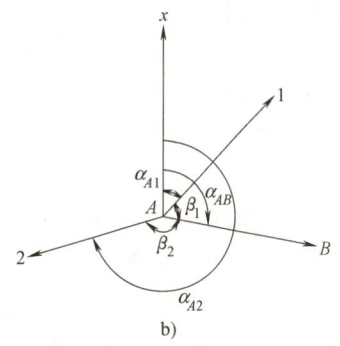

图 4-23 正反方位角和坐标方位角的增减
a) 正反坐标方位角　b) 坐标方位角的增减

当 $\alpha_{正} < 180°$ 时，上式用加 180°；当 $\alpha_{正} > 180°$ 时，上式用减 180°。

例如：若 $\alpha_{12} = 60°$，则其反方位角 $\alpha_{21} = 60° + 180° = 240°$；

若 $\alpha_{CD} = 250°$，则其反方位角 $\alpha_{DC} = 250° - 180° = 70°$。

**2. 同起点直线坐标方位角的增减**

如图 4-23b 所示，已知直线 $AB$ 的坐标方位角 $\alpha_{AB}$，如等于 110°，用经纬仪测出直线 $AB$ 与直线 $A1$ 的水平角 $\beta_1$，如等于 60°，求 $A1$ 的坐标方位角 $\alpha_{A1}$。这是相同起点直线的坐标方位角的增减问题。显然有

$$\alpha_{A1} = \alpha_{AB} \pm \beta \quad (4-20)$$

根据坐标方位角的定义，坐标方位角是顺时针增大的。因此，当从已知的 $AB$ 顺时针旋转到待求的 $A1$ 时，取"＋"号，反之，如果是逆时针旋转，则取"－"号。如图 4-23b 所示，$A1$ 是从 $AB$ 逆时针旋转 60°，因此 $A1$ 的坐标方位角应为

$$\alpha_{A1} = 110° - 60° = 50°$$

再如，图 4-23b 中，$A2$ 是由 $AB$ 顺时针旋转而来，设其旋转水平角 $\beta_2 = 150°$，则 $A2$ 的坐标方位角为

$$\alpha_{A2} = 110° + 150° = 260°$$

**3. 首尾相接直线坐标方位角的推算**

实际工作中，为了得到多条直线的坐标方位角，把这些直线首尾相接，依次观测各接点处两条直线之间的转折角，若已知第一条直线的坐标方位角，便可依次推算出其他各条直线的坐标方位角。

如图 4-24 所示，已知直线 12 的坐标方位角 $\alpha_{12}$，若用经纬仪观测了 2 点的右角（测量前进方向右侧的水平角）$\beta_{2(右)}$，求下一条直线 23 的坐标方位角 $\alpha_{23}$；若又用经纬仪观测了 3 点的左角（测量前进方向左侧的水平角）$\beta_{3(左)}$，求再下一条直线 34 的坐标方位角 $\alpha_{34}$。

计算方法是先用式（4-19）求第一条边的反方

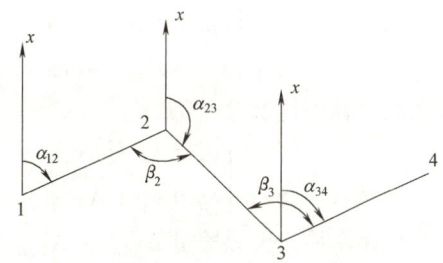

图 4-24 坐标方位角推算

位角，即 $\alpha_{21} = \alpha_{12} \pm 180°$，然后再用式（4-20）求下一条边的方位角，即 $\alpha_{23} = \alpha_{21} - \beta_2$，由于 $\beta_2$ 是右角，即直线 21 逆时针旋转 $\beta_2$ 到达直线 23，因此取减号。可以把式（4-19）和式（4-20）合并，得到

$$\alpha_{23} = \alpha_{12} \pm 180° - \beta_{2(右)}$$

在确定 $\pm 180°$ 用 $+180°$ 还是 $-180°$ 时，考虑到后面是 $-\beta_2$，为了避免出现方位角为负的情况，用 $+180°$ 比较好，即

$$\alpha_{23} = \alpha_{12} + 180° - \beta_{2(右)}$$

同理，可计算再下一条直线 34 的方位角，但由于 $\beta_3$ 是左角，即直线 32 顺时针旋转 $\beta_3$ 到达直线 34，算式中的 $\beta$ 角前用加号，而 180° 前用减号，即

$$\alpha_{34} = \alpha_{23} - 180° + \beta_{3(左)}$$

由上述两式可以得到由上一条直线的坐标方位角 $\alpha_{上}$ 和转折角 $\beta$，推算下一条直线的坐标方位角 $\alpha_{下}$ 的通用公式：

$$\alpha_{下} = \alpha_{上} + 180° - \beta_{右} \tag{4-21}$$

$$\alpha_{下} = \alpha_{上} - 180° + \beta_{左} \tag{4-22}$$

式中的加减号取决于转折角是左角（顺时针）还是右角（逆时针）。如果计算结果大于 360°，应减去 360°，如果计算结果为负值，则应加上 360°。

【例 4-2】 如图 4-24 所示，已知 $\alpha_{12} = 50°$，且观测 $\beta_2 = 110°$，$\beta_3 = 100°$，求 $\alpha_{23}$、$\alpha_{34}$。

【解】 由于 $\beta_2$ 为右角，所以可以使用公式（4-21）由 $\alpha_{12}$ 推算 $\alpha_{23}$，即

$$\alpha_{23} = \alpha_{12} + 180° - \beta_2 = 50° + 180° - 110° = 120°$$

由于 $\beta_3$ 为左角，所以可以使用公式（4-22）由 $\alpha_{23}$ 推算 $\alpha_{34}$，即

$$\alpha_{34} = \alpha_{23} - 180° + \beta_3 = 120° - 180° + 100° = 40°$$

### 4.4.4 坐标的计算

**1. 坐标正算**

根据已知点坐标、已知边长和坐标方位角，计算未知点坐标，称为坐标正算。

如图 4-25 所示，设 $A$ 点的已知坐标为 $(x_A, y_A)$，又知 $A$ 至 $B$ 点的边长为 $D_{AB}$，坐标方位角为 $\alpha_{AB}$。求 $B$ 点坐标 $(x_B, y_B)$。

设 $A$ 至 $B$ 点的纵坐标增量和横坐标增量分别为 $\Delta x_{AB}$ 和 $\Delta y_{AB}$，由图中关系可知，计算 $\Delta x_{AB}$ 和 $\Delta y_{AB}$ 的公式为

$$\begin{cases} \Delta x_{AB} = D_{AB} \cdot \cos\alpha_{AB} \\ \Delta y_{AB} = D_{AB} \cdot \sin\alpha_{AB} \end{cases} \tag{4-23}$$

则 $B$ 点坐标的计算公式为

$$\begin{cases} x_B = x_A + \Delta x_{AB} \\ y_B = y_A + \Delta y_{AB} \end{cases} \tag{4-24}$$

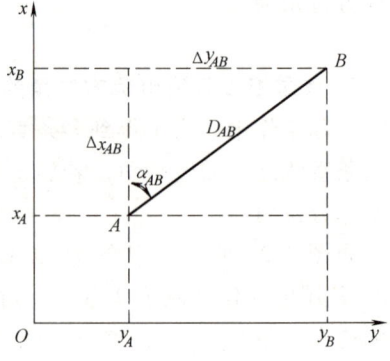

图 4-25 坐标计算示意图

在计算时，坐标增量 $\Delta x_{AB}$ 和 $\Delta y_{AB}$ 有正有负。由于边长 $D_{AB}$ 是正值，则 $\Delta x_{AB}$ 和 $\Delta y_{AB}$ 的正负号取决于坐标方位角 $\alpha_{AB}$ 的象限。

**【例 4-3】** 设 $A$ 点的已知坐标为（8000m，4000m），又知 $A$ 至 $B$ 点的边长为 150m，坐标方位角为 $136°48'20''$，求 $B$ 点坐标 $(x_B, y_B)$。

**【解】** 根据式（4-23）计算坐标增量为

$$\begin{cases} \Delta x_{AB} = 150\text{m} \times \cos 136°48'20'' = -109.355\text{m} \\ \Delta y_{AB} = 150\text{m} \times \sin 136°48'20'' = 102.671\text{m} \end{cases}$$

根据式（4-24）计算 $B$ 点坐标为

$$\begin{cases} x_B = (8000 - 109.355)\text{m} = 7890.645\text{m} \\ y_B = (4000 + 102.671)\text{m} = 4102.671\text{m} \end{cases}$$

### 2. 坐标反算

根据两个已知点的平面直角坐标计算两点间水平距离和坐标方位角，称为坐标反算。

图 4-25 中，设已知 $A$ 点的坐标为 $(x_A, y_A)$，$B$ 点的已知坐标为 $(x_B, y_B)$，求 $A$ 至 $B$ 点的边长 $D_{AB}$ 和坐标方位角 $\alpha_{AB}$。

计算顺序与上述的坐标正算相反，先根据两点坐标值计算坐标增量 $\Delta x_{AB}$ 和 $\Delta y_{AB}$：

$$\begin{cases} \Delta x_{AB} = x_B - x_A \\ \Delta y_{AB} = y_B - y_A \end{cases} \quad (4\text{-}25)$$

再计算边长 $D_{AB}$ 和方位角 $\alpha_{AB}$：

$$D_{AB} = \sqrt{\Delta x_{AB}^2 + \Delta y_{AB}^2} \quad (4\text{-}26)$$

$$\alpha_{AB} = \arctan \frac{\Delta y_{AB}}{\Delta x_{AB}} \quad (4\text{-}27)$$

用计算器按反三角函数式（4-27）计算方位角时，显示的结果是象限角（$R$），即

$$R_{AB} = \arctan \left| \frac{\Delta y_{AB}}{\Delta x_{AB}} \right|$$

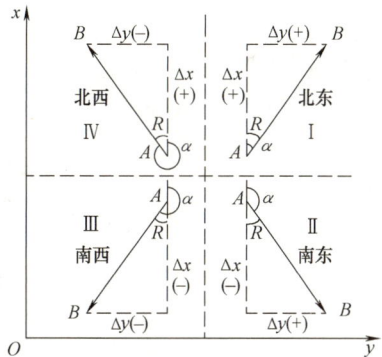

如图 4-26 所示，象限角 $R$ 是直线与北方向或南方向的夹角，$R$ 值在 $0° \sim 90°$ 之间，而坐标方位角在 $0° \sim 360°$ 之间取值。因此应根据坐标增量的正负来判断此直线方向处在哪个象限，再将象限角换算为方位角。

以起始点和坐标增量画一个草图，可以直观方便地判断所处象限，然后换算成方位角，规律见表 4-4。

图 4-26 坐标增量与象限的关系

表 4-4 由象限角推算坐标方位角关系表

| 象限 | 方向 | 坐标增量正负号 | 坐标方位角区间 | 由象限角推算坐标方位角 |
|---|---|---|---|---|
| 第一象限 | 北东 | $\Delta x_{AB}$ 正，$\Delta y_{AB}$ 正 | $0° \sim 90°$ | $\alpha_{AB} = R_{AB}$ |
| 第二象限 | 南东 | $\Delta x_{AB}$ 负，$\Delta y_{AB}$ 正 | $90° \sim 180°$ | $\alpha_{AB} = 180° - R_{AB}$ |
| 第三象限 | 南西 | $\Delta x_{AB}$ 负，$\Delta y_{AB}$ 负 | $180° \sim 270°$ | $\alpha_{AB} = 180° + R_{AB}$ |
| 第四象限 | 北西 | $\Delta x_{AB}$ 正，$\Delta y_{AB}$ 负 | $270° \sim 360°$ | $\alpha_{AB} = 360° - R_{AB}$ |

**【例 4-4】** 设 $A$ 点的已知坐标为（4500m，5500m），$B$ 点的已知坐标为（4280m，5660m）求 $A$ 至 $B$ 点的边长 $D_{AB}$ 和坐标方位角 $\alpha_{AB}$。

【解】 根据式（4-25）计算坐标增量为

$$\begin{cases} \Delta x_{AB} = (4280 - 4500)\text{m} = -220\text{m} \\ \Delta y_{AB} = (5660 - 5500)\text{m} = 160\text{m} \end{cases}$$

根据式（4-26）计算边长 $D_{AB}$ 为

$$D_{AB} = \sqrt{(-220)^2 + 160^2}\text{m} = 272.029\text{m}$$

此例的 $\Delta x$ 负，$\Delta y$ 正，为第二象限，对照表4-4，根据式（4-27）计算方位角 $\alpha_{AB}$ 为

$$\alpha_{AB} = 180° - \arctan\left|\frac{160}{-220}\right| = 180° - 36°01'38'' = 143°58'22''$$

## 子单元5 全站仪坐标测量

**全站仪坐标测量**

全站仪可同时观测水平距离、水平角和垂直角，并可自动计算平面坐标（$x$，$y$）和高程 $H$，在屏幕上同时显示（$x$，$y$，$H$），即可同时测定点位的三维坐标。三维坐标测量是全站仪的主要功能之一，大大地提高了测量工作的效率。不同品种和型号的全站仪，坐标测量的具体操作方法也有所不同，但其基本过程是一样的。下面以 NTS-360 全站仪为例，说明坐标测量的基本过程。

### 1. 安置全站仪

如图 4-27 所示，在已知点 $A$ 安置全站仪，对中整平，开机自检并初始化，输入当时的温度和气压，以便由仪器自动进行气象改正。同时确认棱镜常数正确。

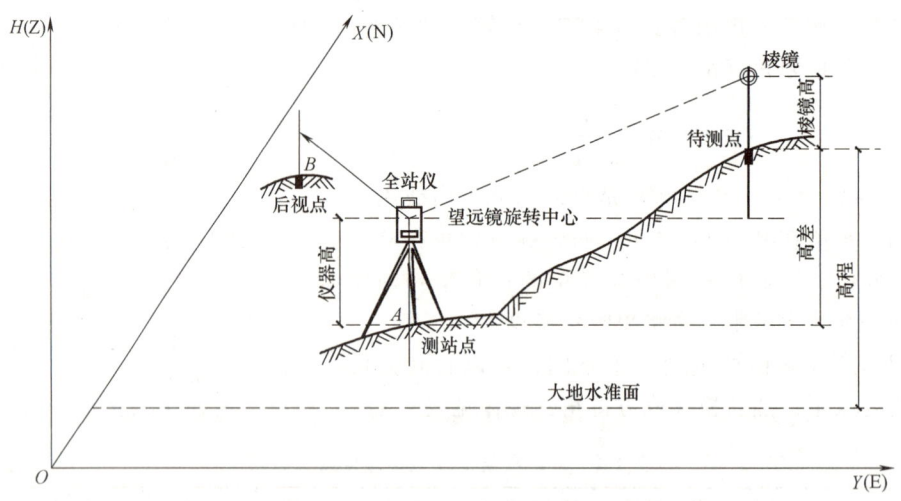

图 4-27 全站仪坐标测量示意图

### 2. 设置测站

按 CORD 键进入"坐标测量"模式的第 1 页，再按 F4 键翻页进入第 2 页，出现如图 4-28a 所示的页面。选择 F3（测站）功能项，进入设置测站点页面，如图 4-28b 所示。输入 $A$ 点的已知坐标和高程。注意全站仪上（$x$，$y$，$H$）常用（$N$、$E$、$Z$）表示。

完成输入后按确认键或者回车键，返回 P2 页面，按 F1 设置键，进入仪器高和目标高输入页面，如图 4-28c 所示。用小钢尺量出 $A$ 点至仪器望远镜旋转中心的高度，输入为"仪

单元4　距离测量与坐标测量

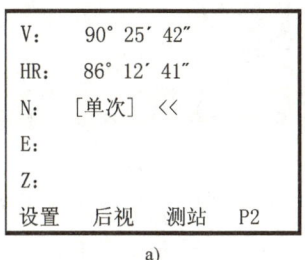 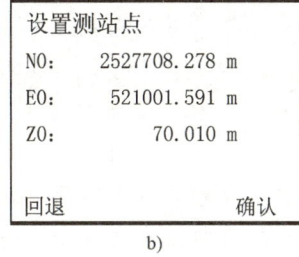 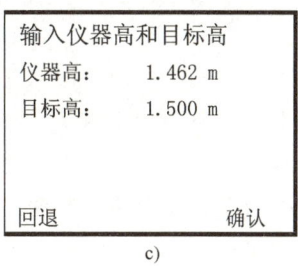

图 4-28　设置测站显示屏页面

a）坐标测量页面 2　b）设置测站点　c）输入仪器高、目标高

器高"项。"目标高"指在待测坐标点所立棱镜的高度，根据实际的高度输入。完成仪器高和目标高输入后，按确认键返回上一级菜单，即如图 4-28a 所示的页面。

### 3. 后视定向

在另一个已知点 B 安置棱镜和观测标志，作为后视定向点，全站仪照准 B 的观测标志，在如图 4-28a 所示的页面按 F2 后视键，进入后视点坐标输入页面，如图 4-29a 所示。输入 B 点的已知坐标作为后视点坐标，后视点的高程可以不输入。输入后视点坐标按确定键后，全站仪根据 AB 两点的坐标计算出 A 到 B 的坐标方位角，显示在屏幕上，并以当前方向作为后续观测的起始方向，如图 4-29b 所示，45°17′59″是 A 到 B 的坐标方位角。仪器会提示是否照准了后视点标志，严格照准后按［是］键，即完成定向工作。

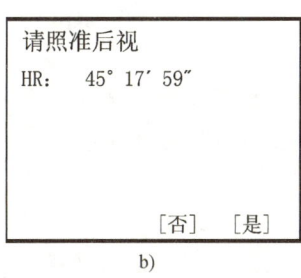 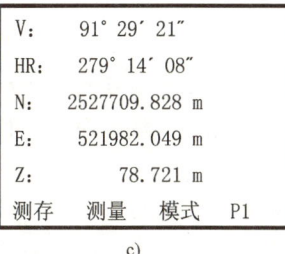

图 4-29　设置后视点和坐标测量显示屏页面

a）设置后视点　b）确认照准后视点　c）坐标测量

### 4. 坐标测量

完成定向工作后，返回 P2 页面，在待测点 P 上立棱镜，将棱镜高报告给测站，输入为"棱镜高"。按 F4 键翻页回到 P1 页面，进入坐标测量页面，如图 4-29c 所示。全站仪照准棱镜中心，按"测量"键，经短暂时间后，全站仪测量出 A 点到待测点的斜距和垂直角，以及该方向与起始方向的水平角，并计算出待测点的坐标和高程，在显示屏上将坐标和高程显示出来，如图 4-29c 所示。将该点结果抄录或保存后，即可进行下一个点的观测。

注意，如果棱镜高度改变，应将新的棱镜高度输入到全站仪，否则高程结果产生错误。此外，定向完成后应首先观测定向点的坐标和高程，并与已知数据对照检查，确认设置测站和定向正确。最好能再检测另一个已知点，以确保无误。在观测过程中，每隔一定的时间和观测了若干个点后，以及观测结束时，也应检测一次后视点。

## 知识链接　全站仪的其他测量功能

全站仪除了角度测量、距离测量、坐标测量等基本功能之外，还有坐标放样、数据采集、后方交会定点、悬高测量、对边测量、面积测量、点到直线的测量、角度偏心测量、距离偏心测量、平面偏心测量、圆柱偏心测量等多种测量功能。这些功能一般通过仪器的菜单进行调用。一些新型的全站仪，还具有道路放样数据计算和纵横断面测量等更复杂和专用的功能。上述功能在具体实施时可参考仪器使用说明书。下面对一些常用功能作简单的介绍。

坐标放样是将设计点位坐标测设到实地上，作为施工的依据。

数据采集是测量地面点位的坐标和高程，将数据连同有关的其他点位信息，保存到全站仪的内存，以便传输到计算机作一步的成图等处理。

后方交会定点是在未知点安置全站仪，通过观测两个以上的已知点，反求出未知点的坐标和高程。

悬高测量是测定空中某点距地面的高度，先把反射棱镜设立在欲测目标点铅垂线与地面的交点观测，再转动望远镜照准空中目标点，便能实时显示出目标点至地面的高度。

对边测量是指间接地测定远处两测点间的水平距离和高差。

偏心测量是当测量目标不能立棱镜时，将棱镜立在旁边一定距离的一个或两个位置观测，由全站仪计算并显示目标的坐标。

## 单 元 小 结

本单元主要学习钢尺量距方法与成果处理；视距测量方法和成果计算、光电测距方法和全站仪使用，直线定向、方位角、坐标计算与测量。

### 1. 钢尺量距

钢尺量距是用钢卷尺沿地面直接丈量距离。钢尺量距分为一般方法和精密方法。一般方法可采用标杆目测定线，分为平坦地面与倾斜地面的量距，测量读数至毫米，一般采用往、返测量，求相对误差。精密方法采用经纬仪定线打下木桩和钉子，然后用经过检定的钢尺进行量距，每一尺段移动3次钢尺位置，得到3个结果，3次较差符合要求后，取平均值，读数均至毫米，然后再进行返测，每条直线丈量次数，视不同要求按规范而定，每尺段均要进行尺长改正、温度改正、倾斜改正。

### 2. 视距测量

视距测量是用经纬仪和水准仪等测量仪器的望远镜内十字丝分划板上的视距丝及标尺，根据几何光学和三角学原理测定两点间的水平距离和高差。观测时除了读取上、下丝和中丝读数外，还要读取竖盘读数和仪器高，通过计算得到距离和高差，进而根据测站高程和仪器高计算待测点高程。

### 3. 光电测距及全站仪使用

光电测距是通过测量电磁波在待测距离上往返传播的时间解算出距离。全站仪是由电子测角、光电测距、数据处理和数据存储等单元组成的三维坐标测量仪器。其能自动完成数据采集和处理，使整个测量工作有序、快速、准确地进行。

### 4. 直线定向与坐标计算

确定地面两点在平面上的相对位置，除了测定两点之间的距离外，还应确定两点所连直线的方向。在测量工作中，常采用坐标方位角表示直线的方向。利用已知直线的坐标方位角，用经纬仪观测该直线与下一直线夹角，则可推算出下一直线的坐标方位角。根据已知点坐标、已知边长和坐标方位角，可计算未知点坐标，即坐标正算。还可根据两已知点平面直角坐标计算两点间水平距离和坐标方位角，即坐标反算，坐标反算时要注意由象限角换算为坐标方位角。

## 思考与拓展题

4-1 用钢尺丈量两段距离，$A$ 段往测为 126.783m，返测为 126.735m，$B$ 段往测为 357.382m，返测为 357.286m，这两段距离丈量的精度是否相同？哪段精度高？

4-2 某钢尺名义长度为 30m，膨胀系数为 0.000015，在 10kg 拉力、20℃ 温度时的长度为 29.986m，现用该尺在 16℃ 温度时量得 $A$、$B$ 两点的倾斜距离为 29.987m，$A$、$B$ 两点高差为 0.66m，求 $AB$ 的水平距离。

4-3 将一根 30m 的钢尺与标准钢尺比较，发现此钢尺比标准钢尺长 14mm，已知标准钢尺的尺长方程式为 $l_t = 30 + 0.0032 + 1.25 \times 10^{-5} \times 30 \times (t-20)$，钢尺比较时的温度为 11℃，求此钢尺的尺长方程式。

4-4 用尺长方程为 $l_t = 30 - 0.0028 + 1.25 \times 10^{-5} \times 30 \times (t-20)$ 的钢尺沿平坦地面丈量直线 $AB$ 时，用了 4 个整尺段和 1 个不足整尺段的余长，余长值为 8.362m，丈量时的温度为 16.5℃，求 $AB$ 的实际长度。

4-5 影响钢尺量距的主要因素有哪些？如何提高量距精度？

4-6 试述普通视距测量的基本原理，其主要优缺点有哪些？

4-7 表 4-5 为视距测量记录表，计算各点所测水平距离和高差。

**表 4-5 视距测量记录表**

测站 $H_0 = 50.00$m   仪器高 $i = 1.56$m

| 点号 | 上丝读数<br>下丝读数 | 中丝读数 | 竖盘读数<br>（盘左） | 垂直角 | 水平距离<br>/m | 高差<br>/m | 高程<br>/m | 备 注 |
|---|---|---|---|---|---|---|---|---|
| 1 | 1.845<br>0.960 | 1.40 | 84°36′ | | | | | |
| 2 | 2.165<br>0.635 | 1.40 | 85°18′ | | | | | |
| 3 | 1.880<br>1.242 | 1.56 | 93°15′ | | | | | |
| 4 | 2.875<br>1.120 | 2.00 | 92°41′ | | | | | |

4-8 光电测距有什么特点？全站仪测距的基本过程是什么？

4-9 标准方向有哪几种？什么是坐标方位角？

4-10 如图 4-30 所示，$\alpha_{AB} = 76°$，$\beta_1 = 96°$，$\beta_2 = 79°$，$\beta_3 = 82°$，求 $\alpha_{B1}$，$\alpha_{B2}$，$\alpha_{B3}$。

4-11 如图 4-31 所示，$\alpha_{12} = 236°$，五边形各内角分别为 $\beta_1 = 76°$，$\beta_2 = 129°$，$\beta_3 = 80°$，$\beta_4 = 135°$，$\beta_5 = 120°$，求其他各边的坐标方位角。

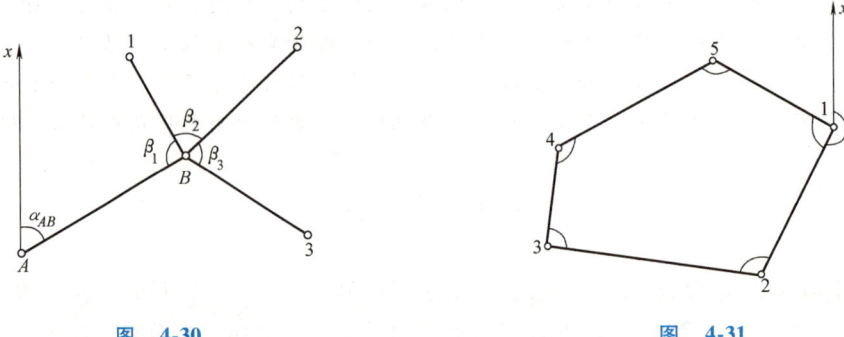

图 4-30　　　　　　　　　　　图 4-31

4-12 已知 A 点坐标为 $X_A = 334.763\text{m}$、$Y_A = 313.021\text{m}$、$D_{AB} = 150.384\text{m}$、$\alpha_{AB} = 159°30'43''$，求 B 点的坐标。

4-13 已知 A 点的坐标为（123.589m，457.243m），B 点的坐标为（108.245m，355.621m），求 A 至 B 点的边长 $D_{AB}$ 和坐标方位角 $\alpha_{AB}$。

4-14 全站仪测量坐标的基本过程是什么？

# 单元5 控制测量

> **学习目标：**
> 1. 会选定控制测量的形式与等级。
> 2. 能进行导线的外业测量与内业计算。
> 3. 会进行四等水准测量和三角高程测量。
> 4. 会进行卫星定位测量。
>
> **学习重点与难点：**
>
> 重点是导线的外业测量与内业计算；难点是导线的内业计算、四等水准测量和卫星定位测量。

测量过程中，不可避免会产生误差，因此必须采取正确的测量程序和方法，即遵循精度上"由高级到低级"，布局上"由整体到局部"，程序上"先控制后碎部"的原则进行测量作业。测量工作必须先建立控制网，然后根据控制网进行碎部测量或测设。控制测量的作用是限制测量误差的传播和积累，保证必要的测量精度，控制测量同时起到在一定范围内统一坐标系统和高程系统的作用。

## 子单元1 控制测量概述

控制测量概述

### 5.1.1 控制测量的概念

控制测量是精确地测定地面点的空间位置的工作，就是在测区中选定若干个具有控制意义的位置埋设标志点，用较高的精度测量出它们的三维坐标，如（$X$、$Y$、$H$）。这些具有控制整体和全局意义的点称为控制点，它们按一定规律和要求组成网状几何图形，称为控制网；通过外业测量，并根据外业测量数据进行计算，来获得控制点的平面位置和高程的工作，称为控制测量。其中，测定控制点平面位置（$X$、$Y$）的工作，称为平面控制测量，测定控制点高程（$H$）的工作，称为高程控制测量。

### 5.1.2 平面控制测量

**1. 平面控制测量的形式**

平面控制测量的形式主要有卫星定位测量、导线测量和三角形网测量。

（1）卫星定位测量　卫星定位测量是利用卫星定位接收机同时接收多颗导航定位卫星信号，确定地面点位置的技术。卫星定位测量技术以其精度高、速度快、全天候、操作简便而著称，已被广泛应用于测绘领域，是平面控制网建立的首要方法。

用于卫星定位测量的全球导航卫星系统简称 GNSS（Global Navigation Satellite System），它是世界上几大全球导航卫星系统的总称，主要包括美国的 GPS、中国的北斗、俄罗斯的 GLONASS 和欧盟和 Galileo。现在的卫星定位测量仪器和设备，一般都内置这几个系统的信号接收和处理装置，综合得到地面点的位置信息，提高了测量精度和可靠性。

（2）导线测量　如图 5-1 所示，导线测量是将选定的控制点连成一条折线，依次观测各转折角和各边长度，然后根据起始点坐标和起始边方位角，推算各导线点的坐标。导线测量只要求前后两点通视，布点灵活方便，随着光电测距和全站仪的出现和普及，量距已经比较方便，因此导线测量在工程测量中用得很多。如果测区较小，可直接采用导线测量建立控制网；如果测区较大，首级网大多采用卫星定位测量建立，加密网则采用导线测量建立。

（3）三角形网测量　如图 5-2 所示，三角形网是由一系列相连的三角形构成的测量控制网，三角形网测量是通过测定三角形网中各三角形的顶点水平角和边的长度，来确定控制点位置的方法，它是对三角测量、三边测量和边角网测量的统称。三角形网测量曾经是我国建立国家平面控制网和城市平面控制网的主要方式，随着卫星定位测量和导线测量的发展，三角形网测量目前在实际工作中已较少使用，因此本单元不作具体介绍。

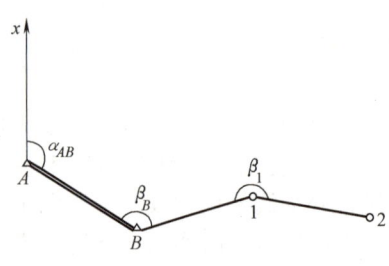

图 5-1　导线测量

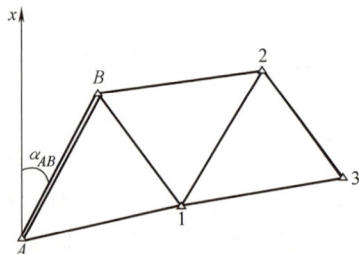

图 5-2　三角形网测量

### 2. 平面控制网的精度等级

在工程测量领域，平面控制网精度等级的划分：根据现行标准《工程测量标准》（GB 50026—2020），卫星定位测量控制网依次为二、三、四等和一、二级；导线及导线网依次为三、四等和一、二、三级；三角形网依次为二、三、四等和一、二级。其中卫星定位测量控制网的主要技术要求见表 5-1，导线测量的主要技术要求见表 5-2。

表 5-1　卫星定位测量控制网的主要技术要求

| 等级 | 平均边长 /km | 固定误差 A /mm | 比例误差系数 B /(mm/km) | 边长相对中误差 | 约束平差后最弱边相对中误差 |
|---|---|---|---|---|---|
| 二等 | 9 | ≤10 | ≤2 | ≤1/250000 | ≤1/120000 |
| 三等 | 4.5 | ≤10 | ≤5 | ≤1/150000 | ≤1/70000 |
| 四等 | 2 | ≤10 | ≤10 | ≤1/100000 | ≤1/40000 |
| 一级 | 1 | ≤10 | ≤20 | ≤1/40000 | ≤1/20000 |
| 二级 | 0.5 | ≤10 | ≤40 | ≤1/20000 | ≤1/10000 |

表 5-2　导线测量的主要技术要求

| 等级 | 导线长度/km | 平均边长/km | 测角中误差(″) | 测距中误差/mm | 测距相对中误差 | 测回数 1″级仪器 | 测回数 2″级仪器 | 测回数 6″级仪器 | 方位角闭合差(″) | 导线全长相对闭合差 |
|---|---|---|---|---|---|---|---|---|---|---|
| 三等 | 14 | 3 | 1.8 | 20 | 1/150000 | 6 | 10 | — | $3.6\sqrt{n}$ | ≤1/55000 |
| 四等 | 9 | 1.5 | 2.5 | 18 | 1/80000 | 4 | 6 | — | $5\sqrt{n}$ | ≤1/35000 |
| 一级 | 4 | 0.5 | 5 | 15 | 1/30000 | — | 2 | 4 | $10\sqrt{n}$ | ≤1/15000 |
| 二级 | 2.4 | 0.25 | 8 | 15 | 1/14000 | — | 1 | 3 | $16\sqrt{n}$ | ≤1/10000 |
| 三级 | 1.2 | 0.1 | 12 | 15 | 1/7000 | — | 1 | 2 | $24\sqrt{n}$ | ≤1/5000 |

注：表中 $n$ 为测站数；当测区测图的最大比例尺为 1∶1000 时，一、二、三级导线的平均边长及总长可适当放长，但最大长度不应大于表中规定长度的 2 倍；测角的 1″、2″、6″级仪器分别包括全站仪、电子经纬仪和光学经纬仪。

对一般工程项目来说，其施工场区一般比较小，用于整个场区的基本控制测量，采用卫星定位测量和导线测量时，一般最高只做到一、二级测量，而且平均边长可缩短到上表的一半，以满足工程对控制点密度的需要。

对工程项目的地形图测绘来说，其精度要求没有施工测量高，为了进一步提高控制点的密度，满足测图的需要，可以在上述基本控制测量的基础上，用较低的精度进一步加密，建立直接供测绘地形图使用的测站点，这项控制测量称为图根控制测量，由此得到的控制点称为图根控制点（简称图根点）。图根控制测量可用卫星定位测量技术，也可用导线测量技术，图根导线测量的主要技术要求见表 5-3。

表 5-3　图根导线测量的主要技术要求

| 导线长度/m | 相对闭合差 | 测角中误差(″) 加密控制 | 测角中误差(″) 首级控制 | 6″级仪器 | 方位角闭合差(″) 加密控制 | 方位角闭合差(″) 首级控制 |
|---|---|---|---|---|---|---|
| ≤α×M | ≤1/(2000×α) | 30 | 20 | 1 测回 | $60\sqrt{n}$ | $40\sqrt{n}$ |

注：表中 α 为比例系数，取值宜为 1，当采用 1∶500、1∶1000 比例尺测图时，其值可在 1~2 之间选用；M 为测图比例尺的分母；但对于工矿区现状图测量，不论测图比例尺大小，M 均应取值为 500；隐蔽或施测困难地区导线相对闭合差可放宽，但不应大于 1/(1000×α)；在等级点下加密图根控制时，不宜超过 2 次附合。

**3. 平面控制网的布设原则**

首级控制网的布设，应因地制宜，且适当考虑发展。当与国家坐标系统联测时，应同时考虑联测方案。首级控制网的等级，应根据工程规模、控制网的用途和精度要求合理选择。加密控制网，可越级布设或同等级扩展。

**4. 平面控制网的坐标系统**

平面控制网的坐标系统，应满足测区内投影长度变形不大于 2.5cm/km，即相对中误差为 1/40000 的要求，在此基础上根据具体情况作下列选择：

1）可采用 2000 国家大地坐标系（简称 CGCS2000），统一的高斯正形投影 3°带平面直角坐标系统。

2）采用高斯正形投影 3°带，投影面为测区抵偿高程面或测区平均高程面的平面直角坐标系统；或任意带，投影面为 1985 国家高程基准面平面直角坐标系统。

3）小测区或有专项工程需求的控制网，可采用独立坐标系统。

4）在已有平面控制网的地区，可沿用原有的坐标系统。

5）厂区内可采用建筑坐标系统。

## 知识链接　中误差和限差

衡量观测值精度的常用标准有以下几种：

**1. 中误差**

对同一量进行一组 $n$ 次等精度观测，该量的真值与观测值之差称为真误差 $\Delta$，各真误差平方的平均数的平方根，称为中误差 $m$，也称均方误差，即

$$m = \pm \sqrt{\frac{[\Delta\Delta]}{n}}$$

例如，设有两组等精度观测列，其真误差分别为

　　　　第一组　　$-3''$、$+3''$、$-1''$、$-3''$、$+4''$、$+2''$、$-1''$、$-4''$

　　　　第二组　　$+1''$、$-5''$、$-1''$、$+6''$、$-4''$、$0''$、$+3''$、$-1''$

则这两组观测值的中误差分别为

$$m_1 = \pm \sqrt{\frac{9+9+1+9+16+4+1+16}{8}} = \pm 2.9''$$

$$m_1 = \pm \sqrt{\frac{1+25+1+36+16+0+9+1}{8}} = \pm 3.3''$$

比较 $m_1$ 和 $m_2$ 可知，第一组观测值的精度要比第二组高。

必须指出，在相同的观测条件下所进行的一组观测，由于它们对应着同一种误差分布，因此，对于这一组中的每一个观测值，虽然各真误差彼此并不相等，有的甚至相差很大，但它们的精度均相同，即都为同精度观测值。

**2. 容许误差**（限差）

由偶然误差的特性可知，在一定的观测条件下，偶然误差的绝对值不会超过一定的限值。这个限值就是容许误差或称极限误差。根据误差理论和大量的实践证明，在一系列的同精度观测误差中，真误差绝对值大于中误差的概率约为 32%；大于 2 倍中误差的概率约为 5%；大于 3 倍中误差的概率约为 0.3%。也就是说，大于 3 倍中误差的真误差实际上是极少出现的。因此，通常以 3 倍中误差作为偶然误差的极限值。在测量工作中规定取 2 倍中误差作为观测值的容许误差，即

$$\Delta_{容} = 2m$$

当某观测值的误差超过了容许的 2 倍中误差时，将认为该观测值含有粗差，应舍去不用或重测。

**3. 相对中误差**

对于某些观测结果，有时单靠中误差还不能完全反映观测精度的高低。例如，分别丈量 100m 和 200m 两段距离，中误差均为 ±0.02m。虽然两者的中误差相同，但就单位长度而言，两者精度并不相同，后者显然优于前者。为了客观反映实际精度，常采用相对中误差。

观测值中误差 $m$ 的绝对值与相应观测值 $S$ 的比值称为相对中误差。它是一个无名数，常用分子为 1 的分数表示，即

$$K = \frac{|m|}{S} = \frac{1}{\dfrac{S}{|m|}}$$

上例中前者的相对中误差为 1/5000，后者为 1/10000，表明后者精度高于前者。

### 5.1.3 高程控制测量

**1. 高程控制测量的形式与等级**

高程控制测量的主要形式是水准测量。此外，也可采用三角高程测量和卫星定位高程测量。高程控制测量精度等级的划分，依次为二、三、四、五等。各等级高程控制宜采用水准测量，四等及以下等级也可采用光电测距三角高程测量，五等还可采用卫星定位高程测量。

水准测量的主要技术要求应符合表 5-4 的规定。

表 5-4 水准测量的主要技术要求

| 等级 | 每千米高差全中误差/mm | 路线长度/km | 水准仪级别 | 水准尺 | 观测次数 | | 往返较差、附合或环线闭合差 | |
|---|---|---|---|---|---|---|---|---|
| | | | | | 与已知点联测 | 附合或环线 | 平地/mm | 山地/mm |
| 二等 | 2 | — | $DS_1$、$DSZ_1$ | 因瓦 | 往返各一次 | 往返各一次 | $4\sqrt{L}$ | — |
| 三等 | 6 | ≤50 | $DS_1$、$DSZ_1$ | 因瓦 | 往返各一次 | 往一次 | $12\sqrt{L}$ | $4\sqrt{n}$ |
| | | | $DS_3$、$DSZ_3$ | 双面、条码 | | 往返各一次 | | |
| 四等 | 10 | ≤16 | $DS_3$、$DSZ_3$ | 双面、条码 | 往返各一次 | 往一次 | $20\sqrt{L}$ | $6\sqrt{n}$ |
| 五等 | 15 | — | $DS_3$、$DSZ_3$ | 单面、条码 | 往返各一次 | 往一次 | $30\sqrt{L}$ | — |

注：表中结点之间或结点与高级点之间，其路线的长度，不应大于表中规定的 0.7 倍；$L$ 为往返测段、附合或环线的水准路线长度（km）；$n$ 为测站数；数字水准仪测量的技术要求和同等级的光学水准仪相同。

对一般工程施工项目来说，高程控制测量的第一级最多做到三、四等水准测量就可以了，然后加密到五等水准测量，小范围的施工场区，可以直接布设五等的水准测量路线，其精度和密度都能满足施工测量的需要。

对工程项目的地形图测绘来说，其高程精度要求没有施工测量高，可以在四等或五等水准测量的基础上，按比五等水准测量低一些的精度进行加密，得到为测绘地形图服务的高程控制点，称为图根水准测量，其主要技术要求应符合表 5-5 的规定。

表 5-5 图根水准测量的主要技术要求

| 每千米高差中误差/mm | 附合路线长度/km | 水准仪级别 | 视线长度/m | 观测次数 | | 往返较差、附合或环线闭合差/mm | |
|---|---|---|---|---|---|---|---|
| | | | | 附合或闭合路线 | 支水准路线 | 平地 | 山地 |
| 20 | ≤5 | $DS_{10}$ | ≤100 | 往一次 | 往返各一次 | $40\sqrt{L}$ | $12\sqrt{n}$ |

注：表中 $L$ 为往返测段、附合或环线的水准路线的长度，单位为 km；$n$ 为测站数，当水准线路设成支线时，其线路长度不应大于 2.5km。

**2. 高程控制测量的布设**

首级高程控制网的等级，应根据工程规模、控制网的用途和精度要求合理选择。首级网应布设成环形网,加密网宜布设成附合路线或结点网。高程控制点间的距离,一般地区应为1~3km,工业厂区、城镇建筑区宜小于1km。但一个测区及周围至少应有3个高程控制点。

测区的高程系统,宜采用1985国家高程基准。在已有高程控制网的地区测量时,可沿用原有的高程系统;当小测区联测有困难时,也可采用假定高程系统。

## 知识链接  国家平面控制网和国家水准网

### 1. 国家平面控制网

国家平面控制网又称为基本控制网,采用逐级控制、分级布设的原则,在全国范围内按统一的方案建立控制网,利用精密仪器采用精密方法测定,并进行严格的数据处理,最后求定控制点的平面位置。它既是全国各种比例尺测图和工程项目建设的基本控制,也为研究地球的形状和大小,了解地壳水平形变和垂直形变的大小及趋势,为地震预测提供形变信息等服务。国家平面控制网按精度从高到低分为一、二、三、四4个等级。它的低级点受高级点逐级控制。一等精度最高,是国家控制网的骨干,二等是国家控制网的全面基础,三、四等是二等控制网的进一步加密。

全国大部地区主要由三角测量法

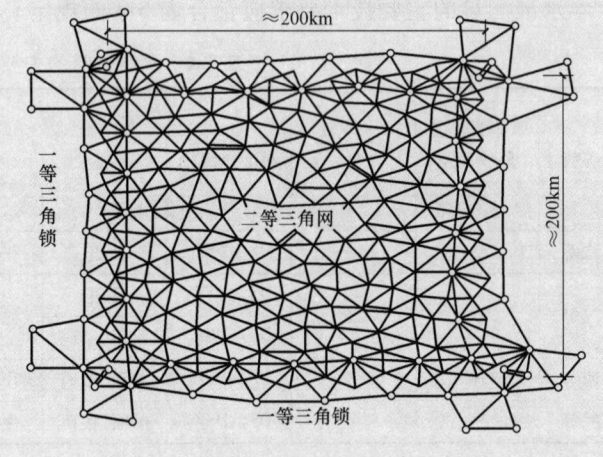

图5-3  国家控制网一、二等三角网

布设,建立起来一、二、三、四等国家级三角网。图5-3即为国家一、二等三角网布设形式。

在西部困难地区采用导线测量法建立一、二、三、四等国家级导线网。国家平面控制网布设形式和测量方法遵照《国家三角测量和精密导线测量规范》。

现在随着卫星定位测量技术的发展,国家平面控制网主要采用GNSS卫星定位测量技术布设。

### 2. 国家水准网

全国领土范围内,由一系列按国家统一规范测定高程的水准点构成的网称为国家水准网。水准点上设有固定标志,以便长期保存。国家水准网按逐级控制、分级布设的原则,分为一、二、三、四等,其中一、二等水准测量称为精密水准测量。一等水准是国家高程控制的骨干,沿地质构造稳定和坡度平缓的交通线布满全国,构成网状。二等水准是国家高程控制网的全面基础,一般沿铁路、公路和河流布设。三、四等水准直接为测制地形图和各项工程建设用。图5-4是国家水准网布设示意图。

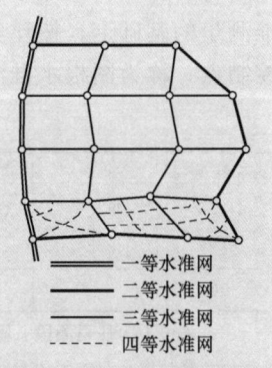

图5-4  国家水准网

## 子单元 2　导线外业测量

导线测量是建立小地区平面控制网常用的一种方法。导线测量布设灵活，要求通视方向少，边长可直接测定，适宜布设在视野不够开阔的地区，如城市、厂区、矿山建筑区、森林等，也适用于狭长地带的控制测量，如道路、隧道、渠道等。随着全站仪的普及，一测站可同时完成测距、测角的全部工作，使导线成为平面控制中简单而有效的方法。用经纬仪测量转折角，用钢尺测定边长的导线，称为经纬仪导线测量，现已淘汰；用全站仪测定导线的转折角和边长，称为全站仪导线测量，是目前导线测量的主要方法。

### 5.2.1　导线布设形式

根据测区的具体情况，单一导线的布设有闭合导线、附合导线和支导线三种基本形式，如图 5-5 所示。

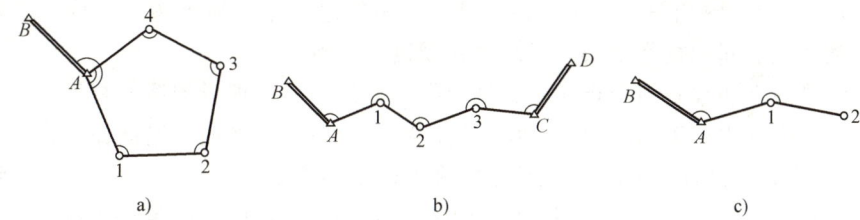

**图 5-5　导线布设形式**
a）闭合导线　b）附合导线　c）支导线

**1. 闭合导线**

起止于同一已知点的环型导线，称为闭合导线。如图 5-5a 所示，导线从已知控制点 $A$ 和已知方向 $AB$ 出发，经 1、2、3、4 等一系列导线点，最后仍回到原已知点 $A$，形成一个闭合多边形。它本身有严密的几何条件，具有检核作用，在小地区平面控制测量中，常用作首级控制，也可用于加密控制，特别适合于块状测区的平面控制测量。

**2. 附合导线**

起止于两个已知点间的单一导线，称为附合导线，如图 5-5b 所示。导线从已知控制点 $A$ 和已知方向 $AB$ 出发，经 1、2、3 等一系列导线点，最后附合另一已知控制点 $C$ 和已知方向 $CD$ 上。此种布设形式，具有检核观测成果的作用，常用于平面控制测量的加密，特别适合于带状测区的平面控制测量。

**3. 支导线**

由已知点出发不闭合于本已知点，也不附合其他已知点的单一导线，称为支导线。如图 5-5c 所示，$A$ 为已知控制点，$AB$ 为已知方向，1、2 为支导线点。因支导线仅一端为已知点，测角、量距发生错误时，无法进行检核，有关规范对其点数均有限制，一般不超过两个点。支导线一般只用于图根控制测量。

### 5.2.2　导线外业测量

导线外业测量主要包括踏勘选点、角度观测和边长测量。

导线外业测量

## 1. 踏勘选点

在踏勘选点前，应调查收集测区已有地形图和高一级控制点的成果资料，把高一级控制点展绘在地形图上，然后在地形图上拟定导线的布设方案，最后到野外去踏勘，实地核对、修改、落实点位。如果测区没有地形图资料，则需详细踏勘现场，根据已知控制点的分布、测区地形条件及测图和施工需要等具体情况，合理选定导线点的位置。

选点时应注意以下几点：

1）点位应选在质地坚硬、稳固可靠、便于保存的地方，视野应相对开阔，便于加密、扩展和寻找，便于施测碎部。

2）相邻点之间应通视良好，其视线距障碍物的距离，宜保证便于观测，以不受旁折光的影响为原则。

3）当采用光电测距时，相邻点之间视线应避开烟囱、散热塔、散热池等发热体及强电磁场。

4）导线点应有足够密度，分布应尽量均匀，便于控制整个测区。

5）导线边长应大致相等，避免过长、过短，相邻边长之比不应超过三倍，主要是为了减少因望远镜调焦引起的视准轴误差对水平角观测的影响。

一、二级导线点和埋石图根点属于长期保存的控制点，应埋设混凝土标石，如图 5-6 所示，其平面控制点标志可采用 Φ14~Φ20、长度为 30~40cm 的普通钢筋制作，钢筋顶端应锯"+"字标记，其交点即为永久标志，距底端约 5cm 处应弯成勾状。若导线点属于临时控制点，则只需在点位上打一木桩，桩顶面钉一小钉，其小钉几何中心即为导线点中心标志，如图 5-7 所示。导线点应统一编号。为寻找方便，应绘出导线点与附近固定而明显的地物点的略图，并测量和标注其关系尺寸，作为"点之记"，如图 5-8 所示。

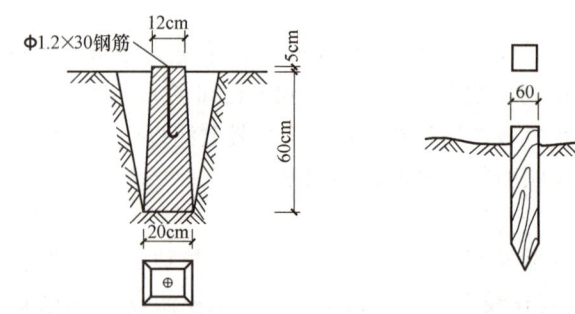
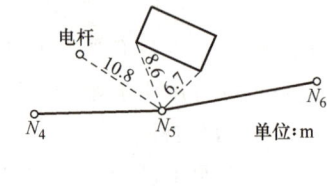

图 5-6　永久导线点的埋设图　　图 5-7　临时导线点　　图 5-8　点之记

## 2. 角度观测

根据导线等级，按表 5-2 或表 5-3 中的要求，用相应等级的经纬仪或全站仪观测导线的水平转折角。转折角位于前进方向左侧，称为左角；位于前进方向右侧，称为右角。为计算方便和防止出错，应全部观测一个侧向的转折角，闭合导线一般观测内角，附合导线一般观测左角。测角时，为了便于瞄准，可用测钎、觇牌作为照准标志，也可在标志点上用仪器的脚架吊一垂球线作为照准标志。导线点一般只有两个方向，因此用测回法观测，具体方法见单元 3。在建筑物密集区域，受地物限制，导线边长较短，应特别注意仪器和目标的对中。

对于图根导线，一般用 $DJ_6$ 级经纬仪或全站仪观测一个测回。若盘左、盘右测得角值的较差不超过±30″，则取其平均值作为一测回成果。图根支导线测角为了避免出错，左角和右角各测一测回，圆周角闭合差不超过±40″。

除了观测转折角之外，还要观测第一条导线边与已知边之间的连接角。如图5-5a闭合导线的连接角是第一导线边 A-1 与已知边 A-B 的夹角∠BA1；图5-5b 附合导线的连接角有两个，分别是∠BA1 和∠3CD；图5-5c 支导线的连接角是∠BA1。

### 3. 边长测量

随着全站仪的普及，目前导线边长一般都采用全站仪测距，表5-6是一、二、三级导线边长采用全站仪测距的主要技术要求。边长测量一测回是全站仪盘左、盘右各测量1次的过程。可在全站仪测角过程中同时测量边长，也可以单独测量边长。

**表 5-6　全站仪测距的主要技术要求**

| 平面控制网等级 | 仪器精度等级 | 每边测回数 | | 一测回读数较差/mm | 单程各测回较差/mm |
|---|---|---|---|---|---|
| | | 往 | 返 | | |
| 一级 | 10mm级仪器 | 2 | — | ≤10 | ≤15 |
| 二、三级 | 10mm级仪器 | 1 | — | ≤10 | ≤15 |

## 子单元3　导线内业计算

导线测量内业计算的目的就是求得各导线点的坐标。计算之前，应注意以下几点：

1）应全面检查导线外业测量记录、数据是否齐全，有无记错、算错，成果是否符合精度要求，起算数据是否准确，如果不合格，要查明原因后返工重测。

2）绘制导线略图，把各项数据标注于图上相应位置。

3）内业计算中数字的取位，对于四等以下各级导线，角值取至秒（″），边长及坐标取至毫米（mm）。

### 5.3.1　支导线计算

如图5-9所示是一条支导线的已知数据和观测数据略图，拟计算1、2导线点的坐标。计算思路是先根据已知边的方位角和观测水平角，推算各导线边的坐标方位角，然后利用坐标正算公式，根据方位角和观测边长，计算导线边的坐标增量，再根据已知坐标点和坐标增量计算待定点的坐标。

#### 1. 各导线边的坐标方位角推算

第一条边的方位角计算：该边与已知方向 $\alpha_{AB}$ 是角度顺时针增加关系，按式（4-20）有

$$\begin{aligned}\alpha_{A1} &= \alpha_{AB}+\beta_A \\ &= 57°59′30″+99°01′00″ \\ &= 157°00′30″\end{aligned}$$

第二条边的方位角计算：先求第一条边的反方位角，再增减1号点的转折角，由于该转折角是左角，按坐标方位角推算公式（4-22）有

$$\begin{aligned}\alpha_{12} &= \alpha_{A1}-180°+\beta_1 \\ &= 157°00′30″-180°+167°45′36″\end{aligned}$$

$$= 144°46'06''$$

**2. 各导线边的坐标增量计算**

按式（4-23）计算各条边的坐标增量。

第一条边的坐标增量计算：

$\Delta x_{A1} = D_{A1} \times \cos\alpha_{A1} = 225.856\text{m} \times \cos 157°00'30'' = -207.914\text{m}$

$\Delta y_{A1} = D_{A1} \times \sin\alpha_{A1} = 225.856\text{m} \times \sin 157°00'30'' = 88.219\text{m}$

第二条边的坐标增量计算：

$\Delta x_{12} = D_{12} \times \cos\alpha_{12} = 139.032\text{m} \times \cos 144°46'06'' = -113.565\text{m}$

$\Delta y_{12} = D_{12} \times \sin\alpha_{12} = 139.032\text{m} \times \sin 144°46'06'' = 80.205\text{m}$

**3. 各导线点的坐标计算**

按式（4-24）计算各点的坐标

第一点的坐标计算：

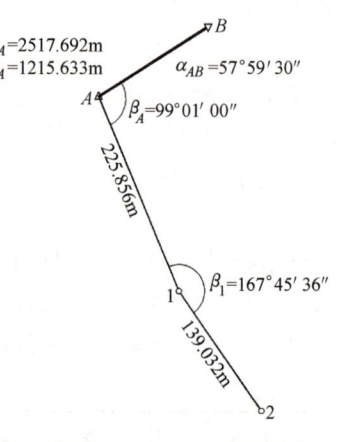

图 5-9 支导线略图

$$x_1 = x_A + \Delta x_{A1} = (2517.692 - 207.914)\text{m} = 2309.778\text{m}$$
$$y_1 = y_A + \Delta y_{A1} = (1215.633 + 88.219)\text{m} = 1303.852\text{m}$$

第二点的坐标计算：

$$x_2 = x_1 + \Delta x_{12} = (2309.778 - 113.565)\text{m} = 2196.213\text{m}$$
$$y_2 = y_1 + \Delta y_{12} = (1303.852 + 80.205)\text{m} = 1384.057\text{m}$$

## 5.3.2 闭合导线计算

闭合导线与支导线一样，要进行各导线边的坐标方位角推算、各导线边的坐标增量计算，以及各导线点的坐标计算。在各导线边的坐标方位角推算之前，要先对导线的水平角观测误差进行检核和改正；在各导线点的坐标计算之前，要先对坐标增量所反映的导线边长观测误差进行检核和改正。因此总的计算过程由三步增加为五步，再加上数据的准备，共有六个计算步骤。

**1. 填写观测数据与已知数据**

导线计算一般在表格上进行，首先要根据导线示意图，把有关的已知数据和观测数据填进表格上相应的位置。如图 5-10 所示的闭合导线示意图，$A$、$B$ 是已知点，1、2、3 是待定

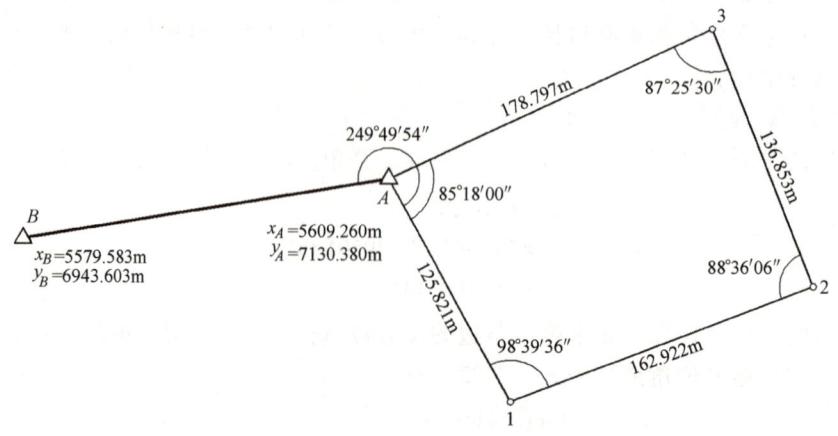

图 5-10 闭合导线示意图

导线点。图上标出了两个已知点的坐标、已知边与第一条边的连接角、各点的转折角以及各边的边长。

闭合导线计算表见表 5-7。先在表上的第 1 栏填写导线点号，然后将转折角观测值和边长观测值分别填进与点号对应的位置，在"坐标值"栏填写 A 点的已知坐标。下面还有一个关键的问题，就是求取第一条导线边 A1 的坐标方位角 $\alpha_{A1}$，然后填写到表上"坐标方位角"栏的最上方，作为推算其他导线边坐标方位角的起算数据，计算方法如下：

（1）反算 AB 的坐标方位角 $\alpha_{AB}$　AB 的坐标增量为

$$\begin{cases} \Delta x_{AB} = (5579.583-5609.260)\,\text{m} = -29.677\,\text{m} \\ \Delta y_{AB} = (6943.603-7130.380)\,\text{m} = -186.777\,\text{m} \end{cases}$$

其中 $\Delta x$ 和 $\Delta y$ 都为负，为第三象限，对照表 4-4，根据式（4-27）计算方位角 $\alpha_{AB}$：

$$\alpha_{AB} = 180° + \arctan\left|\frac{-186.777}{-29.677}\right| = 180° + 80°58'18'' = 260°58'18''$$

（2）计算 A1 的坐标方位角 $\alpha_{A1}$　根据导线示意图可知，已知边 AB 与导线边 A1 的水平夹角为顺时针旋转 249°49′54″，所以按式（4-20）有

$$\begin{aligned}\alpha_{A1} &= 260°58'18'' + 249°49'54'' \\ &= 510°48'12''\,(-360°) \\ &= 150°48'12''\end{aligned}$$

### 2. 角度闭合差的检核与分配

（1）角度闭合差计算　由平面几何学可知，n 边形闭合导线内角和的理论值应为

$$\sum\beta_{理} = (n-2)\times 180°$$

由于角度观测不可避免存在误差，其实测内角总和 $\sum\beta$ 一般不等于理论值 $\sum\beta_{理}$，它们之间的差值称为导线角度闭合差，用 $f_\beta$ 表示，即

$$f_\beta = \sum\beta_{测} - (n-2)\times 180° \tag{5-1}$$

式中　n——观测角的数量。

表 5-7 中导线角度闭合差用式（5-1）计算，计算结果如下：

$$f_\beta = 359°59'12'' - 360° = -48''$$

（2）角度闭合差的容许值　角度闭合差绝对值的大小，能反映出角度观测值精度的高低。测量规范对不同等级的导线，规定了不同的容许值 $f_{\beta容}$（表 5-2、表 5-3），其中首级图根导线角度闭合差的容许值为：

$$f_{\beta容} = \pm 40''\cdot\sqrt{n} \tag{5-2}$$

式中　n——闭合导线的边数。

若 $f_\beta > f_{\beta容}$，说明测角误差超过容许值，应查明原因后重测。若 $f_\beta \leq f_{\beta容}$，则说明测角成果合格。

在闭合导线（表 5-7）中，n=4，代入式（5-2）得

$$f_{\beta容} = \pm 40''\sqrt{4} = \pm 80''$$

因为 $f_\beta < f_{\beta容}$，测角成果均合格。如不合格，需要返工重测角度。

(3) 角度闭合差的分配　经检核确认角度测量成果合格后,可将角度闭合差反号,按"平均原则,短边优先"对各观测角进行改正。各角改正数均为

$$v = -\frac{f_\beta}{n} \tag{5-3}$$

当 $f_\beta$ 不能被 $n$ 整除时,将余数均匀分配到若干较短边所夹角度的改正数中。本例为

$$v = -\frac{-48''}{4} = 12''$$

改正后角值为

$$\beta_\text{改} = \beta_\text{测} + v \tag{5-4}$$

例如表 5-7 中的 1 号点改正后的水平角为

$$\beta_{1\text{改}} = 98°39'36'' + 12'' = 98°39'48''$$

其他改正后水平角的算法相同,角度改正数和改正后的角值见表 5-7 中的第 3 列和第 4 列。注意计算正确性的检核,其中角度改正数的总和应等于闭合差,而且符号相反;改正后角值的总和应等于内角和的理论值。

### 3. 坐标方位角推算

根据第一条边的坐标方位角及改正后的转折角,即可推算其他各导线边的坐标方位角,推算公式见式(4-21)和式(4-22)。考虑到本导线计算的转折角都是左角,具体推算公式应为

$$\alpha_\text{下} = \alpha_\text{上} - 180° + \beta_\text{左} \tag{5-5}$$

注意按上式推算方位角时,如果推算出的下一条边的方位角 $\alpha_\text{下} \geq 360°$,则应减去 360°;如果推算出的 $\alpha_\text{下} < 0°$,则应加上 360°。表 5-7 中各边方位角具体计算过程如下:

$$\alpha_{12} = \alpha_{A1} - 180° + \beta_{1\text{改}} = 150°48'12'' - 180° + 98°39'48'' = 69°28'00''$$
$$\alpha_{23} = \alpha_{12} - 180° + \beta_{2\text{改}} = 69°28'00'' - 180° + 88°36'18''(+360°) = 338°04'18''$$
$$\alpha_{3A} = \alpha_{23} - 180° + \beta_{3\text{改}} = 338°04'18'' - 180° + 87°25'42'' = 245°30'00''$$
$$\alpha_{A1} = \alpha_{3A} - 180° + \beta_{A\text{改}} = 245°30'00'' - 180° + 85°18'12'' = 150°48'12''$$

推算出导线各边的坐标方位角,填入表 5-7 的第 5 列。注意计算正确性的检核,即最后推算的方位角 $\alpha_{A1}$,应等于其起算值。

### 4. 坐标增量的计算

根据各边坐标方位角(第 5 列)和实测导线各边边长(第 6 列),按式(5-6)依次计算出相邻导线点间的初始坐标增量。

$$\begin{cases} \Delta x = D \cdot \cos\alpha \\ \Delta y = D \cdot \sin\alpha \end{cases} \tag{5-6}$$

例如,表 5-7 中的第 1 条边 A1 的坐标增量为

$$\begin{cases} \Delta x_{A1} = (125.821 \times \cos 150°48'12'') \text{m} = -109.836 \text{m} \\ \Delta y_{A1} = (125.821 \times \sin 150°48'12'') \text{m} = 61.376 \text{m} \end{cases}$$

用同样的方法依次计算其他各边的坐标增量,填入表 5-7 的第 7 列和第 10 列。闭合导线坐标增量计算如图 5-11 所示。

### 5. 坐标增量闭合差的检核与分配

(1) 坐标增量闭合差的计算　闭合导线中,纵、横坐标增量代数和的理论值应为

零，即

$$\begin{cases} \sum \Delta x_{理} = 0 \\ \sum \Delta y_{理} = 0 \end{cases}$$

实际上，由于测量误差的存在，根据坐标方位角和距离，按式（5-6）计算各条边的纵横坐标增量，这些坐标增量之和 $\sum \Delta x$、$\sum \Delta y$ 与其理论值 $\sum \Delta x_{理}$、$\sum \Delta y_{理}$ 一般不相等，其不符值即为纵、横坐标增量闭合差，分别用 $f_x$ 和 $f_y$ 表示。闭合导线坐标增量闭合差计算公式为

$$\begin{cases} f_x = \sum \Delta x \\ f_y = \sum \Delta y \end{cases} \tag{5-7}$$

表 5-7 中，导线 $x$ 和 $y$ 方向的坐标闭合差分别为

$$f_x = 0.115 \text{m} \qquad f_y = 0.142 \text{m}$$

（2）导线全长闭合差的计算　如图 5-12 所示，由于 $f_x$、$f_y$ 的存在，闭合导线从 $A$ 点出发，经 1、2、3 点后，再推算出 $A$ 点坐标时，其位置在 $A'$ 处，$A$ 至 $A'$ 点的距离 $f_D$ 称为导线全长闭合差，其值由下式计算：

$$f_D = \sqrt{f_x^2 + f_y^2} \tag{5-8}$$

表 5-7 中，导线全长闭合差为

$$f_D = \sqrt{0.115^2 + 0.142^2} \text{m} = 0.183 \text{m}$$

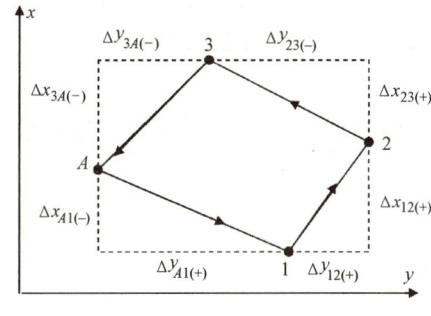

图 5-11　闭合导线增量计算

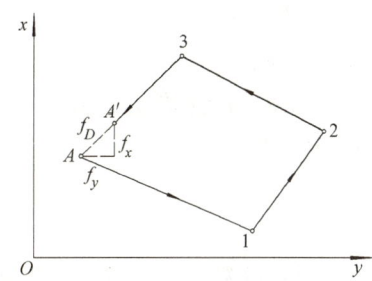

图 5-12　导线全长闭合差

（3）导线全长相对闭合差的计算　仅从 $f_D$ 值的大小还不能说明导线测量的精度是否满足要求，故应当将 $f_D$ 与导线全长 $\sum D$ 相比，以分子为 1 的分数来表示导线全长相对闭合差，即

$$K = \frac{f_D}{\sum D} = \frac{1}{\dfrac{\sum D}{f_D}} \tag{5-9}$$

表 5-7 中，导线全长为 604.393m，相对闭合差为

$$K = \frac{0.183}{604.393} = \frac{1}{\dfrac{604.393}{0.183}} = \frac{1}{3300}$$

（4）导线全长相对闭合差容许值　导线计算以导线全长相对闭合差 $K$ 来衡量导线测量的精度较为合理。$K$ 的分母值越大，精度越高。不同等级的导线全长相对闭合差容许值 $K_{容}$ 已列

入表5-2和表5-3。若$K$超过$K_容$，则说明成果不合格，应首先检查内业计算有无错误，必要时重测导线边长。若$K$不超过$K_容$，说明边长观测成果符合精度要求，可以进入下一步计算。

对图根导线测量来说，$K_容 = 1/2000$，表5-7闭合导线的导线全长相对闭合差小于1/2000，说明导线边长测量成果合格。

（5）坐标增量改正数计算　确认边长成果合格后，将$f_x$、$f_y$反符号，按"比例分配，长边优先"的原则分别对纵横坐标增量进行改正。若以$v_{xi}$、$v_{yi}$分别表示第$i$边纵、横坐标增量的改正数，则

$$\begin{cases} v_{xi} = -\dfrac{f_x}{\sum D} \times D_i \\ v_{yi} = -\dfrac{f_y}{\sum D} \times D_i \end{cases} \tag{5-10}$$

例如，表5-7中第1条导线边的坐标增量改正数为

$$\begin{cases} v_{x1} = -\dfrac{0.115}{604.393} \times 125.821\text{m} = -0.024\text{m} \\ v_{y1} = -\dfrac{0.142}{604.393} \times 125.821\text{m} = -0.030\text{m} \end{cases}$$

其他边的坐标增量改正数计算方法相同，纵、横坐标增量改正数标记在表中第8、11列。注意检核计算的正确性，即纵、横坐标增量改正数之和应分别等于反号后的闭合差。但是由于余数取舍不平衡的原因，可能会使改正数之和比总闭合差多1mm或少1mm，出现这种情况时，少1mm则将最长边所对应的坐标增量改正数增加1mm，若多1mm则将最短边所对应的坐标增量改正数减少1mm。

（6）改正后的坐标增量计算　各边坐标增量计算值与改正数之和即为改正后增量$\Delta x'_i$、$\Delta y'_i$，其表达式为

$$\begin{cases} \Delta x'_i = \Delta x_i + v_{xi} \\ \Delta y'_i = \Delta y_i + v_{yi} \end{cases} \tag{5-11}$$

例如，表5-7第一条边改正后坐标增量为

$$\begin{cases} \Delta x'_1 = (-109.836 - 0.024)\text{m} = -109.860\text{m} \\ \Delta y'_i = (61.376 - 0.030)\text{m} = 61.346\text{m} \end{cases}$$

同样方法计算其余各边改正后坐标增量，填入表5-7中的第9、12两列。

### 6. 导线点坐标计算

根据起始点的坐标值和各导线边改正后坐标增量值，按式（5-12），依次计算各导线点纵横坐标值。

$$\begin{cases} x_j = x_i + \Delta x_{ij} \\ y_j = y_i + \Delta y_{ij} \end{cases} \tag{5-12}$$

例如，表5-7中导线点1的坐标为

$$\begin{cases} x_1 = (5609.260 - 109.860)\text{m} = 5499.400\text{m} \\ y_1 = (7130.380 + 61.346)\text{m} = 7191.726\text{m} \end{cases}$$

同样方法计算其余各导线点的$X$、$Y$坐标，分别记入表5-7中的第13、14两列。注意闭合

表 5-7 闭合导线坐标计算表

| 点号 | 观测角(左角) ° ′ ″ | 改正数 ″ | 改正角 ° ′ ″ 4=2+3 | 坐标方位角 α ° ′ ″ | 距离 D /m | 纵坐标增量 Δx/m 计算值 | 改正数 | 改正后 | 横坐标增量 Δy/m 计算值 | 改正数 | 改正后 | 坐标值 X/m | Y/m | 点号 |
|---|---|---|---|---|---|---|---|---|---|---|---|---|---|---|
| 1 | 2 | 3 | 4 | 5 | 6 | 7 | 8 | 9 | 10 | 11 | 12 | 13 | 14 | 15 |
| A | | | | | | | | | | | | 5609.260 | 7130.380 | A |
| | | | | 150 48 12 | 125.821 | -109.836 | -0.024 | -109.860 | 61.376 | -0.030 | 61.346 | | | |
| 1 | 98 39 36 | +12 | 98 39 48 | | | | | | | | | 5499.400 | 7191.726 | 1 |
| | | | | 69 28 00 | 162.922 | 57.145 | -0.031 | 57.114 | 152.571 | -0.038 | 152.533 | | | |
| 2 | 88 36 06 | +12 | 88 36 18 | | | | | | | | | 5556.514 | 7344.259 | 2 |
| | | | | 338 04 18 | 136.853 | 126.952 | -0.026 | 126.926 | -51.107 | -0.032 | -51.139 | | | |
| 3 | 87 25 30 | +12 | 87 25 42 | | | | | | | | | 5683.440 | 7293.120 | 3 |
| | | | | 245 30 00 | 178.797 | -74.146 | -0.034 | -74.180 | -162.698 | -0.042 | -162.740 | | | |
| A | 85 18 00 | +12 | 85 18 12 | | | | | | | | | 5609.260 | 7130.380 | A |
| | | | | 150 48 12 | | | | | | | | | | |
| 1 | | | | | | | | | | | | | | |
| Σ | 359 59 12 | +48 | 360 00 00 | | 604.393 | 0.115 | -0.115 | 0.000 | 0.142 | -0.142 | 0.000 | | | |

辅助计算

$\Sigma\beta_{测}=359°59'12''$
$-\Sigma\beta_{理}=360°00'00''$
$f_\beta=-48''$
$f_{\beta容}=\pm40''\sqrt{4}=\pm80''$
角度闭合差合格

$f_x=\Sigma\Delta x_{测}=+0.115\text{m}, f_y=\Sigma\Delta y_{测}=+0.142\text{m}$
$f_D=\sqrt{f_x^2+f_y^2}=\pm0.183\text{m}$
导线全长相对闭合差 $K=\dfrac{0.183}{604.393}=\dfrac{1}{3300}$
容许的相对闭合差 $K_{容}=\dfrac{1}{2000}$
导线全长闭合差合格

示意图

导线最后推算出起始点坐标,此推算坐标应等于原已知起始点坐标,作为计算的最后检核。

### 5.3.3 附合导线计算

附合导线计算与闭合导线计算的过程一样,也分为六个计算步骤,计算方法也基本相同。其区别有两处,一是角度闭合差计算,二是坐标闭合差计算。下面重点介绍这两处的计算方法。

如图 5-13 所示是一条附合导线的示意图,$A$、$B$、$C$、$D$ 是已知控制点,其坐标已知;1、2 是待定导线点,观测了导线的 2 个转折角和 2 个连接角,以及导线的 3 条边长,已知坐标和观测结果如图 5-13 所示。

首先把已知边 $BA$ 和 $CD$ 的坐标方位角计算出来,计算方法见上述闭合导线的已知边坐标方位角计算,得到:$\alpha_{BA} = 149°40'00''$,$\alpha_{CD} = 8°52'55''$。

然后把这两个已知坐标方位角,以及导线起点 $A$ 和终点 $C$ 的坐标填入附合导线计算表(表 5-8),再把观测角度和观测边长填到表上相应的位置。最后进行导线计算,过程与闭合导线相同。下面介绍其中的角度闭合差计算和坐标闭合差计算的方法。

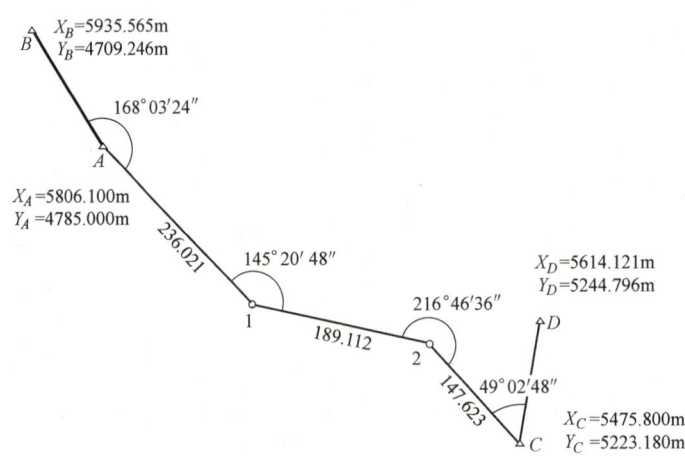

图 5-13 附合导线示意图

**1. 附合导线角度闭合差计算**

根据起始边 $BA$ 坐标方位角 $\alpha_{BA}$ 和各导线点的角度观测值 $\beta_i$(左角,含连接角和转折角),按方位角推算公式,可计算出结束边 $CD$ 的坐标方位角。

$$\alpha'_{CD} = \alpha_{BA} - n \times 180° + \sum \beta_左$$

式中 $n$——已知起始边 $BA$ 至已知结束边 $CD$ 之间的角度数量,本例中 $n=4$。

由于观测角存在误差,致使 $\alpha'_{CD}$ 与已知值 $\alpha_{CD}$ 不相等,其差值即为角度闭合差 $f_\beta$,即

$$f_\beta = \alpha'_{CD} - \alpha_{CD}$$

因此有附合导线的角度闭合差计算公式:

$$f_\beta = \alpha_{BA} - n \times 180° + \sum \beta_左 - \alpha_{CD} \tag{5-13}$$

注意,如果转折角为右角,则附合导线的角度闭合差计算公式为

$$f_\beta = \alpha_{BA} + n \times 180° - \sum \beta_右 - \alpha_{CD} \tag{5-14}$$

在表 5-8 中,角度闭合差按式(5-13)计算:

表 5-8 附合导线坐标计算表

| 点号 | 观测角(左角) ° ′ ″ | 改正数 ″ | 改正角 ° ′ ″ 4=2+3 | 坐标方位角 α ° ′ ″ | 距离 D /m | 纵坐标增量 Δx/m 计算值 | 纵坐标增量 Δx/m 改正数 | 纵坐标增量 Δx/m 改正后 | 横坐标增量 Δy/m 计算值 | 横坐标增量 Δy/m 改正数 | 横坐标增量 Δy/m 改正后 | 坐标值 X/m | 坐标值 Y/m | 点号 |
|---|---|---|---|---|---|---|---|---|---|---|---|---|---|---|
| 1 | 2 | 3 | 4=2+3 | 5 | 6 | 7 | 8 | 9 | 10 | 11 | 12 | 13 | 14 | 15 |
| B | | | | | | | | | | | | | | |
| | | | | 149 40 00 | | | | | | | | | | |
| A | 168 03 24 | −10 | 168 03 14 | | | | | | | | | 5806.100 | 4785.000 | A |
| | | | | 137 43 14 | 236.021 | −174.626 | −0.045 | −174.671 | 158.782 | −0.012 | 158.770 | | | |
| 1 | 145 20 48 | −10 | 145 20 38 | | | | | | | | | 5631.429 | 4943.770 | 1 |
| | | | | 103 03 52 | 189.112 | −42.749 | −0.036 | −42.785 | 184.217 | −0.009 | 184.208 | | | |
| 2 | 216 46 36 | −10 | 216 46 26 | | | | | | | | | 5588.644 | 5127.978 | 2 |
| | | | | 139 50 18 | 147.623 | −112.817 | −0.027 | −112.844 | 95.209 | −0.007 | 95.202 | | | |
| C | 49 02 48 | −11 | 49 02 37 | | | | | | | | | 5475.800 | 5223.180 | C |
| | | | | 8 52 55 | | | | | | | | | | |
| D | | | | | | | | | | | | | | |
| Σ | 579 13 36 | −41 | 579 12 55 | | 572.756 | −330.192 | −0.108 | −330.300 | 438.208 | −0.028 | 438.180 | | | |

辅助计算

$\alpha_{BA} = 149°40'00''$

$+\sum\beta_测 = 579°13'36''$

$-4 \times 180° = 720°00'00''$

$-\alpha_{CD} = 8°52'55''$

$f_\beta = -41''$

$f_{β容} = \pm 40''\sqrt{4} = \pm 80''$ 角度闭合差合格

$f_x = \sum\Delta x_测 - (x_C - x_A) = -330.192 - (-330.300) = 0.108$m

$f_y = \sum\Delta y_测 - (y_C - y_A) = 438.208 - (438.180) = 0.028$m

导线全长闭合差 $f_D = \sqrt{f_x^2 + f_y^2} \approx \pm 0.112$m

导线全长相对闭合差 $K = \dfrac{0.112}{572.756} \approx \dfrac{1}{5100}$

导线全长容许相对闭合差 $K_容 = \dfrac{1}{2000}$ 导线全长闭合差合格

示意图

$$f_\beta = 149°40'00'' - 4 \times 180° + 579°13'36'' - 8°52'55'' = -41''$$

此角度闭合差在限差之内，角度成果合格。后续的角度改正数、改正后角度、方位角推算以及坐标增量计算，其方法与闭合导线的计算完全相同，计算结果见表 5-8 相应栏目。

### 2. 附合导线坐标闭合差计算

附合导线中，始、终两已知点间各边坐标增量代数和的理论值，应等于该两点已知坐标值之差，即

$$\begin{cases} \sum \Delta x_{理} = x_{终} - x_{始} \\ \sum \Delta y_{理} = y_{终} - y_{始} \end{cases}$$

实际上，由于边长测量误差的存在，根据坐标方位角和边长计算的各条边的纵横坐标增量也有误差，这些坐标增量之和 $\sum \Delta x$、$\sum \Delta y$ 与其理论值 $\sum \Delta x_{理}$、$\sum \Delta y_{理}$ 一般不相等，其不符值即为纵、横坐标增量闭合差，分别用 $f_x$ 和 $f_y$ 表示，即

$$\begin{cases} f_x = \sum \Delta x - \sum \Delta x_{理} = \sum \Delta x - (x_{终} - x_{始}) \\ f_y = \sum \Delta y - \sum \Delta y_{理} = \sum \Delta y - (y_{终} - y_{始}) \end{cases} \quad (5-15)$$

在表 5-8 中，按式（5-15）计算的纵、横坐标增量闭合差为

$$f_x = \sum \Delta x_{测} - (x_C - x_A) = [-330.192 - (-330.300)] \text{m} = 0.108 \text{m}$$

$$f_y = \sum \Delta y_{测} - (y_C - y_A) = (438.208 - 438.180) \text{m} = 0.028 \text{m}$$

与闭合导线计算同理，导线全长闭合差 $f_D = \pm 0.112$ m，导线全长相对闭合差 $K = 1/5100$，小于导线全长容许相对闭合差，边长成果合格。后续的坐标增量改正数、改正后坐标增量以及导线点坐标的计算，其方法与闭合导线的计算完全相同，计算结果见表 5-8 相应栏目。

## 知识链接　导线测量错误的查找方法

在导线计算中，如果发现角度闭合差或导线全长闭合差超限，应首先复查导线测量外业观测的记录计算、内业数据抄录和内业计算是否有误。如果都没有发现问题，则说明导线外业中的测角或量距有错误，应到现场去返工重测。如果角度闭合差超限，则肯定角度观测有错误；如果角度闭合差在允许值以内，而导线全长相对闭合差超过了容许值，则认为角度观测没有错误，而是边长观测有错误。

在重测角度或边长时，随时将新测数据与原有数据进行比较，重算闭合差，直至找到出现错误的地方，使闭合差小于容许值。重测前如果能分析判断错误可能发生在某处，就应首先到该处重测，这样就可以避免角度或边长的全部重测，大大减少返工的工作量。下面介绍仅有一个错误存在的查找方法。

### 1. 一个角度测错的查找方法

在图 5-14 中，设附合导线的第 3 点上的转折角发生一个错误，使角度闭合差超限。如果分别从导线两端的已知坐标方位角推算各边的坐标方位角，则到测错角度的边为止，导线边的坐标方位角仍然是正确的。经过第 3 点的转折角以后，导线边的坐标方位角开始向错误方向偏转，使以后各边坐标方位角都包含错误。

因此，一个转折角测错的查找方法为：分别从导线两端的已知坐标方位角出发，按支导线计算导线各点的坐标，则所得到的同一个点的两套坐标值非常接近的点，最有可能为角度测错的点。对于闭合导线，方法也相类似。只是从同一个已知点及已知坐标方位角出发，分

别沿顺时针方向和逆时针方向，按支导线计算两套坐标值，去寻找两套坐标值接近的点。

**2. 一条边长测错的查找方法**

当角度闭合差在容许范围以内，而坐标增量闭合差超限时，说明边长测量有错误，在图 5-15 中，设闭合导线中的 3-4 边 $D_{34}$ 发生错误量为 $\Delta D$。由于其他各边和各角没有错误，因此从第 4 点开始及以后各点，均产生一个平行于 3-4 边的移动量 $\Delta D$。如果其他各边、角中的偶然误差忽略不计，则按式（5-8）计算的导线全长闭合差即等于 $\Delta D$，即

$$f = \sqrt{f_x^2 + f_y^2} = \Delta D \tag{5-16}$$

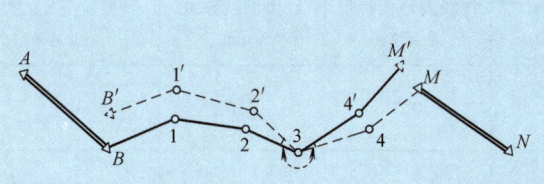
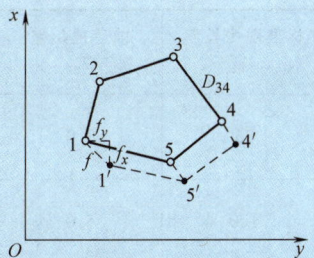

图 5-14　一个角度测错的查找方法　　　图 5-15　一条边长测错的查找办法

计算的全长闭合差的坐标方位角即等于 3-4 边或 4-3 边的坐标方位角 $\alpha_{34}$（或 $\alpha_{43}$），即

$$\alpha_f = \arctan \frac{f_y}{f_x} = \alpha_{34} \text{（或 } \alpha_{43}\text{）} \tag{5-17}$$

据此原理，求得的 $\alpha_f$ 值等于或十分接近于某导线边方位角（或其反方位角）时，此导线边就可能是量距错误边。

## 子单元 4　高程控制测量

如前所述，一般工程的高程控制测量的主要形式是水准测量，其中最常用的是五等或者图根水准测量，有时会用到三、四等水准测量。五等和图根水准测量的方法在单元 2 已经学习过了，这里主要学习三、四等水准测量的方法。此外，随着全站仪的普及，三角高程测量用得越来越多，所以本单元对三角高程测量也进行介绍。卫星定位高程测量，则放在本单元的最后，结合 GNSS 卫星定位测量来介绍。

### 5.4.1　三、四等水准测量

四等水准测量

三、四等水准测量，除用于国家高程控制网的加密外，常用作小地区的首级高程控制，以及工程建设地区内工程测量和变形观测的基本控制。三、四等水准网应从附近的国家高一级水准点引测高程。

**1. 三、四等水准测量的主要技术要求**

三、四等水准路线一般沿道路布设，尽量避开土质松软地段，水准点间的距离一般为 2～4km，在城市建筑区为 1～2km。水准点应选在地基稳固，能长久保存和便于观测的地方。应埋设普通水准标石或临时水准点标志，也可利用埋石的平面控制点作为水准点。在厂区内则注意不要选在地下管线上方，距离厂房或高大建筑物不小于 25m，距振动影响区 5m 以

105

外，距回填土边不少于5m。

用光学水准仪进行三、四等水准测量使用的水准尺，通常是双面水准尺。两根标尺黑面的尺底均为0，红面的尺底一根为4.687m，一根为4.787m。测量时每个测站架设一次仪器，观测两把标尺上的黑面和红面读数。数字水准仪使用的水准尺，是单面的条码尺，测量时每个测站需要观测两次，分别在两把标尺上读数。

用光学水准仪进行三、四等水准测量的主要技术要求参见表5-4，在观测中，每一测站的技术要求见表5-9。

表 5-9　光学水准仪三、四等水准测量测站技术要求

| 等级 | 标准视线长度 /m | 前后视距差 /m | 前后视距累计差 /m | 视线离地面最低高度/m | 红黑面读数差 /mm | 红黑面高差之差 /mm |
| --- | --- | --- | --- | --- | --- | --- |
| 三等 | 75 | 3.0 | 6.0 | 0.3 | 2.0 | 3.0 |
| 四等 | 100 | 5.0 | 10.0 | 0.2 | 3.0 | 5.0 |

**2. 三、四等水准测量的观测方法**

三、四等水准测量的观测应在通视良好、望远镜成像清晰稳定的情况下进行。

两个等级的观测内容相同，但顺序有所不同，以下是用自动安平水准仪按双面水准尺法进行四等水准测量，在一个测站的观测顺序。

1）后视水准尺黑面，读取上、下视距丝和中丝读数，记入表5-10中（1）、（2）、（3）。

2）后视水准尺红面，读取中丝读数，记入表5-10中（4）。

3）前视水准尺黑面，读取上、下视距丝和中丝读数，记入表5-10中（5）、（6）、（7）。

4）前视水准尺红面，读取中丝读数，记入表5-10中（8）。

这样的观测顺序简称为"后-后-前-前"和"黑-红-黑-红"。表5-10为某段四等水准测量记录表。精度要求稍高的三等水准测量每站的观测顺序为"后-前-前-后"，即"黑-黑-红-红"，其优点是可以抵消水准仪与水准尺下沉产生的误差，记录表格的式样相同。

每个测站只安置一次水准仪，共需读8个读数，并立即进行测站计算与检核。满足三、四等水准测量的有关限差要求后（表5-9）方可迁站。表中各次中丝读数（3）、（4）、（7）、（8）是用来计算高差的。因此，在每次读取中丝读数时要仔细认真。

**3. 三、四等水准测量的测站计算与检核**（以四等为例）

（1）视距计算与检核　根据前、后视的上、下视距丝读数计算前、后视的视距：

后视距离：（9）= 100×[（1）-（2）]

前视距离：（10）= 100×[（5）-（6）]

计算前、后视距差：（11）=（9）-（10）

计算前、后视距离累积差：（12）= 上站（12）+本站（11）

以上计算得前、后视距、视距差及视距累积差均应满足表5-9要求。

（2）尺常数 $K$ 检核　尺常数 $K$ 为同一水准尺黑面与红面读数差。尺常数误差计算式为

$$（13）=（3）+K_{后}-（4）$$

$$（14）=（7）+K_{前}-（8）$$

表 5-10 四等水准测量观测手簿

测段：$A \sim B$　　日期：2024 年 6 月 1 日　　仪器型号：北光 $DZS_{3-1}$

开始：7 时 10 分　　天气：晴　　观测者：××

结束：8 时 10 分　　成像：清晰稳定　　记录者：××

| 测站编号 | 点号 | 后尺 上丝/下丝 后视距 视距差 | 前尺 上丝/下丝 前视距 累计差 | 方向及尺号 | 水准尺中丝读数 黑面 | 水准尺中丝读数 红面 | K+黑-红 /mm | 平均高差 /m | 备 注 |
|---|---|---|---|---|---|---|---|---|---|
| | | (1)<br>(2)<br>(9)<br>(11) | (5)<br>(6)<br>(10)<br>(12) | 后<br>前<br>后-前 | (3)<br>(7)<br>(15) | (4)<br>(8)<br>(16) | (13)<br>(14)<br>(17) | (18) | |
| 1 | $A \sim TP_1$ | 1.587<br>1.213<br>37.4<br>-0.2 | 0.755<br>0.379<br>37.6<br>-0.2 | 后 106<br>前 107<br>后-前 | 1.400<br>0.567<br>+0.833 | 6.187<br>5.255<br>+0.932 | 0<br>-1<br>+1 | +0.8325 | $K$ 为水准尺常数，表中<br>$K_{106} = 4.787$<br>$K_{107} = 4.687$ |
| 2 | $TP_1 \sim TP_2$ | 2.111<br>1.737<br>37.4<br>-0.1 | 2.186<br>1.811<br>37.5<br>-0.3 | 后 107<br>前 106<br>后-前 | 1.924<br>1.998<br>-0.074 | 6.611<br>6.786<br>-0.175 | 0<br>-1<br>+1 | -0.0745 | |
| 3 | $TP_2 \sim TP_3$ | 1.916<br>1.541<br>37.5<br>-0.2 | 2.057<br>1.680<br>37.7<br>-0.5 | 后 106<br>前 107<br>后-前 | 1.728<br>1.868<br>-0.140 | 6.515<br>6.556<br>-0.041 | 0<br>-1<br>+1 | -0.1405 | |
| 4 | $TP_3 \sim B$ | 0.675<br>0.237<br>43.8<br>+0.2 | 2.902<br>2.466<br>43.6<br>-0.3 | 后 107<br>前 106<br>后-前 | 0.466<br>2.684<br>-2.218 | 5.154<br>7.471<br>-2.317 | -1<br>0<br>-1 | -2.2175 | |
| 每页计算检核 | | $\sum(9)=156.1$<br>$\sum(10)=156.4$<br>$\sum(9)-\sum(10)=-0.3$<br>$\sum(9)+\sum(10)=312.5$ | | $\sum(3)=5.518$<br>$\sum(7)=7.117$<br>$\sum(15)=-1.599$<br>$\sum(15)+\sum(16)=-3.200$ | | $\sum(4)=24.467$<br>$\sum(8)=26.068$<br>$\sum(16)=-1.601$<br>$2\sum(18)=-3.200$ | | | |

$K_{前}$、$K_{后}$ 为前尺和后尺的红面分划与黑面分划的零点差。表 5-10 中，106 号尺的尺常数为 $K_{106}=4.787$m，107 号尺的尺常数为 $K_{107}=4.687$m，注意两把尺在下一个测站时，前、后位置是交替变化的。对于三等水准测量，尺常数误差不得超过 2mm；对于四等水准测量，不得超过 3mm。

（3）高差计算与检核　按前、后视水准尺红、黑面中丝读数分别计算该站高差：

黑面高差：(15) = (3) - (7)

红面高差：(16) = (4) - (8)

红黑面高差之误差：(17) = (15) - (16)

对于三等水准测量，红黑面高差之误差不得超过 3mm；对于四等水准测量，红黑面高差之误差不得超过5mm。

红黑面高差之差在容许范围以内时,取其平均值,作为该站的观测高差。由于两把尺的红面读数起点一个是4.787m,一个是4.687m,有0.1m的偏差,因此,计算平均值前应先将红面高差±0.1m,即平均值为

$$(18)=\{(15)+[(16)\pm 0.1m]\}/2$$

上式计算时,当(15)>(16),0.1m前取正号计算,当(15)<(16),0.1m前取负号计算。总之,平均高差(18)应与黑面高差(15)接近。

注意,红黑面高差之差应等于前后尺常数误差,即(17)=(13)-(14),否则计算有误。

(4)每页水准测量记录计算校核　每页水准测量记录应作总的计算校核:

高差校核:　　　　　　$\sum(3)-\sum(7)=\sum(15)$

$\sum(4)-\sum(8)=\sum(16)$

$\sum(15)+\sum(16)=2\sum(18)$　　(偶数站)

或　　　　　　$\sum(15)+\sum(16)=2\sum(18)\pm 0.1m$　　(奇数站)

视距差校核:　　$\sum(9)+\sum(10)=$本页末站(12)-前页末站(12)

本页总视距:　　　　　$\sum(9)+\sum(10)$

表5-10中的每页计算校核全部符合要求,说明各测站的计算都正确。如果有不符合要求的项目,要检查是哪里算错了,重新计算。

**4. 三、四等水准测量的成果整理**

三、四等水准测量的闭合或附合路线的成果整理首先应按表5-4的水准测量技术要求,检验测段(两水准点之间的线路)往返测高差不符值(往、返测高差之差),及附合或闭合路线的高差闭合差。如果在容许范围以内,则测段高差取往、返测的平均值,线路的高差闭合差则应反其符号按测段的长度或测站数成正比例进行分配。

## 5.4.2　光电测距三角高程测量

当地形高低起伏较大不便于水准测量时,三角高程测量是测定地面点高程的常用方法之一,它是根据地面两点之间的水平距离和垂直角,利用三角函数关系求该两点的高差,再根据其中一个点的已知高程,求出另一个点的高程。当距离和垂直角精度较高时,三角高程测量能达到图根水准、五等水准甚至四等水准测量的精度。随着光电测距技术的发展和普及,现在能比较方便地进行较高精度的距离测量,因此三角高程测量已成为常见的高程控制测量方法之一。

**1. 三角高程测量的计算公式**

三角高程测量是根据测站与待测点间的水平距离和测站向目标点所观测的垂直角来计算两点间的高差。

如图5-16所示,已知 $A$ 点的高程 $H_A$,要测定 $B$ 点的高程 $H_B$,可安置全站仪于 $A$ 点,量取仪器高 $i_A$;在 $B$ 点安置棱镜,量取其高度称为棱镜高 $v_B$;用全站仪中丝瞄准棱镜中心,测定垂直角 $\alpha$。再测定 $AB$ 两点间的水平距离 $D$,则 $AB$ 两点间的高差计算式为

$$h_{AB}=D\tan\alpha+i_A-v_B \qquad (5\text{-}18)$$

上式中,$\alpha$ 为仰角时 $\tan\alpha$ 为正,俯角时为负。求得高差 $h_{AB}$ 以后,按下式计算 $B$ 点的

高程：
$$H_B = H_A + h_{AB} \quad (5-19)$$

上式是在假定地球表面为水平面（即把水准面当作水平面），认为观测视线是直线的条件下导出的。当地面上两点间的距离小于 300m 时是适用的。两点间距离大于 300m 时就要顾及地球曲率，地球曲率使高差偏小，需加以曲率改正，称为球差改正。同时，观测视线受大气垂直折光的影响而成为一条向上凸起的弧线，使垂直角偏大，必须加以大气垂直折光差改正，称为气差改正。如图 5-17 所示，$f_1$ 为球差改正，$f_2$ 为气差改正，两项改正合称为球气差改正，用 $f$ 表示。

$$f = (1-k) \cdot \frac{D^2}{2R} \quad (5-20)$$

式中　$R$——地球平均曲率半径，一般取 $R = 6371$ km；

　　　$k$——大气垂直折光系数，随气温、气压、日照、时间、地面情况和视线高度等因素而改变，一般取其平均值，令 $k = 0.14$。

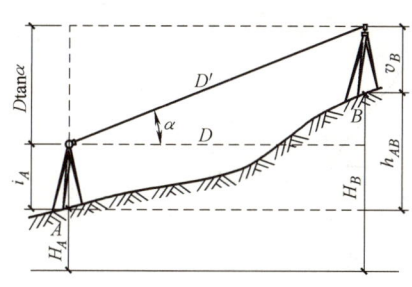

图 5-16　三角高程测量原理图　　　图 5-17　地球曲率及大气折光影响

考虑球气差改正时，三角高程测量的高差计算公式为

$$h_{AB} = D\tan\alpha + i_A - v_B + f \quad (5-21)$$

由于折光系数的不确定性，使球气差改正中的气差改正有较大的误差。但是如果在两点间进行对向观测，即测定 $h_{AB}$ 及 $h_{BA}$ 而取其平均值，则由于气差改正在短时间内不会改变，而高差 $h_{BA}$ 必须反其符号与 $h_{AB}$ 取平均，因此，球气差改正可以抵消，故 $f$ 的误差也就不起作用，所以作为高程控制点进行三角高程测量时必须进行对向观测。

### 2. 三角高程测量的观测与计算

（1）三角高程测量的观测　如图 5-16 所示，安置全站仪于测站 $A$ 点，量取仪器高 $i$，在目标点上安置棱镜，量取棱镜高 $v$。$i$ 和 $v$ 用小钢卷尺量两次取平均，读数至 1mm。分别用盘左、盘右瞄准棱镜中心，测定垂直角和水平距离，称为直觇观测。然后将经纬仪安置于 $B$ 点，在 $A$ 点竖立棱镜，量仪器高和棱镜高，同法测定垂直角和水平距离，称为反觇观测。为减少垂直折光变化的影响，对向观测应在较短时间内进行，应避免在大风或雨后初晴时观测，也不宜在日出后和日落前 2 小时内观测。

取两次水平距离观测值的平均值作为 $A$、$B$ 点之间的水平距离，若 $A$、$B$ 点是平面控制点，则两点间的水平距离已知，可不观测。即可按式（5-18）计算直觇和反觇高差及其平均值。

光电测距三角高程测量的主要技术要求见表5-11。

表 5-11　光电测距三角高程测量的主要技术要求

| 等级 | 仪器 | 垂直角测回数 | 指标差较差（″） | 垂直角较差（″） | 边长测量 | 对向观测高差较差/mm | 附合或环形闭合差/mm |
|---|---|---|---|---|---|---|---|
| 五等 | 2秒级 | 2 | ≤10 | ≤10 | 往一次 | $60\sqrt{D}$ | $30\sqrt{\sum D}$ |
| 图根 | 6秒级 | 2 | ≤25 | ≤25 | 往一次 | $80\sqrt{D}$ | $40\sqrt{\sum D}$ |

注：$D$ 为光电测距边长度，单位为 km。

（2）三角高程测量的计算　图 5-18 所示为图根级三角高程测量实测数据略图，在 $A$、$B$、$C$ 三点间进行三角高程测量，构成闭合路线，已知 $A$ 点的高程为 56.432m，已知数据及观测数据注明于图上。

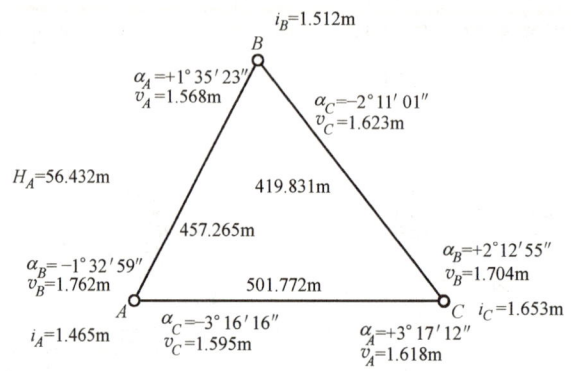

图 5-18　四等三角高程测量实测数据略图

进行往测、返测高差及高差平均值计算，计算结果见表 5-12。

表 5-12　三角高程测量高差计算　　　　　　　　　　　　（单位：m）

| 测站点 | $A$ | $B$ | $B$ | $C$ | $C$ | $A$ |
|---|---|---|---|---|---|---|
| 目标点 | $B$ | $A$ | $C$ | $B$ | $A$ | $C$ |
| 水平距离 $D$ | 457.265 | 457.265 | 419.831 | 419.831 | 501.772 | 501.772 |
| 垂直角 $\alpha$ | −1°32′59″ | +1°35′23″ | −2°11′01″ | +2°12′55″ | +3°17′12″ | −3°16′16″ |
| 测站仪器高 $i$ | 1.465 | 1.512 | 1.512 | 1.653 | 1.653 | 1.465 |
| 目标镜高 $v$ | 1.762 | 1.568 | 1.623 | 1.704 | 1.618 | 1.595 |
| 初算高差 $h'$ | −12.668 | 12.634 | −16.119 | 16.099 | 28.760 | −28.808 |
| 球气差改正 $f$ | 0.014 | 0.014 | 0.012 | 0.012 | 0.017 | 0.017 |
| 单向高差 $h$ | −12.654 | +12.648 | −16.107 | +16.111 | +28.777 | −28.791 |
| 平均高差 | −12.651 | | −16.109 | | +28.784 | |

表 5-13 中进行闭合线路的高差闭合差、高差调整及高程计算。其中闭合环线的高差闭合差的容许值按表 5-11 为

$$f_{h容} = \pm 40\sqrt{\sum D} \tag{5-22}$$

式中 ∑D——路线总长，以 km 为单位，这里为三条边的总长 1.379km。

即
$$f_{h容} = \pm 40\sqrt{1.379}\text{mm} = \pm 47\text{mm}$$

由对向观测所求得的平均高差总和计算的高差闭合差按式 5-21 计算

$$f_h = \sum h \tag{5-23}$$

即
$$f_h = \sum h = 0.024\text{m}$$

由于闭合差小于容许差，观测成果合格，可对闭合差按边长比例反符号分配到各边，得到改正后的高差，然后用改正后的高差计算各点高程。其具体方法与水准测量的成果计算相同，计算结果见表 5-13。

表 5-13　三角高程测量成果整理

| 点　号 | 水平距离/m | 观测高差/m | 改正值/m | 改正后高差/m | 高程/m |
|---|---|---|---|---|---|
| A |  |  |  |  | 56.432 |
|  | 457.265 | -12.651 | -0.008 | -12.659 |  |
| B |  |  |  |  | 43.773 |
|  | 419.831 | -16.109 | -0.007 | -16.116 |  |
| C |  |  |  |  | 27.657 |
|  | 501.772 | +28.784 | -0.009 | +28.775 |  |
| A |  |  |  |  | 56.432 |
| ∑ | 1378.868 | +0.024 | -0.024 | 0.000 |  |
| 备　注 | $f_h = \pm 0.024\text{m}, \sum D = 1.379\text{km}$<br>$f_{h容} = \pm 40\sqrt{\sum D} = 47.0\text{mm}$　$f_h \leq f_{h容}$（合格） | | | | |

## 子单元 5　用软件进行导线的内业计算

为了提高测量计算的工作效率，人们开发了各种测量计算软件，只需输入已知数据和观测数据，软件便可自动完成所有的计算，输出最终结果和一些有用的中间过程，甚至可还输出相应的图形。一些软件还可对不合格的成果进行分析，给出返工重测的参考依据。下面介绍一款有代表性的测量计算软件——工程测量数据处理系统（ESDPS），着重介绍它在导线计算方面的使用方法。

其他类似软件，如广西建设职业技术学院李海文老师开发的基于电子表格的"GXJY 导线计算表"等，专门用于闭合导线和附合导线的计算，只要正确输入已知点坐标、观测角度和观测边长，就能得到正确的计算结果，并显示与表 5-7 和表 5-8 相同的计算表，使用非常简单和方便，本子单元的最后将对其使用方法进行介绍。

### 5.5.1　工程测量数据处理系统（ESDPS）简介

工程测量数据处理系统的英文缩写为"ESDPS"，其具有操作简便、功能齐全、易于上手、界面美观的特点，目前常用的版本为 4.0 和 5.0。该软件具有 50 余种常用的测绘数据处理功能，包括导线计算和高程计算。

该软件可输出美观的成果报表和图形,支持报表输出格式为 Word、Excel、txt、html,支持的图形输出为 AutoCAD（dwg）、bmp 等。软件还自带了详细的帮助文件和完备的算例数据,便于初学者掌握使用方法。下面以 ESDPS4.0 为例,对该软件作简单的介绍。

#### 1. ESDPS 的安装

1）进入 ESDPS 安装文件夹后,运行 Setup.exe。

2）安装程序开始运行,出现"工程测量数据处理系统"的安装向导窗口。

3）安装向导准备完毕,会出现安装初始界面。

4）系统的缺省安装目录为 C：\ProgramFiles\AWindSoft\ESDPS,用户可根据自己的实际情况修改路径。软件安装后,自带的算例位于 ESDPS 文件夹中的"sample"子文件夹中。

5）确定要安装"工程测量数据处理系统"后,连续单击"下一步"按钮继续安装。

6）安装结束以后弹出安装完毕确认窗口,单击"完成"按钮确认并关闭窗口。

#### 2. ESDPS 的启动

安装完成后,可以通过以下方式启动:

1）直接在桌面上双击 ESDPS 图标。

2）点击"开始\程序\ESDPS\ESDPS"。

3）点击"C：\ProgramFiles\AWindSoft\ESDPS\ESDPS.exe"。

#### 3. 主界面

ESDPS 的工作环境由菜单栏、工具栏、项目工作区窗口、属性窗口、数据出入窗口、报表输出窗口、图形输出窗口等组成,如图 5-19 所示。

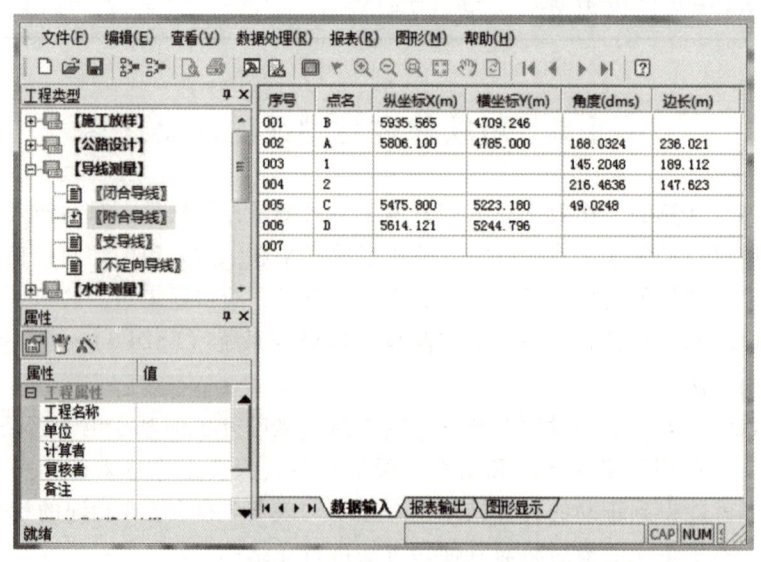

图 5-19 ESDPS 主界面和附合导线输入示例

ESDPS 附合导线计算

### 5.5.2 用 ESDPS 进行附合导线计算

ESDPS 的导线计算采用简易平差,即角度闭合差平均分配,坐标闭合差（包括纵、横坐标）按边长正比分配进行解算。其适用单一附合导线、闭合导线、支导线和无定向导线的解算。ESDPS 的导线计算中,最容易理解和掌握的是附合导线计算,下面以表 5-8 的附合导线的数据为例,介绍附合导线计算的方法。

**1. 数据的录入**

在工程类型区中点选"导线测量",再点选"附合导线",进入数据输入状态,如图 5-19 所示。输入已知数据和观测数据时,点名及对应数据的顺序必须与导线走向一致,这里的顺序按该导线的示意图(图 5-13)为 B、A、1、2、C、D。

依次输入 B、A、C、D 四个已知点的坐标,并输入在 A、1、2、C 点的观测角度,以及 A1、12、2C 边的观测边长。注意软件规定所有观测角度必须是导线的左角,且角度的输入格式为度分秒,其中"度"用小数点代替,如 168°03′24″输入为"168.0324",计算结果中的角度显示也是同样格式。完成数据输入的情况如图 5-19 所示。

**2. 导线计算与成果输出**

所有数据输入完成后即可进行计算,方法是按工具条上的"开始计算"按钮,或者菜单"数据处理"下的"开始计算"命令。计算结果以表格形式显示在屏幕上的"报表输出"窗口内,见表 5-14。也可点击"图形显示"标签,在屏幕上显示导线的略图。

表 5-14 符合导线计算成果表

| 点名 | 观测角度 /dms | 改正数 /s | 方位角 /dms | 观测边长 /m | 改正数 /mm | 边长平差值 /m | 坐标/m | |
|---|---|---|---|---|---|---|---|---|
| | | | | | | | X | Y |
| B | | | 149.4000 | | | | 5935.565 | 4709.246 |
| A | 168.0324 | 10.28 | 137.4348 | 236.021 | 0.025 | 236.046 | 5806.100 | 4785.000 |
| 1 | 145.2048 | 10.28 | 103.0434 | 189.112 | −0.001 | 189.111 | 5631.430 | 4943.771 |
| 2 | 216.4636 | 10.28 | 139.5050 | 147.623 | 0.017 | 147.640 | 5588.645 | 5127.978 |
| C | 49.0248 | 10.28 | 8.5255 | | | | 5475.800 | 5223.180 |
| D | | | | | | | 5614.121 | 5244.796 |

角度闭合差 $w=41.1$ (s)
纵坐标差 $f_x=0.109$    横坐标差 $f_y=0.029$    全长闭合差 $f_s=0.113$    相对闭合差 $k=1:5076$

表 5-14 的软件计算的中间过程和结果与表 5-8 的手算数据相比稍有出入,主要是由于计算过程稍有不同引起,但最后结果不会相差太多,对实际工作没有影响。成果可以输出为 Word 文档或 Excel 电子表格,方法是点击"报表"菜单,再点击"输出到 Word"或"输出到 Excel"。用户可在 Word 或 Excel 程序中编辑数据格式。导线图形可输出为位图文件或 AutoCAD 格式文件。

## 5.5.3 用 ESDPS 进行闭合导线计算

用 ESDPS 进行闭合导线计算时,点号顺序以及角度和边长的输入规则与附合导线相同,其中角度必须是导线的左角,并且要输入两个连接角。因此要特别注意第一个连接角和最后一个连接角的输入,下面以表 5-7 的闭合导线为例进行说明。

首先输入 $B$、$A$ 两点的坐标,然后输入开始连接角,如图5-20所示,即 $A$ 点处已知方向到第1条导线边的左角(不是内角)249°49′54″,然后依次输入1、2、3点处的左转折角(即内角),最后输入 $A$ 点的结束连接角,即 $A$ 点处最后一条导线边到已知方向的左角,由图5-20可知,该角为

$$(360°-249°49′54″)+85°18′00″=195°28′06″$$

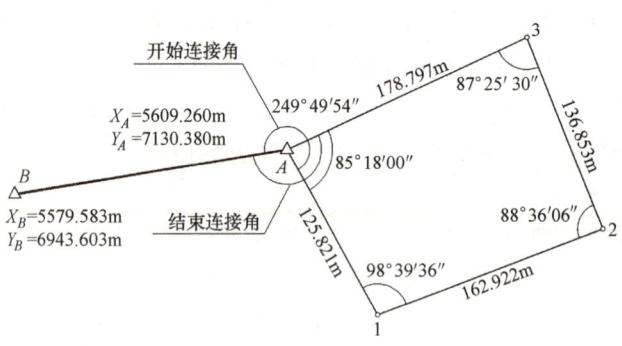

图 5-20　闭合导线示意图

具体数据输入如表5-15所示。计算过程及成果显示与附合导线相同。

表 5-15　闭合导线数据的输入

| 点名 | 纵坐标 $X$/m | 横坐标 $Y$/m | 观测角度/dms | 边长/m | 说　　明 |
|---|---|---|---|---|---|
| B | 5579.583 | 6943.603 | | | 定向点 |
| A | 5609.260 | 7130.380 | 249.4954 | 125.821 | 已知点,开始连接角 |
| 1 | | | 98.3936 | 162.922 | 待定点,内角 |
| 2 | | | 88.3606 | 136.853 | 待定点,内角 |
| 3 | | | 87.2530 | 178.797 | 待定点,内角 |
| A | | | 195.2806 | | 已知点,结束连接角 |

## 5.5.4　用电子表格进行导线计算

电子表格经过一定的编程,可以完成单一路线的闭合导线和附合导线计算。下面以图5-20所示的闭合导线计算为例,介绍"GXJY闭合导线计算表"的使用方法。"GXJY附合导线计算表"的使用方法如此类似。

电子表格闭合　电子表格附合
导线计算　　　导线计算

**1. 软件的运行**

这两个导线计算表可在本课程网站下载,下载后可在安装了微软"Excel 电子表格"或者金山"WPS Office"的电脑上直接运行,也可在安装了手机版 Excel 或者 WPS Office 的智能手机上运行。运行"GXJY闭合导线计算表"后,表中除表头外可能是全空白的,也可能已填有数据,见表5-16,表示打开了已有计算文件,这时只需填入新的数据即可得到新的结果。

表 5-16  GXJY 闭合导线计算表

### 闭合导线计算表

| 点号 | 观测角（左角） | | 改正 | 改正角 | | | 距离/m | 坐标方位角 | | | 纵坐标增量 $\Delta x$/m | | | 横坐标增量 $\Delta y$/m | | | 坐标值 | | 点号 |
|---|---|---|---|---|---|---|---|---|---|---|---|---|---|---|---|---|---|---|---|
| | 度．分秒 | | ″ | ° | ′ | ″ | | ° | ′ | ″ | 计算值 | 改正数 | 改正后 | 计算值 | 改正数 | 改正后 | X | Y | |
| A | | | | | | | | | | | | | | | | | 5609.260 | 7130.380 | A |
| | | | | | | | 125.821 | 150 | 48 | 12 | −109.836 | −0.024 | −109.860 | 61.376 | −0.030 | 61.346 | | | |
| 1 | 98.3936 | | 12 | 98 | 39 | 48 | | | | | | | | | | | 5499.400 | 7191.726 | 1 |
| | | | | | | | 162.922 | 69 | 28 | 00 | 57.145 | −0.031 | 57.114 | 152.571 | −0.038 | 152.533 | | | |
| 2 | 88.3606 | | 12 | 88 | 36 | 18 | | | | | | | | | | | 5556.514 | 7344.259 | 2 |
| | | | | | | | 136.853 | 338 | 04 | 18 | 126.952 | −0.026 | 126.926 | −51.107 | −0.032 | −51.139 | | | |
| 3 | 87.2530 | | 12 | 87 | 25 | 42 | | | | | | | | | | | 5683.440 | 7293.120 | 3 |
| | | | | | | | 178.797 | 245 | 30 | 00 | −74.146 | −0.034 | −74.180 | −162.698 | −0.042 | −162.740 | | | |
| A | 85.1800 | | 12 | 85 | 18 | 12 | | | | | | | | | | | 5609.260 | 7130.380 | A |
| | | | | | | | | 150 | 48 | 12 | | | | | | | | | |
| 1 | | | | | | | | | | | | | | | | | | | 1 |
| Σ | 359 59 12 | | 48 | 360 | 00 | 00 | 604.393 | | | | 0.115 | −0.115 | 0 | 0.142 | −0.142 | 0 | | | |

辅助计算：
$f_\beta = -48.0''$
$f_{\beta 容} = \pm 80''$  合格
$f_x = 0.115$
$f_y = 0.142$
$f_D = 0.183$
$K = 1/3300$
$K_容 = 1/2000$  合格

### 已知点坐标和连接角

| 点号 | X | Y |
|---|---|---|
| A | 5609.260 | 7130.380 |
| B | 5579.583 | 6943.603 |
| 连接角 | 249.4954 | |

**2. 数据的输入**

表中灰色部分是数据输入区域，可以输入导线的已知数据和观测数据，其余部分是导线计算过程及计算结果的显示区域，使用者无法更改显示区域中的数据。

在表中左下角灰色区域输入导线始点 A 和定向点 B 的已知坐标，以及已知方向与第一条导线边的连接角。根据图 5-20 的数据，输入坐标和连接角见表 5-17。

表 5-17　已知点坐标和连接角输入

| 点号 | X | Y |
| --- | --- | --- |
| A | 5609.260 | 7130.380 |
| B | 5579.583 | 6943.603 |
| 连接角 | 249.4954 | |

其中连接角只需输入一个，并且可以是左角，也可以是右角。左角是从已知方向顺时针旋转到第一条边，角度前取正号；右角是从已知方向逆时针旋转到第一条边，角度前取负号，即"左+右-"或者"顺+逆-"。角度输入的方式与"ESDPS"相同，即角度的输入格式为度分秒，小数点前是度，小数点后两位是分，再后两位是秒，例如输入 249.4954 表示 249°49′54″。

表 5-18　角度和边长输入

| 点号 | 观测角（左角） | 距离/m |
| --- | --- | --- |
| | 度.分秒 | |
| A | | |
| 1 | 98.3936 | 125.821 |
| 2 | 88.3606 | 162.922 |
| 3 | 87.2530 | 136.853 |
| A | 85.1800 | 178.797 |
| 1 | | |

在表中左上角灰色区域输入导线的转折角和边长。其中转折角可以是左角，也可以右角，只需在此区域上方的左右角选定框内选定"观测角（左角）"或者"观测角（右角）"即可。根据图 5-20 的数据，观测角是左角，输入结果如表 5-18 所示。

"GXJY 闭合导线计算表"最多可以输入 12 条边的导线数据，此数量完全满足实际工作的需要。

**3. 计算及成果输出**

完成全部已知数据和观测数据的输入后，计算表即可自动完成所有计算，得到计算成果表，见表 5-16。包括角度闭合差的计算和检核、坐标闭合差的计算和检核，并提示检核结果是否合格，容许差以首级图根导线的技术要求为准。成果表中还包括了角度闭合差分配、坐标闭合差分配、以及方位角推算等过程，其计算过程、表达方式和计算结果与本单元介绍的导线计算完全相同，方便初学者学习和使用。

## 子单元 6　GNSS 卫星定位测量

GNSS 卫星定位测量，是利用 GNSS 全球导航卫星系统在空间飞行的卫星不断向地面广播发送某种频率，并加载了某些特殊定位信息的无线电信号，来实现在地面上确定点的空间位置。

### 5.6.1　GNSS 全球导航卫星系统简介

GNSS 是包括了目前全世界上四个全球导航卫星系统的总称，包括美国的 GPS，中国的北斗系统（BDS），俄罗斯的 GLONASS 和欧盟的 Galileo，还涵盖在建和以后要建设的其他导航卫星系统、区域系统和增强系统。因此 GNSS 是一个多系统、多层面、多模式的复杂组合系统。下面对目前四个主要的全球导航卫星系统进行简单介绍。

**1. 美国全球定位系统（GPS）**

GPS 是 Global Positioning System 的缩写，是一个全球性、全天候、全天时、高精度的导航定位和时间传递系统。由 24 颗工作卫星和 4 颗备用卫星组成，分布在 6 个等间距的轨道平面上。GPS 计划自 1973 年起步，1978 年首次发射卫星，1994 年完成 24 颗中高度圆轨道卫星组网，目前在轨的卫星有 32 颗，正在研发第三代卫星。

**2. 中国北斗全球导航卫星系统（BDS）**

我国坚持科技是第一生产力，坚持科技自立自强，加快建设科技强国和航天强国，卫星导航取得重大成果。北斗导航卫星系统（BeiDou Navigation Satellite System）缩写为 BDS，是中国正在实施的自主研发、独立运行的全球导航卫星系统。2020 年北斗三号系统建成，向全球提供服务。空间端由 5 颗静止轨道卫星和 30 颗非静止轨道卫星组成，提供两种服务方式，即开放服务和授权服务。在我国广大区域，可见的北斗系统卫星数量远多于其他系统，能更好地提供定位测量服务。

**3. 俄罗斯全球导航卫星系统（GLONASS）**

GLONASS 是 GLObal NAvigation Satellite System 的缩写，是苏联从 20 世纪 80 年代初开始建设的与美国 GPS 相类似的导航卫星系统，现在由俄罗斯空间局管理。拥有 21 颗工作卫星和 3 颗备用卫星，分布在 3 个轨道平面上。2011 年底实现全球覆盖。GLONASS 的整体结构类似于 GPS，主要不同之处在于星座设计、信号载波频率和卫星识别方法不同。

**4. 欧盟伽利略全球导航卫星系统（Galileo）**

Galileo 是欧洲自主的、独立的全球多模式导航卫星系统，提供高精度、高可靠性的定位服务，同时它实现完全非军方控制和管理。Galileo 由 30 颗卫星组成，其中 27 颗工作星，3 颗备份星。卫星分布在 3 个中地球轨道上，每个轨道上部署 9 颗工作星和 1 颗备份星，另外增加 3 颗覆盖欧洲的地球静止轨道卫星。

下面以 GPS 为例，对导航卫星系统以及定位测量的原理进行介绍。

## 5.6.2 GPS 基本构成

GPS 由三大部分组成，即空间部分、地面控制部分和用户设备部分。

**1. 空间部分**

GPS 的空间部分是由 24 颗 GPS 工作卫星所组成。现在主要是第二代卫星，设计寿命为 12 年，如图 5-21 所示。主体两侧配有能自动对日定向的双叶太阳能集电板，为卫星正常工作提供电源，通过一个驱动系统保持卫星运转并稳定轨道位置。每颗卫星配备了一套高精度的铯原子钟，以保证发射出标准频率，为 GPS 测量提供高精度的时间信息。

这些 GPS 工作卫星共同组成了 GPS 卫星星座，如图 5-22 所示。其中 24 颗为可用于导航的卫星，4 颗为活动的备用卫星，实际已有 32 颗在轨道运行的卫星。工作卫星分布在 6 个近圆形轨道面内，每个轨道面上有 4 颗卫星。卫星轨道面与地球赤道面的倾角为 55°，各轨道平面升交点的赤经相差 60°，同一轨道上两卫星之间的升交角距相差 90°，轨道平均高度为 20200km，卫星运行周期为 11 小时 58 分。同时在地平线以上的卫星数目随时间和地点而异，最少为 4 颗，最多时达 11 颗。

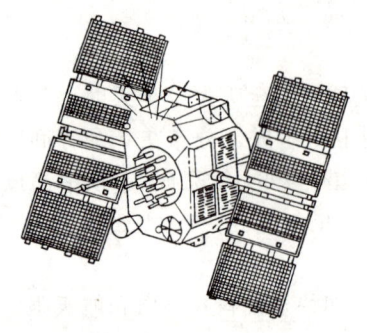

图 5-21 GPS 卫星外形

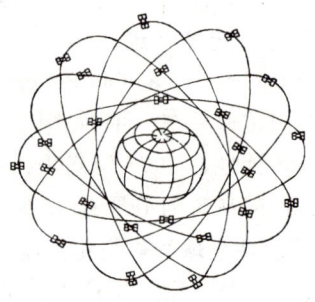

图 5-22 GPS 卫星星座

### 2. 地面控制部分

GPS 的控制部分由分布在全球的若干个跟踪站所组成的监控系统构成，根据其作用的不同，这些跟踪站又被分为主控站、监控站和注入站。

主控站有 1 个，位于美国科罗拉多州法尔孔空军基地，它的作用是根据各监控站对 GPS 的观测数据，计算出卫星的星历和卫星钟的改正参数等，并将这些数据通过注入站注入卫星中去；同时，它还对卫星进行控制，向卫星发布指令，当工作卫星出现故障时，调度备用卫星，替代失效的工作卫星工作；另外，主控站也具有监控站的功能。

监控站有 5 个，分别位于美国科罗拉多州、夏威夷（太平洋）、阿松森群岛（大西洋）、迪戈加西亚（印度洋）、卡瓦加兰（太平洋），监测站的主要任务是连续观测和接收所有 GPS 卫星发出的信号并监测卫星的工作状况，将采集到的数据连同当地气象观测资料和时间信息经初步处理后传送到主控站。

注入站有 3 个，分别位于阿松森群岛（大西洋）、迪戈加西亚（印度洋）和卡瓦加兰（太平洋），注入站的作用是将来自主控站的卫星星历、钟差、导航电文和其他控制指令注入相应卫星的存储系统，并监测注入信息的正确性。

### 3. 用户设备部分

全球定位系统的用户设备部分，包括 GPS 接收机硬件、数据处理软件和微处理机及其终端设备等。它的作用是接收 GPS 卫星所发出的信号，利用这些信号进行导航定位等工作。

GPS 信号接收机是用户设备部分的核心，一般由主机、天线和电源三部分组成。其主要功能是跟踪接收 GPS 卫星发射的信号并进行变换、放大、处理，以便测量出 GPS 信号从卫星到接收机天线的传播时间；解译导航电文，实时地计算出测站的三维位置，甚至三维速度和时间。如图 5-23 所示为测量工作常用的 GPS 接收机。

## 5.6.3 GPS 卫星定位测量原理

### 1. GPS 坐标系统

由于 GPS 是全球性的导航定位系统，其坐标系统也必须是全球性的。为了使用方便，它是通过国际协议确定的，通常称为协议地球坐标系（Conventional Terrestrial System——CTS）。目前，GPS 测量中所使用的协议地球坐

卫星定位测量原理

标系统称为 WGS—84 世界大地坐标系（World Geodetic System）。

如图 5-24 所示，WGS—84 世界大地坐标系的几何定义是：原点是地球质心，$z$ 轴指向国际时间局（BIH）1984.0 定义的协议地球极（CTP）方向，$x$ 轴指向 BIH1984.0 的零子午面和 CTP 赤道的交点，$y$ 轴与 $z$ 轴、$x$ 轴构成右手地心三维坐标系。

图 5-23　GPS 接收机

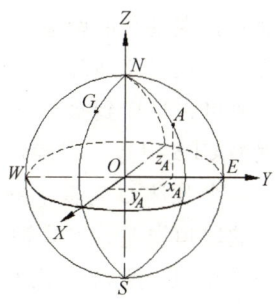

图 5-24　WGS—84 球心坐标系

在实际定位测量工作中，虽然 GPS 卫星的信号依据于 WGS—84 坐标系，但求解结果则是测站之间的基线向量或三维坐标差。在数据处理时，根据上述结果，并以现有已知点（三点以上）的坐标值作为约束条件，进行整体平差计算，得到各 GPS 测站点在当地现有坐标系中的实用坐标，从而完成 GPS 测量结果向高斯平面直角坐标系或当地独立坐标系的转换。

**2. 绝对定位原理**

GPS 的定位原理就是卫星不间断地发送自身的星历参数和时间信息，用户接收到这些信息后，经过计算求出接收机的三维位置、三维方向以及运动速度和时间信息。它广泛地应用于导航和定位测量工作中。根据用户接收天线在测量中所处的状态，可分为静态定位和动态定位；若按定位的结果进行分类，则可分为绝对定位和相对定位；各种定位的方法还可有不同的组合。

绝对定位的基本原理：以 GPS 卫星和用户接收机天线之间的距离（或距离差）观测量为基础，根据已知的卫星瞬时坐标，来确定接收机天线所对应的点位，即观测站的位置。GPS 绝对定位方法的实质是测量学中的空间距离后方交会。原则上观测站位于以 3 颗卫星为球心，相应距离

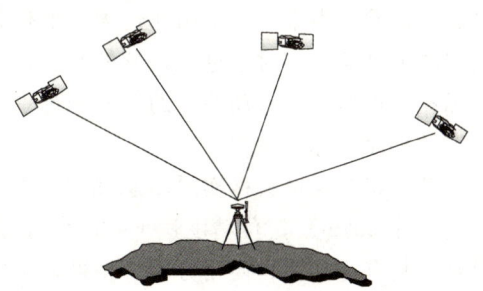

图 5-25　绝对定位原理示意图

为半径的球与观测站所在平面交线的交点上。为了消除卫星钟和接收机钟同步差的影响，至少需要同步观测 4 颗卫星，如图 5-25 所示。

GPS 绝对定位又称单点定位，其优点是只需用一台接收机即可独立确定待求点的绝对坐标，且观测方便，速度快，数据处理也较简单。但单点定位精度受到卫星轨道误差、钟差及信号传播误差等诸多因素的影响，尽管其中一些系统性误差可以通过模型加以削弱，但其残差仍是不可忽略的。实践表明，目前静态绝对定位的精度，约可达米级，而动态绝对定位的精度仅为 10～40m，这一精度远不能满足大地测量和工程测量精密定位的要求。

### 3. 相对定位原理

GPS 相对定位也称为差分 GPS 定位，是目前 GPS 定位中精度最高的一种，广泛用于大地测量、工程测量、地球动力学研究和精密导航。

如图 5-26 所示，相对定位的最基本情况，是两台 GPS 接收机，分别安置在基线的两端，并同步观测相同的 GPS 卫星，以确定基线端点在协议地球坐标系中的相对位置或基线向量。这种方法一般可以推广到多台接收机安置在若干基线的端点，通过同步观测 GPS 卫星，以确定多条基线向量的情况。

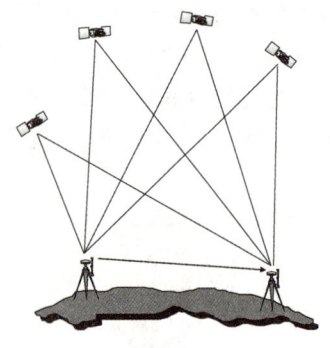

图 5-26 相对定位原理示意图

因为在两个观测站或多个观测站同步观测相同卫星的情况下，卫星的轨道误差、卫星钟差、接收机钟差以及电离层和对流层的折射误差等，对观测量的影响基本相同，所以利用这些观测量的不同组合，进行相对定位，便可有效地消除或者减弱上述误差的影响，从而提高相对定位的精度。如果其中一个端点位于已知点上，便可求出另一个端点的准确位置。

根据用户接收机在定位过程中所处的状态不同，相对定位有静态和动态之分。

（1）静态相对定位　安置在基线端点的接收机固定不动，通过连续观测，取得充分的多余观测数据，改善定位精度。静态相对定位一般采用载波相位观测值（或测相伪距）为基本观测量。这一定位方法是当前 GPS 定位中精度最高的一种方法，在精度要求较高的测量工作中，均采用这种方法。为了可靠地确定载波相位的整周未知数，静态相对定位一般需要较长的观测时间，由几分钟到几小时不等，精度要求越高观测时间越长。此种方法一般也被称为经典静态相对定位法。

（2）动态相对定位　用一台接收机安置在基准站上固定不动，另一台接收机手持移动，或者安置在移动载体上，基准站实时地将基准站坐标和接收到的卫星信号等信息，通过无线电数据链发送出来，移动站通过无线电接收设备，接收到基准站所发射的信息，并将自己接收到的卫星信号实时地进行差分处理，得到基准站和移动站之间的基线向量，然后与基准站坐标相加得到每个移动站点的地心坐标系三维坐标值，再通过坐标转换实时求解出每个移动站点的平面坐标和高程。

动态相对定位又称实时动态测量（Real Time Kinematic，简称 RTK），目前在较小范围内（小于 20km）定位精度达 1~2cm，能满足普通测量的精度要求。RTK 的移动站数量没有限制，具有速度快、使用方便、精度较高的特点，已越来越多地应用于工程测量工作中，能进行一级、二级和图根级的平面控制测量，以及地形图测绘和一般精度的工程施工测量。其高程测量的精度，也能满足五等和图根级的高程控制测量的要求，用于地形图测绘，以及高程精度要求不高的工程施工测量。下面主要介绍实时动态测量（RTK）的方法。至于静态测量，主要用于等级较高的平面控制测量和精密工程测量，这里不作介绍。

## 5.6.4　RTK 定位测量模式

常用的 RTK 定位测量有两种模式：单基站 RTK 和网络 RTK。

### 1. 单基站 RTK

单基站 RTK，只利用一个基准站，移动站通过无线数据通信技术，接收

RTK 定位测量模式

基准站发射的载波相位差分改正数进行 RTK 测量。进行单基站 RTK 作业，只需架设一个基准站，架设的地点和时间，选择用电台还是用网络信号通信等，均可由作业员自行选择，非常灵活。单基站 RTK 一般用于附近已有控制点、范围比较小的测区。下面以广州中海达测绘仪器有限公司的 V30 GNSS RTK 接收机为例，说明单基站 RTK 的作业方式。

　　V30 接收机的集成度很高，内置有电台，与以往外置电台、外置天线及外置电池的设备相比，大大地减轻了体积和重量，提高了便携性。如图 5-27 所示，作为基准站的 GNSS 接收机将接收到的卫星信号和其他定位信息，通过 UHF 天线发射出去。如图 5-28 所示，作为移动站的 GNSS 接收机，同时接收卫星信号，并通过天线接收基站发射的信息，两方面的信息通过蓝牙信号传输到电子手簿，电子手簿的专用软件解算出移动站所在点的球心坐标，并转换为实际工作中常用的平面直角坐标和高程。

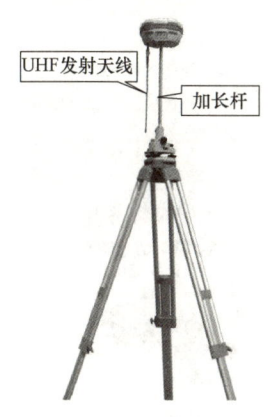

图 5-27　内置电台基准站

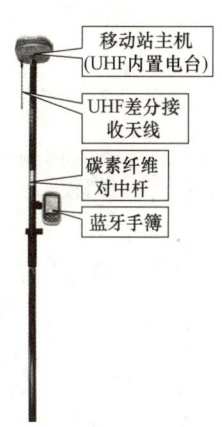

图 5-28　移 动 站

　　每台 V30 GNSS 接收机都有内置电台，可以根据需要设置为基准站还是移动站，一台基准站可以同时带动多台移动站作业，使用灵活高效。不过由于是内置电台，其电力的持久性不是很长，一般只能持续几个小时，作业范围也不能太宽，一般只有几公里。如果要加长作业时间和加大作业范围，可以加接外置电台、外置天线和外置电源。

　　V30 基准站和移动站之间还可以通过手机网络流量来进行通信，作业范围理论上可以无限扩展（但距离越远精度越低）。如图 5-29 所示，在 V30 接收机的电池合底部，有一个 SIM 卡插槽，可以插入开通了 GPRS 移动流量业务的手机卡。在基准站和移动站的 GNSS 接收机都插入手机卡，即可利用 GPRS 作业模式进行作业，这时基准站和移动站都不用插天线，进一步简化了设备的器材。现在新的 GNSS 接收机的电子手簿可以通过手机热点上网，省去了 SIM 卡插槽，使测量工作更简便。

### 2. 网络 RTK

　　网络 RTK 指在一定区域内建立多个基准站，对该地区构成网状覆盖，并连续对 GNSS 卫星进行跟踪观测，通过这些基准站点组成卫星定位观测值的网络解算，获得覆盖该地区和某时间段的 RTK 改正参数，控制中心通过移动通信网络发送到在该地区内的 RTK 移动端用户，进行实时 RTK 改正的定位方式，如图 5-30 所示。基准站也称参考站，网络 RTK 通常称为连续运行参考站系统（Continuously Operating Reference Stations system，简称 CORS）。

　　网络 RTK 基准站点的数量可多可少，数量越多服务范围越大，例如，广西卫星定位连

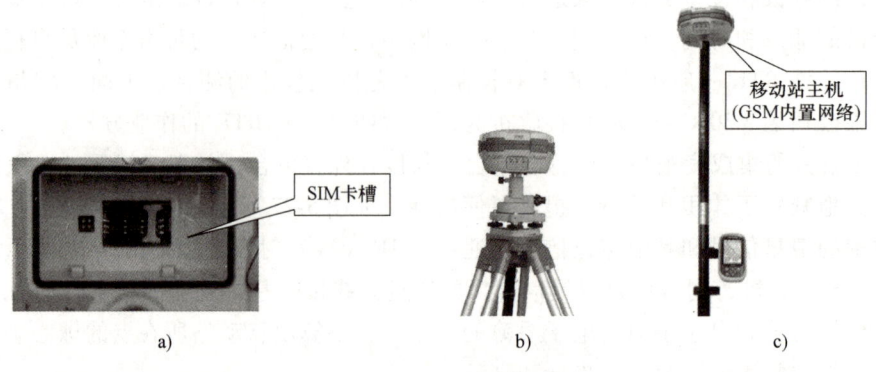

图 5-29 GPRS 单基准站 RTK 作业

a）SIM 卡槽　b）基准站　c）移动站

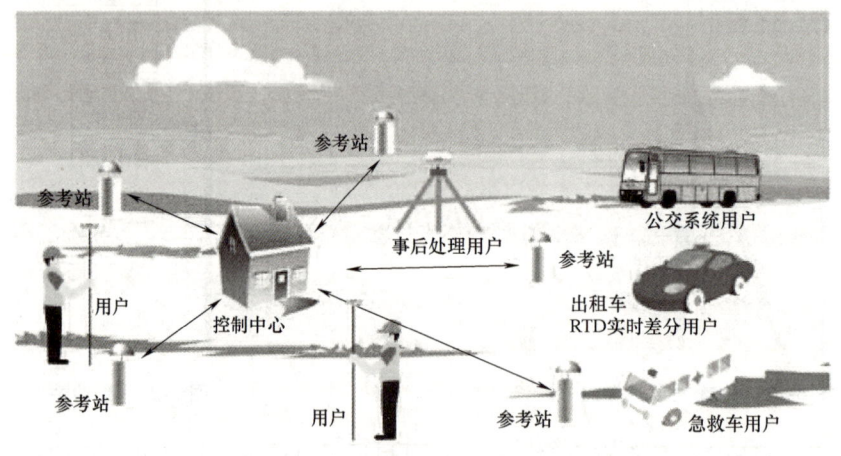

图 5-30 网络 RTK 示意图

续运行参考站系统（简称 GXCORS），是广西自然资源厅建造和管理的网络 RTK 系统，现有基准站点 168 个，加上周边省份纳入的基准站点，数量达到 180 个，覆盖全广西。利用 GX-CORS 施测，移动站可直接获得点的 2000 国家大地坐标系的平面坐标，精度优于 3cm；结合广西似大地水准面精化模型，高程测量可获得优于等外水准测量的精度。再如，全国卫星导航定位基准服务系统是全国性的网络 RTK 系统，包括 2700 多座基准站，一个国家数据中心和 30 个省级数据中心，于 2017 年开始使用。此外还有一些商业化运营的 CORS 系统，例如，千寻位置 CORS 系统，有 4500 座基准站，中国移动 CORS 系统，有 4400 座基准站。

网络 RTK 比单基站 RTK 精度更高更可靠，使用范围更广，只要有移动通信网络的地方都能使用，而且不用另外架设基准站，不用携带电瓶、发射天线等沉重设备，只需一台接收机和一个电子手簿即可作业，真正实现了"单人作业"，极大地提高了效率。网络 RTK 的应用正在改变测绘人员的工作方法，必将深远地影响测绘行业的发展。同时网络 RTK 还可用于车辆、轮船和无人机等各种移动设施的快速、实时和准确的定位，应用非常广泛。

**3. RTK 控制点精度等级**

《工程测量标准》（GB 50026—2020）中对 RTK 测量控制点的平面和高程，按精度分别划分等级，平面控制点分为一级控制点、二级控制点、图根控制点，高程控制点分为五等和图根级高程控制点。RTK 平面控制点技术要求见表 5-19，RTK 高程控制点技术要求见表 5-20。

表 5-19　RTK 平面控制点技术要求

| 等级 | 相邻点间距离/m | 点位中误差/cm | 边长相对中误差 | 测回数 |
| --- | --- | --- | --- | --- |
| 一级 | ≥500 | ≤±5 | ≤1/30000 | ≥4 |
| 二级 | ≥250 | ≤±5 | ≤1/14000 | ≥3 |
| 图根 | ≥100 | ≤±5 | ≤1/4000 | ≥2 |

表 5-20　RTK 高程控制点技术要求

| 等级 | 每千米高差全中误差/mm | 高程检核较差/mm | 测回数 |
| --- | --- | --- | --- |
| 五等 | 15 | $30\sqrt{D}$（$D$ 为距离，km） | ≥3 |
| 图根 | 20 | 基本等高距的 1/10 | ≥2 |

平面控制测量可采用单基站 RTK 测量，作业半径不宜超过 5km，也可采用网络 RTK 测量，这时施测必须在网络的有效服务范围内。对天通视困难地区，平面控制点相邻点间的距离可缩短至表 5-19 中的 2/3。高程控制测量宜与平面控制测量一起进行，并与高一等级的已知水准点联测。

#### 4. RTK 解类型

RTK 作业过程中，根据整周模糊度解类型，获得的点位坐标可分为四种类型：单点解、差分解、浮点解和固定解。单点解说明移动站未接收到基准站发射的差分信号，还属于单点定位状态，精度最低。差分解说明移动站已经接收到基准站发送的差分信号，但接收机还未解算出整周未知数的置信区间，精度次之。浮点解说明接收机已经解算出整周未知数在某个范围之内，但还未确定出最佳的值，精度较高。固定解说明接收机已经确定整周未知数的最佳值，点位的精度最高、最可靠，一般测量工作都要求是固定解。

### 5.6.5　RTK 测量外业工作

#### 1. 准备工作

检查接收机天线、通讯口、主机接口等设备是否牢固可靠，连接电缆接口是否有氧化脱落或松动现象。检查手簿、接收机等电源是否备足。检查脚架紧固螺旋是否可用，基座的对中器、气泡是否完好，开机检查手簿与接收机能否连接。准备控制点、已有的地形图、影像图、项目相关文件等资料，必要时还可以通过互联网地图查看测区的地形地貌，评估工作难度。

单基站 RTK 测量-内置电台模式

单基站 RTK 测量-外挂电台模式

网络 RTK 测量

如果用 CORS 施测，还应该检查 CORS 账号的服务区域、有效期是否满足本次作业需求，检查手机卡资费及流量是否足够。开机接入测试，先在手簿中设置正确的网络参数，包括通讯参数、IP 地址、APN、端口、差分数据格式等，连接 CORS 服务器，查看网络 CORS 服务是否正常。进行星历预报及电离层、对流层活跃度分析，以避开不利时段，合理制订作业计划。

## 2. 建立工程项目

打开电子手簿中的配套卫星定位测量软件，新建一个工程项目，在其工程属性中设置正确的椭球参数及中央子午线等相关信息。所有的设置及观测得到的数据，均保存到该工程项目文件夹中，下次作业只需打开该工程项目，无须重复设置。如图 5-31 所示为中海达 V30 配套的电子手簿，以及测量软件运行后建立工程项目的界面。

 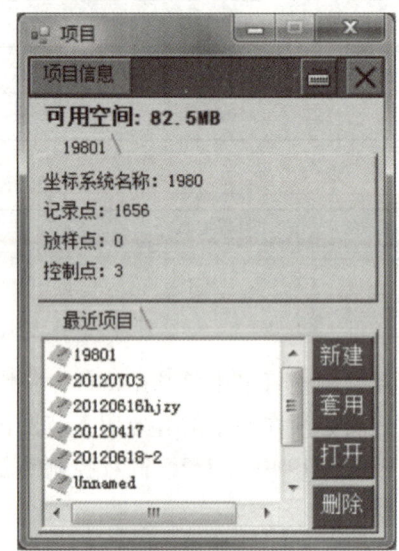

图 5-31 中海达 V30 配套电子手簿和项目建立界面

## 3. 基准站设置

如果采用单基站 RTK 作业模式，需要设置基准站，采用网络 RTK 则无需此步骤操作。

（1）设置基准站接收机工作模式　将 GNSS 接收机工作模式设置为基准站模式，部分机型可以通过手簿设置，有些机型只能通过接收机上的按键设置，有些接收机只能在开机时设置。如图 5-32 所示为中海达 V30 接收机的控制面板，可以利用 F1、F2 键进行各种设置，设置时有语音提示，设置结果和运行状态在指示灯上有显示。

其中卫星灯是单绿灯，状态灯是红绿双色灯，电源灯是红绿双色灯。功能键 F1 用于设

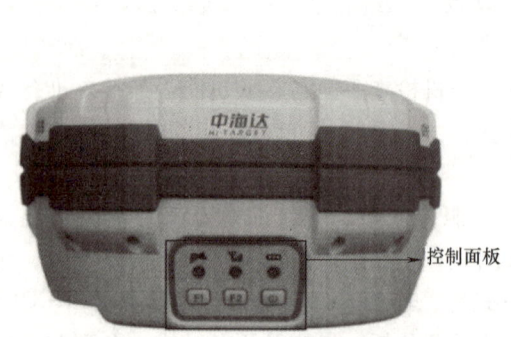 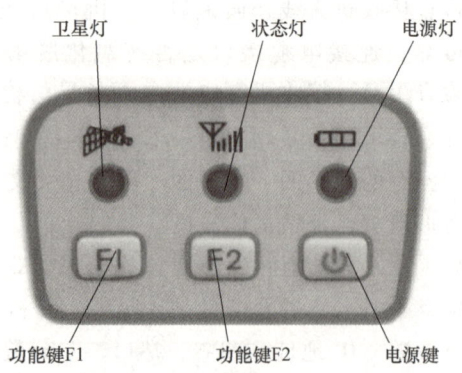

图 5-32 中海达 V30 接收机控制面板

置工作模式、UHF 电台功率、卫星高度角、自动设置基站、复位接收机等，功能键 F2 用于设置数据链、UHF 电台频道、采样间隔、恢复出厂设置等，电源键用于开关机、设置确定、自动设置基站等。具体操作详见 V30 的使用手册。

（2）架设基准站　用 RTK 进行控制测量时，基准站架设在至少高一级的控制点上，一般的图根控制点测量和碎部点测量，基准站可以架设在已知点上，也可以架设在未知点上。当基准站架设在已知点上时，需要进行对中整平，架在未知点上，不需要对中整平。如果采用电台作为数据链，基准站宜选择在高处架设，如果采用移动通信网络作为数据链，基准站必须架设在有移动通信网络的地方。

（3）设置基准站数据链　如果采用外置电台作为数据链，则要正确连接电台、天线、蓄电池，如果采用移动通信网络作为数据链，则要插入手机卡。用手簿蓝牙连接接收机，点击基准站设置，选择合适的数据链模式。

采用电台作为数据链，一般需要设置电台类型（外置或内置）、电台频道等。采用移动网络通信作为数据链，一般需要设置 RTK 服务网站的 IP 地址、端口、用户账号、分组号等。一般 GNSS 接收机的生产商建设有 RTK 服务网站供用户免费使用，可从生产商处获取相关参数。

（4）设置基准站坐标和高程　如果基准站架设在已知点上，则将该点已知坐标和高程输入手簿中，当获得固定解后，即可点击"平滑"按键，软件自动采集基准站的地心三维坐标若干次，并取平均值作为最终结果。如果基准站架设在未知点上，可直接点击"平滑"。若设置成功，基准站接收机信号灯（红色）开始闪烁，表示正在发送差分信号。至此，可以断开电子手簿与基准站接收机的蓝牙连接，进行与移动站接收机的蓝牙连接与设置。

**4. 移动站设置**

（1）设置移动站接收机工作模式　将移动站接收机工作模式设置为移动站模式，部分机型可以通过手簿设置，有些机型只能通过接收机上的按键设置，有些接收机只能在开机时设置。对中海达 V30 来说，移动站的主机和面板功能与基准站是相同的，如图 5-31 所示，设置方法也相同。

（2）架设移动站　如果 RTK 作业用于控制测量，则移动站应该用脚架和基座对中整平，如果用于碎部点测量，可用固定高度对中杆对中整平。

（3）设置移动站数据链　采用单基站 RTK 时，将移动站的数据链设置成和基准站一致。如果基准站采用内置电台或外置电台，则移动站数据链也应设置为内置电台或外置电台，且频道设置一样；如果基准站采用移动通信网络，则移动站也要插入手机卡，设置为移动通信网络数据链，且 IP、端口、分组号一致。

如果采用 CORS 测量，将手机卡插入接收机通信卡槽内，电子手簿利用蓝牙连接接收机，正确设置 RTK 测量模式、CORS 网络服务 IP 号、接入端口等参数后，即可接入 CORS 服务。一些 CORS 服务需要账号与密码，要事先准备好，也可在网上购买千寻位置 CORS 或者中国移动 CORS 等的账号。

（4）获取测区转换参数　转换参数指地心三维坐标转换为平面直角坐标的参数，如果测区已经有转换参数，可以采用已有的参数。如果没有，可以自行求解计算。2000 国家大地坐标系与参心坐标系（1980 西安坐标系和 1954 北京坐标系）之间的转换，至少需要 3 个高一级已知点的两套坐标进行解算，已知点应该均匀分布，且能覆盖整个测区范围，计算残差应小于 2cm。自行解算转换参数的步骤如下：

在固定解状态下测量至少 3 个已知点的地心三维坐标，保存到测量坐标库中，点击 RTK 测量软件中的求七参数图标，弹出计算界面，从测量坐标库中选择已知点的地心三维坐标，手工输入该点的已知参心坐标系坐标。输入至少 3 个已知点的两套坐标后，进行解算并应用。一般软件可以同时计算高程拟合参数，使得在测量平面坐标的同时，获得该点的高程数据。

#### 5. 利用已有控制点进行检核

各项准备工作和设置工作完成后，先在已知控制点上测量，检核观测是否正常，精度是否符合要求。每时段作业开始或重新架设基准站后，应对一些已测点、高等级或同等级已知点进行检测，确保接收机配置、仪器高设置、CORS 系统和数据链等均处于正常状态。检核点应位于作业区域内，平面检测较差绝对值应≤±7cm，高程检测较差绝对值应≤±5cm。

#### 6. 进行 RTK 观测

经检核无误后，即可进行 RTK 外业观测。观测时，为了达到应有的精度，应注意以下事项：

1）各等级 RTK 控制点测量，移动站均应使用三脚架对中、整平，每次对中整平完成后，再转动接收机 180°，检查对中和整平是否还正确，如图 5-33 所示。碎部点测量则可采用手持固定高度的对中杆测量，测量时注意杆尖对中和杆的竖直。

图 5-33 RTK 用三脚架测量控制点

2）RTK 控制点测量的测回数必须符合表 5-19 和表 5-20 的要求，每测回之间移动站必须重新初始化。所谓初始化就是接收机解算获得整周未知数的过程，可以通过以下方法进行初始化：关闭接收机，重新开机；倒置接收机，令其失锁，然后重新锁定；点击手簿中重新初始化按钮（只有部分软件有此功能）。每测回观测不少于 20 个历元，采样间隔 2~5s。为提高点位精度，测回间的时间中断应大于 60 秒。

3）点位测量精度要求。电子手簿中设置平面收敛精度不大于 2cm，高程收敛精度不大于 3cm。测回间的平面坐标分量较差不大于±25mm，高程较差不大于±50mm，取平均值作为点位的最终结果。手簿记录时，平面坐标和高程记录取位至 0.001m。

4）注意仪器高度量取和设置是否正确。注意区分量取的仪器高类型为斜高还是垂高、量取位置是天线相位中心还是接收机底部等，在手簿输入的仪器高应与量取方式一致。RTK 控制测量还应填写外业记录手簿，拍摄量取仪器高时的照片，供后期检查。

5）当初始化时间超过 5 分钟仍不能获得固定解时，宜断开通信线路，重启接收机，再次进行初始化操作。此外，还可以提高卫星高度截止角，或增加仪器的高度，或选择不同的多路径效应消除模式进行测量。重试次数超过三次仍不能获得初始化时，应取消本次测量，对现场观测环境和通信链接进行分析，选择观测条件和通信条件较好的其他位置重新测量。

6）RTK 观测时距接收机 10m 范围内禁止使用对讲机、手机等电磁发射设备。遇雷雨应关机停测，并卸下天线以防雷击。

### 5.6.6 RTK 测量内业处理与检查

#### 1. RTK 测量数据处理

每天外业观测完成后，应及时将当天的观测数据下载进行分析处理，求取平均值，查看是否出现坐标值跳跃和不符值，或将坐标展绘成图形检查，若出现偏差，则第二天应进行复测，确保成果无误，数据处理主要有如下步骤：

（1）数据下载　每天作业结束后，应及时将各类原始观测数据、中间过程数据、转换数据和成果数据等转存至计算机或移动硬盘等其他媒介上，数据的下载通过 GNSS RTK 随机软件进行传输，也可以通过同步软件进行传输。外业观测数据下载时，应确保原始观测记录完整，不得对数据进行任何剔除或修改，同时还应做好备份工作确保数据安全。

（2）数据整理　RTK 外业观测记录采用仪器自带的内存卡和手簿，记录项目及数据输出内容主要包括坐标、高程、经纬度以及精度等。RTK 控制点成果按规范规定的表格整理，根据外业观测记录，将每一次的观测平面坐标和高程填入表中，计算平面坐标和高程较差，当小于限差要求时，取平均数作为点位的最终成果。

#### 2. RTK 测量质量检查

RTK 控制测量成果应进行 100% 的内业检查，10% 的外业检查，外业检测点应均匀分布。检查方式有以下几种：用相应等级的静态 GNSS 测量方法测定点位坐标进行比较；用全站仪测定坐标进行比较；用三角高程或几何水准测定点之间的高差进行比较。

#### 3. 资料整理上交

RTK 测量完成后，应按项目技术设计书的要求提交资料，一般有以下资料：外业观测原始记录文件；控制点展点图；坐标转换参数残差统计表；控制点成果表及控制点点之记；平面和高程精度检测资料；地形图总图和分幅图。

#### 4. 获取固定解困难的原因

在进行 RTK 作业时，若获取固定解困难，原因和处理方法如下：CORS 基准站检修，可通过网站或电话联系 CORS 管理中心查询，是否基准站正在检修，如果遇到这种情况，只能等待检修结束后再作业。网络不通畅，可利用手机测试网络是否通畅，或选一张信号良好的移动通信卡，检查 CORS 服务是否过期，移动通信卡流量是否充足。接入参数设置不正确，检查接入 IP、端口、账号、密码、差分格式等设置是否正确。周边环境影响，如周围有树木、建筑物遮挡卫星信号，或有高压线路、微波传输路线、雷达站等电磁波辐射影响等。卫星信号影响，可用卫星数量太少，或电离层干扰过大，都可以导致无法获得固定解。例如，在广西大部分地区，中午 12 点至 15 点之间卫星信号受到的影响最大。设备使用不正确，可与设备供应商联系，了解正确的设备使用方法。

## 单 元 小 结

本单元主要学习控制测量的分类、导线外业测量与内业计算，以及三、四等水准测量和三角高程测量，并对 GNSS 卫星定位测量也作了简单的介绍。

#### 1. 控制测量的原则与控制网分类

控制测量的原则：由高级到低级分级布网；要有足够的精度；要有足够的密度；要有统

一的规格。控制网按功能分为平面控制网和高程控制网,其中在工程上常见的平面控制形式主要是GNSS卫星定位测量和导线测量;常见的高程控制形式是水准测量和三角高程测量。

### 2. 导线外业测量

单一导线的布设有闭合导线、附合导线和支导线三种基本形式。导线测量外业主要包括踏勘选点、角度观测和边长观测。

### 3. 导线内业计算

闭合导线与附合导线的计算过程是:①填写已知数据与观测数据;②角度闭合差的检核与分配;③坐标方位角推算;④坐标增量的计算;⑤坐标闭合差的检核与分配;⑥导线点坐标计算。

支导线的计算不需要进行角度和距离的误差检核与分配。

### 4. 三、四等水准测量与光电测距三角高程测量

三、四等水准测量可采用双面尺进行观测,三等水准每个测站按"后-前-前-后",和"黑-黑-红-红"的顺序观测,四等水准则按"后-后-前-前",和"黑-红-黑-红"的顺序观测,并应立即进行测站计算与检核。三角高程测量为了消除球气差,必须进行对向观测。

### 5. 用计算机进行导线的内业计算

利用计算机及相应的软件可大大提高测量计算的工作效率,只需输入已知数据和观测数据,软件便可自动完成所有的计算。可用于导线内业计算的软件很多,使用前要验算其结果是否正确,最好使用两种以上的软件计算并对照检查。不同的软件其使用方法各不相同,应认真按照软件说明书来使用。

### 6. GNSS卫星定位测量

GNSS是四大全球导航卫星系统等的合称,主要由三大部分组成,即空间部分、地面控制部分和用户部分所组成。GNSS卫星定位测量的原理就是卫星不间断地发送自身的星历参数和时间信息,用户接收到这些信息后,经过计算求出接收机的三维位置、三维方向以及运动速度和时间信息。GNSS卫星定位测量在工程中最常用的是动态相对定位(简称RTK),具体有单基准站RTK和网络RTK(简称CORS)两种方式,其外业测量包括准备工作、项目建立、基准站设置、移动站设置、已知点检测和点位测量等基本过程。

## 思考与拓展题

5-1 什么叫控制点?什么叫控制测量?

5-2 导线测量外业有哪些工作?选择导线点应注意哪些问题?

5-3 如图5-34所示为一闭合导线,M、N为已知点,其坐标已知,各转折角、连接角和边长的观测数据如图所示,试计算此导线中其他各点的坐标。

5-4 图5-35所示为一条附合导线,A、B、C、D点为已知坐标点,其坐标已

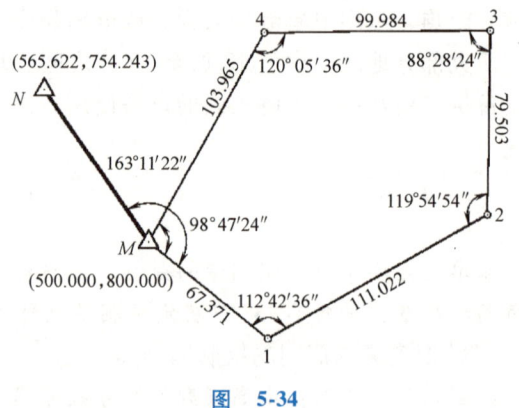

图 5-34

知，各转折角、连接角和边长的观测数据如图所示，试计算此导线中其他各点的坐标。

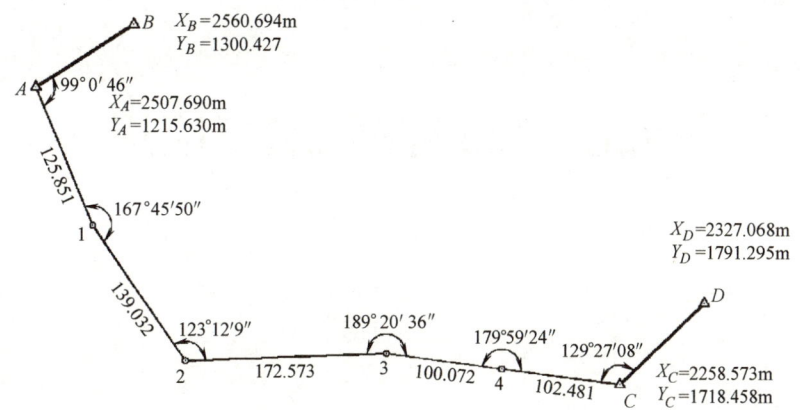

图 5-35

5-5 用三角高程测量方法测定平距 $D=375.11$m 的 $A$、$B$ 两点之间的高差，在 $A$ 点设站观测 $B$ 点时，$i=1.50$m，$v=1.80$m，$\alpha=4°30'$；在 $B$ 点设站观测 $A$ 点时，$i=1.40$m，$v=1.70$m，$\alpha=-4°24'$，求直反觇平均高差 $h_{AB}$。

5-6 已知 $A$ 点高程 $H_A=182.232$m，在 $A$ 点观测 $B$ 点得垂直角为 $18°36'48''$，量得 $A$ 点仪器高为 $1.452$m，$B$ 点棱镜高 $1.673$m。在 $B$ 点观测 $A$ 点得垂直角为 $-18°34'42''$，$B$ 点仪器高为 $1.466$m，$A$ 点棱镜高为 $1.615$m。已知 $D_{AB}=486.751$m，试求 $h_{AB}$ 和 $H_B$。

5-7 导线坐标计算时应满足哪些几何条件？闭合导线与附合导线在计算中有哪些异同点？

5-8 在导线计算中，角度闭合差的调整原则是什么？坐标增量闭合差的调整原则是什么？

5-9 四等水准在一个测站上的观测程序是什么？有哪些限差要求？

5-10 GNSS 指什么？由哪些部分组成？各部分的功能和作用是什么？

5-11 简要叙述 GNSS 的定位原理，单基站 RTK 测量外业的工作程序。

# 单元6　地形图测绘与应用

**学习目标：**

1. 能正确识读地形图。
2. 会进行地形图的测量和绘制。
3. 能在地形图上量测坐标、高程、方位角、距离、坡度、面积和土方。

**学习重点与难点：**

重点是地形图的识读、测绘与应用；难点是地形图测绘。

## 子单元1　地形图基本知识

地球表面固定不动的物体称为地物，如河流、湖泊、道路、建筑等。地球表面高低起伏的形态称为地貌。地物与地貌合称为地形。

地形图是将一定区域内的地物和地貌，经过综合取舍，用正投影的方法按一定比例尺缩小并用规定的符号及方法表达出来的图形。这种图既能表示地物的平面位置，又能表示地面的高低起伏形态。如果仅表达地物的平面位置，而省略表达地貌的称为平面图。

在较大的区域范围内，需要顾及地球曲率的影响，采用专门的投影方法绘制的地形图称为地图。地形图与地图相比较而言，通常地形图的比例尺比较大，所表示的地表形态和地物信息比较详细，而地图比例尺比较小，要考虑地球曲率的影响，所表示的地表形态和地物信息比较粗略，综合取舍程度较大。以前，地形图通常是指线划地形图，现在由于数字测绘技术的发展，可以采用数字线划图、数字栅格图、数字正射影像图、数字高程模型以及它们的组合来表示地表形态。如图6-1所示为普通的大比例尺地形图，如图6-2所示为数字正射影像图与线划图的结合。

### 6.1.1　地形图的比例尺

比例尺

地球表面的各种地物不可能按真实大小描绘在图纸上，通常是将地物的实际尺寸按一定的比例缩小后绘制。地形图上一段直线的长度与地面上相应线段的水平投影长度的比值，称为地形图的比例尺。比例尺是地形图最重要的参数，它既决定了地形图图上长度与实地长度的换算关系，又决定了地形图的精度与详细程度。

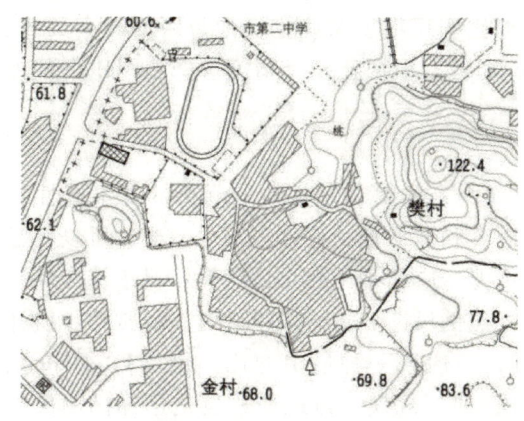

图 6-1 大比例尺地形图 　　　　　　图 6-2 正射影像图

**1. 数字比例尺**

地形图的比例尺通常用分子为 1 的分数来表示，称为数字比例尺，也可以用文字和图示来表示。设图上一线段的长度为 $d$，对应实际地面上的水平长度为 $D$，则其比例尺可以表示为

$$\frac{d}{D} = \frac{1}{M} \tag{6-1}$$

式中　$M$——比例尺分母。

比例尺分母 $M$ 越小即上式分数越大，则比例尺越大，图上表示的内容越详细，但是相同图面表达内容的范围越小。工程上常用的是大比例尺地形图，具体有 1∶500、1∶1000、1∶2000 和 1∶5000，可根据需要选用。

**2. 图示比例尺**

常用的图示比例尺为直线比例尺，如图 6-3 所示为 1∶2000 直线比例尺，取长度 1cm 为基本度量单位，标注的数字为该长度对应的真实水平距离，0 端往左 2 个基本度量单位又分为 10 等分，即可以直接读出基本度量单位的 1/5，可以估读到基本度量单位的 1/50。

图 6-3 图示比例尺

图示比例尺一般位于图纸的下方，随图纸一起印刷或复印，一旦图纸发生变形，图上变形基本相同，故可以直接在图纸上量取，能消除图纸伸缩变形带来的影响。

**3. 比例尺精度**

在正常情况下，人的肉眼可以在图上进行分辨的最小距离是 0.1mm，当图上两点之间的距离小于 0.1mm 时，人眼将无法进行分辨而将其认成同一点。因此，在测量工作中，可以将相当于图上长度 0.1mm 的实际地面水平距离称为地形图的比例尺精度。即比例尺精度值为 0.1mm×$M$。表 6-1 为常用比例尺对应的比例尺精度。

表 6-1 常用比例尺对应的比例尺精度

| 比例尺 | 1∶500 | 1∶1000 | 1∶2000 | 1∶5000 |
|---|---|---|---|---|
| 比例尺精度/m | 0.05 | 0.1 | 0.2 | 0.5 |

比例尺精度对测图非常重要。如选用比例尺为 1∶500，对应的比例尺精度为 0.05m，在实际地面测量时仅需测量距离大于 0.05m 的物体与距离，而即使测量得再精细，小于

0.05m 的物体也无法在图纸上表达,因此可以根据比例尺精度来确定实地量距的最小尺寸。再比如在测图上需反映地面上大于 0.1m 的细节,则可以根据比例尺精度选择测图比例尺为 1∶1000,即根据需求来确定合适的比例尺。

**4. 测图比例尺的选择**

地形图的比例尺,反映了用户对地形图精度和内容的要求,是地形测量的基本属性之一。由于用图特点的不同,用图细致程度、设计内容和地形复杂程度也不尽一样,所以针对不同情况应选用相应的比例尺。属于比较简单的情况,应当采用较小比例尺;对于综合性用图与专业用图,为满足多方面需要,通常提供较大比例尺图。分阶段设计时,通常初步设计选择较小比例尺,两阶段设计合用一种比例尺的,一般取一种适中的比例尺(1∶1000 或 1∶2000)或按施工设计的要求选择比例尺。此外,建厂规模、占地面积也是选择比例尺的重要因素。小型厂矿或单体工程设计,其用图要求精度不一定很高,但要求较大的图面以能反映设计内容的细部,因此多选用较大比例尺。由此可见,用图情况是多种多样的,因此,地形图的比例尺,应按设计阶段、规模大小和运营管理需要选用,参见表 6-2。对于精度要求较低的专用地形图,可按小一级比例尺地形图的规定进行测绘或利用小一级比例尺地形图放大成图。

表 6-2 测图比例尺的选用

| 比例尺 | 比例尺精度/m | 用　途 |
| --- | --- | --- |
| 1∶5000 | 0.50 | 可行性研究、总体规划、厂址选择、初步设计等 |
| 1∶2000 | 0.20 | 可行性研究、初步设计、矿山总图管理、城镇详细规划等 |
| 1∶1000 | 0.10 | 初步设计、施工图设计;城镇、工矿总图管理;竣工验收等 |
| 1∶500 | 0.05 | |

1∶5000~1∶500 比例尺系列地形图,基本概括了工程测量的服务范畴。目前,大量的 1∶1000 比例尺地形图,已用于各专业的施工设计,所以,1∶1000 比例尺地形图是施工设计的基本比例尺图。但是,还有不少厂矿企业或单项工程的施工设计,也采用 1∶500 比例尺地形图,其主要原因在于 1∶1000 比例尺的图面偏小,并不是因为其精度不够。对于工业厂区、城市市区,情况有所不同,由于精度要求高,内容也复杂,以 1∶500 比例尺图居多。还有一些工厂区,采用 1∶500 比例尺作为维修管理用图。至于小城镇和部分中等城市,测绘 1∶1000 比例尺图已能满足需要。对于大部分线路测量(如铁路、公路等)、矿山、地质勘探、大型工程项目的初步设计,1∶2000 是较常用的测图比例尺。1∶5000 比例尺地形图,一般为规划设计用图的最大比例尺。

### 6.1.2　地形图的图号、图名和图廓

**1. 地形图的分幅和编号**

为了便于地形图的测绘、保管和使用,需要将地形图进行科学分幅,并将分幅后的地形图进行系统的编号。地形图的分幅与编号主要有两种方式:一种是按经纬线划分的梯形分幅与编号,主要用于中小比例尺的国家基本图;另一种是按坐标格网划分的矩形分幅与编号,用于大比例尺地形图。

1∶5000 地形图通常采用 40cm×40cm 的正方形分幅,1∶500、1∶1000 和 1∶2000 地形图一般采用 50cm×50cm 的正方形分幅,或 40cm×50cm 的矩形分幅;根据实际需要也可采用

其他规格的任意分幅。表 6-3 是大比例尺地形图正方形分幅数据表。

表 6-3　大比例尺地形图正方形分幅数据表

| 比例尺 | 内图廓尺寸/cm×cm | 实地边长/m | 实地面积/km² | 1km² 的图幅数 |
|---|---|---|---|---|
| 1∶5000 | 40×40 | 2000 | 4 | 0.25 |
| 1∶2000 | 50×50 | 1000 | 1 | 1 |
| 1∶1000 | 50×50 | 500 | 0.25 | 4 |
| 1∶500 | 50×50 | 250 | 0.0625 | 16 |

正方形或矩形分幅的地形图的图幅编号，一般采用图廓西南角坐标公里数编号法，也可选用流水编号法和行列编号法。

（1）按图廓西南角坐标公里数编号法　采用图廓西南角坐标公里数编号时，$X$ 坐标千米数在前，$Y$ 坐标千米数在后。例如图 6-4 所示 1∶1000 比例尺的地形图的西南角坐标 $X=10.0\mathrm{km}$，$Y=21.0\mathrm{km}$，则该图幅编号为"10.0—21.0"。在具体编号时，1∶500 地形图取至 0.01km（如 10.40—27.75），1∶1000、1∶2000 地形图取至 0.1km（如 10.0—21.0）。

（2）按数字顺序编号法　对于带状地形图或小面积测量区域，可以按测区统一顺序进行编号，编号时一般按从左到右、从上到下用数字 1，2，3…编定。对于特定地区，也可以对横行用代号 A，B，C…从上到下排列，纵列用数字 1，2，3…排列来编定，编号时先行后列，如"B-2"。对于已施测过地形图的测区，也可沿用原有的分幅和编号。

**2. 地形图的图名和接图表**

图名即本幅图的名称，一般是以本图内最著名的地名、最大的村庄或突出的地物、地貌等的名称来命名。图名选取有困难时，也可不注图名，仅注图号。图名和图号应注写在图幅上部中央，且图名在上，图号在下，如图 6-4 所示。

接图表在图的北图廓左上方，用来说明本图与相邻图幅的联系。中间画有斜线的格代表本图幅，四邻分别注明相应的图号（或图名），便于查找相邻的图幅。

**3. 地形图的图廓**

地形图都有内外图廓，内图廓用细实线表示，是图幅的范围线，绘图必须控制在该范围线内；外图廓用粗实线表示，主要起装饰作用。大比例尺图的内图廓同时也是坐标格网线，在内外图廓之间和图内绘有坐标格网的交点，同时在内外图廓之间标注以千米为单位的坐标格网值。

在图纸下方图廓外正中处

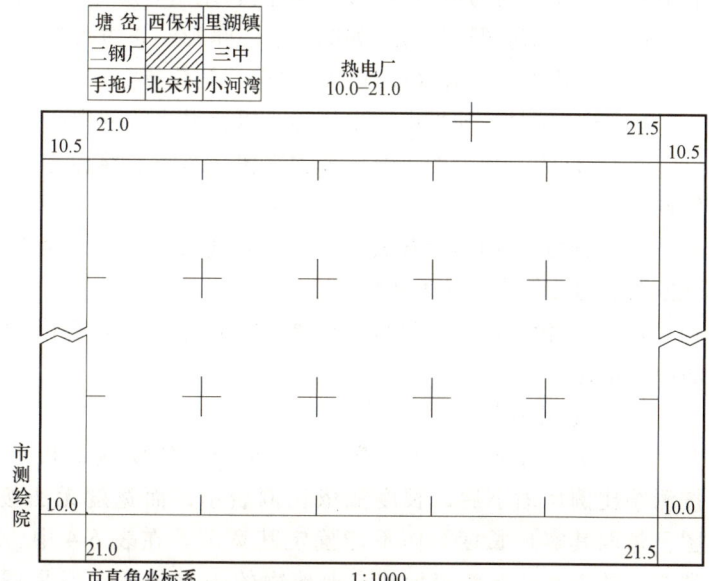

图 6-4　大比例尺地形图的图名、接图表和图廓

标注数字比例尺，部分图纸也在数字比例尺下方绘制直线比例尺。同时在图纸左下方图廓外应注明测图时间、方法、坐标系统以及高程系统等，在右下侧标注测绘者等信息。

### 6.1.3 地物符号

地物符号

地物是地形图的重要内容，地物的类别、形状、大小及其在图上的位置，都是用符号表示，称为地物符号。表 6-4 列举了一些地物的符号，这些符号是《国家基本比例尺地图图式 第 1 部分：1∶500、1∶1000、1∶2000 地形图图式》（GB/T 20257.1—2017）中的一部分。表中各符号旁的数字表示该符号的大小尺寸，以毫米为单位，数字旁边的短虚线是尺寸标注线，尺寸和标注线绘图时均不绘出。根据地物的大小及描绘方法的不同，地物符号分为比例符号、非比例符号、半比例符号和地物注记四种。

**1. 比例符号**

有些地物的轮廓较大，其形状和大小可按测图比例尺缩绘在图纸上，再配以特定的符号予以说明，这种符号称为比例符号，如房屋、草地、湖泊及较宽的道路等在大比例尺地形图中均可以用比例符号表示。其特点是可以根据比例尺直接进行度量与确定位置。在表 6-4 中，1~10 号均为比例符号。

**2. 非比例符号**

地面上较小的地物，按测图比例尺缩小后，不能以保持与实地形状相似的平面轮廓图形描绘，则不考虑其实际大小，采用规定的符号表示，这种符号称为非比例符号，如导线点、水准点、路灯、检修井或旗杆等。非比例符号只能显示物体的位置和意义，不能用来确定物体面积的大小。在表 6-4 中，11~19 号均为非比例符号。非比例符号的中心位置与地物实地的中心位置随地物的不同而异，在测图和用图时应注意以下几点：

1）规则几何图形符号，如圆形、三角形、正方形等，其符号的几何中心代表实地地物中心位置，这类符号有水准点、导线点、钻孔等。

2）宽底符号，如烟囱、水塔等，以符号底线的中心点作为地物中心位置。

3）底部为直角形的符号，如独立树、风车、路标等，以符号的直角顶点代表地物中心位置。

4）几种几何图形组合成的符号，如气象站、消火栓等，以符号上、下图形的交叉点或下方图形的几何中心代表地物中心位置。

5）下方没有底线的符号，如亭、窑洞等，以符号下方两端点间的中心点代表实地地物的中心位置。

**3. 半比例符号**

半比例符号又称为线形符号，实地上呈线状或带状延伸的地物，如通信线、管道等，按测图比例尺缩小后，长度能依比例表示，而宽度无法按比例表示。半比例符号只能从图上量取其实地长度，而不能确定其宽度。在表 6-4 中，20、21 号均为半比例符号。这种符号的中心线一般表示其实地地物的中心位置，但是城墙和垣栅等，其准确位置在其符号的底线上。

在地形图上表示地面地物，究竟采用哪种符号，这要由地物本身的大小和测图比例尺确定。在同类地物中，由于大小相差悬殊，在同一地形图上就存在着比例符号、非比例符号和

表 6-4　部分地物符号

| 编号 | 符号名称 | 图例 1:500 | 图例 1:1000 | 图例 1:2000 | 编号 | 符号名称 | 图例 1:500 | 图例 1:1000 | 图例 1:2000 |
|---|---|---|---|---|---|---|---|---|---|
| 1 | 一般房屋 砖-建筑材料 3-房屋层数 | 砖3 | | 2 | 13 | 不埋石的图根点 N18—点号 88.16—高程 | | 2.0 □ N18/88.66 | |
| 2 | 廊房 | | | | 14 | 水准点 Ⅱ京石5—点名 32.806—高程 | | 2.0 ⊗ Ⅱ京石5/32.806 | |
| 3 | 棚房 | 45 1.5 | | | 15 | 水塔 | | | 2.0 / 1.0 3.5 / 1.0 |
| 4 | 台阶 | 0.6 / 1.0 | | | | | | | |
| 5 | 公路 | 0.15 沥 砾 0.3 | | | 16 | 地下检修井 1. 给水 2. 排水 | | 1. ⊖ 2.0 2. ⊕ 2.0 | |
| 6 | 内部道路 | 0.15 — — 0.15 — — | | | | | | | |
| 7 | 花圃、花坛 | ↯ 1.5 / 1.0 ↯ ↯ 10 | | | 17 | 行树 | | 10 1.0 ○ ○ ○ ○ | |
| 8 | 人工草地 | Ⅱ Ⅱ Ⅱ 0.8 1.6 Ⅱ Ⅱ Ⅱ | | | 18 | 气象站 | | 3.0 / 3.5 / 1.0 | |
| 9 | 旱地 | 1.0 2.0 10 10 | | | 19 | 亭 | | 3.0 3.0 ⌂ 1.5 ⌂ 1.5 | |
| 10 | 林地 | ○ 1.5 ○ ○ | | | 20 | 电力线 高压线 低压线 电杆 | | 4.0 4.0 1.0 ○ | |
| 11 | 卫星定位点 B25—等级点号 394.168—高程 | | △ B25/394.168 3.0 | | | | | | |
| 12 | 导线点 I16—等级点号 88.16—高程 | | 1.5 ○ I16/88.16 2.5 | | 21 | 围墙 砖石及混凝土墙 土墙 | | 10.0 0.5 10.0 0.5 10.0 | |

半比例符号。随着比例尺的缩小,原先用比例符号表示的地物,也可能变为用半比例符号或非比例符号表示。

**4. 地物注记**

除上述三种地物符号外,在地形图上还需要用文字、数字或特定的符号对地物加以说明,称为地物注记,如城镇、工厂、铁路、公路的名称,河流的流速、深度,房屋的层数及建筑材料,果树、森林的类别等。

## 6.1.4 地貌符号

地貌符号

地貌在地形图上,主要用等高线表示。利用等高线,能够准确表示地面起伏形态和确定地面点的高程,也能直接判断或确定地面坡度的变化。下面介绍用等高线表示地貌的方法。

**1. 等高线的概念**

地面上高程相同的相邻点依次首尾相连而形成的闭合曲线称为等高线。静止的湖泊和池塘的水边线实际上就是一条闭合的等高线,如图 6-5 所示为一个静止水面包围的小山,假设开始水面的高程是 70m,水面与山坡形成的交线即为高程为 70m 的等高线,如果水面上升 10m,则这时的水面高程为 80m,水面与山坡形成的交线即为高程为 80m 的等高线,依此类推,随着水位的不断上升,形成不同高度的等高线。然后把地面上的各条等高线沿铅垂线方向投影到水平面上,再按一定的比例尺缩绘到图上,就形成该山坡的等高线地形图。

**2. 等高距和等高线平距**

相邻等高线之间的高差称为等高距,用 $h$ 表示。在同一幅地形图上等高距是相同的,因此也称为基本等高距。相邻等高线之间的水平距离称为等高线平距,用 $d$ 表示,它随地面的起伏情况而改变。$h$ 和 $d$ 的比值就是地面坡度 $i$:

$$i = \frac{h}{d} \tag{6-2}$$

等高线平距的大小反映了地面起伏的状况,等高线平距小,相应等高线密,则对应地面坡度大,即该地较陡;等高线平距大,相应等高线稀,则对应地面坡度小,即该地较缓;如果一系列等高线平距相等,则该地的坡度相等,如图 6-6 所示。

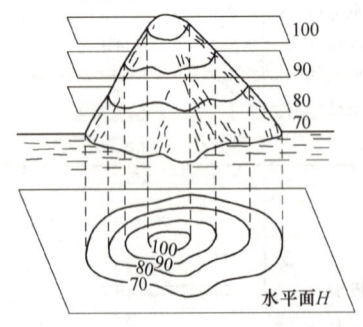

图 6-5 等高线示意图

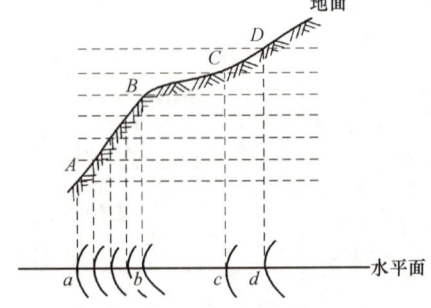

图 6-6 等高距和等高线平距

在一个区域内,如果等高距过小,则等高线非常密集,该区域将难以表达清楚,过大的等高距则不能正确反映地面的高低起伏状况。因此测绘地形图以前,应根据测图比例尺和测区地面坡度状况,按照规范要求选择合适的基本等高距,见表 6-5。

表 6-5　地形图的基本等高距　　　　　　　　　　　　　　　　（单位：m）

| 地形类别 | 地形倾角 α | 比例尺 | | | |
|---|---|---|---|---|---|
| | | 1：500 | 1：1000 | 1：2000 | 1：5000 |
| 平坦地 | α < 2° | 0.5 | 0.5 | 1 | 2 |
| 丘陵地 | 2° ≤ α < 6° | 0.5 | 1 | 2 | 5 |
| 山地 | 6° ≤ α < 25° | 1 | 1 | 2 | 5 |
| 高山地 | α ≥ 25° | 1 | 2 | 2 | 5 |

**3. 等高线分类**

为了更好地表示地貌的特征，便于识图和用图，地形图上把等高线分为首曲线和计曲线，有时在局部地方还采用间曲线和助曲线，如图 6-7 所示。

（1）首曲线　按选定的基本等高距绘制的等高线，称为首曲线，也称为基本等高线。首曲线在图上用 0.15mm 宽的细实线表示，是地形图上最主要的等高线。

（2）计曲线　为了便于看图和计算高程，从零米开始，每隔四条首曲线（每 5 倍基本等高距）绘制的一条加粗等高线，并注记高程，称为计曲线，也称为粗等高线。计曲线在图上用 0.30mm 宽的粗实线表示。

（3）间曲线　当局部区域比较平缓，用首曲线和计曲线无法完全显示地貌特征时，可以按二分之一基本等高距插绘辅助等高线，这种等高线称为间曲线，也称为半距等高线。间曲线在图上用 0.15mm 宽的长虚线表示。间曲线可不闭合，但应表示至基本等高线间隔较小、地貌倾斜相同的地方为止。

（4）助曲线　插绘间曲线仍不足以完全显示局部地貌特征时，可在相邻的两条间曲线之间绘制四分之一基本等高距的辅助等高线，这种等高线称为助曲线。助曲线在图上用 0.15mm 宽的短虚线表示。

**4. 基本地貌的等高线**

自然地貌的形态多种多样，但仍可以归结为几种基本地貌：山头、洼地、山脊、山谷、鞍部、陡崖等。了解和熟悉这些基本地貌的等高线特征，有助于识读、测绘和应用地形图。

（1）山头与洼地　如图 6-8 所示，中间凸起高于四周的高地称为山头；中间下凹低于四周的称为洼地。山头与洼地的等高线是一组闭合曲线，形状相似。从高程注记可以区分山头

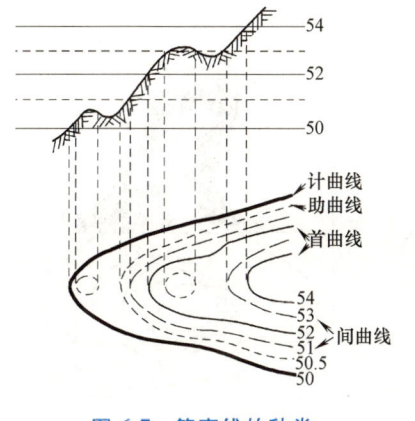

图 6-7　等高线的种类

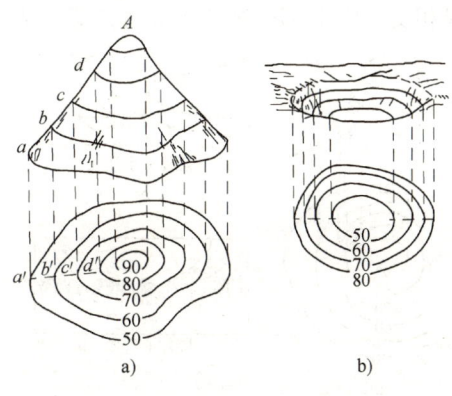

图 6-8　山头与洼地的等高线

与洼地，内圈等高线高程高于外圈等高线高程，表示是山头；相反，内圈等高线高程低于外圈等高线高程，表示是洼地。也可以通过示坡线来区分山头与洼地，示坡线是与等高线垂直相交的短线，其交点是斜坡的上方，另一端指向斜坡的下方。若一组闭合曲线不标示坡线，可认为是山头。

（2）山脊与山谷　如图 6-9a 所示，山脊的等高线为一组凸出向低处的曲线，各条曲线方向改变处的连线为山脊线。在山脊上，雨水必然以山脊线为分界分别流向山脊的两侧，故也称为分水线，山脊线是该区域内坡度最缓的地方。

如图 6-9b 所示，山谷正好相反，等高线为一组凸向高处的曲线，各条曲线方向改变处的连线为山谷线。山谷线是雨水汇集后流出的通道，故也称为集水线，山谷线是该区域内坡度最陡的地方。

山脊线和山谷线是表示地貌特征的线，又称为地性线，构成山地地貌的骨架，在地形图测绘和地形图的应用中具有重要的意义。

（3）鞍部的等高线　如图 6-10 所示，典型的鞍部是处于两个相邻的山头之间的山脊与山谷的会聚处，由于形状类似马鞍而得名。鞍部等高线的特点是两组的等高线被另一组较大的等高线包围。在山区选定越岭道路时，通常从鞍部通过。

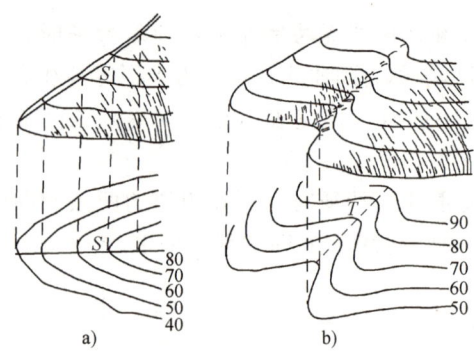

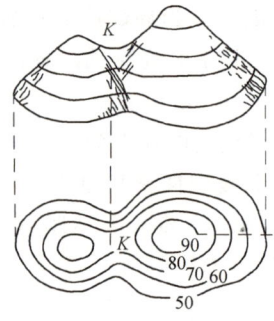

图 6-9　山脊与山谷的等高线

图 6-10　鞍部的等高线

（4）陡崖和悬崖　陡崖是坡度在 70°以上的难于攀登的陡峭崖壁，如图 6-11a 所示。陡崖分为土质和石质两种，分别用图 6-11b、图 6-11c 所示的符号表示。

悬崖是上部突出、中间凹进的山坡，此时上部的等高线投影到水平面上，将与下部的等高线相交，则下部凹进的等高线用虚线表示，如图 6-12 所示。

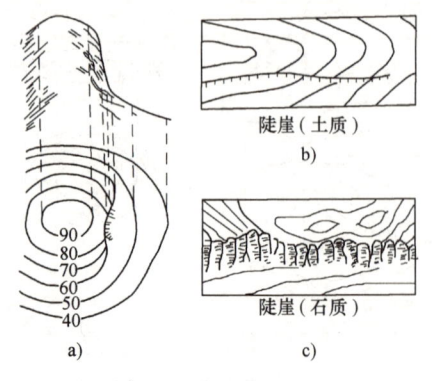

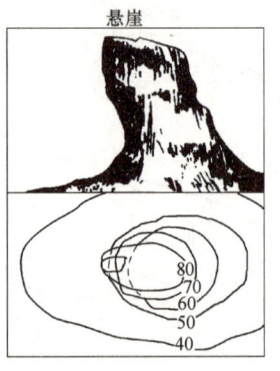

图 6-11　陡崖的表示

图 6-12　悬崖的表示

还有一些其他地貌符号，如冲沟、土堆、坑穴、陡坎和斜坡等，如图 6-13 所示。这些地貌符号和等高线配合使用，就可表示各种复杂的地貌。

在地形图上，等高线遇到房屋、窑洞、公路、双线河渠、冲沟、陡崖、陡坎和斜坡等符号时，应表示至符号边线，不要穿越这些符号。

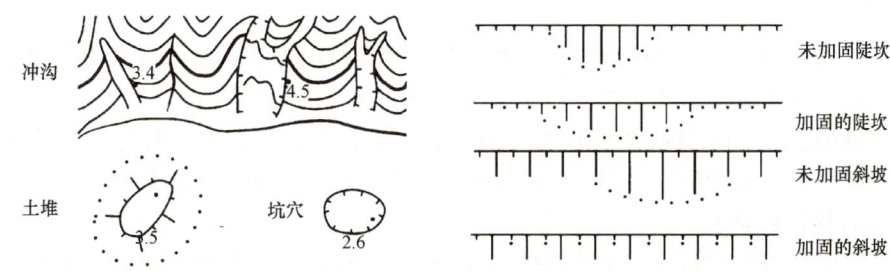

图 6-13 其他地貌符号

**5. 等高线的特性**

1）同一条等高线上各点的高程都相等。

2）等高线是一条封闭的曲线，不能中断，如不能在同一图幅内闭合，也必然在跨越一个或多个图幅后闭合。

3）不同高程的等高线不得相交。在特殊地貌，如悬崖等用特殊符号代替等高线进行表示。

4）等高线与山脊线、山谷线正交。

5）同一地形图中的等高距相等，等高线越稀表示该地区坡度越缓，反之，等高线越密表示该地区坡度越陡。

## 子单元 2　地形图测绘方法

图根控制测量工作结束之后，就可以图根点为测站，测定各地物、地貌特征点的平面位置和高程，按一定的比例缩绘到图纸上，并依相应比例尺的《地形图图式》，描绘地物和地貌符号，经拼接、检查与整饰等作业后，即成地形图。

目前大比例尺地形图测绘的常用方法有全站仪测图、RTK 测图和无人机测图等，也可采用各种方法的联合作业模式或其他作业模式。其中全站仪测图和 RTK 测图是常规的地面测图方式，无人机测图是航空摄影测图方式，它们最终都得到数字化的地形图。

考虑到现阶段的学习以全站仪测量为主，下面主要介绍用全站仪进行地形图测绘的方法。其中绘图部分先介绍白纸手工绘图，学习测图的原理和方法，再介绍在计算机上利用 AutoCAD 展点和绘图。然后在下一个子单元介绍利用专业成图软件进行全站仪数字测图，最后简单介绍 RTK 数字测图。

### 6.2.1　测图的准备工作

测图前需要准备好控制点成果及已有资料、仪器工具和绘图纸等，并先绘制坐标方格网、标注坐标格网值和展绘图根控制点，下面分别介绍各项工作。

**1. 控制点成果及已有资料准备**

测图前必须保证图根控制测量已完成，且成果齐全、准确。同时对可利用的图纸资料进行整理，标绘出测区并划分图幅。

### 2. 仪器工具准备

全站仪测图的仪器工具主要是全站仪、棱镜和对中杆。为了满足测图的精度和要求，需要对仪器进行检验和校正。

### 3. 绘图纸准备

在地形图测绘中，应采用质量好、伸缩性小的优质绘图纸。可将绘图纸用胶带纸直接固定在图板上进行测图；也可用聚酯薄膜替代绘图纸。聚酯薄膜是一面打毛，厚度为 0.07～0.1mm 的半透明图纸。它具有伸缩性小、质量轻、不怕潮、可洗涤、有透明度等优点。但它也有易燃烧、易折和老化等缺点，在使用和管理中，应注意防火、防折。

### 4. 坐标方格网的绘制

大比例尺地形图有 50cm×50cm 正方形分幅和 50cm×40cm 矩形分幅两种，图纸应略大于这个尺寸。为了方便准确地把控制点和测图点按其坐标展绘在图纸上，需先在空白图纸上绘制精确的坐标格网，每个方格的尺寸为 10cm×10cm。绘制的方法有对角线法和坐标格网尺法等，在这里仅介绍对角线法。

如图 6-14 所示，首先在图纸上用直尺绘制两条对角线，相交于 O 点，从 O 点起以适当长度沿对角线分别量取四个等长线段，得 A、B、C、D 四点，连接四点成一个矩形。然后从 A、D 两点起各沿 AB、DC 向右每 10cm 截取一个点；从 A、B 两点起各沿 AD、BC 向上每 10cm 截取一个点，用 0.15mm 粗的线条连接各对边的相应点，即得直角坐标方格网。

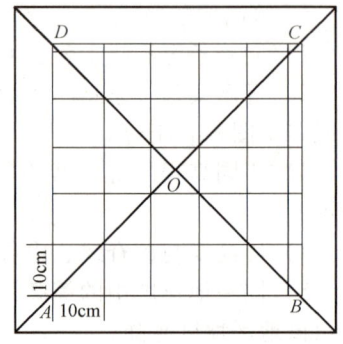

图 6-14 对角线法绘制坐标格网

为了保证绘制精度，绘制前应严格检查直尺是否平、直，其长度分划线是否准确。坐标方格网绘制后，应进行下列各项检查：

1）检查各方格网的边长是否为 10cm，其差值不得超过图上 0.1mm。

2）方格网四条外边误差不得超过图上 0.2mm。

3）方格网的总对角线长度与理论值相差不得超过图上 0.3mm。

4）各方格网的交点应在同一直线上，其偏差不得超过图上 0.2mm。

### 5. 标注坐标格网值

坐标方格网绘制好后，将各格网线的坐标值标注在格网边线的外侧，如图 6-15 所示。首先标注西南角的坐标，例如，该图的编号为"30.0～15.5"，表示西南角的 X 坐标为 30.0km，即 30000m，Y 坐标为 15.5km，即 15500m，将其标注在相应的位置上。

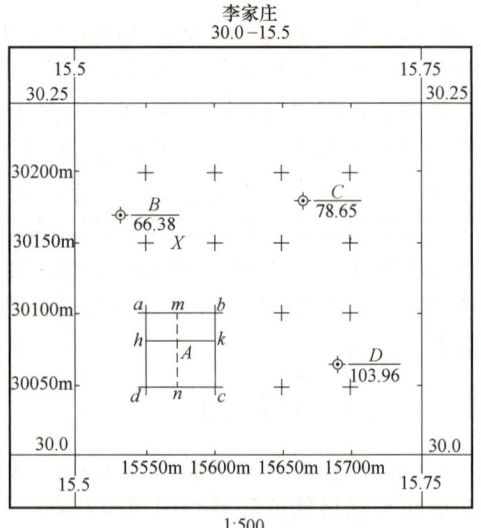

图 6-15 展绘控制点

然后确定相邻格网线之间的实地距离，标注各格网坐标。例如，该图的比例尺是 1：500，相邻格网线之间的图上距离是 10cm，对应的实地距离为 50m。则从西南角开始，每相加 50m 得到下一条格网线的坐标值，如往北的 $X$ 坐标值依次为 30000m、30050m、30100m、30150m、30200m、30250m；往东的 $Y$ 坐标值依次为 15500m、15550m、15600m、15650m、15700m、15750m。

**6. 展绘图根控制点**

坐标方格网的坐标值标注好之后，根据图根控制点的坐标值，将其展绘在图纸上。

展点时，首先要根据控制点的坐标，确定所在方格。例如，$A$ 点坐标为：$x_A$ = 30085.56m，$y_A$ = 15570.34m，位于 $abcd$ 方格内，其 $X$、$Y$ 坐标值分别比 $d$ 点的坐标大 35.56m 和 20.34m，相应的图上长度为 7.11cm 和 4.07cm。

如图 6-15 所示，展点时，从 $d$、$c$ 点向上量 7.11cm，得 $h$ 点和 $k$ 点，同法从 $a$、$d$ 向右量 4.07cm，得 $m$、$n$ 两点，连接 $hk$ 和 $mn$，其交点即为控制点 $A$ 的位置。在该点的右侧画一短横线，在横线的上方注明点号，下方注明高程。

同法展绘 $B$、$C$、$D$ 等各控制点。为了测图方便，位于方格网线外边缘的控制点，也应适当地展绘。展完点后，用直尺检查相邻两控制点之间的边长与实测边长的图上长度是否一致，其差值不得超过图上的 0.3mm；用量角器检查各已知边的方位角，也不应有明显的误差。

## 6.2.2 测图的步骤与方法

完成了以上准备工作以后就可以用全站仪进行测图了。测图的根本任务就是测定地面上地物、地貌的特征点的平面位置和高程，

全站仪野外数据采集　　地形图绘制方法-AutoCAD

并将它们在图上表示出来，然后以这些特征点为依据绘制相应的几何图形。这些特征点也称为碎部点，测绘地物、地貌特征点的工作，称为碎部测量。

碎部点选择是否恰当，直接影响成图的质量和速度，因此，碎部点的选择是地形图测绘中的重要环节。如图 6-16 所示，地物的特征点是指房屋的角点，道路的转折点、交叉点，烟囱、水塔的中心点，气象站的风向标点，以及河流岸边线上的曲线点等。植被

图 6-16 碎部点示意图

是一种特殊的地物，其特征点是指各类植物边界线上的拐点，如水稻田、旱地、菜地、竹林、苗圃、经济林以及水生经济作物地等的边界拐点，都应选为碎部点。

地貌的特征点是指山顶、山脊、山谷、山脚、鞍部以及方向变化点和坡度变化点。还有陡崖、悬崖、冲沟、坑穴、石堆、陡坎和斜坡等。为了详尽地表示实地情况，即使在平坦地区和地面坡度无显著变化的地区，也应选择足够的碎部点。

全站仪测图的具体步骤与方法如下：

**1. 安置仪器**

如图 6-17 所示，安置全站仪于测站 $A$ 点上，对中、整平，仪器对中的偏差，不应大于 5mm。量取仪器高 $i$，读数精确到 1mm。在全站仪的附近摆放图板，图板的方向应使图上地物与实际地物的方位大致相同。

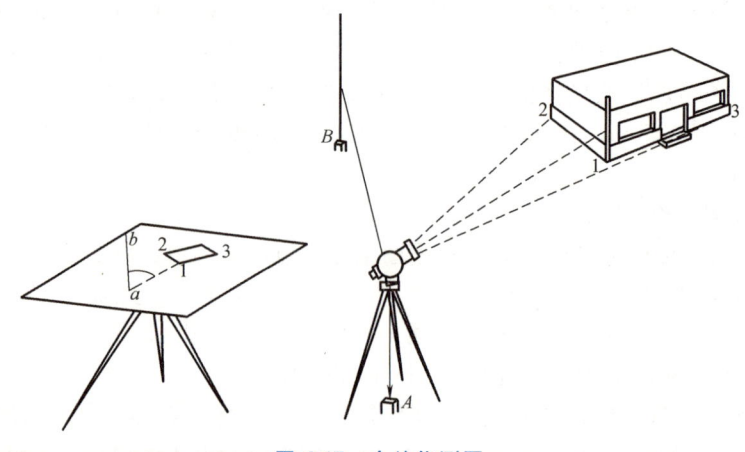

图 6-17 全站仪测图

**2. 测站设置**

全站仪输入正确的棱镜常数、温度和气压,然后进入坐标测量模式,进行测站设置,输入 A 点的已知坐标和高程,以及仪器高和棱镜高。

**3. 定向**

盘左瞄准另一较远的控制点 B 并输入该点坐标,全站仪自动计算出 AB 方向的方位角,瞄准点 B 后按确定,即完成定向。B 点称为后视点,也称为定向点,定向点最好远一些,以保证定向精度。

定向完成后,以另一个已知控制点进行检核,坐标偏差不大于图上 0.2mm,高程偏差不应大于 1/5 基本等高距。例如平坦地区 1∶500 测图,坐标和高程偏差限值分别是 100mm 和 0.1m。

**4. 立镜**

立镜员依次将棱镜立在地物或地貌的特征点上,立镜前应商定立镜的路线和施测范围,选定主要立镜点力求做到不漏点、不废点、一点多用、布点均匀。全站仪测图的最大测距长度见表 6-6。如遇特殊情况,在保证碎部点精度的前提下,碎部点测距长度可适当加长。

表 6-6 全站仪测图的最大测距长度

| 比例尺 | | 1∶500 | 1∶1000 | 1∶2000 |
|---|---|---|---|---|
| 最大测距长度/m | 地物点 | 160 | 300 | 450 |
| | 地貌点 | 300 | 500 | 700 |

**5. 观测**

转动全站仪照准部,瞄准立于待测点处的棱镜中心,在坐标测量模式按测量键,测出坐标和高程。如果棱镜高度有变化,应通知观测员输入新的棱镜高度,否则高程不正确。

**6. 记录**

将每一个碎部点测得的数据,依次记入全站仪测图记录表(表 6-7)中。对于特殊的碎部点,还应在备注栏中加以说明,如山顶、鞍部、房角、道路交叉口、消防栓和电杆等,以备查用。

**7. 展点**

根据图纸方格网的坐标值,以及测点的坐标值,将该点展绘到图纸上,方法与前面所述的展绘控制点相同。为了加快展点速度，测点的展绘可用两个直角边都刻划有长度的三角板进行。

表 6-7　全站仪测图记录表

测站点：A　　仪器高：1.426m　　后视点：B

| 测点编号 | X/m | Y/m | H/m | 备　注 |
|---|---|---|---|---|
| 1 | 30117.236 | 15632.537 | 83.443 | 屋角 |
| 2 | 30129.700 | 15625.358 | 83.176 | 屋角 |
| 3 | 30131.013 | 15656.454 | 83.358 | 屋角 |

如图 6-18 所示，展绘表 6-7 中的 1 号点，先根据该点坐标与格网坐标，确定该点在哪个格网里，并确定该点在此格网中 X 方向和 Y 方向的图上长度，本例 X 方向为 34.5mm，Y 方向为 65.1mm。然后将三角板的一条边靠在 X 格网线上，且使该格网西南角对准读数 34.5mm，在三角板的另一条边读数等于 65.1mm 的位置，用铅笔在图上标出一个点，则此点即为 1 号点在图上的位置。最后在图上该点的右侧标上该点的高程（83.44m），要求字头向北。

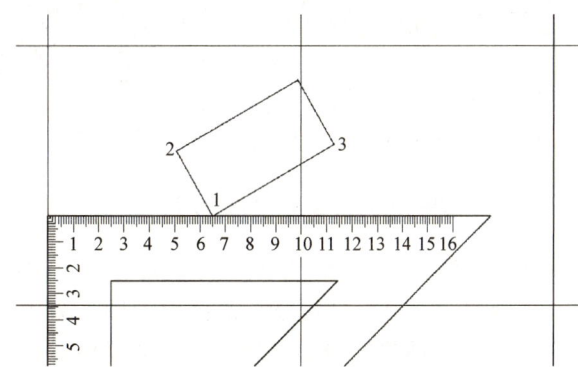

图 6-18　用三角板在图上按坐标定点

## 8. 绘图

在图上定出特征点后，应立即在现场绘出图形。如图 6-18 所示，测了房屋的 3 个屋角后，即可连线得到该房屋的图形，其中不可见的两条线可在图上用推平行线或作垂线等几何作图法绘出。需要绘等高线时，也应在现场绘出。

（1）地物绘制　地物应按《地形图图式》规定的符号进行描绘。例如，道路与河流的曲线部分，是逐点连成光滑的曲线；房屋的平面位置，是把相邻的房角点用直线连接起来，再注以建筑材料和层数；不能按比例描绘的地物，应按规定的非比例符号表示。

（2）等高线勾绘　表示地貌的等高线可按内插法进行勾绘。如图 6-19 所示，地面上 A、B 两点的高程分别为 43.3m 和 48.4m，基本等高距为 1m，则两点之间有 5 条等高线通过，高程分别为 44m、45m、46m、47m 和 48m。设 A、B 两点在图上的投影为 a、b 点，先按高差与平距成比例的原则，在图上目估定出距 a、b 点最近的 44m 和 48m 等高线通过的点 1、2，其中 1、a 点的距

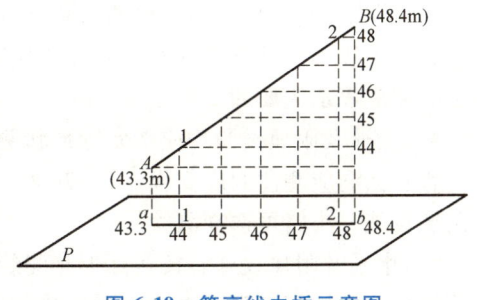

图 6-19　等高线内插示意图

离与 $a$、$b$ 点的距离之比为

$$\frac{44-43.3}{48.4-43.3}=\frac{1}{7}$$

据此比例可定出 1 点，同理定出 2 点。然后在 1、2 两点间四等分，便可得到其余 3 根等高线通过的点。按照上述方法，求出图上各相邻地貌特征点间等高线通过的点，然后将高程相同的相邻点用曲线光滑地连接起来，即可得到等高线。

如图 6-20 所示为某局部地区等高线勾绘的过程，图 6-20a 中的实线和虚线是地性线，其中虚线表示山脊线，实线表示山谷线；图 6-20b 中与山脊线和山谷线相交的短线是通过内插得到的等高线经过点；图 6-20c 是绘好的等高线图，其中应将高程为 5 倍等高距的等高线（此处高程为 45m）加粗，并注明高程，成为计曲线。

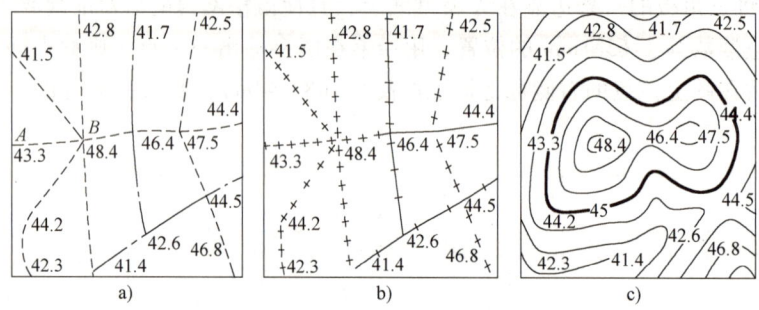

图 6-20　某局部地区等高线勾绘的过程

一个测站上所有地物和地貌测完并检查合格后，搬站进行下一测站的测绘。若测区面积较大，可分成若干幅图，分别测绘，最后拼接成全测区地形图，为了便于相邻图幅的拼接，每一边应测出内图廓外 5mm，自由图边在测绘过程中，应加强检查，确保无误。

### 6.2.3　测图的内容与要求

一般地区大比例尺地形测图的内容与要求如下：

1）各类建构筑物及其主要附属设施均应进行测绘。居民区可根据测图比例尺大小或用图需要，确定测绘内容和取舍范围。临时性建筑可不测。建构筑物宜用其外轮廓表示，房屋外廓以墙角或外墙皮为准。当建构筑物轮廓凸凹部分在 1∶500 比例尺图上小于 1mm 或在其他比例尺图上小于 0.5mm 时，可用直线连接。如图 6-21 所示是 1∶500 地形图样图。

2）独立性地物的测绘，能按比例尺表示的，应实测外廓，填绘符号；不能按比例尺表示的，应准确表示其定位点或定位线。

3）管线转角均应实测。线路密集部分或居民区的低压电力线和通信线，可选择主干线测绘；当管线直线部分的支架、线杆和附属设施交错时，可适当取舍；当多种线路在同一杆柱上时，应表示主要的。

4）交通及附属设施均应按实际形状测绘。铁路应测注轨面高程，在曲线段应测注内轨面高程；涵洞应测注洞底高程。1∶2000、1∶5000 比例尺地形图，可适当舍去车站范围内的附属设施。小路可选择测绘。

5）水系及附属设施宜按实际形状测绘。水涯线宜按当日水位测定和注记日期；堤、坝应测注顶部及坡脚高程；水井应测注井台高程；水塘应测注塘顶边及塘底高程。当河沟、水

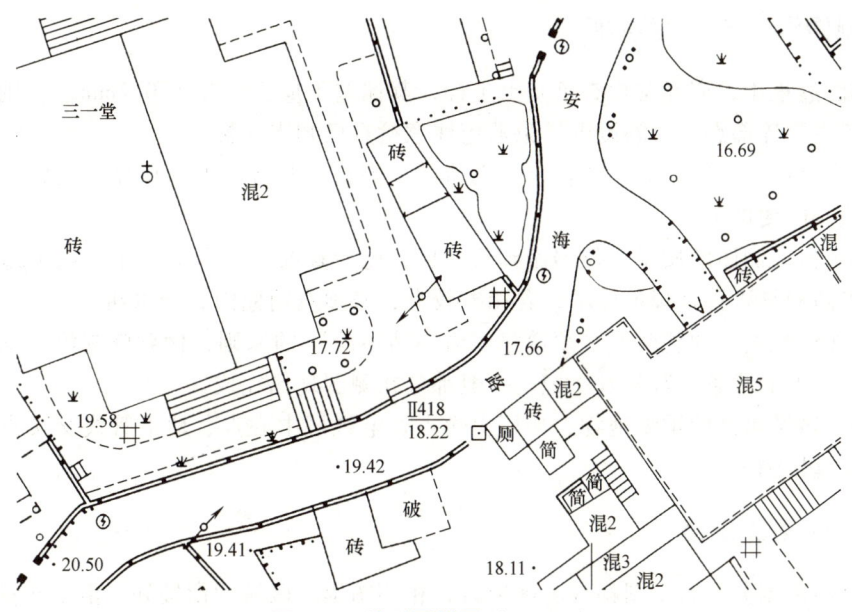

图 6-21　地形图样图（1∶500）

渠在地形图上的宽度小于 1mm 时，可用单线表示。

6）地貌宜用等高线表示。崩塌残蚀地貌、坡、坎和其他地貌，可用相应符号表示。山顶、鞍部、凹地、山脊、谷底及倾斜变换处，应测注高程点。露岩、独立石、土堆、陡坎等，应注记高程或比高。

7）植被的测绘，应按其经济价值和面积大小适当取舍，并应符合下列规定：

① 农业用地的测绘按稻田、旱地、菜地、经济作物地等进行区分，并配置相应符号。

② 地类界与线状地物重合时，只绘线状地物符号。

③ 梯田坎的坡面投影宽度在地形图上大于 2mm 时，应实测坡脚；小于 2mm 时，可量注比高。当两坎间距在 1∶500 比例尺地形图上小于 10mm、在其他比例尺地形图上小于 5mm 时或坎高小于等高距的 1/2 时，可适当取舍。

④ 稻田应测出田间的代表性高程，当田埂宽在地形图上小于 1mm 时，可用单线表示。

8）地形图上各种名称的注记，应采用现有的法定名称。

对于城镇建筑区地形测图，除了符合一般地区大比例尺地形测图的内容与要求外，各街区单元的出入口、建筑物的重点部位以及主要道路中心点等重要位置，应测注高程点，各种管线的检查井、电力和通信线路杆塔、架空管线支架等应测出位置和标注高程。对于工矿区地形测图，还要测量建（构）筑物主要细部点的坐标和高程。

## 6.2.4　增补测站点

地形图测绘应充分利用控制点和图根点，当图根点的密度不够时，可在现场增补测站点，以满足测图需要。常用的增补方法是布设一条边的支导线，从图根点测定支导线点（简称支点）时，用全站仪观测一测回，测量出支点的坐标和高程。

仪器搬到支点之后，后视定向后，检查坐标和高程的误差。平面点位误差不应大于图上 0.2mm 对应的实地距离，高程误差不应大于 1/5 基本等高距。成果符合要求后方可作为增补的测站点使用。

## 6.2.5 测图误差与注意事项

1) 测图过程中,应经常检查已知点坐标,其偏差不应大于图上 0.2mm,否则应重新定向,重测各主要碎部点。每站测图结束前应注意检查已知点坐标。

2) 一个测站工作结束时,要检查有无遗漏、测错,并将图上的房屋、道路及地性线等与实地对照,以便修正。

3) 为了保证测图的质量,仪器搬到新站后,先检查前一站所测的个别明显地物,看其平面位置和高程是否符合规范要求,若相差较大,必须查明原因,予以纠正。

4) 在测绘地物、地貌时,必须遵守"看不清不绘"的原则,做到随观测、随展点、随绘图。地形图上的线条、符号及注记,一般都应在测图现场完成。

5) 对于城镇市区的重要地物,如厂房角点、电视塔中心点、地下管线交叉点等,都应使用全站仪直接测定。

## 6.2.6 地形图的拼接

当整个测区划分为若干图幅或者区域时,相邻图幅和区域的衔接处,由于测量及绘图的误差,无论是地物的轮廓线还是等高线,大多不会完全吻合。图 6-22a 表示南北两幅图的拼接情况,其中房屋、道路、河流、等高线都有偏差。如果其差值不超过规定的地物点点位中误差(表 6-8)的 $2\sqrt{2}$ 倍时,可以进行拼接修正。超过限差则应实地检查纠正。

拼接方法是将误差平均分配后,按其大致趋势分别在两幅图上直接进行修改,如图 6-22b 所示。

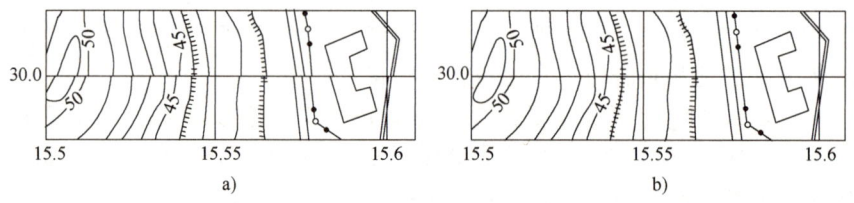

图 6-22 地形图的拼接

## 6.2.7 地形图的检查

地形图测绘完成后,为了保证成图质量,作业人员应对地形图进行全面检查。

**1. 室内检查**

1) 应提交的资料是否齐全,图根控制点的数量是否足够,手簿中有无错误。

2) 坐标方格网的边长和控制点的展绘是否符合精度要求,测站点的密度和精度是否符合规定。

3) 图上的地物、地貌是否取舍恰当,是否清晰易读,符号、注记是否正确,等高线与碎部点的高程是否相符,趋势是否合理,拼接边是否符合精度要求等。如果在检查中发现了问题,应一一记下,以便到现场检查、纠正。

**2. 外业检查**

(1) 巡视检查 手持地形图与实地对照,查看地物、地貌有无遗漏和明显错误,其表示方法和取舍方法是否正确，注记是否合理等。

（2）测站检查　根据室内检查和巡视中发现的问题，在测站上用全站仪检查，并进行修改。此外，对于图中的地物应进行一定数量的抽查。地物点相对于邻近图根点的点位中误差，不得超过表 6-8 的规定，根据等高线求算一点的高程相对于邻近图根点高程中误差，不应超过表 6-9 的规定，困难地区不超过 1.5 倍。如发现问题，除对发现的问题进行修正和补测外，还应对本站所测的部分地形图进行检查，看原测地形图是否符合要求。仪器检查量不少于测图工作量的 5%。

表 6-8　地物点的点位中误差

| 区域类型 | 点位中误差 | 备注 |
| --- | --- | --- |
| 一般地区 | 图上 0.8mm | 隐藏或施测困难地区不超过 1.5 倍 |
| 城镇建筑区、工矿区 | 图上 0.6mm | |

表 6-9　等高线的高程中误差

| 地形类别 | 平坦地 | 丘陵地 | 山地 | 高山地 |
| --- | --- | --- | --- | --- |
| 高程中误差（等高距） | 1/3 | 1/2 | 2/3 | 1 |

为使图面清晰、美观、合理。经过拼接和检查的地形图，还应进行清绘和整饰，其顺序是：坐标格网、控制点、独立地物、地物、植被符号、地貌符号以及首曲线和计曲线等，最后是图廓及图廓外的整饰。然后注明图名、图号，比例尺、测图单位和日期等。一切工作完成之后，即成一幅完整的地形图。

## 6.2.8　利用 AutoCAD 展点和绘图

在白纸上手工展点和绘图的效率很低，图面质量也不高，AutoCAD 是工程上常用的通用计算机绘图软件，具有使用方便，图形精度高的特点，下面介绍直接利用 AutoCAD 在计算机上手工展点和绘图的基本方法。

1）设置绘图单位。地形图是以米为单位的，运行 AutoCAD 后，新建一个图形文件，在"格式"菜单上选取"单位"功能，将长度类型设为"小数"，其精度设为"0.000"，即精确到毫米。需要注意的是，AutoCAD 是按 1∶1 绘图的，即以米为单位输入坐标或长度，比例尺是在打印出图时才设置的。

2）设置图层。不同类型的地物和地貌，宜在不同的图层用不同的颜色表示，选"图层特性管理"功能，新建数个图层，包括"控制点""房屋""道路""管线""植被"等，不同图层选用不同的颜色。

3）准备测图数据和资料。包括图根控制点坐标和高程、全站仪测图碎部点坐标高程记录表、外业测图的草图等。

4）展绘图根控制点。图根控制点可以用小圆来表示，进入"控制点"图层，选"绘图"菜单中的"绘圆"功能，输入图根控制点的（Y、X）作为圆心坐标（注意 AutoCAD 的 X、Y 方向与数学相同，与测量相反），输入适当的圆半径（如 0.5m），在图上显示一个小圆，然后在其右侧标注该点的点号和高程，同样方法绘制其他图根控制点。

5）展绘碎部点。碎部点可以用点来表示，先根据草图确定碎部点的类别，进入相应的图层，例如"房屋"图层，然后选"绘图"菜单中的"绘点"功能，输入碎部点的（Y、X）坐标，在图上显示一个小点，在其右侧标注该点的高程。用同样的方法展绘其他碎部点，每绘出一个碎部点，就根据它与其他碎部点的关系，用多段线绘出相应的线条，组成房屋等不同的图形符号。

6）绘图和整饰。展绘碎部点和绘出基本图形后，按照《地形图图式》的绘图要求，完善图幅内所有地物和地貌的绘制，并标注有关的文字说明。

7）绘制坐标格网和图廓。根据测区范围和测图比例尺，确定图幅纵、横坐标格网线的坐标值。例如，1∶500 测图，相邻坐标格网线的间隔是图上 10cm，即实地的 50m，因此其坐标格网线的坐标应是 50m 的整倍数，如此可以确定最西边的 $X$ 方向坐标线和最南边的 $Y$ 方向坐标线的坐标值，用绘直线功能或多段线功能，输入坐标线的起点坐标和终点坐标，绘出这两条坐标线，然后用"修改"菜单下的"偏移"功能，按 50m 的偏距绘出其他坐标线，得到图幅的坐标格网，最后绘出内图廓和外图廓。

8）注记图幅相关信息。在内外图廓之间注记各坐标格网线的坐标值，在外图廓上方注记图名和图号，在外图廓下方的正中处标注数字比例尺，左侧标注测图时间、方法、坐标系统、高程系统和等高距，右侧标注测绘人员信息等。

## 子单元 3　全站仪和 RTK 数字测图

用全站仪和 RTK 仪器在野外采集碎部点的坐标和高程等数据，可以直接保存在全站仪和 RTK 电子手簿的内存中，通过传输设备，把野外观测数据输入计算机，经过整理编辑后，在计算机上用专业的地形图成图软件绘出地形图，可以很大地提高绘图速度和成图质量。这种测图方式也称为全站仪和 RTK 数字测图，得到的成果是数字地形图，既可以按各种比例尺绘制成纸质图，也可直接向规划、设计、管理和施工等部门提供电子版的数字地形图，供其用计算机根据自己的需要进行利用和处理。

从原理上来说，全站仪数字测图的外业测量工作与前面所述的测图工作是相同的，内业绘图工作也是相同的，只不过是用专业成图软件绘图代替手工展点绘图。当然，为了更好地协调全站仪测量和计算机绘图工作，提高工作效率，具体的操作步骤和方法会有很多不同的地方。而 RTK 数字测图则是用 GNSS 导航卫星系统进行实时动态相对定位测量的方法，直接采集碎部点的坐标和高程，不需要瞄准等观测步骤，并且可以单人完成外业测量，因此工作效率更高，是常规数字测图的首选方法。但在比较隐蔽的地方（如树木和建筑物较多处），RTK 因卫星信号不好而无法完成测量，这些地方一般用全站仪进行测量。下面先介绍数字测图的基本概念，然后介绍用全站仪进行数字测图的基本方法，最后简单介绍用 RTK 进行测图的方法。

### 6.3.1　数字测图的基本概念

**1. 数字测图的绘图信息**

数字测图是经过计算机软件处理所测的地形图，因此，数字测图时必须采集绘图信息，它包括点的定位信息、连接信息和属性信息。定位信息也称为点位信息，是用仪器在外业测量中测得的，最终以 $X$、$Y$、$Z(H)$ 表示的三维坐标。连接信息是指测点之间的连接关系，它包括连接点号和连接线形，据此可将相关的点连接成一个地物。属性信息包括定性信息和定量信息，定性信息用来描述地图图形要素的分类或对地图图形要素进行标名，定量信息说明地图要素的性质、特征或强度。

进行数字测图时不仅要测定地形点的定位信息（坐标），还要知道是什么点，例如，是道路还是房屋，测量仪器当场记下该测点的属性信息和连接信息，计算机成图时，利用测图系统中的图式符号库，只要知道所测点的属性，就可以从库中调出与该属性对应的图式符号，再根据连接信息自动成图。也可以这样，测量仪器只记录定位信息，而其他信息用草图方式记录，由作业人员对照草图在计算机上绘图。

**2. 地图图形的数据格式**

地图图形要素按照数据获取和成图方法的不同，可分为矢量数据和栅格数据两种数据格式。矢量数据是图形的离散点坐标（$X$，$Y$，$Z$）的有序集合；栅格数据是图形像元值按矩阵形式的集合。由全站仪和 RTK 仪器野外采集的数据和绘出的图形是矢量数据，不存在失真，便于精确计算和图形表示，更新也方便。

**3. 数字测图系统**

数字测图系统主要由数据采集、数据处理和数据输出三部分组成。就硬件而言，主要由地面测量仪器、电子计算机和图形输出设备几部分组成。其中地面测量仪器是获取地面信息的基本设备，主要是全站仪也可以是 RTK 接收机等；电子计算机是进行数据储存、处理和绘图的基本设备；图形输出设备主要有图形显示器、打印机和自动绘图机等。

## 6.3.2 全站仪野外数据采集

由于全站仪的普及程度很高，全站仪测量法是当前测绘大比例尺地形图的主要方法之一，根据提供绘图信息的方式不同，全站仪野外数据采集的工作方式又分为三种：草图法、简码法和电子平板法。

**1. 草图法**

草图法是在观测碎部点坐标和高程时，绘制工作草图，在工作草图上记录地形要素名称、碎部点连接关系。然后在室内将碎部点批量展点显示在计算机屏幕上，根据工作草图，采用人机交互方式连接碎部点和绘制图形。具体操作如下：

观测员在测站上安置仪器，对中整平，量取仪器高，启动全站仪，进入数据采集状态，选择保存数据的文件，然后进行测站设置，输入测站点坐标、高程、仪器高；再进行后视定向，输入定向点坐标，照准定向点完成定向工作。为确保设站和定向无误，可选择其他已知点检核坐标和高程是否正确，若差值在规定的范围内，即可开始采集数据，不通过检核则不能继续测量。

立镜员先对测站周围的地貌、地物分布情况大概看一遍，认清方向，确定大概的测绘线路，然后开始跑点。每观测一个点，观测员都要核对观测点的点号和镜高，然后把观测结果存入全站仪的内存中。测站与测点两处作业人员必须时时联络。每观测完一点，观测员要告知绘草图者被测点的点号，以便及时对照全站仪内存中记录的点号和绘草图者标注的点号，保证两者一致。若两者不一致，应查找原因，是漏标点了，还是多标点了，或一个位置测重复了等，必须及时更正，外业工作草图如图 6-23 所示。

绘草图人员把所测点的属性及连接关系在草图上反映出来，以供内业处理、图形编辑时用。另外，需要提醒一下，在野外采集时，能测到的点要尽量测，实在测不到的点可利用皮尺或钢尺量距，将丈量结果记录在草图上，室内用交互编辑方法成图。

在进行地貌采点时，可以用一站多镜的方法进行。一般在地性线上要有足够密度的点，特征点也要尽量测到。例如，在山坡底测一排点，也应该在山坡顶再测一排点，这样生成的等高线才真实。测量陡坎时，最好在坎上坎下同时测点，这样生成的等高线才没有问题。在其他地形变化不大的地方，可以适当放宽采点密度。立镜点的密度应满足绘图要求，同时应小于表 6-10 规定的间距。

在一个测站上当所有的碎部点测完后，要找一个已知点重测进行检核，以检查施测过程中是否存在误操作、仪器碰动或出故障等原因造成的错误。检查完毕，确定无误后，关机，装箱搬站。到下一测站，重新按上述采集方法、步骤施测。

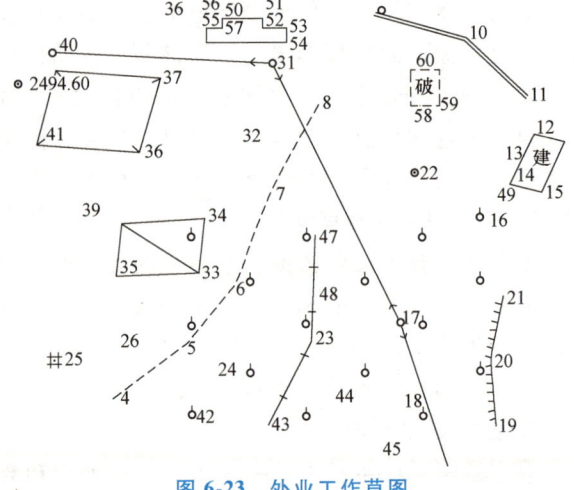

图 6-23　外业工作草图

表 6-10　地形点的最大间距　　　　　　　　　　（单位：m）

| 比例尺 | 1∶500 | 1∶1000 | 1∶2000 |
|---|---|---|---|
| 一般地区 | 15 | 30 | 50 |

如图 6-24 所示，草图法施测时，作业人员一般配置 3~5 人，其中观测员 1 人，立镜员 1~3 人，绘草图员 1 人。绘草图员负责画草图和室内成图，是核心成员。特殊情况下，作业组最少人员配置为 2 人，其中观测员 1 人、立镜员 1 人，立镜员同时负责画草图以及内业成图。一般外业 1 天、内业 1 天，如果任务紧，则白天进行外业测量，晚上进行内业成图。

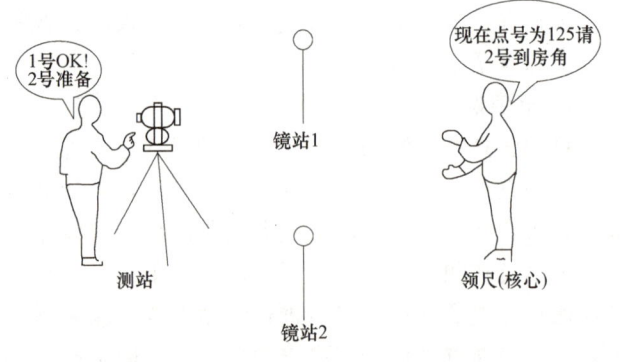

图 6-24　一个小组作业人员配备情况示意图

需要注意的是绘草图员必须与测站保持良好的通信联系（可通过对讲机或手机），使草图上的点号与全站仪上的点号一致。

**2. 简码法**

此种工作方式也称为"带简编码格式的坐标数据文件自动绘图方式"，与"草图法"在野外测量时不同的是，每测一个地物点时都要在全站仪上输入地物点的简编码，无需绘制草图。简编码一般由一位字母和一或两位数字构成，由描述实体属性的野外地物码和一些描述连接关系的野外连接码组成。

用简码法采集的数据既有点位信息，又有属性信息和连接信息，计算机可自动识别和绘出图形，因此可加快内业成图的速度。但简码法需要在外业观测时逐点输入一些代码，增加了观测人员的工作量和作业时间，并且要求作业人员熟记代码及其规则。简码法一般为专业地形图测绘人员使用，在此不作详细介绍。

### 3. 电子平板法

电子平板法是采用笔记本电脑或掌上电脑作为野外数据采集记录器,可以在观测碎部点之后,对照实际地形输入图形信息码和生成图形。

利用计算机将测区的已知控制点及测站点的坐标传输到全站仪的内存中,或手工输入控制点及测站点的坐标到全站仪的内存中。在测站点上架好仪器,并在笔记本电脑或掌上电脑上完成测站、定向点的设置工作。全站仪照准碎部点,利用计算机控制全站仪的测角和测距,每测完一个点,屏幕上都会及时地展点显示出来。根据被测点的类型,在测图系统上找到相应的操作,将被测点图形绘制出来,现场成图。

电子平板法施测时,作业人员一般配置为3~5人,其中观测员1人,电子平板(笔记本电脑或掌上电脑)操作人员1人,立镜员1~3人。特殊情况下,作业组最少人员配置为2人:观测员1人,同时负责操作电脑;立镜员1人。用电子平板测图,从人员组织到各种测量方法的自动解算和现场自动成图,真正做到内外业一体化。

## 6.3.3 全站仪与计算机之间的数据传输

外业数据采集的数据一般储存在全站仪的内存中,在进行内业成图时,需要把全站仪采集的数据传输到计算机里。

### 1. 全站仪与计算机的连接

由于全站仪传输的数据量一般不是很大,可以采用串行传输接口连接电脑,也可采用USB接口连接或者用U盘传输数据,具体依不同型号的全站仪而定。采用串行传输接口连接时,通信电缆的圆口连接到全站仪的数据接口,9针方口连接到计算的COM接口。采用USB接口传输时,USB线的一端连接到全站仪的数据接口,另一端插到电脑的USB接口。这两种方式都要安装相应的驱动程序,并进行相应的参数设置,然后再进行数据传输。采用U盘传输时,先将U盘插入全站仪,将数据导出到U盘,然后把U盘插到电脑,拷贝出相应数据文件。

### 2. 下传野外采集的数据

全站仪一般都有随机赠送的数据通信软件,也可在网上下载其最新版本的通信软件,这些软件可将全站仪数据下传到计算机,也可将计算机上的数据上传到全站仪。分别完成全站仪和计算机的参数设置后,在全站仪上选定要下载的数据文件,将野外采集的数据下传到计算机。下传的数据或者用U盘复制过来的数据,经数据格式转换后,保存为能为后续成图软件利用的数据文件。

## 6.3.4 计算机内业成图

数字测图的内业成图应采用专业的软件,南方数码公司的CASS地形地籍成图软件,是目前国内主流的数字测图软件,下面做简单介绍,具体作业方法参见软件使用手册。

CASS地形地藉成图软件是基于AutoCAD平台开发的数字化测绘数据采集系统。支持常见的草图法、编码法、电子平板法等外业测量模式,提供对应的内业成图模式。自CASS软件推出以来,现已成长为国内用户量最大、升级最快、服务最好的主流成图系统。目前最新版本是CASS 11.0,可在AutoCAD平台上运行,还可在国产的中望CAD和浩辰CAD平台上运行。由于该软件以AutoCAD及相似平台为基础,其操作与使用比较容易上手。

 南方全站仪坐标文件转换为 CASS 坐标文件
 CASS 坐标文件转换为图形
 绘制房屋
 绘制地类界和内部道路
 绘制独立地物

分幅与图幅整饰

### 6.3.5 RTK 数字测图

RTK 数字测图

RTK 数字测图的主要外业工作，是用 GNSS 接收机测量地物和地貌碎部点的坐标和高程，其基本测量步骤与方法，在本书单元 5 的子单元 6 "GNSS 卫星定位测量"已进行介绍，包括准备工作、新建项目、基准站架设与设置（网络 RTK 作业模式无需此操作）、手簿连接移动站并进行设置、获取测区坐标转换参数、利用已有控制点进行检核等，上述工作完成后，即可进行碎部点坐标采集。

外业工作采集的数据保存在电子手簿的工作项目文件夹中，将其转换为绘图软件（如南方 CASS）常用的数据格式，然后传输到电脑，用成图软件进行绘图，其内业成图方法与全站仪测图相同。下面以中海达 V30 GNSS RTK 接收机及配套电子手簿软件为例，对碎部点坐标采集做进一步的介绍。

**1. 碎部测量界面**

中海达 V30 GNSS RTK 接收机配套手簿软件为"HI-RTK 手簿软件"，其碎部测量操作界面如图 6-25 所示。测量时在电子手簿上会实时显示当前点的位置，以及已测点的位置和点号，可以输入简码来记录点的属性和连接信息，使后期成图更加方便，也可采用另外绘草图的方法来记录绘图信息。

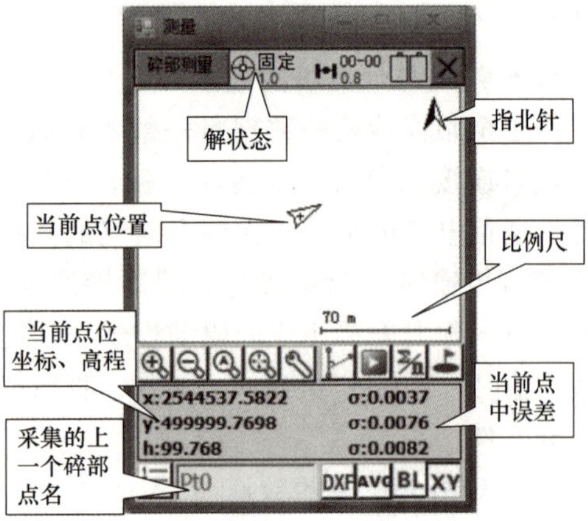

图 6-25 RTK 碎部测量操作界面

**2. 测量和记录点位数据**

在待测点上竖立 RTK 接收机对中杆，根据电子手簿测量界面上显示的当前点位坐标及其误差和解状态，决定是否记录点位数据。在解状态为"固定"时，按界面上的记录按钮或手簿上的快捷键 F2，软件先进行精度检查，若不符合精度要求，会提示是否继续保存。点击"确定"保存，随后弹出详细信息界面，可检查点的可靠性。软件根据上一个碎部点的点名自动加 1，作为该点的点名。如果天线高有变化，将新的天线高直接输入到"天线高（米）"栏内，也可进行天线类型的详细设置，"注记"处可输入注记或简码信息，也可选择常用注记类型。确认无误后点"确定"保存数据，如点击"取消"则不保存。

## 子单元 4 地形图的图上量测

地形图的图上量测是地形图应用的最基本操作，包括在地形图求点的坐标、两点间的水平距离和直线间的夹角；确定直线的方位；确定点的高程及两点间的坡度；量测图形面积等。

## 6.4.1 求图上某点的坐标

图上量测坐标

大比例尺地形图上绘有坐标方格网,并在图廓的四角点上注有纵横坐标值,据此和比例尺大小,可以知道每条纵横坐标格网线的坐标值。

如图 6-26 所示,若要求图上 A 点的坐标,先看 A 点落在哪个方格内,求出 A 点所在小方格西南角点 d 的坐标 $x_d$、$y_d$,然后通过 A 点分别作 X 轴和 Y 轴的平行线,与方格四边线相交于 m、n、h、k,量出图上长度 dh、dn,该长度乘上比例尺分母即为实地水平距离,则 A 点坐标为

$$\begin{cases} x_A = x_d + M \cdot dh \\ y_A = y_d + M \cdot dn \end{cases} \quad (6\text{-}3)$$

式中 $M$——地形图比例尺分母。

例如,图 6-26 比例尺为 1:500,d 点坐标为 $x_d$ = 30050m,$y_d$ = 15550m,从图上量得 dh = 0.0662m,dn = 0.0428m,则有

$x_A$ = (30050 + 500×0.0662) m = 30083.1m

$y_A$ = (15550 + 500×0.0428) m = 15571.4m

当需要提高量测的精度时,必须考虑图纸伸缩的影响。此时,除量出 dh、dn 长度外,还要量出此方格的边长 da、dc 的图上长度,该长度一般与方格边长的理论值 $l$ = 10cm 会有少量差别。当 da、dc 不等于 $l$ 时,应按方格的理论长度与实际长度的比例关系,计算消除了图纸伸缩变形误差的图上长度,再代入上式计算 A 点的坐标,其公式为

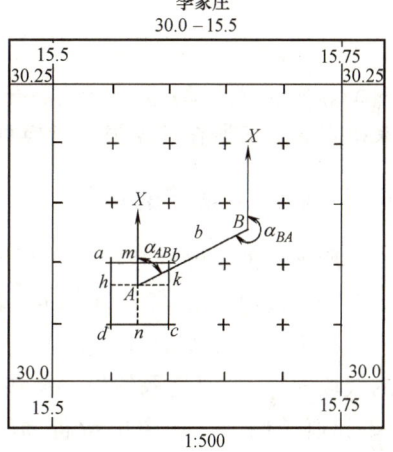

图 6-26 图上量测

$$\begin{cases} x_A = x_d + M \cdot dh \dfrac{l}{da} \\ y_A = y_d + M \cdot dn \dfrac{l}{dc} \end{cases} \quad (6\text{-}4)$$

## 6.4.2 求图上某直线的水平距离

图上量测距离

如图 6-26 所示,图上有 A、B 两点,欲求这两点间的水平距离,可按下述两种方法进行。

**1. 直接在图上量距**

用直尺在地形图上量出该直线的长度,乘上比例尺分母即为直线的水平距离。这是求图上两点间距离最常用的方法。这种方法不考虑图纸伸缩的影响,适用于图纸伸缩变形很小或虽有变形但精度要求不高的场合。

**2. 根据两点的坐标求水平距离**

若分别按式(6-4)求出 A、B 两点的平面坐标 $x_A$、$y_A$ 和 $x_B$、$y_B$,则 A、B 两点间的水平距离 $D_{AB}$ 可按坐标反算公式计算:

$$D_{AB} = \sqrt{\Delta x_{AB}^2 + \Delta y_{AB}^2} \quad (6\text{-}5)$$

$\Delta x_{AB}=x_B-x_A$，$\Delta y_{AB}=y_B-y_A$。由于式中使用的坐标值考虑了图纸变形的因素，因此由上式计算的水平距离也可以消除图纸伸缩变形的影响，但此法比较麻烦。

## 6.4.3　求图上某直线的坐标方位角

欲求图 6-26 中直线 $AB$ 的坐标方位角，有下述两种方法：

**1. 用量角器在图上量取**

先通过直线 $AB$ 的端点 $A$ 作平行于纵轴 $X$ 的直线 $AX$，然后用量角器直接量取 $AX$ 与 $AB$ 的夹角，即为方位角 $\alpha_{AB}$。该方法操作简便，是常用的方法。

**2. 根据两点的坐标求坐标方位角**

先按式（6-4）在图上求出 $A$、$B$ 两点的平面坐标，再计算坐标增量，则直线 $AB$ 的坐标方位角可按坐标反算公式计算：

$$\alpha_{AB}=\arctan\frac{\Delta y_{AB}}{\Delta x_{AB}} \tag{6-6}$$

图上量取方位角

$\Delta x_{AB}=x_B-x_A$，$\Delta y_{AB}=y_B-y_A$。在用电子计算器计算方位角值时，应根据 $\Delta x_{AB}$、$\Delta y_{AB}$ 的符号来确定 $\alpha_{AB}$ 值所在的象限，经换算后得到正确的方位角值。

## 6.4.4　求图上某点的高程

若所求点的位置恰好在某一等高线上，那么，此点的高程就等于该等高线的高程。如图 6-27 所示，$A$ 点的高程为 42m。若所求点的位置不在等高线上，如 $B$ 点，则要通过 $B$ 点作一条大致垂直于相邻两等高线的线段 $mn$，分别量取线段 $mB$ 和 $mn$ 的长度，确定 $mB$ 与 $mn$ 的比值。例如，从图中量得 $mB$ = 6.8mm，$mn$ = 10.2mm，则 $B$ 点的高程

$$H_B = H_m + \frac{mB}{mn} \cdot h_0$$

$$= \left(46+\frac{6.8}{10.2}\times 2\right) \text{m} = 47.3\text{m}$$

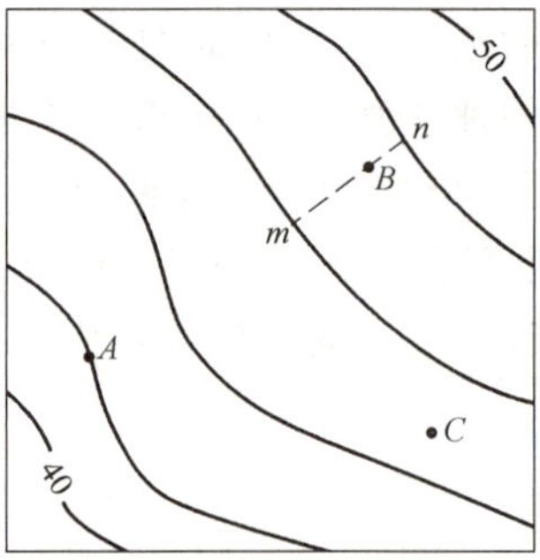

图上量测高程

图 6-27　图上求高程

式中　$h_0$——基本等高距，本图为 2m。

求图上某点的高程时，$mB/mn$ 的值通常是目估法得到，估读到 1/10 的精度，再根据等高距和此处等高线的高程快速地求出所求点的高程。例如，目估点 $C$ 点与其下方高程为 44m 的等高线的平距，约为此处等高线平距的 4/10，等高距为 2m，相应的高差为 0.8m，则 $C$ 点的高程为 44.8m。

## 6.4.5　求直线的坡度

图上量测坡度

直线的坡度是指直线两端点间高差与其平距之比，以 $i$ 表示：

$$i=\frac{h}{D} \tag{6-7}$$

式中　$h$——直线两端点的高差，可先在图上求两端点的高程，然后相减得到；

　　　$D$——该直线的实地水平距离，可由图上长度 $d$ 乘上地形图比例尺分母 $M$ 得到。

如图 6-27 所示，按前述方法求出 $A$、$B$ 两点间平距 $D_{AB}=80\mathrm{m}$，高差 $h_{AB}=+5.3\mathrm{m}$，则坡度为

$$i_{AB}=\frac{h_{AB}}{D_{AB}}=\frac{+5.3}{80}=+6.6\%$$

如果两点间的距离较长，中间通过数条等高线，且等高线平距不等，则所求地面坡度为两点间的平均坡度。

### 6.4.6 量测图形的面积

**1. 几何图形法**

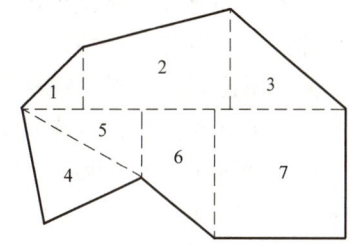

图上量测面积

若图形是三角形、矩形、梯形、圆形等简单几何图形，可根据比例尺在地形图上量取计算面积所需的元素（长、宽、高、半径等），应用相应的公式计算面积。

若图形是由直线连接的多边形，则可将图形划分为若干个简单的几何图形，然后量取计算时所需的长度元素，应用面积计算公式求出各个简单几何图形的面积，再汇总出多边形的面积。如图 6-28 所示的多边形，可划分为 7 个简单几何图形。将多边形划分为简单几何图形时，需要注意以下几点：

图 6-28 几何图形法量测面积

1）将多边形划分为三角形，面积量算的精度最高，其次为梯形、长方形。

2）划分为三角形以外的几何图形时，尽量使它的图形个数最少，线段最长，以减少误差。

3）划分几何图形时，尽量使底与高之比接近 1∶1（使梯形的中位线接近于高）。

4）如图形的某些线段有实量数据，则应首先利用实量数据。

5）为了进行校核和提高面积量算的精度，应对同一几何图形，量取另一组面积计算要素，量算两次面积。

若图形为线状地物，可将线状地物看为长方形，用分规量出其总长度，乘以实量宽度，即可得线状地物面积。

若图形边界为曲线，在面积精度要求不高时，可近似地用直线连接成多边形。再将多边形划分为若干种简单几何图形进行面积计算。

**2. 透明方格网法**

透明方格网法是求曲线边界图形面积的简便方法，如图 6-29 所示，欲求曲线内的面积，可用绘有边长为 1mm 的正方形格网的透明纸，蒙在待测图形上，先数出图形内整方格数 $n_1$ 和不足整格的方格数 $n_2$，由此计算出总格数：

$$n=n_1+\frac{n_2}{2}$$

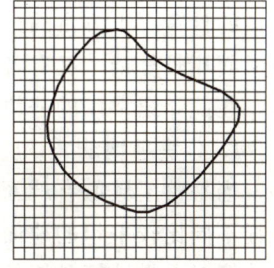

图 6-29 透明方格网法量测面积

然后用总格数 $n$ 乘以每格所代表的面积 $s_0$，即得所求图形面积 $s$：

$$s=n\cdot s_0$$

为了检核错误和提高精度，应将方格网透明纸调整位置和角度后再量测一次，取其平均值作为此图形的面积。

## 子单元 5　地形图在工程建设中的应用

地形图在工程建设中的应用，除了得到点的坐标和高程、线的长度和方位角、两点间的坡度和图形面积等比较简单的数据外，有时还需要综合运用这些方法解决更复杂的问题，其中绘制纵断面图和计算土方量就是经常遇到的地形图应用问题。

### 6.5.1　绘制纵断面图

在道路、隧道和管线等线路工程中，为了进行填挖土石方量的计算和线路纵坡的合理设计，通常需要了解线路经过地面的起伏情况，这时可以根据地形图来绘制纵断面图。

如图 6-30 所示，在地形图上作 M、N 两点的连线，与各等高线相交，各交点所在的等高线的高程即为各交点的高程，而各交点的平距可以在图上用比例尺量得。在绘图纸或方格纸上绘出两条相互垂直的轴线，以横轴 MN 表示平距，以垂直于横轴的纵轴表示高程，在地形图上量取 M 点到各交点 1，2，3，…，N 及地形特征点的平距，并将其依次转绘到横轴 MN 上，以相应的高程作为纵坐标，得到各交点在断面上的位置。用平滑的曲线顺次连接这些点，即得到 MN 方向上的断面图。

在确定地形特征点如山脊、山谷或山顶的高程时，如图中 a、b、c 等点的高程时，可用比例内插法求得。

为了更明显地表示地面的起伏情况，断面图上的高程比例尺一般比平距比例尺大 5~20 倍。

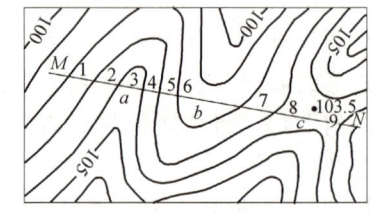
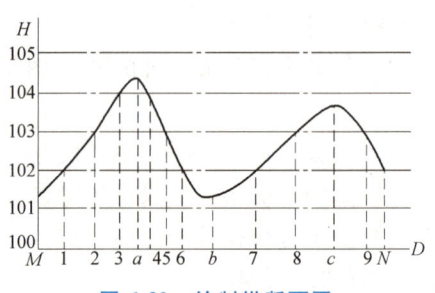

图 6-30　绘制纵断面图

### 6.5.2　计算土方量

在各种工程建设中，除对建筑物做合理的平面布局外，还经常需要对原有场地做必要的平整，以便布置建筑物、排水以及满足交通运输和管线的布设。在平整工作中经常要进行土方量的计算。土方量的计算是地形图的一项重要应用，其实质是一个体积的计算问题。由于地形面比较复杂，又有各种不同类型的工程和施工界限，所以需要计算土方的形体也多种多样，在此介绍常用的分块平均法和方格网法。

**1. 分块平均法**

当平整区域原有地面比较平坦，平整为几块高程不同的平面；或者平整区域地面为几块高程不同比较平坦的地面，平整为一整块平面时，可以将平整区域分块来计算土方量。土方量计算时，先计算每块的面积，再计算每块的平均高程，根据平整的设计高程，计算每块的土方量，最后再将各块土方相加得总土方量。

如图 6-31 所示，施工场地原有地面比较平坦，原地面高程如图所示。分为 A、B、C 三块平整，设计高程分别为 78.0m、78.5m、79.0m 的平面。

1）计算每个地块的面积。A、B、C 三块面积分别为 $S_A = 1500\text{m}^2$，$S_B = 1000\text{m}^2$，$S_C = 500\text{m}^2$。

2）根据每个地块的原地面高程计算平均高程。A、B、C 三块平均高程分别为 $H_A = 79.97\text{m}$、$H_B = 79.97\text{m}$、$H_C = 79.95\text{m}$。

3）计算每个地块的土方量。A、B、C 三块的土方量分别为：

$$V_A = S_A \times (H_A - 78.0) = 2955\text{m}^3$$
$$V_B = S_B \times (H_B - 78.5) = 1470\text{m}^3$$
$$V_C = S_C \times (H_C - 79.0) = 475\text{m}^3$$

4）计算总土方量。总土方量 $V$ 为：

$$V = V_A + V_B + V_C = 4900\text{m}^3$$

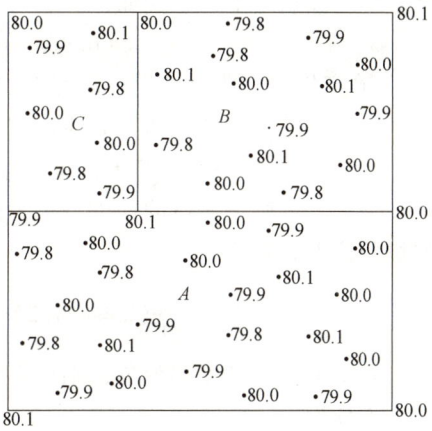

图 6-31 分块平均法计算土方示意图

## 2. 方格网法

方格网法计算土地平整挖填土方量的基本原理是：把要平整的土地分成若干方格，通过实地测量或在地形图上量测各方格点的地面高程，根据场地的设计高程和设计坡度，求出各方格点的填挖高差，逐个计算每个方格的挖填土方量，最后把所有方格的挖填土方量相加，即得到总的挖填土方量。

场地的设计平整面可能是一个水平面，也可能是一个有一定坡度的倾斜面。下面分别介绍场地平整成水平面和倾斜面的挖填土方计算。

（1）平整成水平面的挖填土方计算

1）划分方格网。在划分方格网时尽量使格网线与施工区的纵、横坐标一致，或者与场地的长边平行，方格网大小可取 5m×5m、10m×10m 或 20m×20m 等，具体应根据场地的大小和地形点的间距来确定。

如图 6-32 所示，本例的方格网边长取 20m×20m，并对各边进行编号，纵向编号为 $A \sim E$，横向编号为 $1 \sim 5$。

2）求取方格网点原地面高程。在方格网划分完成后，可以根据地形图中的等高线来求取各方格网点的地面高程，并标注在该点上方。例如，图 6-32 中基本等高距为 0.5m，$A1$ 点（用纵横边的编号表示交点）的高程在

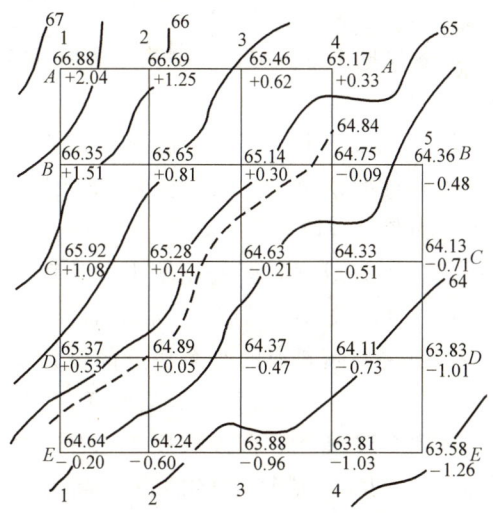

图 6-32 平整成水平面的挖填土方计算

66.5m 与 67m 之间，用内插法计算得到高程为 66.88m，其余各点的高程均可以用相同方法计算出。

3）计算格网点挖填高度。格网点原地面高程减设计高程，即为该点的挖填高度，即

$$h = H_{原地面高程} - H_{设计高程} \tag{6-8}$$

计算结果为正表示该点原地面高程比设计高程高，为挖土；计算结果为负则为填土，计算结果标于该点的下方。例如，本例设计高程为64.84m，则A1点的挖填高度为

$$66.88\text{m} - 64.84\text{m} = 2.04\text{m}（挖）$$

4）确定挖填零线。按设计高程64.84m，在图中按内插法绘出64.84m的等高线，用虚线表示，它是挖土与填土的分界线，该线上既不挖也不填，故又称为零线。

5）计算每个方格的挖填土方量。每个方格可能有三种情况，一是四个格点高差都为正，即全部为挖方，则该方格的挖土方量为四个格点的平均高差乘以该方格的面积，如最左上角的方格的挖土方量为

$$V_{挖} = \frac{1}{4}(2.04+1.25+1.51+0.81)\text{m} \times 20\text{m} \times 20\text{m} = 561\text{m}^3$$

二是四个格点高差都为负，则全部为填方，如最右下角的方格全部为填土，同理该方格的填土方量为

$$V_{填} = \frac{1}{4}(-0.73-1.01-1.03-1.26)\text{m} \times 20\text{m} \times 20\text{m} = -403\text{m}^3$$

三是零线通过的方格既有挖方也有填方，应分别计算，如B3B4C4C3围成的方格，左上角部分为挖土，而右边部分为填土，挖土部分与填土部分的水平投影面积可以按前面讲述的方法从图上量得。例如，本例中挖土部分面积为100m²，填土部分面积为300m²，则可以分别计算挖填方量：

$$V_{3挖} = \frac{1}{3}(0.30+0+0)\text{m} \times 100\text{m}^2 = 10\text{m}^3$$

$$V_{5填} = \frac{1}{5}(-0.21-0.51-0.09-0-0)\text{m} \times 300\text{m}^2 = -48.6\text{m}^3$$

在这里挖土部分可以近似按三边形计算，填土部分按五边形计算，与零线相交的交点挖填高度为0。

6）汇总土方量。在每个格网的土方量均计算完成后，将土方量按挖方和填方分别汇总，即可得到总的挖填土方量。计算中正值为挖方，而负值为填方。

（2）平整成倾斜面的挖填土方计算
倾斜面的土方量计算方法与水平面类似，主要差别在于倾斜面的每个格点的设计高程并不相同，而应根据设计坡度推算。

如图6-33所示，假设坡度为-5%，格网宽度为20m，则每个格的设计高差为20m×(-5%) = -1.0m。设A点所在的第一排横向格网线设计高程为64.8m，则其下方的第二排横向格网线的设计高程为(64.8-1)m = 63.8m，第三排横向格网线的设计高程为(63.8-1)m = 62.8m，同样可求出各格网交点的设计高程。一般图上该点

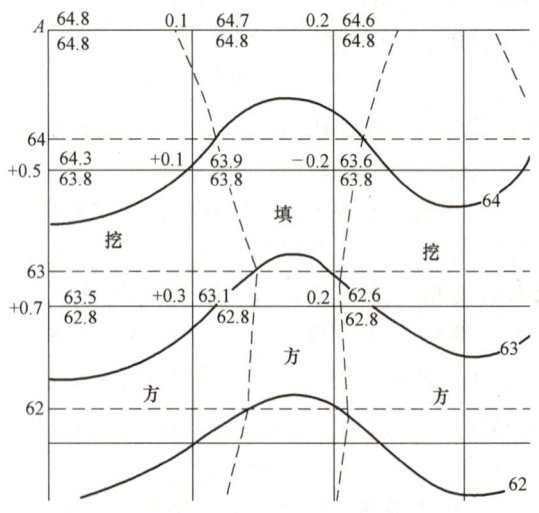

图6-33 平整成倾斜面的挖填土方计算

右侧上部数据为该点的实际高程，而其下面的数据为设计高程。同时可以计算各格网交点的挖填高度，该值可以记录于图中该点左侧。

接着计算各方格的挖填方量并汇总，这与水平设计面的计算相同。确定挖填边界时，先根据比例尺和坡度，绘出设计平面的等高线（图中的水平虚线），其与原地面等高线的交点为挖填零线的特征点，再依次将这些点相连即为挖填零线（图中的纵向虚线）。

## 子单元6　在计算机上数字地形图的应用

现在，人们利用数字地形图能很好地完成过去用纸质地形图进行的各种量测工作，而且精度高、速度快。在 AutoCAD 软件环境下，利用数字地形图可以很容易地获取各种地形信息，如量测任意点的坐标、两点间的距离、直线的方位角、点的高程、两点间的坡度和在图上设计坡度线等。

在工程建设中，利用数字地形图，可以建立数字地面模型，进而绘制不同比例尺的等高线地形图、地形立体透视图、地形断面图，确定汇水范围和计算面积，确定场地平整的挖填边界和计算土石方量。在公路与铁路设计中，可以绘制地形的三维轴视图和纵、横断面图，进行自动选线设计等。

本子单元主要介绍在 AutoCAD 中进行基本几何要素的查询，更多的数字地形图应用如断面图绘制、土方量计算等，请参阅 AutoCAD 和南方 CASS 地形地籍成图软件等手册。

### 6.6.1　查询指定点的坐标

右击 AutoCAD 工具条，在弹出的菜单中勾选【查询】，调出如图 6-34 所示的查询工具条，工具条上有五个常用的图上量测工具，自左至右分别为"距离""面积""面域""列表"和"定位点"。其中"定位点"是查询指定点坐标的工具。

打开需要量测的数字地形图，用鼠标点击"定位点"工具，再用鼠标在地形图上捕捉所要查询的点，则在屏幕下方的命令行中显示出该点的坐标，例如：

图 6-34　图形查询工具

$$X = 519273.200 \quad Y = 2527910.000 \quad Z = 0.000$$

注意，AutoCAD 的坐标系统与数学上的坐标系统相同，而与测量坐标系的 X 和 Y 的顺序相反，因此要反过来读取其坐标值。上例的测量坐标应为

$$X = 2527910.000 \text{m} \quad Y = 519273.200 \text{m}$$

### 6.6.2　查询两点间的距离

用鼠标点击"距离"工具，再用鼠标在数字地图上分别点取所要查询的两个点。在命令行中显示两点间的距离等有关数据，例如：

距离 = 61.552，XY 平面中的倾角 = 20.6432，与 XY 平面的夹角 = 0.0000
X 增量 = 57.600，Y 增量 = 21.700，Z 增量 = 0.000

其中第一个数字"距离 = 61.552"就表示两点之间的实际距离为 61.552m。注意当"Z 增量"等于 0 时是平距，不等于 0 时是斜距，一般要查询的是平距。

### 6.6.3 查询直线的方位角

查询两点间的方位角所用的工具与查询两点间的距离所用的工具相同,均为"距离"工具。在图上分别点击直线的起点和终点,在命令行中显示与上述查询距离相同格式的数据。上例中"XY 平面中的倾角 = 20.6432"即为方位角。

但 AutoCAD 默认显示的是以东方为标准方向,逆时针方向旋转到两点所确定直线的水平夹角,且角度是以"度"为单位。因此在查询方位角时应先对 AutoCAD 进行相应的设置,为了使方位角从北方向顺时针旋转,并以度、分、秒的格式显示,可点 AutoCAD 的"格式"菜单下的"单位设置",出现"图形单位"页面,如图 6-35 所示。将"角度类型"设置为"度/分/秒","角度精度"设置为"0d00′00″","顺时针"选项框打"√"。

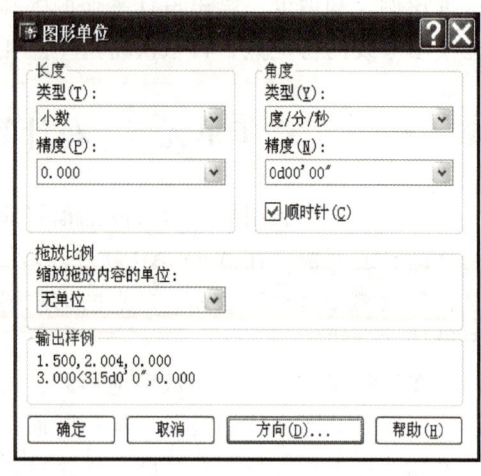

图 6-35 图形单位设置

然后点击"方向"按键,出现"方向控制"页面,如图 6-36 所示。将"方向控制"改为"北"。

这时再查询上述两点间距离和方向,显示为

距离 = 61.552,XY 平面中的倾角 = 69d21′24″,与 XY 平面的夹角 = 90d0′0″

X 增量 = 57.600,Y 增量 = 21.700,Z 增量 = 0.000

其中 XY 平面中的倾角 = 69d21′24″表示坐标方位角为 69°21′24″。

如果需要在图上标注角度,为了标注至秒,应设置标注格式,将"主单位"下的"角度标注"按图 6-37 进行设置。

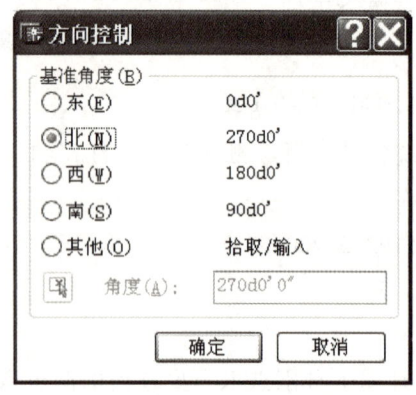

图 6-36 方向控制设置

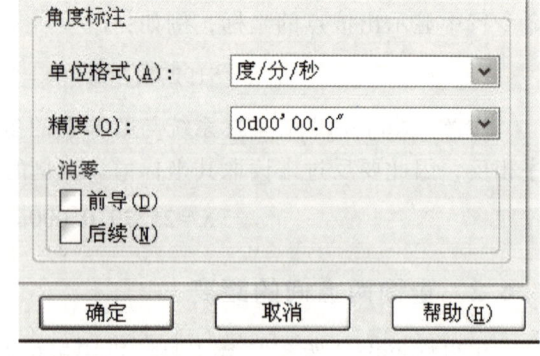

图 6-37 角度标注设置

### 6.6.4 查询面积

用鼠标点击"面积"工具,在屏幕下方的命令行中出现:

指定第一个角点或［对象（O）/加（A）/减（S）］

用键盘输入字符"O",再用鼠标点取待查询的图形边界线即可,要注意图形边界线应该是闭合的。例如,点取某边界线后,结果显示:

面积 = 848.045,周长 = 127.478

表示该图形的面积为 848.045$m^2$。

查询线长度、方位角和面积,也可用"列表" 工具,其结果是一致的,用"列表"工具可以显示更详细的数据。

其他更复杂的应用,如断面图绘制和土方量计算等,需要使用专门的软件,如南方数码公司的 CASS 地形地籍成图软件,能很方便地利用数字地形图,绘制某直线的断面图,或者计算某区域的土方量。

## 单 元 小 结

本单元主要学习地形图的基本知识、地形图测绘方法、全站仪和 RTK 数字测图、地形图的基本应用、地形图在工程建设中的应用。学习过程中,需要特别注意以下问题。

**1. 地形图的比例尺**

地图上一段直线的长度与地面上相应线段的水平投影长度的比值,称为地形图的比例尺。通常用分子为 1 的分数来表示称为数字比例尺,分母越小则比例尺越大,图上表示的内容越详细,但是相同图面表达内容的范围越小。因此,在城市或工程建设中,需要根据城市的大小以及不同阶段的用途选用相应比例尺的地形图,工程建设中常见的比例尺是 1∶500、1∶1000 和 1∶2000,它们都属于大比例地形图。

**2. 等高线**

相邻等高线之间的高差称为等高距。在同一幅地形图上等高距是相同的,因此也称为基本等高距。相邻等高线之间的水平距离称为等高线平距,等高线平距的大小反映了地面起伏的状况,等高线平距越小,相应等高线越密,则对应地面坡度较大,即该地较陡;等高线平距越大,相应等高线越疏,则对应地面坡度较小,即该地较缓;如果一系列等高线平距相等,则该地的坡度相等。

**3. 地形图测绘方法**

测图前准备工作的关键,是在图纸上绘制坐标格网和展绘控制点。测图时首先要设置测站和定向,还应经常用已知点检核,立镜时恰当选择碎部点,有利于提高成图的质量和速度。地物、地貌的绘制应在测图现场完成,做到边测边绘。

**4. 全站仪和 RTK 数字测图**

全站仪数字测图应注意测量过程中每测量一段时间及收站前应检查已知点的坐标和高程是否正确。草图法测图时观测员与绘草图者要时时联络对点,确保全站仪内存中记录的点号和绘草图者标注的点号一致。RTK 数字测图要注意在有固定解时采集测点坐标和高程数据。

**5. 地形图的基本应用**

可以在图上确定点的坐标、两点间的水平距离、两方向线间的夹角、直线的方位、点的高程、两点间的坡度和图形面积等,地形图上的坐标方格网和比例尺大小是最重要的依据。

一般通过直接在图上量测距离,再乘上比例尺分母的方法得到实地距离。

### 6. 绘制纵断面图

绘制纵断面图是通过量取图上某线路与各等高线交点间的距离作为横坐标,各交点等高线高程作为纵坐标,并把纵坐标放大 5~10 倍来绘制的,它可以直观地表示线路经过地面的高低起伏情况。

### 7. 土方量计算

分块平均法适用于平整区域原有地面比较平坦,平整为几块高程不同的平面,或者平整区域地面为几块高程不同比较平坦的地面,平整为一整块平面的情形。方格网法是把要平整的土地分成若干方格,根据各方格点的地面高程和设计高程,计算出各方格点的挖填高差,根据平均高差和方格面积计算挖填土方量。注意挖填零线通过的方格,一部分是挖土方量,另一部分是填土方量。

### 8. 数字地形图的应用

坐标查询时注意 AutoCAD 的坐标系统与数学上的坐标系统相同,而与测量坐标系的 X 和 Y 的顺序相反,要反过来读取其坐标值。查询方位角时,应将 AutoCAD 设置为从北方向开始按顺时针旋转。

## 思考与拓展题

6-1 什么叫地形图?

6-2 什么是比例尺精度?它在测绘工作中有何作用?

6-3 试求 1:500、1:1000 比例尺地形图在采用正方形分幅时,其图幅大小和所包含的实地面积。

6-4 什么是等高线、等高距和等高线平距?在同一幅图上,等高线平距与地面坡度有何关系?

6-5 等高线有哪些特性?等高线有哪几种?

6-6 试述全站仪用对角线法绘坐标方格网的方法,所绘方格网应达到什么精度?

6-7 如何检查图根控制点的展绘是否正确?

6-8 举例说明什么是地物和地貌的特征点。

6-9 试述全站仪测绘地形图的工作步骤。

6-10 全站仪数字测图和 RTK 数字测图的特点分别是什么?

6-11 地形图应用的基本内容有哪些?其中在地形图上进行面积量测的方法有哪些?

6-12 根据图 6-38(比例尺为 1:1000),在图上量测求下列数据:

1)求 A、B 两点的坐标。

2)求 AB、AC 两段直线的水平距离。

3)求 AB、AC 两段直线的坐标方位角及水平夹角 ∠BAC。

4)求 D、E 两点的高程,及 D 点到 E 点的坡度。

5)求建筑物 F 的面积。

6-13 练习在 AutoCAD 图上量测坐标、距离、方位角,查询面积等。

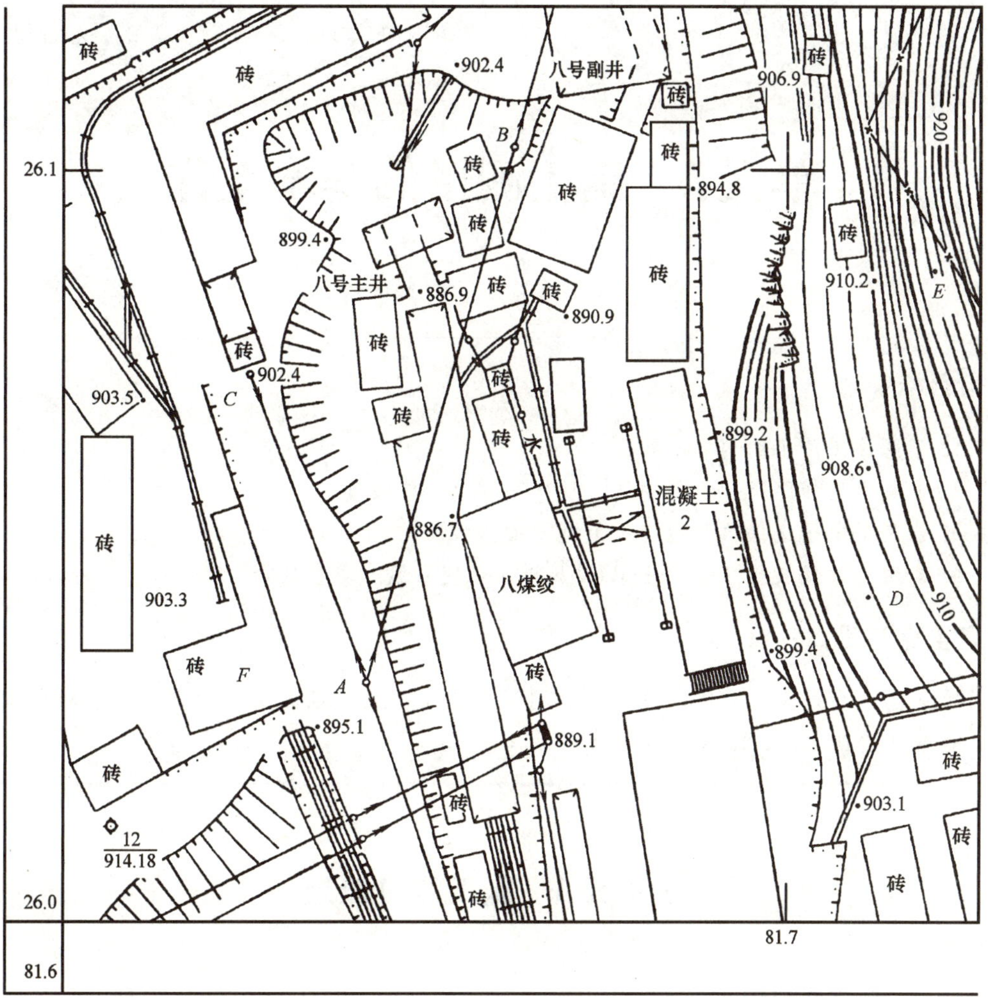

1:1000

图 6-38　图上量测作业

# 单元 7　施工测量的基本工作

**学习目标：**

1. 了解施工测量的内容和特点。
2. 能测设已知距离、已知角度、已知高程及已知坡度。
3. 能利用电子经纬仪和钢直尺放样平面点位。
4. 能用全站仪放样，会使用 RTK 放样，会使用激光测量仪器。

**学习重点与难点：**

重点是测设的基本工作，平面点位测设的基本方法；难点是平面点位测设的基本方法，全站仪放样方法、RTK 放样方法。

## 子单元 1　施工测量概述

### 7.1.1　施工测量的内容

各种工程在施工阶段所进行的测量工作称为施工测量。将设计图上的建筑物和构筑物，按其设计的平面位置和高程，通过测量手段和方法，用标线、桩点等可见标志，在现场表示出来，作为施工的依据，这种由图纸到现场的测量工作称为测设，也称为放样或放线。

施工测量除了测设，还包括为了保证放样精度和统一坐标系统而事先在施工场地上进行的前期测量工作——施工控制测量；为了检查每道工序施工后建筑物和构筑物的尺寸是否符合设计要求，以及确定竣工后建筑物和构筑物的真实位置和高程而进行的事后测量工作——检查验收与竣工测量；为了监视重要建筑物和构筑物，在施工和使用过程中位置和高程的变化情况而进行的周期性测量工作——变形观测。

由于工程类型的不同和施工现场条件的不同，具体的施工测量工作内容会有所不同，相应的施工测量方法也有所不同，本单元先介绍最基本、最常用并可普遍应用于各种工程建设的施工测量方法，即基本测量要素（水平距离、水平角和高程）的测设方法，以及地面点位的测设方法，单元 8 将详细介绍建筑工程施工测量的具体内容与方法。

## 7.1.2 施工测量的特点

### 1. 测量精度要求较高

总的来说，为了保证建筑物和构筑物位置的准确，以及其内部几何关系的准确，满足使用、安全与美观等方面的要求，应以较高的精度进行施工测量。但不同种类的建筑物和构筑物，其测量精度要求有所不同；同类建筑物和构筑物在不同的工作阶段，其测量精度要求也有所不同。

对不同种类的建筑物和构筑物，从大类来说，工业建筑的测量精度要求高于民用建筑，高层建筑的测量精度要求高于多层建筑，桥梁工程的测量精度要求高于道路工程；从小类来说，以工业建筑为例，钢结构的工业建筑测量精度要求高于钢筋混凝土结构的工业建筑，自动化和连续性的工业建筑测量精度要求高于一般的工业建筑，装配式工业建筑的测量精度要求高于非装配式工业建筑。

对同类建筑物和构筑物来说，在测设整个建筑物和构筑物的主轴线，以便确定其相对其他地物的位置关系时，其测量精度要求可相对低一些；而测设建筑物和构筑物内部有关联的轴线，以及在进行构件安装放样时，精度要求则相对高一些；对建筑物和构筑物进行变形观测时，为了发现位置和高程的微小变化，测量精度要求更高。

为了满足较高的施工测量精度要求，应使用经过检校的测量仪器和工具进行测量作业，测量作业的工作程序应符合"先整体后局部、先控制后细部"的一般原则，内业计算和外业测量时均应细心操作，注意复核，防止出错。测量方法和精度应符合有关的测量规范和施工规范的要求。

### 2. 测量与施工进度关系密切

施工测量直接为工程的施工服务，一般每道工序施工前都要进行放样测量，为了不影响施工的正常进行，应按照施工进度及时完成相应的测量工作。特别是现代工程项目，规模大、机械化程度高、施工进度快，对放样测量的密切配合提出了更高的要求。

在施工现场，各工序经常交叉作业，运输频繁，并有大量土方填挖和材料堆放，使测量作业的场地条件受到影响，视线被遮挡，测量桩点被破坏等。因此，各种测量标志必须埋设稳固，并设置在不易破坏和碰动的位置。此外，还应经常检查，如有损坏，及时恢复，以满足现场施工测量的需要。

为了满足施工进度对测量的要求，应提高测量人员的操作熟练程度，并要求测量小组各成员之间的配合良好。此外，应事先根据设计图、施工进度、现场情况和测量仪器设备条件，考虑在符合精度要求的情况下，采用效率最高的测量方法，并准备好所有相应的测设数据。一旦具备作业条件，就应尽快进行测量，在最短的时间内准确完成测量工作。

# 子单元 2　测设的基本工作

测设是最主要的施工测量工作，它与测定一样，也是确定地面上点的位置，但是方向刚好相反，即把建筑物和构筑物的特征点由设计图上标定到实际地面上去。在测设过程中，是通过测设设计点与施工控制点或既有建筑物之间的水平角、水平距离和高程，将该设计点在地面上的位置标定出来。因此，水平距离、水平角和高程是测设的基本要素，或者说测设的基本工作是水平距离测设、水平角测设和高程测设。

## 7.2.1 水平距离测设

水平距离测设是从现场上的一个已知点出发，沿给定的方向，按已知的水平距离量距，在地面上标出另一个端点。水平距离测设的方法有钢尺丈量法、视距测量法和全站仪测距法等，其中在建筑施工测量中最常用的是钢尺丈量法，其次是全站仪测距法。

**1. 钢尺丈量法**

（1）一般方法  当已知方向在现场已用直线标定，且测设的已知水平距离小于钢尺的长度时，测设的一般方法很简单，只需将钢尺的零端与已知始点对齐，沿已知方向水平拉紧、拉直和拉平钢尺，在钢尺上读数等于已知水平距离的位置定点即可。为了校核和提高测设精度，可将钢尺移动 10~20cm，用钢尺始端的另一个读数对准已知始点，再测设一次，定出另一个端点，若两次点位的相对误差在限差（1/5000~1/3000）以内，则取两次端点的平均位置作为端点的最后位置。如图 7-1 所示，$A$ 为已知始点，$A$ 至 $B$ 为已知方向，$P'$ 为第一次测设所定的端点，$P''$ 为第二次测设所定的端点，则 $P'$ 和 $P''$ 的中点 $P$ 即为最后所定的点，$AP$ 即为所要测设的水平距离。

图 7-1  距离测设的一般方法

若已知方向在现场已用直线标定，而已知水平距离大于钢尺的长度，则沿已知方向依次水平丈量若干个尺段，在各尺段读数之和等于已知水平距离处定点即可。为了校核和提高测设精度，同样应进行两次测设，然后取中定点，方法同上。

当已知方向没有在现场标定出来，而是在较远处给出另一定向点时，则要先定线再量距。对建筑工程来说，若始点与定向点的距离较短，一般可用拉一条细线绳的方法定线，若始点与定向点的距离较远，则要用经纬仪定线，方法是将经纬仪安置在 $A$ 点上，对中整平，照准远处的定向点，固定照准部，望远镜视线即为已知方向，沿此方向一边定线一边量距，使终点至始点的水平距离等于要测设的水平距离，并且位于望远镜的视线上。

（2）精密方法  当测设精度要求较高（1/10000~1/5000）时，必须考虑尺长改正、温度改正和倾斜改正，还要使用标准拉力来拉钢尺，才能达到要求。

如图 7-2 所示，$A$ 是始点，$D$ 是设计的已知水平距离。精密测设一般分两步完成，第一步是按一般方法测设该已知水平距离，在地面上临时定出另一个端点 $P'$；第二步是按精密钢尺量距法，精确测量出 $AP'$ 的水平距

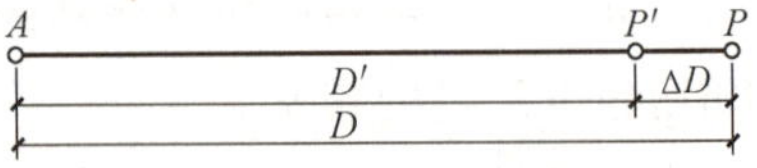

图 7-2  距离测设的精密方法

离 $D'$（方法见本书 4.1.4 节），根据 $D'$ 与 $D$ 的差值 $\Delta D = D' - D$，沿 $AP'$ 方向进行改正。若 $\Delta D$ 为正值，说明实际测设的水平距离大于设计值，应从 $P'$ 往回改正 $\Delta D$，即可得到准确的 $P$ 点；反之，若 $\Delta D$ 为负值，则应从 $P'$ 往前改正 $\Delta D$ 再定出 $P$ 点。

**2. 全站仪测距法**

如图 7-3 所示，在 $A$ 点安置全站仪，进入距离测量模式，输入温度、气压和棱镜常数。照准测设方向上的另一点 $P$，用望远镜视线指挥棱镜立在测设的方向 $AP$ 上，按平距（HD）测量键，根据测量

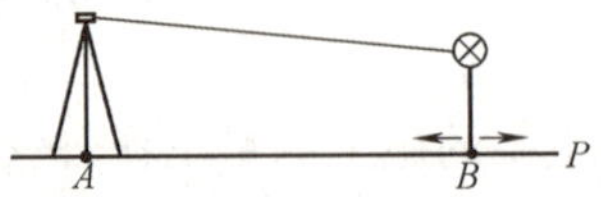

图 7-3  全站仪测设水平距离

的距离与设计的放样距离之差，指挥棱镜前后移动，当距离差为 0 时，打桩定点（$B$），则 $AB$ 即为测设的距离。

### 7.2.2 水平角测设

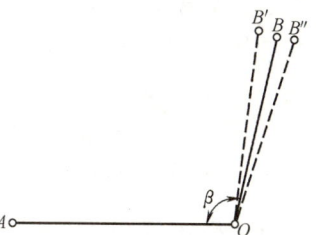

水平角测设方法

水平角测设是根据地面上已有的一个点和从该点出发的一个已知方向，按设计的已知水平角值，在地面上标定出另一个方向。水平角测设的仪器工具主要是电子经纬仪和全站仪，测设时按精度要求不同，分为一般方法和精密方法。

**1. 一般方法**

（1）顺时针方向测设水平角　如图 7-4 所示，设 $O$ 点为地面上的已知点，$OA$ 为已知方向，要顺时针方向测设已知水平角 $\beta$（如 $97°28'12''$），测设步骤如下：

1) 在 $O$ 点安置电子经纬仪，开机，对中整平。

2) 盘左状态瞄准 $A$ 点，按置零键，使水平度盘读数为 $0°00'00''$，然后旋转照准部，当水平度盘读数为 $\beta$（$97°28'12''$）附近时，旋紧水平制动螺旋，再转动水平微动螺旋，使水平度盘读数精确等于 $\beta$，用望远镜竖丝指挥，在此方向上合适的位置定出 $B'$ 点。

图 7-4　水平角测设的一般方法

3) 倒转望远镜成盘右状态，用同上的方法测设 $\beta$ 角，定出 $B''$ 点。

4) 取 $B'$ 和 $B''$ 连线的中点为 $B$，则 $\angle AOB$ 就是要测设的水平角。

采用盘左和盘右两种状态进行水平角测设并取其中点，可以校核所测设的角度是否有误，同时可以消除由于经纬仪视准轴与横轴不垂直，以及横轴与竖轴不垂直等仪器误差所引起的水平角测设误差，提高测设精度。

（2）逆时针方向测设水平角　如果是逆时针方向测设水平角 $\beta$（如同样是 $97°28'12''$），电子经纬仪可在照准已知方向点时，按"左/右"转换键，使仪器变成水平度盘读数逆时针方向增大的状态，水平度盘读数前出现"H 左"，然后按置零键，使水平度盘读数为 $0°00'00''$，然后旋转照准部，当水平度盘读数为 $\beta$（$97°28'12''$）时，固定照准部，在此方向上定点。

（3）测设方位角　实际工作中，可能已知起始边和测设边的方位角，例如，根据已知坐标和设计坐标反算方位角，则测设时不必计算其所夹的水平角，而直接按方位角进行测设。

如图 7-4 所示，已知方向 $OA$ 的方位角为 $272°36'48''$，设计方向 $OB$ 的方位角为 $11°52'12''$，水平旋转电子经纬仪，当水平度盘读数 $OA$ 为 $272°36'48''$，按"锁定"键将该读数锁定，照准已知方向点 $A$ 时，再按"锁定"键解锁，旋转照准部，使水平盘读数为 $11°52'12''$，固定照准部，在此方向上定点即得 $OB$ 方向。

**2. 精密方法**

当测设水平角精度要求较高时，也与精密测设水平距离一样，分两步进行。如图 7-5 所示，第一步是用盘左按一般方法测设已知水平角，定出一个临时点 $B'$。第二步是用测回法精密测量出 $\angle AOB'$ 的水平角 $\beta'$（精度要求越高，则测回数越多），设 $\beta'$ 与已知值 $\beta$ 的差为

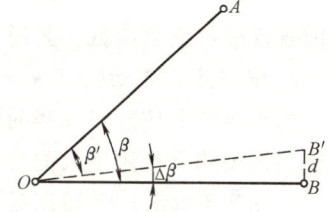

图 7-5　水平角测设的精密方法

$$\Delta\beta = \beta' - \beta$$

若 $\Delta\beta$ 超出了限差要求（±10″），则应对 $B'$ 进行改正。改正方法是先根据 $\Delta\beta$ 和 $AB'$ 的长度，计算从 $B'$ 至改正后位置 $B$ 的距离，即

$$d = AB' \times \frac{\Delta\beta}{\rho} \tag{7-1}$$

其中，$\rho = 206265$，$\Delta\beta$ 以秒为单位。在现场过 $B'$ 作 $AB'$ 的垂线，若 $\Delta\beta$ 为正值，说明实际测设的角值比设计角值大，应沿垂线往内改正距离 $d$；反之，若 $\Delta\beta$ 为负值，则应沿垂线往外改正距离 $d$。改正后得到 $B$ 点，$\angle AOB$ 即为附合精度要求的测设角。

例如，若图 7-5 中 $\Delta\beta = -56''$，$AB' = 68$m，则

$$d = 68 \times \frac{-56''}{206265''} \text{m} = -0.018\text{m}$$

由于 $\Delta\beta$ 为负值，过 $B'$ 沿 $AB'$ 的垂线往外改正 0.018m，即得 $B$ 点的正确设计位置。

### 7.2.3 高程测设

高程测设方法

高程测设是根据邻近已有的水准点或高程标志，在现场标定出某设计高程的位置。高程测设是施工测量中常见的工作内容，一般用自动安平水准仪进行。

**1. 一般方法**

如图 7-6 所示，某点 $P$ 的设计高程为 $H_P = 81.600$m，附近一水准点 $A$ 的已知高程为 $H_A = 81.346$m，现要将 $P$ 点的设计高程测设在一个木桩上，其测设步骤如下：

1）在水准点和 $P$ 点木桩之间安置自动安平水准仪，后视立于水准点上的水准尺，读中丝读数 $a = 1.782$m。

2）计算自动安平水准仪前视 $P$ 点木桩时在水准尺上的应读读数 $b$。根据图 7-6 可列出式（7-2），即

$$b = H_A + a - H_B \tag{7-2}$$

将有关数据代入式（7-2）得

$$b = (81.346 + 1.782 - 81.600)\text{m} = 1.528\text{m}$$

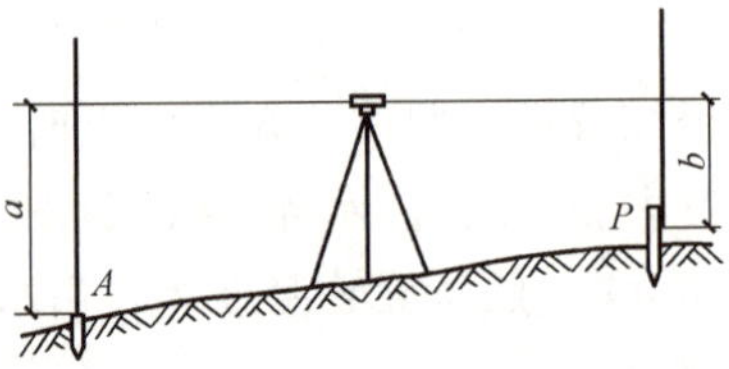

3）前视靠在木桩一侧的水准尺，上下移动水准尺，

图 7-6 高程测设

当读数恰好为 $b = 1.528$m 时，在木桩侧面沿水准尺底边画一道横线，此线就是 $P$ 点的设计高程 81.600m。也可先计算视线高程 $H_{视}$，再计算应读读数 $b$，即

$$H_{视} = H_A + a \tag{7-3}$$
$$b = H_{视} - H_P \tag{7-4}$$

这种算法的好处是，当在一个测站上测设多个设计高程时，先按式（7-3）计算视线高程 $H_{视}$，然后每测设一个新的高程，只需将各个新的设计高程代入式（7-4），便可算得相应的前视水准尺应读读数。其简化了计算工作，因此在实际工作中用得更多。

**2. 钢尺配合自动安平水准仪进行高程测设**

当需要向深坑底或高楼面测设高程时，因水准尺长度有限，中间又不便安置自动安平水准仪转站观测，可用钢尺配合自动安平水准仪进行高程的传递和测设。

如图 7-7 所示，已知高处水准点 $A$ 的高程 $H_A = 95.267$m，需测设低处 $P$ 的设计高程 $H_P = 87.600$m。施测时，用检定过的钢尺，挂一个与要求拉力相等的重锤，悬挂在支架上，

零点一端向下，先在高处安置自动安平水准仪，读取 $A$ 点上水准尺的读数 $a_1=1.642$m 和钢尺上的读数 $b_1=9.216$m，然后在低处安置自动安平水准仪，读取钢尺上的读数 $a_2=0.648$m，由图 7-7 所示，可得低处 $B$ 点上水准尺的应读读数 $b_2$ 的算式为

$$b_2 = H_A + a_1 - (b_1 - a_2) - H_P \tag{7-5}$$

由式（7-5）算得

$$b_2 = [95.267 + 1.642 - (9.216 - 0.648) - 87.600]\text{m} = 0.741\text{m}$$

上下移动低处 $P$ 的水准尺，当读数恰好为 $b_2=0.741$m 时，沿尺底边画一道横线即设计高程标志。

从低处向高处测设高程的方法与此类似。如图 7-8 所示，已知低处水准点 $A$ 的高程 $H_A$，需测设高处 $P$ 的设计高程 $H_P$。先在低处安置自动安平水准仪，读取读数 $a_1$ 和 $b_1$，再在高处安置自动安平水准仪，读取读数 $a_2$，则高处水准尺的应读读数 $b_2$ 为：

$$b_2 = H_A + a_1 + (a_2 - b_1) - H_P \tag{7-6}$$

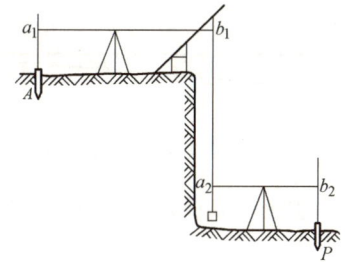

图 7-7　悬挂钢尺法往基坑下测设高程

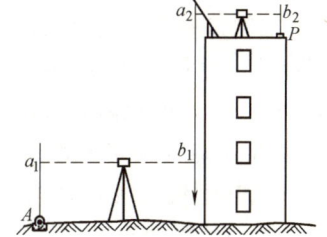

图 7-8　悬挂钢尺法往楼面上测设高程

钢尺配合自动安平水准仪进行高程测设，其式（7-5）、式（7-6）与式（7-2）比较，只是中间多了一个往下（$b_1-a_2$）或往上（$a_2-b_1$）传递自动安平水准仪视线高程的过程。如果现场不便直接测设高程，也可先用钢尺配合自动安平水准仪将高程引测到低处或高处的某个临时点上，再在低处或高处按一般方法进行高程测设。

### 7.2.4　测设直线

在施工过程中，经常需要在两点之间测设直线或将已知直线延长，由于现场条件不同和要求不同，有多种不同的测设方法，应根据实际情况灵活应用，下面介绍一些常用的测设方法。

**1. 在两点间测设直线**

这是最常见的情况，如图 7-9 所示，$A$、$B$ 为现场上已有的两个点，欲在其间再定出若干个点，这些点应与 $AB$ 同一直线，或再根据这些点在现场标绘出一条直线来。

（1）一般测设法　如果两点之间能通视，并且在其中一个点上能安置经纬仪，则可用经纬仪定线法进行测设。先在其中一个点上安置经纬仪，照准另一个点，固定照准部，再根据需要，在现场合适的位置立测钎，用经纬仪指挥测钎左右移动，直到恰好与望远镜竖丝重合时定点，该点即位于 $AB$ 直线上，同法依次测设出其他直线点。如果需要的话，可在每两个相邻直线点之间用拉白线、弹墨线和撒灰线的方法，在现场将此直线标绘出来，作为施工的依据。

如果经纬仪与直线上的部分点不通视，例如图7-10中深坑下面的$P_1$、$P_2$点，则可先在与$P_1$、$P_2$点通视的地方（如坑边）测设一个直线点$C$，再搬站到$C$点测设$P_1$、$P_2$点。

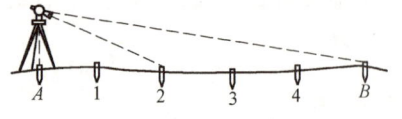

图7-9　经纬仪测设直线

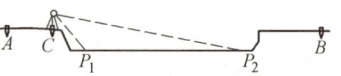

图7-10　往深坑下测设直线

通常只需在盘左（或盘右）状态下测设一次即可，但应在测设完所有直线点后，重新照准另一个端点，检验经纬仪直线方向是否发生了偏移，如有偏移，应重新测设。如果测设的直线点较低或较高（如深坑下的点），应在盘左状态和盘右状态下各测设一次，然后取两次的中点作为最后结果。

（2）正倒镜投点法　如果两点之间不通视，或者两个端点均不能安置经纬仪，可采用正倒镜投点法测设直线。如图7-11所示，$A$、$B$为现场上互不通视的两个点，需在地面上测设以$A$、$B$为端点的直线，测设方法如下：

在$A$、$B$之间选一个能同时与两端点通视的$O$点处安置经纬仪，尽量使经纬仪中心在$A$、$B$的连线上，最好是与$A$、$B$的距离大致相等。盘左（也称为正镜）瞄准$A$点并固定照准部，再倒转望

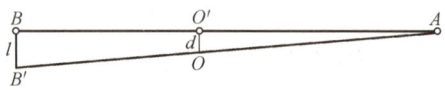

图7-11　正倒镜投点法测设直线

远镜观察$B$点，若望远镜竖线与$B$点的水平偏差为$BB'=l$，则根据距离$AO$与$AB$的比，计算经纬仪中心偏离直线的距离$d$：

$$d = l \times \frac{AO}{AB} \tag{7-7}$$

然后将经纬仪从$O$点往直线方向移动距离$d$，重新安置经纬仪并重复上述步骤的操作，使经纬仪中心逐次往直线方向趋近。

最后，当瞄准$A$点时，倒转望远镜便应正好瞄准$B$点。不过这并不等于仪器一定就在$AB$直线上，因为仪器可能存在误差。还需要用盘右（也称为倒镜）瞄准$A$点，再倒转望远镜，看是否也正好瞄准$B$点。如果是，则证明正倒镜无仪器误差，且经纬仪中心已位于$AB$直线上。如果不是，则仪器有误差，这时可松开中心螺栓，轻微移动仪器，使得正镜与倒镜观测时，十字丝纵丝分别落在$B$点两侧，并对称于$B$点。这样就使仪器精确位于$AB$直线上，这时即可用前面所述的一般方法测设直线上的其他点。

正倒镜投点法的关键是用逐渐趋近法将仪器精确安置在直线上，在实际工作中，为了减少通过搬动脚架来移动经纬仪的次数，提高作业效率，在安置经纬仪时，可按图7-12所示的方式安置脚架，使一个脚架与另外两个脚架中点的连线与所要测

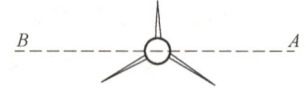

图7-12　经纬仪脚架摆放方式

设的直线垂直。当经纬仪中心需要往直线方向移动的距离不太大（10~20cm以内）时，可通过伸缩该脚架来移动经纬仪，而当移动的距离更小（2~3cm以内）时，只需在脚架头上移动仪器即可。

按式（7-7）计算偏离直线的距离$d$时，有关数据和结果并不需要非常准确，甚至可以直接目估距离$d$，因为主要是靠不断的趋近操作使仪器严格处于直线上。为了提高精度，应

使用检验校正过的经纬仪,并且用盘左和盘右进行最后的趋近操作。

**2. 延长已知直线**

如图 7-13 所示,在现场有已知直线 $AB$ 需要延长至 $C$,根据 $BC$ 是否通视,以及经纬仪设站位置不同,有几种不同的测设方法。

图 7-13　顺延法延长直线

(1) 顺延法　在 $A$ 点安置经纬仪,照准 $B$ 点,抬高望远镜,用视线(纵丝)指挥在现场上定出 $C$ 点。这个方法与两点间测设直线的一般方法基本一样,但由于测设的直线点在两端点以外,因此更要注意测设精度问题。延长线长度一般不要超过已知直线的长度,否则误差较大,当延长线长度较长或地面高差较大时,应用盘左和盘右各测设一次。

(2) 倒延法　当 $A$ 点无法安置经纬仪,或者当 $AC$ 距离较远,从 $A$ 点用顺延法测设 $C$ 点的照准精度降低时,可以用倒延法测设。如图 7-14 所示,在 $B$ 点安置经纬仪,照准 $A$ 点,倒转望远镜,用视线指挥在现场上定出 $C$ 点。为了消除仪器误差,应用盘左和盘右各测设一次,然后取两次的中点。

(3) 平行线法　当延长直线上不通视时,可用测设平行线的方法,绕过障碍物。如图 7-15 所示,$AB$ 是已知直线,先在 $A$ 点和 $B$ 点以合适的距离 $d$ 作垂线,得 $A'$ 点和 $B'$ 点,再将经纬仪安置在 $A'$ 点(或 $B'$ 点),用顺延法(或倒延法)测设 $A'B'$ 直线的延长线,得 $C'$ 点和 $D'$ 点,然后分别在 $C'$ 点和 $D'$ 点以距离 $d$ 作垂线,得 $C$ 点和 $D$ 点,则 $CD$ 是 $AB$ 的延长线。

图 7-14　倒延法延长直线　　　　图 7-15　平行线法延长直线

### 7.2.5　测设坡度线

在平整场地、修筑道路和敷设管道等工程中,往往要按一定的设计坡度(倾斜度)进行施工,这时需要在现场测设坡度线,作为施工的依据。根据坡度大小的不同和场地条件的不同,坡度线测设的方法有水平视线法和倾斜视线法。

**1. 水平视线法**

水平视线法广泛用于道路和管线的施工测量,如图 7-16 所示,$A$、$B$ 为设计坡度线的两个端点,$A$ 点设计高程为 $H_A = 56.487\text{m}$,坡度线长度(水平距离)为 $D = 110\text{m}$,设计坡度为 $i = -1.5\%$,要求在 $AB$ 方向上每隔距离 $d = 20\text{m}$ 打一个木桩,并在木桩上定出一个高程标志,使各相邻标志的连

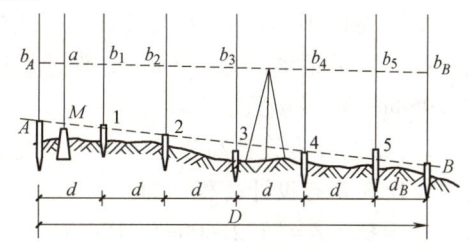

图 7-16　水平视线法测设坡度线

线符合设计坡度。设附近有一水准点 $M$,其高程为 $H_M = 56.128\text{m}$,测设步骤如下:

1) 在地面上沿 $AB$ 方向,依次测设间距为 $d$ 的中间点 1、2、3、4、5,在点上打好木桩。

2) 计算各桩点的设计高程。

先计算按坡度 $i$ 每隔距离 $d$ 相应的高差,即

171

$$h = id = -1.5\% \times 20\text{m} = -0.3\text{m}$$

再计算各桩点的设计高程，其中

第1点：$H_1 = H_A + h = (56.487 - 0.3)\text{m} = 56.187\text{m}$

第2点：$H_2 = H_1 + h = (56.187 - 0.3)\text{m} = 55.887\text{m}$

同法算出其他各点设计高程为 $H_3 = 55.587\text{m}$，$H_4 = 55.287\text{m}$，$H_5 = 54.987\text{m}$，最后根据 $H_5$ 和剩余的距离计算 $B$ 点设计高程，即

$$H_B = 54.987\text{m} + (-1.5\%) \times (110 - 100)\text{m} = 54.837\text{m}$$

注意，$B$ 点设计高程也可用下式算出，即

$$H_B = H_A + iD$$

此式可用来检核上述计算是否正确，例如，这里 $H_B = 56.487\text{m} + (-1.5\%) \times 110 = 54.837\text{m}$，说明用高程计算正确。

3) 在合适的位置（与各点通视，距离相近）安置水准仪，后视水准点上的水准尺，设读数 $a = 0.866\text{m}$，先代入式（7-3）计算仪器视线高，即

$$H_{视} = H_M + a = (56.128 + 0.866)\text{m} = 56.994\text{m}$$

再根据各点设计高程，依次代入式（7-4）计算测设各点时的应读前视读数，如 $A$ 点为

$$b_A = H_{视} - H_A = (56.994 - 56.487)\text{m} = 0.507\text{m}$$

1号点为

$$b_1 = H_{视} - H_1 = (56.994 - 56.187)\text{m} = 0.807\text{m}$$

同理得，$b_2 = 1.107\text{m}$，$b_3 = 1.407\text{m}$，$b_4 = 1.707\text{m}$，$b_5 = 2.007\text{m}$，$b_B = 2.157\text{m}$。

各点应读前视读数的计算也可简化为：先计算第一点的应读前视读数，再减去第一点与下一个点的高差，得到下一个点的应读前视读数。

4) 水准尺依次贴靠在各木桩的侧面，上下移动尺子，直至水准仪在尺上读数为 $b$ 时，沿尺底在木桩上画一道横线，该线即在 $AB$ 坡度线上。也可将水准尺立于桩顶上，读前视读数 $b'$，再根据应读读数和实际读数的差 $l = b - b'$，用小钢尺自桩顶往下量取高度 $l$ 画线。

**2. 倾斜视线法**

当坡度较大时，坡度线两端高差太大，不便按水平视线法测设，这时可采用倾斜视线法。如图 7-17 所示，$A$、$B$ 为设计坡度线的两个端点，$A$ 点设计高程为 $H_A = 132.600\text{m}$，坡度线长度（水平距离）为 $D = 80\text{m}$，设计坡度为 $i = -10\%$，附近有一水准点 $M$，其高程为 $H_M = 131.958\text{m}$，测设步骤如下：

1) 根据 $A$ 点设计高程、坡度 $i$ 及坡度线长度 $D$，计算 $B$ 点设计高程，即

$$\begin{aligned}H_B &= H_A + iD = [132.600 + (-10\%) \times 80]\text{m} \\ &= 124.600\text{m}\end{aligned}$$

2) 按测设已知高程的一般方法，将 $A$、$B$ 两点的设计高程测设在地面的木桩上。

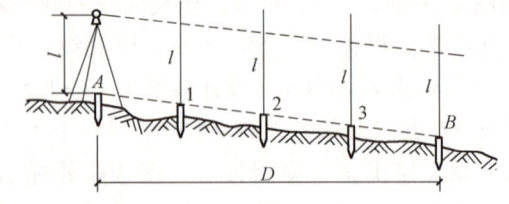

图 7-17 倾斜视线法测设坡度线

3) 在 $A$ 点上安置水准仪，使基座上的一个脚螺旋在 $AB$ 方向上，其余两个脚螺旋的连线与 $AB$ 方向垂直，如图 7-18 所示，粗略对中并调节与 $AB$ 方向垂直的两个脚螺旋基本水平，量取仪器高 $l$（设 $l = 1.453\text{m}$）。通过转动 $AB$ 方向上的脚螺旋，使望远镜十字丝横丝对准 $B$

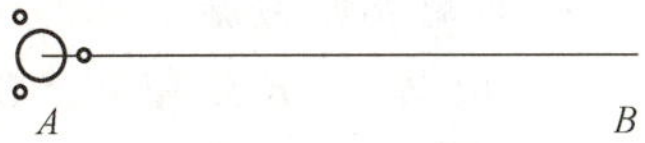

点水准尺上等于仪器高（1.453m）处，此时仪器的视线与设计坡度线平行，同一点上视线比设计坡度线高 1.453m。

4）在 AB 方向的中间各点 1、2、3、…的木桩侧面立水准尺，上下移动水准尺，直至尺上读数等于仪器高（1.453m）时，沿尺底在木桩上画线，则各桩画线的连线就是设计坡度线。

图 7-18 水准仪安置

由于经纬仪可方便地照准不同高度和不同方向的目标，因此，也可在一个端点上安置经纬仪来测设各点的坡度线标志，这时经纬仪可按常规对中整平和量仪器高，直接照准立于另一个端点水准尺上等于仪器高的读数，固定照准部和望远镜，得到一条与设计坡度线平行的视线，据此视线在各中间桩点上绘坡度线标志线的方法同水准仪法。

## 子单元 3  测设平面点位的基本方法

在确定建筑物和构筑物的平面位置时，设计图上并不一定直接提供有关的水平距离和水平角数据，而是提供一些主要点的设计坐标 $(x, y)$，如图 7-19 所示。这时，如何根据点的设计坐标将其实际位置在现场测设出来呢？

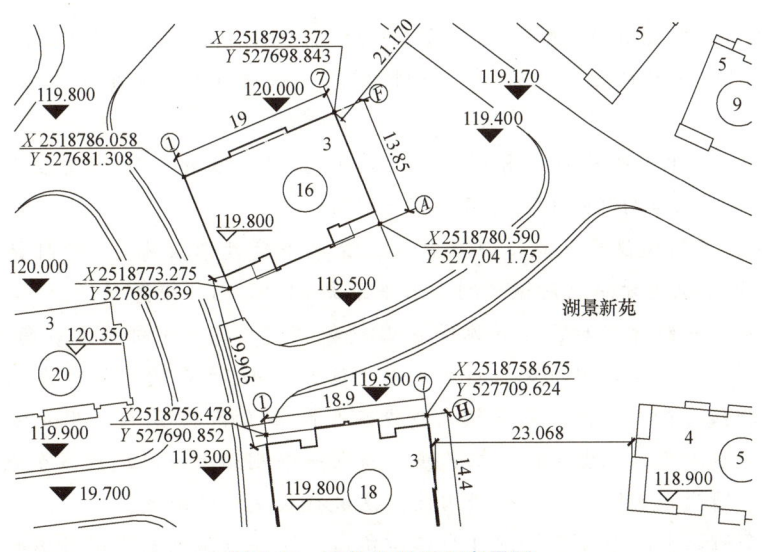

图 7-19 建筑物总平面布置图

解决这个问题的方法，是先根据待测设点与附近控制点的关系，按其坐标计算有关的水平距离和水平角，然后综合应用上一子单元所述的水平距离测设和水平角测设方法，在现场测设点位。按所计算和测设的角度和距离的情况不同，测设点位的基本方法有极坐标法、直角坐标法、角度交会法和距离交会法等，在实际工作中，可根据施工控制网的布设形式、控制点的分布、地形情况、放样精度要求以及施工现场条件等，选用适当的方法进行测设。

### 7.3.1  极坐标法

极坐标法是根据一个水平角和一段水平距离测设点的平面位置的方法。如图 7-20 所示，$A$、$B$ 点是现场已有的测量控制点，其坐标已知，$P$ 点为待测设的点，其设计坐标也已知。

**1. 计算测设数据**

1）根据 $A$、$B$ 点和 $P$ 点的坐标，用坐标反算公式，计算 $A$、$P$ 之间水平距离 $D_{AP}$，即

$$D_{AP} = \sqrt{\Delta x_{AP}^2 + \Delta y_{AP}^2}$$

其中，$\Delta x_{AP} = x_P - x_A$，$\Delta y_{AP} = y_P - y_A$。

2）计算 $AB$ 的坐标方位角 $\alpha_{AB}$ 和 $AP$ 的坐标方位角 $\alpha_{AP}$

$$\alpha_{AB} = \arctan \frac{\Delta y_{AB}}{\Delta x_{AB}}$$

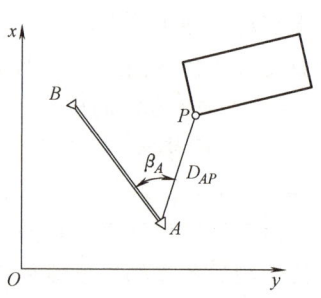

图 7-20　极坐标法测设点位

$$\alpha_{AP} = \arctan \frac{\Delta y_{AP}}{\Delta x_{AP}}$$

计算水平角 $\angle PAB$ 为

$$\beta_A = \alpha_{AP} - \alpha_{AB}\quad（注意是右方向-左方向）$$

**2. 现场测设**

安置经纬仪于 $A$ 点，瞄准 $B$ 点；顺时针方向测设 $\beta_A$ 角，并在视线方向上用钢尺测设水平距离 $D_{AP}$ 即得 $P$ 点。

【例】　设控制点 $A$ 的坐标为（375.078，914.733），$B$ 的坐标为（452.564，862.631），待测设点 $P$ 的设计坐标为（404.320，926.530），拟在 $A$ 点安置经纬仪测设 $P$ 点。

【解】　1）根据上述坐标可计算得水平距离 $D_{AP} = 31.533\text{m}$，$AB$ 的方位角 $\alpha_{AB} = 326°04'57''$，$AP$ 的方位角 $\alpha_{AP} = 21°58'10''$，水平角 $\beta = 55°43'13''$。

2）测设时安置经纬仪于 $A$ 点，照准 $B$ 点，置水平度盘读数为 0，顺时针方向测设水平角 $55°43'13''$，并在视线方向上用钢尺测设水平距离 31.533m，即得 $P$ 点。

也可在 $A$ 点安置经纬仪后，先将水平度盘读数锁定为 $AB$ 方向的方位角值 $326°04'57''$，瞄准 $B$ 点后解锁，然后旋转照准部，当水平度盘读数为 $AP$ 方向的方位角为 $21°58'10''$ 时，即为测设 $P$ 点的视线方向，沿此方向用钢尺测设水平距离 $D$ 即得 $P$ 点。用此方法只需计算方位角而不必计算水平角，减少了计算工作量，当在一个测站上一次测设多个点时，节省的计算工作量更多，因此在实际工作中一般用此方法进行极坐标法测设。

如果在一个测站上测设建筑物的几个定位角点，可先计算所有点的测设数据，然后用上述方法在测站上依次测设这几个点。测设完后要用钢尺检核边长是否与设计值相符，用经纬仪检核大角是否为 90°、边长误差和角度误差应在限差以内。

极坐标法的特点是只需设一个测站，就可以测设很多个点，效率很高，但要求量边方便。由于全站仪可同时准确快速地测角量边，并可根据坐标自动计算放样方位角和边长，因此，用全站仪按极坐标法测设点位非常方便，具体方法将在下一个子单元详细介绍。

### 7.3.2　直角坐标法

建筑物附近已有互相平行的建筑基线或建筑方格网时（一种特殊的导线控制点），可采用直角坐标法测设点的平面位置。

如图 7-21 所示，已知某建筑物角点 $P$ 的设计坐标，又知现场 $P$ 点周围有建筑方格网控

制点 $A$、$B$ 和 $C$，其坐标已知，且 $AB$ 平行于 $Y$ 轴，$AC$ 平行于 $X$ 轴，现介绍用直角坐标法测设 $P$ 的方法和步骤。

1）根据 $A$ 点和 $P$ 点的坐标计算测设数据 $a$ 和 $b$，其中 $a$ 是 $P$ 到 $AB$ 的垂直距离，$b$ 是 $P$ 到 $AC$ 的垂直距离，算式为

$$a = x_P - x_A$$
$$b = y_P - y_A$$

例如，若 $A$ 点坐标为（568.265，256.478），$P$ 点的坐标为（602.400，298.500），则代入上式得

$$a = (602.400 - 568.265)\text{m} = 34.135\text{m}$$
$$b = (298.500 - 256.478)\text{m} = 42.022\text{m}$$

2）现场测设 $P$ 点。

① 如图 7-22 所示，安置经纬仪于 $A$ 点，照准 $B$ 点，沿视线方向测设距离 $b = 42.022\text{m}$，定出点 1。

② 安置经纬仪于点 1，照准 $B$ 点，逆时针方向测设 90°角，沿视线方向测设距离 $a = 34.135\text{m}$，即可定出 $P$ 点。

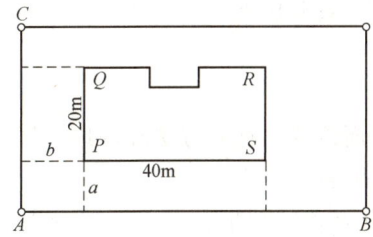

**图 7-21** 建筑方格网与建筑物定位点

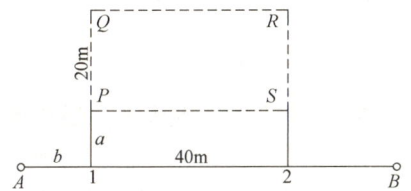

**图 7-22** 直角坐标法测设点位

如要同时测设多个坐标点，只需综合应用上述测设距离和测设直角的操作步骤，即可完成。例如，已知建筑物与建筑方格网平行，长边为 40m，短边为 20m，要求在现场测设建筑物的四个角点 $P$、$Q$、$R$、$S$。可先按上述步骤①定出点 1，并继续沿 $AB$ 视线方向测设距离 40m，定出点 2，然后在点 1 安置经纬仪，测设 90°角，沿视线方向测设距离 $a$，定出 $P$ 点，继续沿视线方向测设距离 20m，定出 $Q$ 点，同法在点 2 安置经纬仪测设 $S$ 点和 $R$ 点。

为了检核点位放样是否正确，用钢尺测量水平距离 $QR$ 和 $PS$，检查与建筑物的尺寸是否相等；再在现场的四个角点安置经纬仪，测量水平角，检核四个大角是否为 90°。

直角坐标法计算简单，在建筑物与建筑基线或建筑方格网平行时用得较多，但测设时设站较多，只适用于施工控制为建筑基线或建筑方格网，并且便于量边的情况。

### 7.3.3 角度交会法

角度交会法是根据两个以上测站，分别测设角度定出方向线，两条方向线交会出点的平面位置。在待定点离控制点较远或量距较困难的地区，常用此法。如图 7-23 所示，$A$、$B$、$C$ 为控制点，$P$ 为待测设点，其坐标均为已知，测设方法如下：

1）根据 $A$、$B$ 点和 $P$ 点的坐标计算测设数据 $\beta_A$ 和 $\beta_B$，

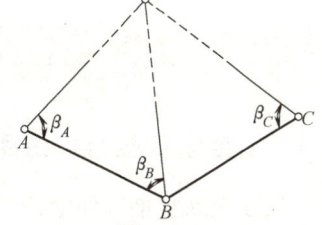

**图 7-23** 角度交会法测设点位

即水平角 $\angle PAB$ 和水平角 $\angle PBA$，其中

$$\beta_A = \alpha_{AB} - \alpha_{AP}$$
$$\beta_B = \alpha_{BP} - \alpha_{BA}$$

2）现场测设 $P$ 点。在 $A$ 点安置经纬仪，照准 $B$ 点，逆时针测设水平角 $\beta_A$，定出一条方向线，在 $B$ 点安置另一台经纬仪，照准 $A$ 点，顺时针测设水平角 $\beta_B$，定出另一条方向线，两条方向线的交点位置就是 $P$ 点。在现场立一根测钎，由两台仪器指挥，前后左右移动，直到两台仪器的纵丝能同时照准测钎，在该点设置标志得到 $P$ 点。

为了检核和提高测设精度，可根据控制点 $B$、$C$ 和待测设点 $P$ 的坐标计算水平角 $\beta_C$，在现场将第三台经纬仪安置于 $C$ 点，照准 $B$ 点，顺时针测设水平角 $\beta_C$，定出第三条方向线。理论上三个方向应交于一点，但由于观测误差的影响，三个方向一般不交于一点，在现场将每个方向用两个小木桩标定在地面上，拉线形成一个示误三角形，如图 7-24 所示。如果示误三角形最大边长不超过 3cm，则取该三角形的重心定点，作为待测设点 $P$ 的地面位置。

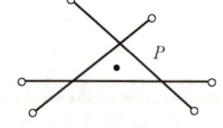

图 7-24　角度交会示误三角

角度测设法不需测设水平距离，在量距困难的情况下（如桥墩定位）应用较多，但计算工作量较大，且需要两台以上经纬仪同时配合作业，效率比极坐标法低。

### 7.3.4　距离交会法

距离交会法是根据测设的两段距离交会出点的平面位置。这种方法在场地平坦、量距方便，且控制点离测设点不超过一尺段长度时，使用较多。如图 7-25 所示，$P$ 是待测设点，其设计坐标已知，附近有 $A$、$B$ 两个控制点，其坐标也已知，测设方法如下：

1）根据 $A$、$B$ 点和 $P$ 点的坐标计算测设数据 $D_{AP}$、$D_{BP}$，即 $P$ 点至 $A$、$B$ 的水平距离，其中

$$D_{AP} = \sqrt{\Delta x_{AP}^2 + \Delta y_{AP}^2}$$
$$D_{BP} = \sqrt{\Delta x_{BP}^2 + \Delta y_{BP}^2}$$

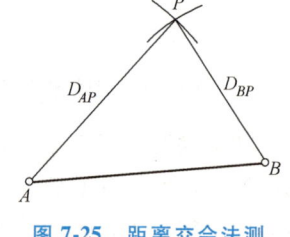

图 7-25　距离交会法测设点位

2）现场测设 $P$ 点。在现场用一把钢尺分别从控制点 $A$、$B$ 以水平距离 $D_{AP}$、$D_{BP}$ 为半径画圆弧，其交点即为 $P$ 点的位置。也可用两把钢尺分别从 $A$、$B$ 量取水平距离 $D_{AP}$、$D_{BP}$，摆动钢尺，其交点即为 $P$ 点的位置。

距离交会法计算简单，不需要经纬仪，现场操作简便，但距离不能超过一尺段的长度且场地较平坦时才能使用此方法。

## 子单元 4　全站仪测设方法

### 7.4.1　全站仪极坐标法测设点位

全站仪极坐标法放样

由于全站仪能方便地以较高的精度同时进行测角和量边，并能自动进行常见的测量计算，因此在施工测量中应用广泛，是提高施工测量质量和效率的重要手段。用全站仪测设点

位一般采用极坐标法,不同品牌和型号的全站仪,用极坐标法测设点位的具体操作方法也有所不同,但其基本过程是一样的。

**1. 安置全站仪**

如图7-26所示,在 $A$ 点安置全站仪,对中整平,开机自检并初始化,输入当时的温度和气压,将测量模式切换到"放样"。

**2. 设置测站和定向**

输入 $A$ 点坐标作为测站坐标,后视照准另一个控制点 $B$,输入 $B$ 点坐标作为后视点坐标,或者直接输入后视方向的方位角,进行定向。换到坐标测量模式,测量 $1\sim2$ 个已知点的坐标作为检核。

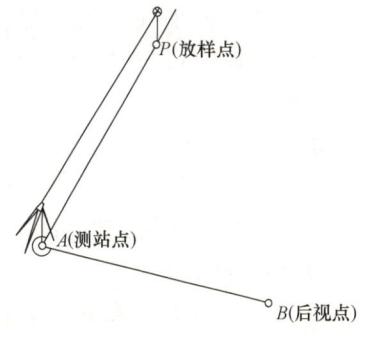

图 7-26 全站仪测设点位

**3. 输入设计坐标和转到设计方向**

将测量模式切换到"放样",输入放样点 $P$ 的 $x$、$y$ 坐标,全站仪自动计算测站至该点的方位角和水平距离,按"角度"对应功能键,屏幕上即显示出当前视线方向与设计方向之间的水平夹角,转动照准部,当该夹角接近 $0°$ 时,制动照准部,转动水平微动螺旋使夹角为 $0°00'00''$,此时视线方向即为设计方向。

**4. 测距和调整反光镜位置**

指挥反光镜立于视线方向上,按"距离"对应功能键,全站仪即测量出测站至反光镜的水平距离,并计算出该距离与设计距离的差值,在屏幕上显示出来。一般差值为正表示反光镜立得偏远,应往靠近测站方向移动;差值为负表示反光镜立得偏近,应往远离测站方向移动。观测员通过对讲机将距离偏差值通知持镜员,持镜员按此数据往近处或远处移动反光镜,并立于全站仪望远镜视线方向上,然后观测员按"距离"键重新观测。如此反复趋近,直至距离偏差值接近 0 时打桩。

**5. 精确定点**

打桩时用望远镜检查是否在左右方向打偏,还可以立镜测距检查是否前后方向打偏,如有偏移及时调整。桩打好后,用全站仪在桩顶上精确放出 $P$ 点,打下小钉作标志。

在同一测站上测设多个放样点时,只需按"继续"键,然后重复 $3\sim5$ 步操作即可。该方法具有精度高、速度快等优点,广泛应用于各项工程建设。

## 7.4.2 全站仪后方交会法设站

当放样现场现有控制点与放样点之间不通视时,需要增设新的控制点,常用的方法是支导线法,这需要至少多安置一次全站仪并进行相应的坐标测量工作。全站仪后方交会法也称为自由设站法,在靠近待测点的位置安置全站仪,观测两个以上的已知点,全站仪便可自动计算得到测站点的坐标,省去了支导线点的测量工作,提高了工作效率。

全站仪后方交会法分为距离测量后方交会和角度测量后方交会。距离测量后方交会至少需要观测 2 个已知点,并且需要在已知点上立棱镜;角度测量后方交会至少需要观测 3 个已知点,已知点上可以只立普通的观测标志。但两者的操作过程基本一样。一般优先采用距离测量后方法交会法。

### 1. 安置全站仪

如图 7-27 所示，在自由设站点（新点）安置全站仪，对中整平（如果不保留测站点，只需整平，不需要对中），开机自检并初始化，输入当时的温度和气压。

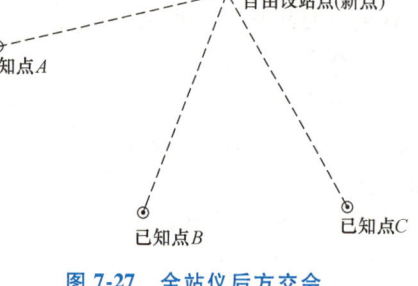

图 7-27　全站仪后方交会

### 2. 交会测得新点的坐标

1）将全站仪设置为放样模式，选择"新点"功能，进入后方交会法功能模块。

2）输入新点点号。

3）在第一个已知点安置棱镜，并输入该已知点的坐标和棱镜高，照准该已知点，这时若进行距离测量后方交会则按显示屏上"距离"对应的键，若进行角度测量后方交会则按显示屏上"角度"对应的键，这里按"距离"对应键。

4）第一个已知点观测完成后，照准第二个已知点，输入该点的坐标和棱镜高，并按"距离"键，就可以完成第二个已知点的观测。同样方法，观测完所有的已知点后仪器自动进行计算，获得新点坐标成果并显示其误差的大小。

通过后方交会获得新点坐标后，就可以利用前面所述的方法，用极坐标法来测设各放样点的点位。值得注意的是，新点与两个已知点所构成的水平角称为交会角，为了保证新点的精度，交会角不能太小和太大，应为 30°~150°。

## 7.4.3　全站仪点到直线测设法

如图 7-28 所示，全站仪点到直线的测量模式是建立相对于原点 $A$（0，0，0）和以 $AB$ 为 $N$ 轴（相当于 $X$ 方向）的独立平面直角坐标系，然后对目标点进行坐标测量。安置仪器在任意未知点 $C$，将棱镜分别安置在 $A$ 点和 $B$ 点进行观测，就得到 $C$ 点的坐标数据并设置为仪器的测站坐标，同时，仪器还设置好定向角。具体操作步骤如下：

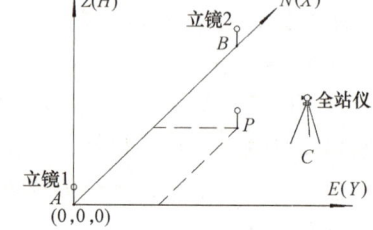

图 7-28　全站仪点到直线的测量

### 1. 安置全站仪

如图 7-28 所示，在任意未知点 $C$ 安置全站仪，整平，开机自检并初始化，输入当时的温度和气压。

### 2. 设置测站和定向角

1）使全站仪处于菜单显示状态，选择"程序"功能，进入"点到直线测量功能"模块。

2）输入仪器高。

3）在 $A$ 点安置棱镜，并量取棱镜高，输入 $A$ 点棱镜高，照准 $A$ 点棱镜进行测量。

4）在 $B$ 点安置棱镜，并量取棱镜高，输入 $B$ 点棱镜高，照准 $B$ 点棱镜进行测量。

5）全站仪自动计算测站 $C$ 的坐标和定向角并设置在仪器上，在仪器上显示 $A$、$B$ 之间的距离，而且可以查询测站坐标数据。

### 3. 坐标测量和测设

设置好测站和定向角后，就可以按前面所述的坐标测量和点位测设的方法进行有关测量工作。注意，这时是以 $A$ 为原点，$AB$ 为 $X$ 轴，$AB$ 往右垂直方向为 $Y$ 轴的独立坐标系统数据，是一个相对坐标系统，一般在建筑内部轴线测设时使用较多。如果不需要测量高程，可不量取和输入仪器高和棱镜高。

## 子单元 5　RTK 测设方法

RTK 测设是用 GNSS RTK 测量仪器把设计图上待放样点在实地上标定出来，采用 RTK 测设方法，只要放样区域内卫星高度角满足要求，放样点与控制点不需要通视，放样速度快，精度可靠，目前在工程施工的放样中得到广泛应用。

RTK 测设与上一个单元所述的 RTK 测图相比，其前面部分的操作步骤和方法是相同的，即进行准备工作、新建工程项目、基准站架设与设置（网络 RTK 作业模式无须此操作）、手簿连接移动站并进行设置、获取测区坐标转换参数、利用已有控制点进行检核等。上述工作完成后，即可对待放样点进行实地测设，这里主要介绍实地测设的具体方法。

根据工程类型的不同和实际工作的需要，常用的 RTK 测设方法有点放样和线放样两种。下面以中海达 V30 GNSS RTK 接收机及配套手簿软件为例，对这两种方法进行介绍。

### 7.5.1　点放样

在电子手簿"HI-测量软件"主界面上，单击"测量"，可进入测量界面，
再单击左上角下拉菜单，单击"点放样"，弹出点放样界面如图 7-29 所示，单　RTK 点放样
击左下角 ➡（表示放样下一点），弹出放样点数据输入界面如图 7-30 所示。输入放样点的坐标或单击"点库"从事先建立的坐标库中调用放样点的坐标。

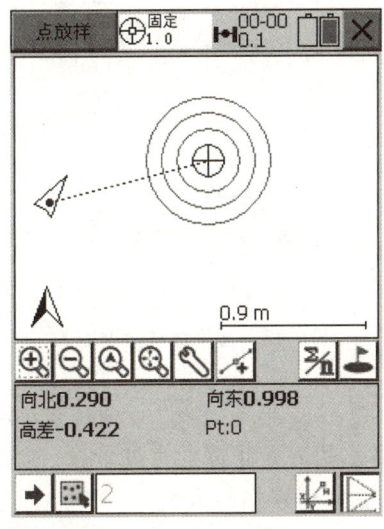

图 7-29　点放样界面

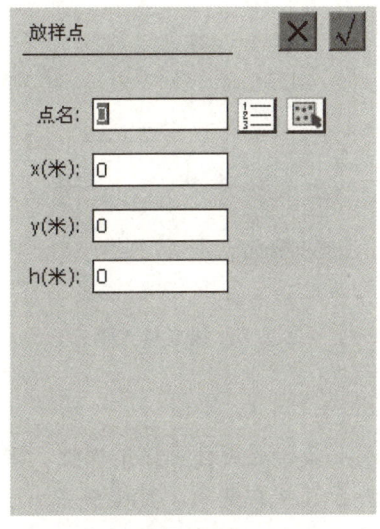

图 7-30　放样点数据输入界面

输入放样坐标后，回到图 7-29 所示的点放样界面。界面中的图形显示 RTK 接收机当前的位置，以及待放样点应在的位置，可以判断 RTK 接收机应移动的方向和距离。准确的移动量可参看屏幕下方的数据。例如，图中所示应向北移动 0.290m，向东移动 0.998m，高差表示放样点和当前点的高程差值，如不需要同时测设高程，可不管高差数据。

在有固定解和仪器对中杆竖直的状态下,当向北、向东移动为零时,表示已准确到达放样点。在 RTK 接收机对中杆指示的位置打桩或者其他标志,即可得到测设点位。软件也可以在配置中打开放样声音提示,当到达预设提示范围和达到放样精度时,手簿会发出不同的提示音进行提示,使放样工作更轻松。

### 7.5.2 线放样

在"测量"界面点击左上角下拉菜单,点击"线放样",弹出线放样界面如图 7-31 所示。线放样是简单的局部线形放样工具,软件提供三种基本线形的放样:直线、圆弧、缓和曲线。直线可以输入两点坐标来定线,或者输入一点坐标和一个方位角来定线,圆弧和缓和曲线通过输入曲线关键点的有关数据来定线。下面以直线为例来说明线放样的方法。

RTK 线放样

在线放样界面下,单击左下角的 进入放样线库定义界面,点"直线"进入直线定义界面,如图 7-32 所示。如果选择"两点定线",需输入直线起点和终点的坐标,也可以点击右侧的"点库",从事先建立的放样点库中调用这两个点坐标,或者单击右侧的"测量",现场测量已有两点的坐标作为直线的起点和终点。如果选择"一点+方位角",则只需输入或者调用起点的坐标,再输入直线的方位角。最后输入"起点里程",即离起点多远的位置开始放样,单击"√"确定,返回线放样界面。

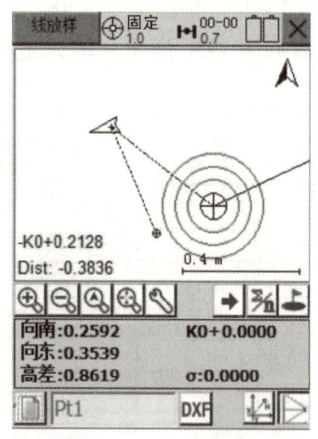

图 7-31 线放样界面

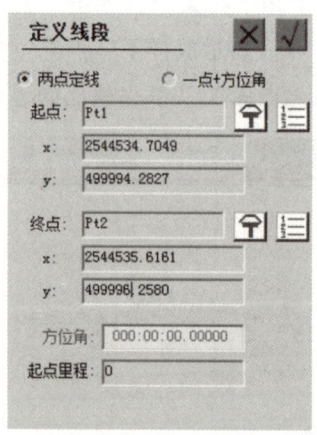

图 7-32 直线放样数据输入

单击 下一点/里程,进入采样点界面,输入待放样点的里程,软件自动计算该点的坐标。如有必要,还可计算该里程处,偏离直线左边或者右边一定距离的边桩坐标,此时需要输入边距及其左右选项。其中里程、边距还可根据增量自动累加,方便下一个点的放样工作。最后单击"√"返回放样界面。

具体放样时,如图 7-31 所示,根据图上的放样提示,向北、向东移动 RTK 接收机,放样出指定里程点,放样过程就是 RTK 接收机当前所在点(三角形标志)到目标点(圆形加十字标志)的靠近过程。为了指引到达目的地,软件绘制了一条连接线,只要保证当前行走方向与该连接线重合,可保证行走方向正确。

同时,屏幕上还提示当前 RTK 接收机偏离直线的距离,以及偏离待测设桩号的距离,下方还有一些"向南""向东"等指引数据。利用这些图形和数据，可以引导测量员更快捷地移动 RTK 接收机到达待放样点。放出该点后，进入该直线下一个点的放样，直至完成该直线所有待定点的放样。

## 子单元 6　激光施工测量仪器的基本应用

### 7.6.1　激光铅垂仪

激光铅垂仪
投测轴线

随着施工新技术的应用，要求测量人员快速地铅直向上传递建筑物轴线交点，激光铅垂仪就是一种铅直定位的专用仪器，适用于高层建筑物、烟囱及高塔的铅直定位测量。激光铅垂仪的基本构造如图 7-33 所示，主要由激光器、精密竖轴、发射望远镜、水准器、基座、激光电源及接收屏等部分组成。

激光器通过两组固定螺钉固定在套筒内。仪器的竖轴是一个空心筒轴，激光器安装在筒轴的下端，发射望远镜安装在上端，构成向上发射的激光铅垂仪。仪器上设置有一个管水准器，其角值一般为 20″/2mm。通过调节基座整平螺旋，使水准管气泡严格对中。仪器配有激光对中器，代替常见的光学对中器。仪器上有一个转换激光方向的变换按钮，按一下即可使激光往下发射进行对中，再按一下使激光往上发射进行轴线投测。有的仪器设置两个独立的激光开关，一个是往下对中激光的开关，另一个是往上投测激光的开关。如果对中时激光亮斑不清晰，可调节对中器的螺旋，使激光亮斑清晰，以便照准地面标志。

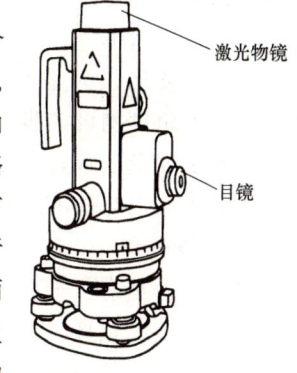

图 7-33　激光铅垂仪

使用激光铅垂仪投点时，将激光铅垂仪安置在建筑物底部的主轴线（或其平行线）的交点上，对中整平，使竖轴垂直。在高处施工楼层的通光孔上安置接收靶，仪器操作员打开激光电源，使激光束向上射出，调节望远镜调焦螺旋，直至接收靶上得到明显的接收光斑。在接收靶处的观测员，根据接收靶上的光斑记录下激光束的位置，并随着铅垂仪绕竖轴的旋转，记录下光斑的移动轨迹，一般为一个小圆，小圆的中心即为铅垂仪的投射位置。

### 7.6.2　激光经纬仪

激光经纬仪

目前很多新型电子经纬仪都具有激光指向功能，激光器的光轴与望远镜视准轴重合，工作时可发射可见的激光束作为参考线，使测量工作更加直观和方便。这一激光束所指的水平角及垂直角，也可在屏幕上显示出来。激光经纬仪主要用于建筑施工、隧道挖掘、大型机械设备安装、电梯调试、管线铺设、桥梁工程等。

激光经纬仪用于普通的角度测量与一般电子经纬仪没有什么区别，其激光指向的作用主要是进行准直测量，即定出一条直线，作为土建安装、施工放样或轴线投测的基准线。下面介绍激光指向部分的操作与使用。图 7-34 是南方测绘仪器公司的 DT-02 激光电子经纬仪，该仪器具有激光对中和激光指向功能，以此仪器为例进行介绍。

**1. 仪器的定向测量**

以已知两点为基准，定出这两点连线之间的其他点称为激光定向测量。步骤如下：

在第一个已知点安置仪器，开机，长按"左/右"键3s后，对中器激光亮起（再长按3s后熄灭），将仪器对中、整平。

精确瞄准第二个已知点，长按"锁定"键3s后，指向激光功能亮起（再长按3s后熄灭），激光束从望远镜射出，在需要定点处竖立一块光屏，或直接照在地物上，调节望远镜调焦螺旋使激光束在光屏或地物上聚焦为一个清晰的亮点，此亮点即为定向点，据此可设置出方向标志。

**2. 角度的测设**

以两点的连线为基准，按设计要求测设出一个水平角，称为角度测设。步骤如下：在一个基准点上将仪器对中整平，通过望远镜瞄准另一基准点，水平度盘读数置零，然后转动仪器，使得水平度盘读数为拟测设的角度，打开指向激光，激光束就以与基准线成设计水平角射出，按激光束指示在地物上定出标志即可。

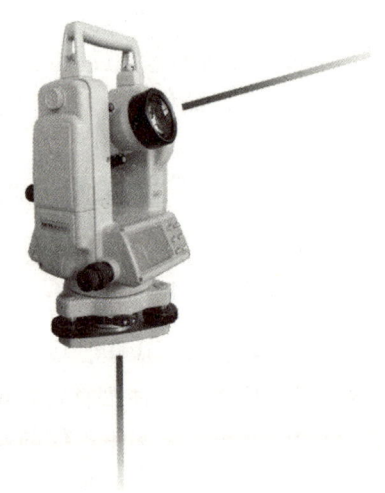

图 7-34 激光电子经纬仪

**3. 垂线投测**

以一点为基准，垂直向上射出激光束，称为垂线投测。步骤如下：将仪器精确对中及整平，转动望远镜竖直向上（盘左时竖直度盘读数为 $0°00'00''$），打开指向激光，激光束即竖直向上射出（需要时拆下仪器提把手以免挡光），转动望远镜调焦手轮使目标处光斑最小。为了消除望远镜视准轴与仪器横轴不垂直引起的误差，可旋转照准部，目标处光斑晃动轨迹的几何中心即为铅垂方向，这时激光经纬仪具有相当于激光铅垂仪的功能。

**4. 水准测量**

先将仪器对中整平，然后测出仪器竖盘指标差，将望远镜调到水平位置（盘左时竖直度盘读数为 $90°00'00''$），旋紧垂直制动手轮，根据指标差，利用垂直微动螺旋精细到达要求的竖直度盘读数，这样出射的激光束即可作为水准线使用。

### 7.6.3 激光扫平仪

激光扫平仪是一种新型的测量仪器。激光扫平仪具有自动安平功能，作业精度高，不需要人员监视、维护。它采用激光二极管作为激光光源，发射出的激光束为红光，可见度较好。在室内工作时，激光平面与墙壁相交，可以得到一个可见的激光水平面，使测量更直观、简便。激光扫平仪除能扫描水平面外，还能扫描铅垂面以及斜面，能在瞬间大范围建立起平面、立面、斜面作为施工和装修的基准面，目前已广泛应用于机场、广场、体育场等工程项目的大面积土方施工、基础扫平、地坪平整度检测、墙裙水平线测设以及大型场馆网架吊装定位等。

图 7-35 是苏州一光仪器公司的 JP300 全自动激

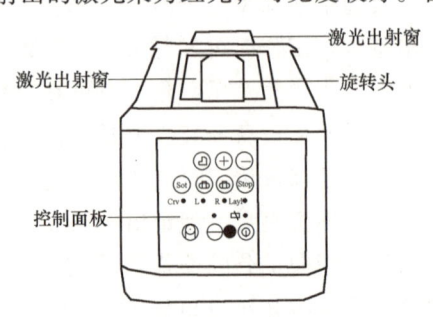

图 7-35 JP300 全自动激光扫平仪

光扫平仪。该仪器的水平自动安平精度为±10″，垂直自动安平精度为±15″，自动安平范围为±5°，若超出范围，自动安平指示灯将闪烁，激光束不射出，报警约5min后，仪器将自动关机。该仪器采用波长为635nm的半导体激光器，发射出的激光束可见度较好，当使用激光探测器时，测量直径可达300m。旋转速度为2~600r/min，并连续可调，可使激光进行水平扫描、垂直扫描、定向扫描、设计坡度等。

在施工应用时，激光扫平仪悬挂在网架中间或三脚架上，接受靶安置在测量杆或水准尺上，或固定在各吊点上，或悬挂在网架中间，当主机发射激光扫描平面时，接受靶在待定位置上下移动。施工人员根据接受靶指示灯的位置调整吊点位置，若接受靶上的液晶显示屏显示一条水平面指示线，即可将此指示线绘于待测面上，即为所测设的水平位置。

激光投线仪用于装修施工测量

### 7.6.4 激光投线仪

室内装修、门窗安装、管道敷设、设备安装、地面和隧道等建筑施工中，经常需要在墙面上弹一些水平或竖直的墨线，作为立面施工的基准，激光投线仪就是能高效快速完成这项工作的测量仪器。

图7-36是北京欧普光学仪器有限责任公司生产的LC10激光投线仪，各部分部件如图所示。投线仪主体悬挂于安平机构壳体支架上，在主体上装有一个竖直往下的投点激光器、4个互成90°的垂直面激光器和5个水平面激光器共10个激光器。在自动安平状态下，仪器投射出一个下投点，4个互成90°的垂直面和5个水平面互相搭接成的水平环面，还可得到由4个垂面在天顶相交形成的上投点。磁阻尼自动安平系统可使仪器在倾角小于3.5°时自动安平。仪器水平面的精度为±1mm/5m，铅垂线的精度为±1mm/5m，四垂线互呈90°的精度为±1mm/5m。仪器工作半径为10m，使用调制激光接收器时，工作半径可达到70m。仪器的具体操作步骤如下：

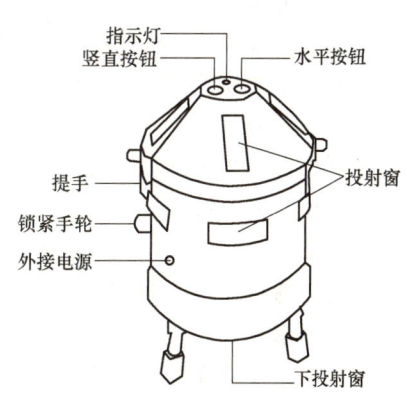

图7-36 LC10激光投线仪

1）将仪器装上电池，置于平台或三脚架上。

2）将锁紧旋钮顺时针方向旋至定位，即松开锁紧机构。此时电源接通，仪器顶部控制面板上的红色指示灯亮。

3）在控制面板上，按一下水平投射按钮L，水平环线点亮，按一下垂直投射按钮V，四条垂直线和下投点亮。当再次按任意一个按钮时，相应的激光器熄灭。

4）当仪器的工作半径较大，人眼观察不到激光光线时，应该使用该产品所带的调制激光接收器。根据接收器接收到激光信号后所发出的不同的声音和光点显示的位置，即可确定激光光线与接收器外壳上的刻线已经重合，然后在标尺上读出激光光线高度的相应数值。

5）仪器使用完毕，应将锁紧手轮逆时针方向旋至定位，将仪器锁紧。

6）电源接通后，若水平激光器频繁闪烁，表示自动安平系统超出自动安平范围。此时，投射出来的光线是非水平和非铅垂的，可调整三个调节支脚，至激光器停止闪烁；当安放正确后，仪器即能恢复正常工作。

7）当仪器使用三脚架工作时，应将带有三个支脚螺钉的电池盒盖拆下，同时换上充电电池盖即可。

8）当仪器电池电量不足时，指示灯闪烁，提示用户更换电池。

## 单 元 小 结

本单元主要学习水平距离测设、水平角测设、高程测设、直线测设和坡度线测设等基本测设，以及极坐标法、直角坐标法、角度交会法和距离交会法等测设平面点位的方法。在此基础上进一步学习了全站仪按极坐标法测设、后方交会法设站、点到直线测量等方法，以及RTK测设的方法，并介绍了常用激光测量仪器的基本应用。

### 1. 水平距离测设

用钢尺测设水平距离时，如果已知方向没有在现场标定出来，只是在较远处给出另一定向点时，则要先定线再测设。用钢尺进行精密测设时，要进行尺长改正、温度改正和倾斜改正。

### 2. 水平角测设

为了提高精度通常采用盘左和盘右两种状态进行水平角测设并取其中点。除按角度顺时针方向或逆时针方向测设外，还可直接按方位角测设，以减少计算工作量和操作方便为原则。

### 3. 高程测设

高程测设是根据邻近已有的水准点，在现场标定出某设计高程的位置。当在一个测站上测设多个设计高程时，可先计算出视线高程，再减去待放样点高程，即得放样点水准尺读数，这样就简化了计算，提高了效率。当需要向深坑底或高楼面测设高程时，可用钢尺配合水准仪进行高程的传递和测设。

### 4. 测设直线

在两点间或两点外测设直线时，通常采用顺延法和倒延法，当场地高差较大和采用倒延法时，应盘左盘右分别测设取中。当两个基准点不通视或不能安置经纬仪时，可采用正倒镜投点法，用逐渐趋近的方法将仪器精确安置在直线上。

### 5. 测设坡度线

测设坡度线的方法有水平视线法和倾斜视线法。当坡度不大时，可采用水平视法；当坡度较大时可采用倾斜视线法。

### 6. 测设平面点位的基本方法

测设平面点位的基本方法有极坐标法、直角坐标法、角度交会法和距离交会法等。极坐标法的优点是只需设一个测站，就可以测设很多个点，效率很高，但要求量边方便；直角坐标法计算简单，但测设时设站较多，且只适用于施工控制为建筑基线或建筑方格网的情况；角度交会法是根据在两个以上测站测设角度所定的方向线，交会出点的平面位置，适用于待定点离控制点较远或量距较困难的地区放样点位；距离交会法是根据测设的两段距离交会出点的平面位置，适用于场地平坦，量距方便，且控制点离测设点不超过一尺段长度的情况。

### 7. 全站仪放样方法

全站仪测设点位一般采用极坐标法。当放样现场现有控制点与放样点之间不通视时，可用全站仪后方交会法增设新的测站点。在测设建筑轴线点时，还可用全站仪按点到直线测量法建立独立的施工坐标系进行测设。

**8. RTK 测设方法**

RTK 测设方法常用的有点放样和线放样，在具体放样之前的基准站和移动站的设置方法，与 RTK 控制测量和 RTK 测图的设置方法相同。RTK 测设除了具有不需要和控制点通视、可单人操作等优点外，还能实时在电子手簿上显示 RTK 接收机当前位置与待测设点或者线之间的关系，使测设工作更加方便。

## 思考与拓展题

7-1 施工测量有哪些主要工作内容？

7-2 测设的基本工作有哪些？

7-3 在地面上要测设一段长为 46.500m 的水平距离 $AB$，所使用钢尺的尺长方程式为 $l = 30 + 0.009 + 0.000012 \times 30 \ (t-20)$。测设时钢尺温度为 12℃，拉力与检定时的拉力相同，$A$、$B$ 两点桩顶间的高差为 0.70m，试计算在地面上需要测设的长度。

7-4 在地面上要设置一段长为 48.642m 的水平距离 $CD$，先沿 $CD$ 方向按一般方法测设 48.642m，定出 $D'$ 点，再用名义长度为 30m 的钢尺精确量得 $CD'$ 的水平距离为 48.658m，问应如何对 $D'$ 点进行改正？请绘出示意图。

7-5 如图 7-37 所示，$OA$ 为角度基准线，测设出直角 $\angle AOB$ 后，精确测定其角值为 90°01′12″，又知 $OB$ 的长度为 48m，问 $B$ 点应在 $OB$ 的垂线上移动多少距离才能得到 90° 角？应往内侧移还是往外侧移？

7-6 水平角测设时，采用盘左盘右测设有什么好处？

7-7 某水准点 $A$ 的高程为 126.546m，水准仪在该点上的标尺读数为 1.658m，现欲测设出高程为 127.248m 的 $B$ 点，问 $B$ 点上标尺读数为多少时，其尺底高程为欲测设的高程？请绘出示意图。

7-8 设有高程为 86.458m 的水准点 $A$，欲测设高程为 86.900m 的室内地坪±0.000 的标高。若尺子立于 $A$ 点上时，按水准仪的视线在尺上画一条线，问在同一根尺上应在什么地方再画一条线，才能使视线对准此线时，尺子底部就是±0.000 高程的位置？

7-9 如图 7-38 所示，欲利用龙门板 $A$ 的±0.000 标高线，测设标高为 -5.2m 的基坑水平桩 $B$，设 $T$ 为基坑边的转点水平桩，将水准仪安置在 $A$、$T$ 两点之间，后视 $A$ 的读数为 1.128m，前视 $T$ 的读数为 2.967m；再将水准仪搬进坑内设站，把水准尺零端与 $T$ 转点水平桩的上边对齐，倒立，后视其读数为 2.628m，在坑内 $B$ 处直立水准尺，请问其前视读数为多少，尺底才是欲测设的标高线？

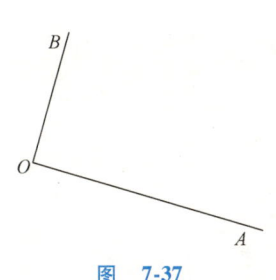

图 7-37

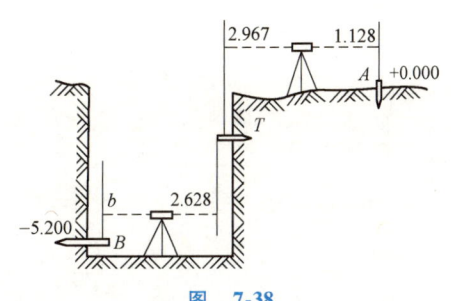

图 7-38

7-10　测设直线的方法有哪些，各适用什么场合？

7-11　测设坡度线的方法有哪些？各适用什么场合？

7-12　点的平面位置测设方法有哪几种？各需要计算哪些测设数据？试绘图说明。

7-13　$A$、$B$ 为控制点，其坐标 $x_A = 485.389$m，$y_A = 620.832$m，$x_B = 512.815$m，$y_B = 882.320$m。$P$ 为待测设点，其设计坐标为 $x_P = 704.485$m，$y_P = 720.256$m，计算以 $A$ 点为测站用极坐标法测设所需的测设数据，并说明用经纬仪和钢尺测设的步骤。

7-14　$A$、$B$ 为控制点，$P$ 为待测设点，其坐标按上题，现拟用角度交会法将 $P$ 点测设于地面，试计算测设数据，并说明测设步骤。

7-15　已知水准点 $B$ 的高程 $H_B = 122.436$m，后视读数 $a = 1.164$m，设计坡度线起点 $A$ 的高程 $H_A = 122.048$m，设计坡度 $i = -1.2\%$，拟用水准仪按水平视线法测设 $A$ 点和距 $A$ 点 20m、40m、60m、72m 的桩点，使各桩顶位于设计坡度线上，试计算测设时各桩顶的应读读数。

7-16　简述全站仪极坐标法测设点位的具体步骤。

7-17　简述 RTK 测设点位的基本过程。

# 单元8 建筑施工测量

**学习目标：**

1. 了解施工控制测量，能进行施工测量放样数据的计算和准备。
2. 能进行多层建筑、高层建筑、工业厂房和钢结构建筑的施工测量。
3. 能正确使用激光测量仪器进行建筑施工测量。

**学习重点与难点：**

重点是多层建筑、高层建筑、工业厂房和钢结构建筑的施工测量；难点是施工控制测量、施工测量放样数据的计算和准备。

## 子单元1 建筑场区的施工控制测量

建筑场区平面控制测量

### 8.1.1 施工控制测量的基本方法与要求

建筑施工测量也应遵循"从整体到局部，先控制后碎部"的原则，以限制测量误差的积累和统一测量坐标系统，保证各建筑物的位置及形状符合设计要求。根据这个原则，建筑施工测量的第一步，就是在建筑场区建立统一的施工控制网，布设一批具有较高精度的测量控制点，作为测设建筑物平面位置和高程的依据。

建筑场区的施工控制网分为平面控制网和高程控制网。平面控制网的测量方法有常规的导线测量和卫星定位测量，以及专用的建筑基线测量和建筑方格网测量；高程控制网的测量方法主要是水准测量。相对来说建筑场区的平面控制测量的方法和要求比较复杂，高程控制测量的方法和要求比较简单。本子单元主要介绍平面控制测量，在最后简单介绍高程控制测量。

对于平面控制测量，大中型的施工项目，应先建立场区平面控制网，再建立建筑物施工平面控制网；小型施工项目，可直接布设建筑物施工平面控制网。

当局部建筑或重要建筑的精度要求较高，与其他建筑物又无设备的紧密联系，且首级控制精度不能满足要求时，可只用首级控制作为二级加密网的起始点和起始方向，然后再按照符合需要的精度要求建立相对独立于首级控制的二级控制，其精度可高于首级。

场区平面控制网或直接布设的建筑物施工平面控制网应以规划部门给定的城市平面控

点、建筑红线桩点或指定的建筑物为起始依据，但当这些依据的精度低于所需建立的控制网精度要求时，可建立相对独立的场区平面控制网或建筑物平面控制网，即采用经检测合格的一个已知点和一个已知方向作为起始数据布设控制网。

原有的为测绘地形图而建立的测图控制网可以作为场区控制网，但由于测图控制网没有考虑测设工作的需要，在控制点的分布、密度和精度上都不一定能够满足施工测量的要求，而且经过场地平整后，很多控制点遭到破坏，所以一般应在工程施工前，重新建立专门的施工控制网，但其坐标系统宜与测图阶段保持一致。

平面控制网点作为施工定位和竣工测量的依据，将在施工的整个时期内使用，只有保证这些点位标志的稳定完好，才能确保定位和竣工测量的正确性，因此，要求点位选择在通视良好、土质坚硬、便于施测并能长期保留的地方。场区平面控制网应根据场区地形条件，结合建筑物总体布置情况统筹考虑，可以布设成导线网、卫星定位测量网、建筑基线和建筑方格网。建筑物施工平面控制网宜布设成矩形，特殊时也可布设成十字形主轴线或平行于建筑物外廓的多边形。最常用的导线和卫星定位测量网已经介绍过，下面主要介绍建筑基线和建筑方格网，建筑物所用的十字形或矩形平面控制与其相类似。

### 8.1.2 建筑基线

在面积较小、地势较平坦的建筑场区，可布设一条或几条建筑基线，作为施工测量的平面控制。建筑基线布设的位置是根据建筑物的分布、原有测图控制点的情况以及现场地形情况而定的。建筑基线通常可以布设成"一字形""L形""T形"和"十字形"，如图 8-1 所示，其中虚线框为拟建的建筑物。无论哪种形式，基线点数均不应少于三个，以便今后检查其点位有无变动。

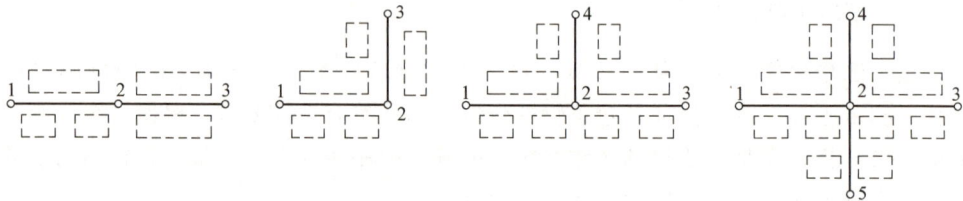

图 8-1　建筑基线形式

建筑基线相当于特殊的导线，即导线边必须与主要建筑物平行，并且与坐标轴也平行。为了满足这个要求，其布设一般是按"设计→测设→检测→调整"这四个步骤来进行。

**1. 图上设计**

建筑基线一般先在建筑总平面图上设计，设计时应使建筑基线尽量靠近主要建筑物，并且平行于主要建筑物的主轴线，以便采用直角坐标法测设建筑物。设计好后，在图上查询和标注建筑基线点的坐标。如图 8-2 所示，设计 A、O、B 三个点组成的"一字形"建筑基线。

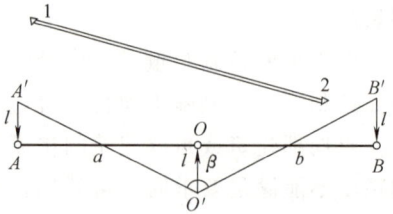

图 8-2　"一字形"建筑基线测设

### 2. 现场测设

在建筑场区根据原有或引测过来的控制点，用全站仪或卫星定位测量方法，把建筑基线点按其设计坐标，在地面相应位置上测设出来。

如图 8-2 所示，根据邻近原有的测图控制点 1、2，用全站仪按极坐标法将基线点测设到地面上，得 $A'$、$O'$、$B'$ 三点。

### 3. 检查测量

由于测设误差，$A'$、$O'$、$B'$ 三点不会严格符合三点一线的设计要求。在 $O'$ 点安置全站仪观测水平角 $\angle A'O'B'$，检查其值是否为 180°，如果角度偏差大于 ±12″，说明不在同一直线上，应将基线点在横向上进行调整。

用全站仪检查 $AO$ 和 $BO$ 的距离与设计值是否一致，若偏差大于 1/10000，应将基线点在纵向上进行调整。

### 4. 点位调整

如图 8-2 所示，调整时将 $A'$、$O'$、$B'$ 沿与基线垂直的方向移动相等的距离 $l$，得到位于同一直线上的 $A$、$O$、$B$ 三点，$l$ 的计算如下：

设 $A$、$O$ 距离为 $a$，$B$、$O$ 距离为 $b$，$\angle A'O'B' = \beta$，则有

$$l = \frac{ab}{a+b}\left(90° - \frac{\beta}{2}\right)'' \frac{1}{\rho''}$$

式中，$\rho = 206265''$。

例如，若 $a = 120\text{m}$，$b = 180\text{m}$，测得 $\beta = 179°59'12''$。则

$$l = \frac{120 \times 180}{120+180}\text{m} \times \left(90° - \frac{179°59'12''}{2}\right) \times \frac{1}{206265''} = 72\text{m} \times 24'' \times \frac{1}{206265''} = 0.008\text{m}$$

三个基线点调整到一条直线上后，根据检测的 $AO$ 和 $BO$ 的距离与设计值之差，以 $O$ 点为基准，在纵向上调整 $A$、$B$ 两点。调整后再次检查测量，符合要求后，即得到所需的建筑基线。

如果是如图 8-3 所示的"L形"建筑基线，测设 $A'$、$O'$、$B'$ 三点后，在 $O$ 点安置经纬仪检查 $\angle A'OB'$ 是否为 90°，如果偏差值 $\Delta\beta$ 大于 ±12″，则保持 $O$ 点不动，按精密角度测设的改正方法，将 $A'$ 和 $B'$ 各改正 $\frac{\Delta\beta}{2}$，其中 $A'$、$B'$ 改正偏距 $l_A$、$l_B$ 的算式分别为

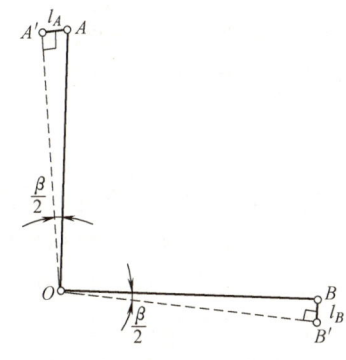

图 8-3 "L形"建筑基线测设

$$l_A = AO \cdot \frac{\Delta\beta}{2\rho''}$$

$$l_B = BO \cdot \frac{\Delta\beta}{2\rho''}$$

$A'$ 和 $B'$ 沿直线方向上的距离检查与改正方法同"一字形"建筑基线。

## 8.1.3 建筑方格网

在平坦地区建设大中型工业厂房，建筑基线不能完全控制整个建筑场区，通常都是沿着互相平行或互相垂直的方向布置控制网点，构成正方形或矩形格网，这种场区平面控制网称

为建筑方格网，如图 8-4 所示。建筑方格网具有使用方便，计算简单，精度较高等优点，它不仅可以作为施工测量的依据，还可以作为竣工总平面图测量的依据。

建筑方格网的布置与建筑基线一样，按"设计→测设→检测→调整"这四个步骤来进行。其中检测的内容为测量全部的角度和边长，或者采用卫星定位测量，然后根据测量数据进行平差计算得到实际的点位坐标，调整时是按实际坐标与设计坐标的差值进行点位的调整。建筑方格网的布置较为复杂，一般由专业测量人员进行。

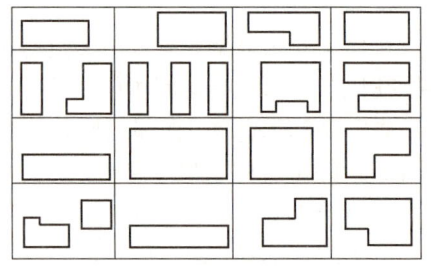

图 8-4  建筑方格网

### 8.1.4  测量坐标系与建筑坐标系的换算

由于地形的限制，有些建筑场区的建筑物布置不是正南北方向，而是统一偏转了一个角度，为了设计与施工的方便，在设计时新建一个坐标系，称为建筑坐标系，有时也称为施工坐标系，建筑基线和建筑方格网一般采用建筑坐标系。

建筑坐标系坐标轴的方向与主建筑物轴线的方向平行，坐标原点设置在总平面图的西南角上，使所有建筑物的设计坐标均为正值。有的厂区建筑因受地形限制，不同区域建筑物的轴线方向不同，因而在不同区域采用不同的建筑坐标系。为与测量坐标系区别开来，规定建筑坐标系的 $x$ 轴改名为 $A$ 轴，$y$ 轴改名为 $B$ 轴，如图 8-5 所示。

由于建筑坐标系与测量坐标系不一致，在测量工作中，经常需要将一些点的建筑坐标换算为测量坐标，或者将测量坐标换算为建筑坐标，下面介绍换算方法。

**1. 换算参数**

如图 8-5 所示，测量坐标系为 $xOy$，建筑坐标系为 $AO'B$，两者的关系由建筑坐标系的原点 $O'$ 的测量坐标 $(x_{O'}, y_{O'})$ 及 $O'A$ 轴的坐标方位角 $\alpha$ 确定，它们是坐标换算的重要参数。这三个参数一般由设计单位给出，施工单位按设计单位提供的参数进行坐标换算。若图纸上给出了两个点的建筑坐标和测量坐标，也可反算出换算参数。

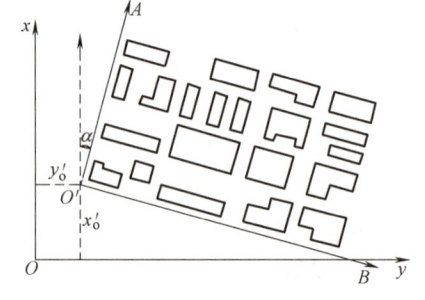

图 8-5  测量坐标系与建筑坐标系

如图 8-6 所示 $P_1$、$P_2$ 两点，在测量坐标系中的坐标为 $(x_1, y_1)$ 和 $(x_2, y_2)$，在建筑坐标系中的坐标为 $(A_1, B_1)$ 和 $(A_2, B_2)$，则可按下列公式计算出 $(x_{O'}, y_{O'})$ 和 $\alpha$：

$$\alpha = \arctan\frac{y_2-y_1}{x_2-x_1} - \arctan\frac{B_2-B_1}{A_2-A_1} \tag{8-1}$$

$$\left. \begin{array}{l} x_{O'} = x_2 - A_2 \cdot \cos\alpha + B_2 \cdot \sin\alpha \\ y_{O'} = y_2 - A_2 \cdot \sin\alpha - B_2 \cdot \cos\alpha \end{array} \right\} \tag{8-2}$$

**2. 建筑坐标与测量坐标之间的换算**

如图 8-7 所示，$P$ 点在测量坐标系中的坐标为 $(x_P, y_P)$，在建筑坐标系中的坐标为 $(A_P, B_P)$，已知坐标换算系数，即建筑坐标系原点在测量坐标系内的坐标为 $(x_{O'}, y_{O'})$，$O'A$ 轴与 $OX$ 轴的夹角（即 $O'A$ 轴在测量坐标系内的坐标方位角）为 $\alpha$，则将建筑坐标系换

算为测量坐标系的计算公式为

$$\left.\begin{array}{l}x_P = x_{o'} + A_P \cdot \cos\alpha - B_P \cdot \sin\alpha \\ y_P = y_{o'} + A_P \cdot \sin\alpha + B_P \cdot \cos\alpha\end{array}\right\} \quad (8\text{-}3)$$

将测量坐标系换算为建筑坐标系的计算公式为

$$\left.\begin{array}{l}A_P = (x_P - x_{o'}) \cdot \cos\alpha + (y_P - y_{o'}) \cdot \sin\alpha \\ B_P = -(x_P - x_{o'}) \cdot \sin\alpha + (y_P - y_{o'}) \cdot \cos\alpha\end{array}\right\} \quad (8\text{-}4)$$

坐标换算除可用计算器按上述公式手工计算外,也可用相应的计算机软件(如 ESDPS 等)计算。

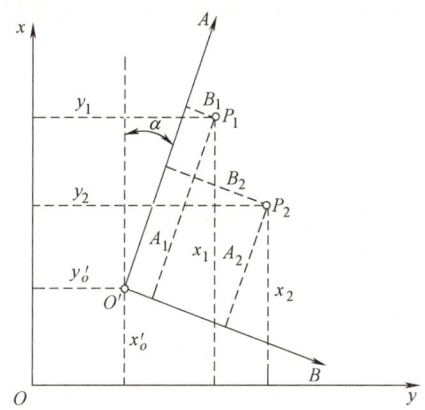

图 8-6 根据两个已知点求换算参数

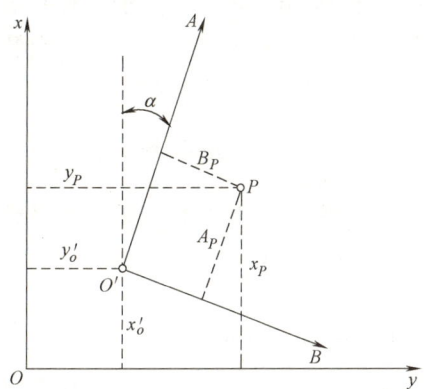

图 8-7 测量坐标系和建筑坐标系的换算

## 8.1.5 施工测量的高程控制

建筑场区高程控制测量

在建筑场区还应建立施工高程控制网,作为测设建筑物高程的依据。施工高程控制网点的密度,应尽可能满足安置一次仪器,就可测设出所需点位的高程。网点的位置可以实地选定并埋设稳固的标志,也可以利用施工平面控制桩兼做高程点。水准点间距宜小于 1km,距离建构筑物不宜小于 25m,距离回填土边线不宜小于 15m。如遇基坑时,距基坑缘不应小于基坑深度的两倍。为了检查水准点是否因受震动、碰撞和地面沉降等原因而发生高程变化,应在土质坚实和安全的地方布置三个以上的基本水准点,并埋设永久性标志。

高程控制测量前应收集场区及附近的城市高程控制点、建筑区域内的临时水准点等资料,当点位稳定、符合精度要求和成果可靠时,可作为高程控制测量的起始数据,使高程系统与规划阶段保持一致。当起始数据的精度不能满足场区高程控制网的精度要求时,经委托方和监理单位同意,可选定一个水准点作为起始数据进行布网。

施工高程控制网常采用四等水准测量作为首级控制,在此基础上按五等水准测量进行加密,用闭合水准路线或附合水准路线测定各点的高程。对于大中型施工项目的场区高程测量和有连续性生产车间的工业场地,应采用三等及以上水准测量作为首级控制;对一般的民用建筑施工区,可直接采用五等水准测量。施工高程控制网也可采用同等精度的光电测距三角高程测量施测。

在大中型厂房的高程控制中,为了测设方便,减少误差,应在厂房附近或建筑物内部,测设若干个高程正好为室内地坪设计高程的水准点，这些点称为建筑物的±0水准点或±0标高，作为测设建筑物基础高程和楼层高程的依据。±0标高一般用红油漆在标志物上绘一个倒立三角形"▼"来表示，三角形的顶边代表±0标高的实际位置。

## 子单元2　多层建筑施工测量

多层建筑一般是指2层以上7层或者高度24m以下的建筑，包括居住建筑和公共建筑，比如普通住宅楼、办公楼、各种综合楼等，多层建筑施工测量就是按照设计要求，配合施工进度，将建筑的平面位置和高程在现场测设出来。多层建筑的类型、结构和层数各不相同，因而施工测量的方法和精度要求也有所不同，但施工测量的基本过程是一样的，主要包括建筑物定位、细部轴线放样、基础施工测量和墙体施工测量等，本子单元以一般的多层建筑为例，介绍施工测量的基本过程与方法。

### 8.2.1　施工测量准备工作

施工测量准备工作包括：施工图校核、测量定位依据点的交接与检测、确定施工测量方案和准备施工测量数据、测量仪器和工具的检验校正、施工场地测量等内容。

**1. 施工图校核**

施工图是施工测量的主要依据，应充分熟悉有关的设计图样，并校核与测量有关的内容。可根据不同施工阶段的需要，校核总平面图、建筑施工图、结构施工图、设备施工图等。校核内容应包括坐标与高程系统、建筑轴线关系、几何尺寸、各部位高程等，并应及时了解和掌握有关工程设计变更文件，以确保测量放样数据准确可靠。

（1）总平面图的校核　校核采用哪种坐标系统，掌握坐标换算关系，检查坐标格网与放样建筑物所注坐标数字是否相符；总图绝对标高所采用的高程系统，室内±0所对应的绝对标高值是否有误；建设用地红线桩点坐标与角度、距离是否对应；建筑物定位依据及定位条件是否明确合理；建（构）筑物（群）的几何关系；首层室内地面设计高程、室外地面设计高程及有关坡度是否合理、对应等。

（2）建筑施工图的校核　核对建筑物各轴线的间距、夹角及几何关系，核对建筑物平面、立面、剖面及节点大样图的轴线尺寸；核对各层标高（相对高程）与总平面图中有关部分是否对应。

（3）结构施工图的校核　核对轴线尺寸、层高、结构构件尺寸；以轴线图为准，对比基础、非标准层及标准层之间的轴线关系；对照建筑图，核对两者相关部位的轴线、尺寸、标高是否对应。

（4）设备施工图的校核　对照建筑、结构施工图，核对水、电、暖、通等设备的轴线、尺寸和标高是否对应；核对设备基础、预留孔洞、预埋件位置、尺寸、标高是否与土建图一致。

**2. 测量定位依据点的交接与检测**

通过现场踏勘了解施工现场上地物、地貌以及现有测量控制点的分布情况。平面控制点或建筑红线桩点是建筑物定位的依据点，由于建筑施工时间较长，施工工地各类建筑材料堆放较多，容易造成对建筑物定位依据点的破坏，给施工带来不必要的损失，所以，施工测量人员应认真做好定位依据点资料成果与点位（桩位）交接工作，并做好保护工作。

定位依据点的数量应不少于三个，以便于校核。应检测定位依据点的角度、边长和点位误差，检测限差应符合有关测量规范的要求。水准点是确定建筑物高程的依据，为确保建筑物高程的准确性，水准点的数量不应少于两个，应对水准点之间的高差进行检测，符合限差要求后方可使用。

### 3. 确定施工测量方案和准备施工测量数据

在校核施工图样、掌握施工计划和施工进度的基础上，结合现场条件和实际情况，编制施工测量方案。其方案包括技术依据、测量方法、测量步骤、采用的仪器工具、技术要求、时间安排等。

在每次现场测量之前，应根据设计图样测量控制点的分布情况，准备好相应的放样数据并对数据进行检核，并绘出放样简图，把放样数据标注在简图上，使现场测设更方便快速，并减少出错的概率。

例如，如图8-8所示的建筑，已知其4个角点（主轴线交点）的设计坐标，现场已有 $A$、$B$ 两个控制点，如图8-9a所示。欲用经纬仪和钢尺按极坐标法测设这4个角点，应根据控制点坐标和角点设计坐标，计算 $A$ 至 $B$ 点的方位角，以及 $A$ 至各角点的方位角和水平距离。如果是用全站仪按极坐标法测设，由于全站仪能自动计算方位角和水平距离，则只需确认坐标数据无误即可。

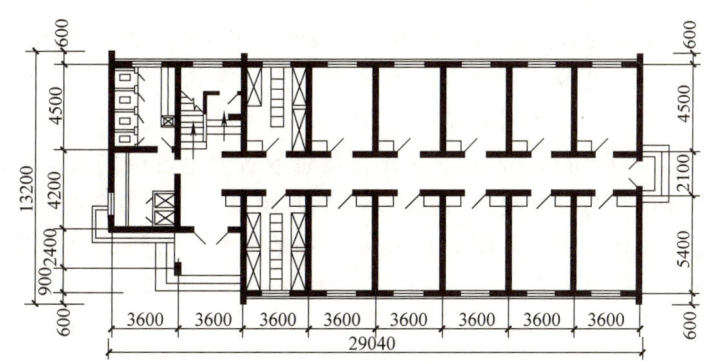

图8-8 建筑平面图

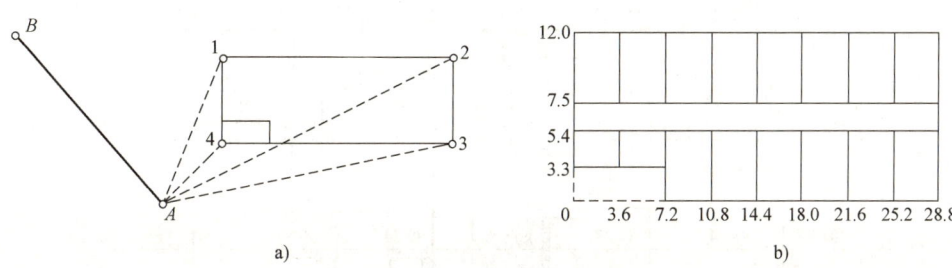

图8-9 测设数据准备

a）极坐标法定位测量 b）细部放线数据略图

为了根据建筑物的4个主轴线点测设细部轴线点，一般用经纬仪定线，然后以主轴线点为起点，用钢尺依次测设次轴线点。准备测设数据时，应根据轴线间距，计算每条次轴线至主轴线的距离，标注在图纸或略图上，如图 8-9b 所示。

施工测量数据准备齐全、准确是施工测量顺利进行的重要保证，应依据施工图计算施工放样数据，并绘制施工放样简图。施工测量放样数据的正确与否直接关系建筑工程质量、造价、工期等，要保证放样数据百分之百的正确，因此应由不同人员对施工测量放样数据和简图进行校核。施工测量计算资料应及时整理、装订成册、妥善保管。

### 4. 测量仪器和工具的检验校正

由于经常使用的全站仪、经纬仪和水准仪的主要轴系关系在人工操作和外界环境（包括气候、搬运等）的影响下易于产生变化，影响测量精度，所以，要求这类测量仪器应在每项施工测量前进行检验校正，如果施工周期较长，还应每隔 1~3 个月进行定期检验校正。

为保证测量成果准确可靠，要求将测量仪器、量具按国家计量部门或工程建设主管部门规定的检定周期和技术要求进行检定，经检定合格后方可使用。光学经纬仪、水准仪与标尺、电子经纬仪、电子水准仪、全站仪、钢卷尺等检定周期均为一年。

测量仪器、量具是施工测量的重要工具，是确保施工测量精度的重要保证条件，作业人员应严格按有关标准进行作业，精心保管和爱护，加强维护保养，使其保持良好状态，确保施工测量的顺利进行。

### 5. 施工场地测量

施工场地测量包括场地平整、临时水电管线敷设、施工道路、暂设建筑物以及物料、机具场地的划分等测量工作。

场地土方地形测量

场地平整测量应根据总体竖向设计和施工方案的有关要求进行，地面高程测量一般采用"方格网法"，即在地面上根据红线桩点或原有建（构）筑物，按均匀的间隔测设桩点，形成桩点方格网，在平坦地区格网间隔宜采用 20m×20m 方格网；地形起伏地区格网间隔宜采用 10m×10m 方格网。然后用水准测量、全站仪测量或者卫星定位测量，获得桩点的原地面高程，格网点原地面高程与设计地面高程之差即为挖填高度，作为场地平整施工依据，也作为计算土方工程量的原始资料，如图 8-10 所示。场地平整方格网点的平面位置测量允许误差为 5cm，高程测量允许误差为 2cm。场地平整测量也可采用全站仪或者 RTK 数字测图的

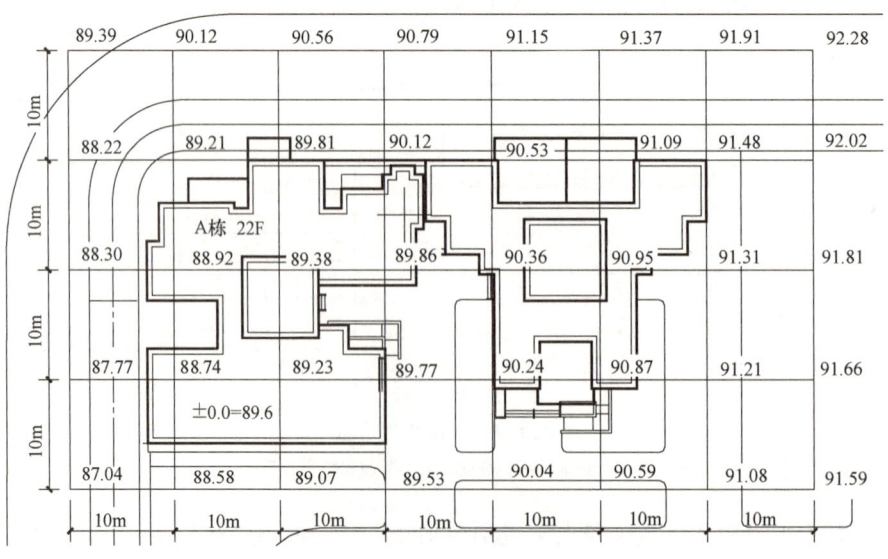

图 8-10 施工场地平整测量方格网

方式进行，为了保证精度，测点间距一般不宜大于格网间距，地形特征部位适当加密。

施工道路、临时水电管线与暂设建筑物的平面、高程位置，应根据场区测量控制点与施工现场总平面图进行测设。临时设施的测量精度，应不影响设施的正常使用，也不影响永久建筑和设施的布置与施工。其平面位置允许误差为 5~7cm，高程测量允许误差为 3~7cm。

### 8.2.2 建筑物的定位测量

建筑物的定位测量

建筑物四周外廓主要轴线的交点决定了建筑物在地面上的位置，称为定位点或角点，建筑物的定位测量就是根据设计条件，将这些定位点测设到地面上，作为细部轴线放线和基础放线的依据。由于设计条件和现场条件不同，建筑物的定位方法也有所不同，下面介绍两种常见的定位方法。

**1. 根据导线测量控制点或卫星定位测量控制点定位**

如果待定位建筑物的定位点设计坐标是已知的，且附近有导线测量控制点或卫星定位测量控制点可供利用，可根据实际情况选用极坐标法、角度交会法或距离交会法来测设定位点，测设数据的计算和现场测设方法见本书单元7。其中，全站仪极坐标法适用性最强，是用得最多的一种定位方法，如图 8-11a 所示。

**2. 根据建筑方格网和建筑基线定位**

如果待定位建筑物的定位点设计坐标是已知的，且建筑场地已设置有建筑方格网或建筑基线，可利用直角坐标法测设定位点，当然也可用极坐标法等其他方法进行测设，但直角坐标法所需要的测设数据的计算较为方便，建筑物总尺寸和四个大角的精度容易控制和检核，如图 8-11b 所示。

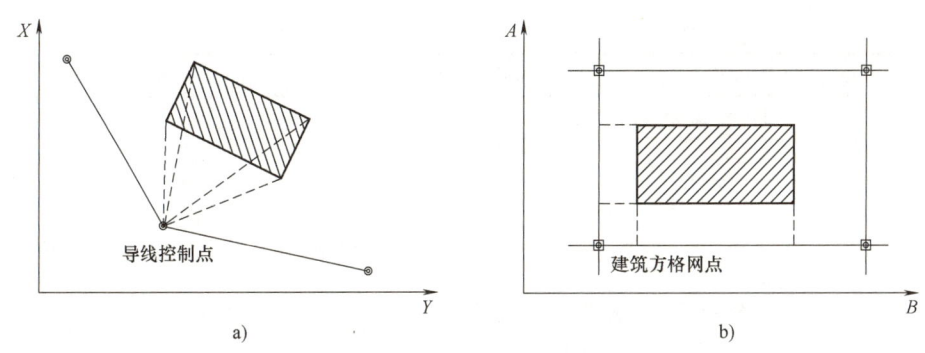

图 8-11 建筑定位测量
a) 根据导线点按极坐标法定位　b) 根据建筑方格网按直角坐标法定位

### 8.2.3 建筑物细部放线测量

引测轴线桩

建筑物的细部放线测量是指根据现场上已测设好的建筑物定位点，详细测设各细部轴线交点的位置，并将其延长到安全的地方做好标志。然后以细部轴线为依据，按基础宽度和放坡要求用白灰撒出基础开挖边线，或者放出桩基础的孔位中心。

**1. 测设细部轴线交点**

如图 8-12 所示，Ⓐ轴、Ⓔ轴、①轴和⑦轴是建筑物的四条外墙主轴线，其交点Ⓐ-①、Ⓐ-⑦、Ⓔ-①和Ⓔ-⑦是建筑物的定位点，这些定位点已在地面上测设完毕并打好桩点，各主次轴线间隔如图所示,现欲测设次轴线与主轴线的交点。

在Ⓐ-①点安置经纬仪,照准Ⓐ-⑦点,把钢尺的零端对准Ⓐ-①点,沿视线方向拉钢尺,在钢尺上读数等于①轴和②轴间距(4.2m)的地方打下木桩,打的过程中要经常用仪器检查桩顶是否偏离视线方向,并不时拉一下钢尺,看钢尺应有读数是否还在桩顶上,如有偏移要及时调整。打好桩后,用经纬仪视线指挥在桩顶上画一条纵线,再拉好钢尺,在读数等于轴间距处画一条横线,两线交点即Ⓐ轴与②轴的交点Ⓐ-②,在此处钉下小铁钉。

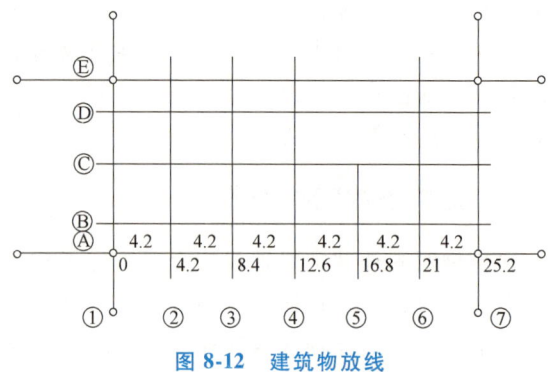

图 8-12 建筑物放线

在测设Ⓐ轴与③轴的交点Ⓐ-③时,方法同上,注意仍然要将钢尺的零端对准Ⓐ-①点,并沿视线方向拉钢尺,而钢尺读数应为①轴和③轴间距(8.4m),这种做法可以减小钢尺对点误差,避免轴线总长度增长或减短。如此依次测设Ⓐ轴与其他有关轴线的交点。测设完最后一个交点后,用钢尺检查各相邻轴线桩的间距是否等于设计值,误差应小于 5mm。

测设完Ⓐ轴上的轴线点后,用同样的方法测设Ⓔ轴、①轴和⑦轴上的轴线点。如果建筑物尺寸较小,也可用拉细线绳的方法代替经纬仪定线,然后沿细线绳拉钢尺量距。此时要注意细线绳不要碰到物体,风大时也不宜作业。建筑物各部位施工放样的允许偏差见表 8-1。

表 8-1 建筑物各部位施工放样的允许偏差

| 项 目 | 内 容 | | 允许偏差/mm |
|---|---|---|---|
| 基础桩位放样 | 单排桩或群桩中的边桩 | | ±10 |
| | 群桩 | | ±20 |
| 各施工层上放线 | 外廓主轴线长度 $L$/m | $L \leq 30$ | ±5 |
| | | $30 < L \leq 60$ | ±10 |
| | | $60 < L \leq 90$ | ±15 |
| | | $90 < L \leq 120$ | ±20 |
| | | $120 < L \leq 150$ | ±25 |
| | | $150 < L \leq 200$ | ±30 |
| | 细部轴线 | | ±2 |
| | 承重墙、梁、柱边线 | | ±3 |
| | 非承重墙边线 | | ±3 |
| | 门窗洞口线 | | ±3 |

**2. 引测轴线**

在基槽或基坑开挖时,定位桩和细部轴线桩均会被挖掉,为了使开挖后各阶段施工能准确地恢复各轴线位置,应把各轴线延长到开挖范围以外并作好标志,这个工作称为引测轴线,具体有设置龙门板和轴线控制桩两种形式。

(1) 设置龙门板法

1) 如图 8-13 所示,在建筑物四角和中间隔墙的两端,距基槽边线约 2m 以外,牢固地埋设大木桩,称为龙门桩,并使桩的一侧大致平行于基槽。

2) 在相邻两龙门桩上钉设木板,称为龙门板。为了便于控制开挖深度和基础标高,龙门板顶面标高宜在一个水平面上,其标高

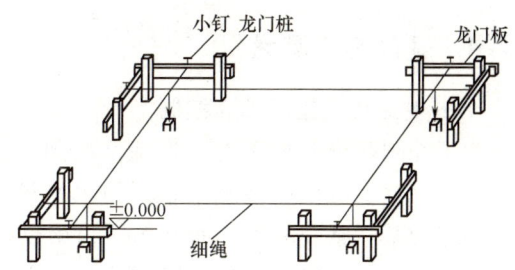

图 8-13 龙门板和轴线控制桩

为±0,或比±0高或低一定的数值,方法是根据附近水准点,用水准仪将标高线测设在每个龙门桩的外侧上,并画出横线标志,钉龙门板时使板的上沿与龙门桩上的横线对齐。同一建筑物最好只用一个标高,如因地形起伏大而用两个标高时,一定要标注清楚,以免使用时发生错误。

3) 根据轴线桩,用经纬仪将各轴线投测到龙门板的顶面,并钉上小钉作为轴线标志,称为轴线钉,投测误差应在±2mm 以内。对小型的建筑物,可用拉细线绳的方法延长轴线,再钉上轴线钉。如事先已打好龙门板,可在测设细部轴线的同时钉设轴线钉,以减少重复安置仪器的工作量。

恢复轴线时,将经纬仪安置在一个轴线钉上方,照准此轴线另一端的轴线钉,其视线即为轴线方向,往下转动望远镜,便可将轴线投测到基槽或基坑内。也可用白线将相对的两个轴线钉连接起来,借助垂球,将轴线投测到基槽或基坑内。

(2) 轴线控制桩法  由于龙门板需要较多木料,而且占用场地,使用机械开挖时容易被破坏,因此也可以在基槽或基坑外各轴线的延长线上测设轴线控制桩,作为以后恢复轴线的依据。即使采用了龙门板,为了防止被碰动,对主要轴线也应测设轴线控制桩。

轴线控制桩一般设在开挖边线 4m 以外的地方,并用水泥砂浆加固。最好是附近有固定的建筑物和构筑物,这时应将轴线投测在这些物体上,使轴线更容易得到保护,但每条轴线至少应有一个控制桩是设在地面上的,以便今后能安置经纬仪恢复轴线。

轴线控制桩的引测主要采用经纬仪法,当引测到较远的地方时,要注意采用盘左和盘右两次投测取中法来引测,以减少引测误差和避免错误的出现。

### 3. 撒开挖边线

如图 8-14 所示,先按基础剖面图给出的设计尺寸,计算基槽的开挖边线与轴线之间的宽度 $d$:

$$d = B + mh$$

式中　$B$——基底边线与轴线之间的宽度,可由基础剖面图查取;

　　　$m$——边坡坡度的分母;

　　　$h$——基槽深度。

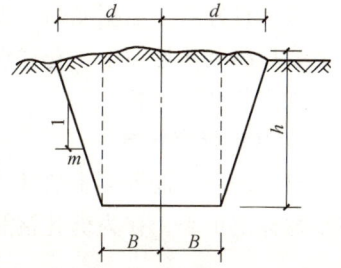

图 8-14 基槽开挖宽度

然后根据计算结果,在地面上以轴线为中线往两边各量出 $d$,拉线并撒上白灰,即为开挖边线。如果是基坑开挖,则只需按最外围基础的宽度及放坡确定开挖边线。边线测设的允许误差为+20mm 和-10mm。

197

### 8.2.4 基础施工测量

**1. 开挖深度和垫层标高控制**

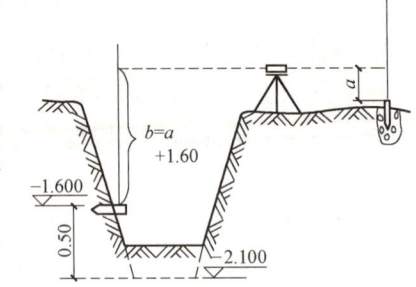

基础开挖标高测量　基础轴线放样测量　基础标高放样测量

为了控制基槽开挖深度，当基槽挖到接近槽底设计高程时，应在槽壁上测设一些水平桩，使水平桩的上表面离槽底设计高程为某一整分米数（如 0.5m），用以控制挖槽深度，也可作为槽底清理和打基础垫层时掌握标高的依据。如图 8-15 所示，一般在基槽各拐角处均应打水平桩，在直槽上则每隔 10m 左右打一个水平桩，然后拉上白线，线下 0.5m 即为槽底设计高程。

水平桩可以是木桩也可以是竹桩，测设时，以画在龙门板或周围固定地物的 ±0 标高线为已知高程点，用水准仪进行测设。水平桩上的高程误差应在 ±5mm 以内。

例如，设龙门板顶面标高为 ±0，槽底设计标高为 -2.1m，水平桩高于槽底 0.5m，即水平桩高程为 -1.6m，用水准仪后视龙门板顶面上的水准尺，读数 $a$ = 1.286m，则水平桩上标尺的应有读数为

$$0 + 1.286 - (-1.6) = 2.886\text{m}$$

**图 8-15 基槽开挖深度控制**

测设时沿槽壁上下移动水准尺，当读数为 2.886m 时沿尺底水平地将桩打进槽壁，然后检核该桩的标高，如超限便进行调整，直至误差在规定范围以内。

垫层面标高的测设可以水平桩为依据在槽壁上弹线，也可以在槽底打入垂直桩，使桩顶标高等于垫层面的标高。如果垫层需安装模板，可以直接在模板上弹出垫层面的标高线。

如果是机械挖土，要注意检查是否挖到位了，因此要在施工现场安置水准仪，边挖边测，随时指挥挖土机调整挖土深度，使槽底或坑底的标高略高于设计标高（一般为 10cm），留给人工清土。挖完后，为了给人工清底和打垫层提供标高依据，还应在槽壁或坑壁上打水平桩，水平桩的标高一般为垫层面的标高。当基坑底面积较大时，为便于控制整个底面的标高，应在坑底均匀地打一些垂直桩，使桩顶标高等于垫层面的标高。

**2. 在垫层上投测基础中心线**

垫层打好后，根据龙门板上的轴线钉或轴线控制桩，用经纬仪或用拉线挂吊锤的方法，把轴线投测到垫层面上，允许误差应为 ±3mm，并用墨线弹出基础中心线和边线，以便砌筑基础或安装基础模板。

**3. 基础标高控制**

对于采用钢筋混凝土的基础，可用水准仪将设计标高测设于基础钢筋或模板上，用油漆和墨线标定出来，作为绑扎钢筋和浇注混凝土的依据。

### 8.2.5 首层楼房墙柱施工测量

墙柱轴线测设

**1. 墙柱轴线测设**

基础工程结束后，应对龙门板或轴线控制桩进行检查复核，以防基础施工期间发生碰动移位。复核无误后，可根据轴线控制桩或龙门板上的轴线钉，用经纬仪法或拉线法，把首层

楼房的墙体和柱子（简称墙柱）轴线测设到防潮层上，并弹出墨线，然后用钢尺检查墙柱轴线的间距和总长是否等于设计值，用经纬仪检查外墙柱轴线四个主要交角是否等于90°。符合要求后，把墙柱轴线延长到基础外墙侧面，弹线并做出标志，作为向上投测各层楼房墙柱轴线的依据，如图8-16所示。

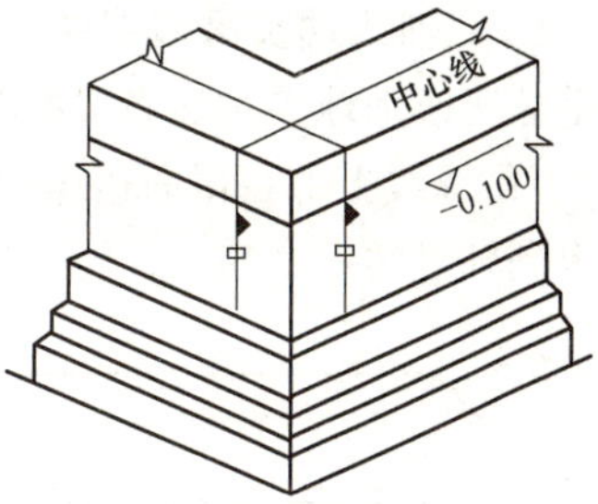

墙体砌筑前，根据墙体轴线和墙体厚度，弹出墙体边线，照此进行墙体砌筑。砌筑到一定高度后，用吊锤线将基础外墙侧面上的轴线引测到地面以上的墙体上，以免基础覆土后看不见轴线标志。如果轴线处是钢筋混凝土柱子，则在拆除柱模后将轴线引测到柱身上。

图 8-16 基础竣工轴线及标高

### 2. 墙柱标高测设

墙体砌筑时，其标高用墙身"皮数杆"控制。皮数杆上根据设计尺寸，按砖和灰缝厚度画线，并标明门、窗、过梁、楼板等的标高位置。杆上标高注记从±0 向上增加。

如图8-17所示，墙身皮数杆一般立在建筑物的拐角和内墙处，固定在木桩或基础墙上。为了便于施工，采用里脚手架时，皮数杆立在墙外边；采用外脚手架时，皮数杆立在墙里边。立皮数杆时，先用水准仪在立杆处的木桩或基础墙上测设出±0 标高线，测量误差在±2mm 以内，然后把皮数杆上的

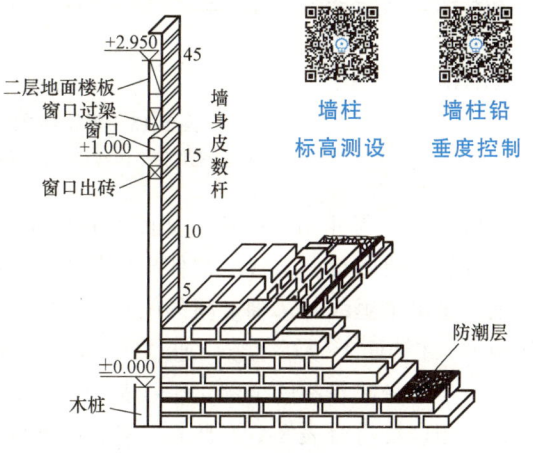

图 8-17 主体墙体皮数杆

±0 线与该线对齐，用吊锤校正并用钉子钉牢，必要时可在皮数杆上加钉两根斜撑，以保证皮数杆的稳定。

墙体砌筑到一定高度后（1.5m 左右），应在内外墙面上测设高于±0 标高 500mm（或 1000 mm）的水平墨线，称为水平控制线。外墙的水平控制线作为向上传递各楼层标高的依据，内墙的水平控制线作为室内地面施工及室内装修的标高依据。水平控制线的允许误差为±3mm。

如果是框架结构，在安装柱子和楼面的模板时，可直接用小钢尺从500mm（或1000mm）线，沿着柱子的钢筋或模板，往上量取一定的高度，即可得到安装柱子和楼面模板的标高线。为了量距方便，也可弹一根比 500mm（或 1000mm）线更高的标高线，如高出±0 标高 1500mm 的水平线，作为安装模板的依据。

### 8.2.6 二层以上楼层的施工测量

#### 1. 轴线竖向投测

每层楼面建好后，为了保证继续往上施工墙体和柱子时，墙柱轴线均与基础轴线在同一铅垂面上，应将基础或首层墙面上的轴线竖向投测到楼面上，并在楼面上重新弹出墙柱的轴线，检查无误后，以此为依据弹出墙体边线和柱子边线，再往上施工。在这个测量工作中，从下往上进行轴线投测是关键，一般多层建筑常用吊锤线投测轴线，具体有两种投测法。

（1）轴线端头吊锤线法　如图 8-18a 所示，将较重的垂球悬挂在楼面的边缘，慢慢移动，使垂球线或垂球尖对准底层的轴线端头标志（底层墙面上的轴线标志或底层地面上的轴线延长线），吊锤线上部在楼面边缘的位置就是墙体轴线位置，在此画一条短线作为标志，便在楼面上得到轴线的一个端点，同法投测另一个端点，两个端点的连线即为墙体轴线。

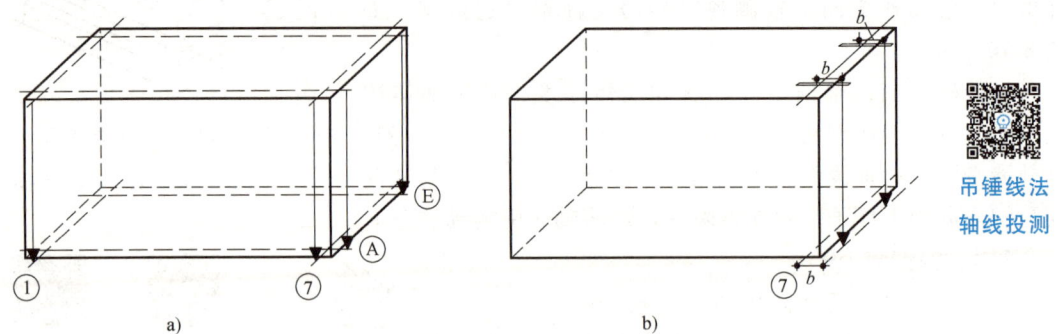

图 8-18　吊锤线轴线投测法
a）轴线端头吊锤线法　b）轴线等距吊锤线法

（2）轴线等距吊锤线法　如图 8-18b 所示，为了将⑦轴投测到楼面上，在楼面上适当的地方放置两块木板，木板一端伸出墙外约 0.3m，在木板上悬挂吊锤，一名测量员在底层用小钢尺量出吊锤线与⑦轴之间的间距 $b$，另一名测量员在楼面上用小钢尺从吊锤线往回量取间距 $b$，在楼面上做好标志。通过两个标志弹墨线，即可在楼面上得到⑦轴的轴线。

一般应将建筑物的全部主轴线都投测到楼面上来，并弹出墨线，用钢尺检查轴线间的距离，其精度要符合表 8-1 的要求。然后以这些主轴线为依据，用钢尺内分法测设其他细部轴线。在困难的情况下至少要测设两条垂直相交的主轴线，检查交角合格后，用经纬仪和钢尺测设其他主轴线，再根据主轴线测设细部轴线。

吊锤线法受风的影响较大，楼层较高时风的影响更大，因此应在风小时作业，投测时应待吊锤稳定下来后再在楼面上定点。此外，每层楼面的轴线均应直接由底层投测上来，以保证建筑物的总竖直度，只要注意这些问题，用吊锤线法进行多层楼房的轴线投测的精度是有保证的。

**2. 标高竖向传递**

多层建筑物施工中，要由下往上将标高传递到新的施工楼层，以便控制新楼层的墙体施工，使其标高符合设计要求。多层建筑标高竖向传递的允许误差，每层是±3mm，总高度是±5mm。标高竖向传递一般可用以下两种方法：

（1）利用皮数杆传递标高　一层楼房墙体砌完并打好楼面后，把皮数杆移到二层继续使用。为了使皮数杆立在同一水平面上，用水准仪测定楼面四角的标高，取平均值作为二楼的地面标高，并在立杆处绘出标高线，立杆时将皮数杆的±0 线与该线对齐，然后以皮数杆为标高依据进行墙体砌筑。如此用同样方法逐层往上传递高程。

（2）利用钢尺传递标高　用钢尺从底层的+500mm（或+1000mm）水平标高线起往上直接丈量，把标高传递到第二层去，然后根据传递上来的高程测设第二层的地面标高线，以此为依据立皮数杆。在墙体砌到一定高度后，用水准仪测设该层的+500mm（或+1000mm）水平标高线，再往上一层的标高可以此为准用钢尺传递，以此类推，逐层传递标高。

## 子单元3　高层建筑施工测量

由于高层建筑的体形大、层数多、高度高、造型多样化、建筑结构复杂、设备和装修标准高，在施工过程中对建筑物各部位的水平位置、轴线尺寸、垂直度和标高的要求都十分严格，对施工测量的精度要求也高。为确保施工测量符合精度要求，应事先认真研究和制定测量方案，拟出各种误差控制和检核措施，所用的测量仪器应符合精度要求，并按规定认真检校。此外，由于高层建筑工程量大，机械化程度高，工种交叉大，施工组织严密，因此施工测量应事先做好准备工作，密切配合工程进度，以便及时、快速和准确地进行测量放线，为下一步施工提供平面和标高依据。

高层建筑施工测量的工作内容很多，下面主要介绍建筑物定位、基础施工、轴线竖向投测和高程竖向传递这几方面的测量工作。

### 8.3.1　高层建筑定位测量

**1. 建立建筑物施工控制网**

根据设计给定的定位依据和现场定位条件进行高层建筑的定位放线，是确定建筑物平面位置和进行基础施工的关键环节，施测时必须保证精度。一般先建立矩形的建筑物平面施工控制网，然后以此为依据进行建筑物的定位。矩形平面控制网的检核条件多，精度有保证，使用也方便。

矩形平面控制网应布设在基坑开挖范围以外一定距离，平行于建筑物主要轴线方向，如图 8-19 所示，$MNQP$ 为拟建高层建筑四大角轴线交点，$M'N'Q'P'$ 是矩形平面控制网的 4 个角点。矩形平面控制网一般在总平面布置图上进行设计，先根据现场情况确定其各条边线与建筑轴线的间距，再确定 4 个角格点的坐标，然后在现场根据城市测量控制网或建筑场地上测量控制网，用极坐标法或直角坐标法，在现场测设出来并打桩。最后还应在现场检测方格网的四个内角和四条边长，并按设计角度和尺寸进行相应的调整。

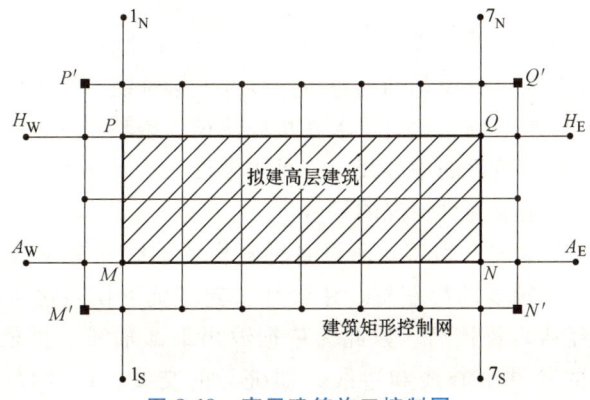

图 8-19　高层建筑施工控制网

**2. 测设主轴线控制桩**

在矩形平面控制网的四边上，根据建筑物主要轴线与方格网的间距，测设主要轴线的控制桩（图 8-19 中小圆点）。测设时要以施工方格网各边的两端控制点为准，用经纬仪定线，用钢尺拉通尺量距来打桩定点。测设好这些轴线控制桩后，施工时便可方便准确地在现场确定建筑物的四个主要角点。

因为高层建筑的主轴线上往往是柱或剪力墙，施工中通视和量距困难，为了便于使用，实际上一般是测设主轴线的平行线。由于其作用和效果与主轴线完全一样，为方便起见，这里仍统一称为主轴线。

除了四廊的轴线外，建筑物的中轴线等重要轴线也应在矩形平面控制网边线上测设出来，与四廊的轴线一起，称为矩形平面控制网中的控制线，一般要求控制线的间距为30~50m。控制线的增多，可为以后测设细部轴线带来方便，也便于校核轴线偏差。如果高层建筑是分期分区施工，为满足某局部区域定位测量的需要，应把对该局部区域有控制意义的轴线在施工方格网边线测设出来。施工方格网控制线的测距精度不低于1/10000，测角精度不低于±10″。

如果高层建筑准备采用经纬仪法进行轴线投测，还要用经纬仪把外廓主轴线的控制桩往更远处安全稳固的地方引测。例如图8-19中，$1_S$、$1_N$为轴线 $MP$ 的延长控制桩，$7_S$、$7_N$为轴线 $NQ$ 的延长控制桩，$A_W$、$A_E$ 为轴线 $MN$ 的延长控制桩，$H_W$、$H_E$ 为轴线 $PQ$ 的延长控制桩。它们与建筑物的距离应大于建筑物的高度，以免用经纬仪投测时仰角太大。

### 8.3.2 高层建筑基础施工测量

**1. 测设基坑开挖边线**

高层建筑一般都有地下室，因此要进行基坑开挖。开挖前，先根据建筑物的轴线控制桩确定角桩，以及建筑物的外围边线，再考虑边坡的坡度和基础施工所需工作面的宽度，测设出基坑的开挖边线并撒出灰线。开挖边线允许误差应为+50mm、-20mm。

**2. 基坑开挖时的测量工作**

高层建筑的基坑一般都很深，需要放坡并进行边坡支护加固，开挖过程中，除了用水准仪控制开挖深度外，还应经常用经纬仪或拉线检查边坡的位置，防止出现坑底边线内收，致使基础位置不够的情况出现。基坑下边线的允许误差应为+20mm、-10mm。

**3. 基础放线及标高控制**

（1）基础放线 基坑开挖完成后，有三种情况：一是直接打垫层，然后做箱形基础或筏板基础，这时要求在垫层上测设基础的各条边界线、梁轴线、墙宽线和柱位线等；二是在基坑底部打桩或挖孔，做桩基础，这时要求在坑底测设各条轴线和桩孔的定位线，桩基础完工后，还要测设桩承台和承重梁的中心线；三是先做桩，然后在桩上做箱基或筏基，组成复合基础，这时的测量工作是前两种情况的结合。

不论是哪种情况，在基坑下均需要测设各种各样的轴线和定位线，其方法是基本一样的。先根据地面上各主要轴线的控制桩，用经纬仪向基坑下投测建筑物的4个大角、四廊轴线和其他主轴线，经认真校核后，以此为依据放出细部轴线，再根据基础图所示尺寸，放出基础施工中所需的各种中心线和边线，如桩心的交线，以及梁、柱、墙的中线和边线等。

测设轴线时，有时为了通视和量距方便，不是测设真正的轴线，而是测设其平行线，这时一定要在现场标注清楚，以免用错。另外，一些基础桩、梁、柱、墙的中线不一定与建筑轴线重合，而是偏移某个尺寸，因此要认真按图施测，防止出错，如图8-20所示。

如果是在垫层上放线，可把有关轴线和边线直接用墨线弹在垫层上，由于基础轴线的位置决定了整个高层建筑的平面位置和尺寸，因此施测时要严格检核，保证精度。如果是在基坑下做桩基，则测设轴线和桩位时，宜在基坑护壁上设立轴线控制桩，以便能保留较长时间，也便于施工时用来复核桩位和测设桩顶上的承台和基础梁等。

从地面往下投测轴线时，一般是用经纬仪投测法，由于俯角较大，为了减小误差，每个轴线点均应盘左盘右各投测一次，然后取中。

（2）桩位放样测量　除了用上述方法进行细部轴线放样外，常根据主轴线用极坐标法放样桩的中心点位。如图 8-21 所示，已将建筑主轴线引测到基坑上，得到四条主轴线的交点 A1、A7、E1 和 E7，欲放样出各桩的圆心。可将 A1 点作为坐标原点，①轴作为 X 轴，A 轴作为 Y 轴建立一个假定平面直角坐标系统。根据轴距求出各桩心的坐标，例如，由图可知 C3 点的坐标为（14.000m，12.200m），D6 点的坐标为（18.200m，30.400m）。按坐标反算公式，可计算出 A1 至 C3 的坐标方位角为 41°04′11″，水平距离为 18.570m；A1 至 D6 的坐标方位角为 85°31′41″，水平距离为 35.432m。

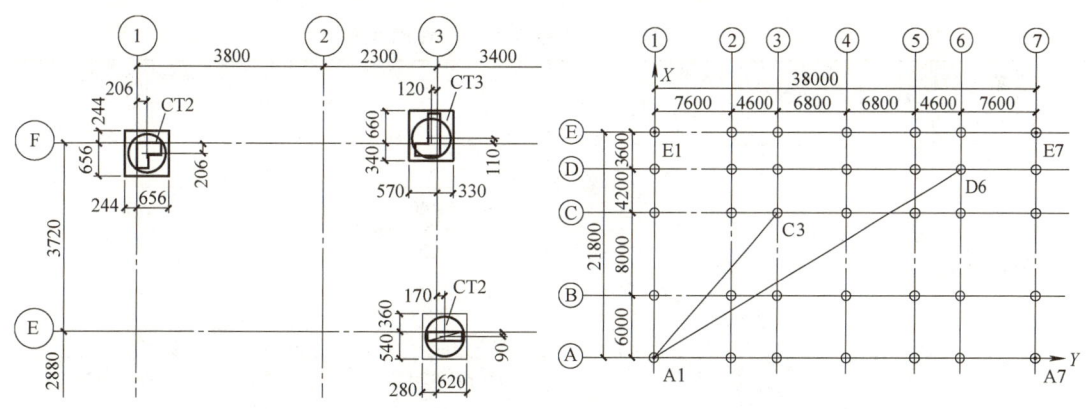

图 8-20　有偏心桩的基础平面图局部　　　　图 8-21　极坐标法桩位放样示意图

在现场的 A1 点安置经纬仪，后视 A7 点定向，置水平度盘读数为 90°00′00″。转动照准部，在水平度盘读数为 41°04′11″时测设水平距离 18.570m 即可在现场放样出 C3 点。同理，在水平度盘读数为 85°31′41″时测设水平距离 35.432m 即可在现场放样出 D6 点。如果采用全站仪，则可直接根据各点坐标数据进行放样，无须预先计算各点的方位角和水平距离。

机械法桩基础施工有时在基坑开挖前进行，其桩位放样一般也采用上述的极坐标法。值得注意的是，不论是在基坑下还是地面上，由于机械设备体积和质量较大并随桩位移动，容易使已经放出的桩位发生变动，因此应对即将施工的桩位进行复测，确保无误后才进行该桩的施工。

（3）基础标高测设　基坑完成后，应及时用水准仪根据地面上的±0 水平线，将高程引测到坑底，并在基坑护坡的钢板或混凝土桩上作好标高为负的整米数的标高线。由于基坑较深，引测时可多转几站观测，也可用悬吊钢尺代替水准尺进行观测。在施工过程中，如果是桩基础，要控制好各桩的顶面高程；如果是箱形基础和筏板基础，则直接将高程标志测设到竖向钢筋和模板上，作为安装模板、绑扎钢筋和浇筑混凝土的标高依据。

### 8.3.3 高层建筑轴线竖向投测

激光铅垂仪高层建筑轴线投测　楼层建筑轴线放样

当高层建筑的地下部分完成后，根据建筑物施工控制网校测建筑物主轴线控制桩后，将各轴线测设到做好的地下结构顶面和侧面，又根据原有的±0 水平线，将±0 标高（或某整分米数标高）测设到地下结构顶部的侧面上，这些轴线和标高线是进行首层主体结构施工的定位依据。随着结构的升高，要将首层轴线逐层往上投测，作为施工的依据。其中建筑物主轴线的竖向投测尤其重要，因为它是各层放线和结构垂直度控制的依据。随着高层建筑物设计高度的增加，施工中对竖向偏差的控制要求就越高，轴线竖向投测的精度和方法必须与其适应，以保证工程质量。

有关规范对于不同高度高层建筑施工的竖向精度有不同的要求，为了保证总的竖向施工误差不超限，层间垂直度测量偏差不应超过 3mm，建筑物轴线竖向投测应符合表 8-2 的限差规定。

表 8-2　建筑物轴线竖向投测允许偏差表

| 项　目 | 内　容 | | 允许偏差/mm |
|---|---|---|---|
| 轴线竖向投测 | 每层 | | 3 |
| | 总高 $H$/m | $H \leqslant 30$ | 5 |
| | | $30 < H \leqslant 60$ | 10 |
| | | $60 < H \leqslant 90$ | 15 |
| | | $90 < H \leqslant 120$ | 20 |
| | | $120 < H \leqslant 150$ | 25 |
| | | $150 < H \leqslant 200$ | 30 |
| | | $H > 200$ | 40%的施工限差 |

下面介绍两种常见的轴线竖向投测方法。

**1. 经纬仪法**

经纬仪法从建筑物的外部投测轴线，控制建筑物的垂直度，因此也称为外控法。当施工场地比较宽阔时，可使用此法。如图 8-22 所示，安置经纬仪于轴线控制桩上，严格对中整平，盘左照准建筑物底部的轴线标志，往上转动望远镜，用其竖丝指挥另一测量员在施工层楼面边缘上画一点，然后盘右再次照准建筑物底部的轴线标志，同法在该处楼面边缘上画出另一点，取两点的中间点作为轴线的端点。其他轴线端点的投测与此相同。

当楼层建得较高时，经纬仪投测时的仰角较大，操作不方便，误差也较大，此时应将轴线控制桩用经纬仪引测到远处（大于建筑物高度）稳固的地方，然后继续往上投测。如果周围场地有限，也可引测到附近建筑物的屋面上。如图 8-23 所示，先在轴线控制桩 $A_1$ 上安置经纬仪，照准建筑物底部的轴线标志，将轴线投测到楼面上 $A_2$ 点处，然后在 $A_2$ 上安置经纬仪，照准 $A_1$ 点，将轴线投测到附近建筑物屋面上 $A_3$ 点处，以后就可在 $A_3$ 点安置经纬仪，照准 $A_2$ 点，再往上投测更高楼层的轴线。注意上述投测工作均应采用盘左盘右取中法进行，以减小投测误差。

所有主轴线投测上来后，应进行角度和距离的检核，合格后再以此为依据测设其他轴线。

**2. 激光铅垂仪法**

外控法投测需要较开阔的场地，现场多数情况是周围建筑物密集、施工场地窄小，无法在建筑物以外的轴线上安置经纬仪，所以多数是采用激光铅垂仪投测法。该法是在建筑物内部安置仪器进行投测，因此也称为内控法。

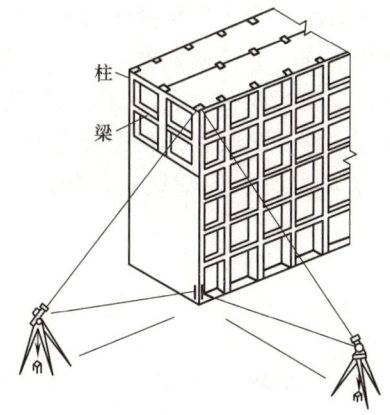

图 8-22 经纬仪法轴线竖向投测

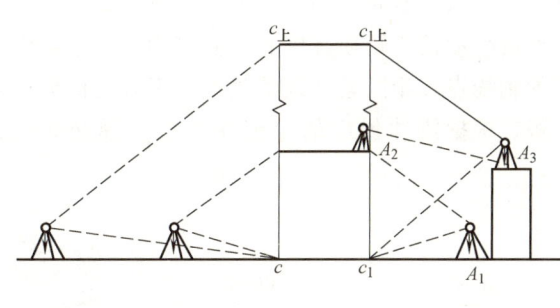

图 8-23 延长轴线再投测

如图 8-24 所示，事先在首层地面上埋设轴线点的固定标志，将控制轴线引测至建筑物内。根据施工前布设的控制网基准点及施工过程中流水段的划分，在各建筑物内做内控基准点（每一流水段至少 2~3 个内控基准点），埋设在首层偏离相应轴线 1m 的位置。基准点的埋设采用 10cm×10cm 钢板，钢板上刻划十字线，钢板通过锚固筋与首层楼面钢筋焊牢，作为竖向轴线投测的基准点。基准点周围严禁堆放杂物。

如图 8-25 所示，向上各层在相应位置留出预留洞（20cm×20cm），供激光铅垂仪视线通过。

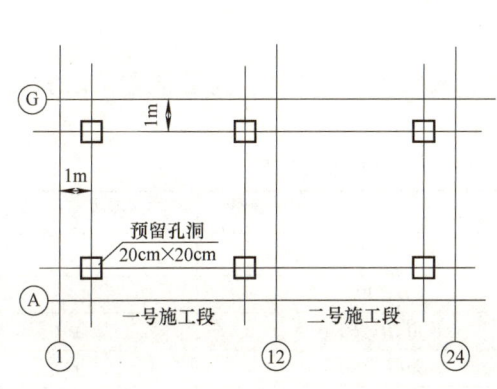

图 8-24 内控法轴线控制点布置图

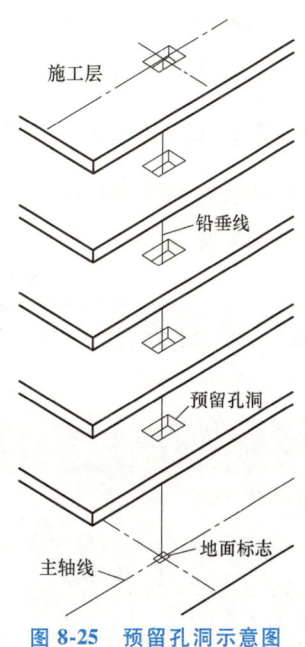

图 8-25 预留孔洞示意图

用激光铅垂仪进行高层建筑的轴线投测,具有占地小、精度高、速度快的优点,在高层建筑施工中使用较为广泛。

激光铅垂仪用于高层建筑轴线竖向投测时,从首层向施工层投测,如图 8-26 所示将仪器安置在首层地面的轴线点标志上,严格对中整平。

投测时,激光通过楼板上预留的孔洞,将轴线点投测到施工层楼板的红色透明接收靶上,调节望远镜调焦螺旋,使投射在接收靶上的激光束光斑最小。为了提高投测精度,应将仪器照准部水平旋转一周,检查接收靶上光斑中心是否始终在同一点,或划出一个很小的圆圈,然后移动接收靶使其中心与光斑中心或小圆圈中心重合,将接收靶固定,则靶心即为欲投测的轴线点。用两条细线将轴线点引到孔洞周围做好标记,移开接收靶,在孔洞内固定一块木板,根据刚才做出的标记在木板上弹交叉线,其交点即为所投的轴线点,如图 8-26 所示。

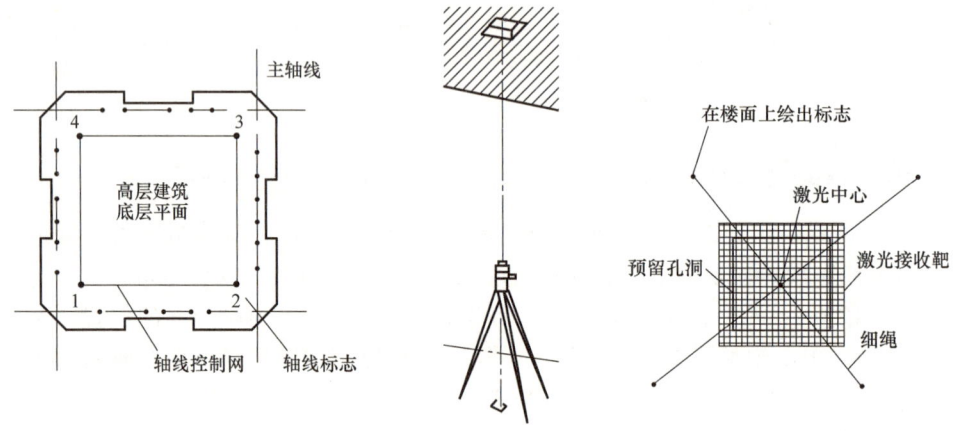

图 8-26 激光铅垂仪投点

由于投测时仪器安置在施工层下面,因此在施测过程中要注意对仪器和人员的安全采取保护措施,防止落物击伤。

### 8.3.4 高层建筑高程竖向传递

高层建筑各施工层的标高,是由底层起始标高线传递上来的。高层建筑施工的标高竖向传递测量限差见表 8-3。

表 8-3 建筑物标高竖向传递测量的允许偏差

| 项 目 | 内 容 | | 允许偏差/mm |
|---|---|---|---|
| 标高竖向传递 | 每层 | | ±3 |
| | 总高 $H$/m | $H \leqslant 30$ | ±5 |
| | | $30 < H \leqslant 60$ | ±10 |
| | | $60 < H \leqslant 90$ | ±15 |
| | | $90 < H \leqslant 120$ | ±20 |
| | | $120 < H \leqslant 150$ | ±25 |
| | | $150 < H \leqslant 200$ | ±30 |
| | | $H > 200$ | 40%的施工限差 |

**1. 钢尺直接传递高程**

一般用钢尺沿建筑脚手架、外墙、边柱或楼梯间，由底层±500 标高线向上竖直量取设计高差，即可得到施工层的设计标高线。用这种方法传递高程时，应至少由三处底层标高线向上传递，以便于相互校核。由底层传上到同一施工层的几个标高点，必须用水准仪进行校核，检查各标高点是否在同一水平面上，其误差应不超过±3mm。合格后以其平均标高为准，作为该层的地面标高。若建筑高度超过一个尺段（30m 或 50m），可每隔一个尺段的高度，精确测设新的起始标高线，作为继续向上传递高程的依据。

**2. 悬吊钢尺传递高程**

为了提高精度，最好是在外墙、楼梯间或激光预留洞口悬吊一把钢尺，如图 8-27 所示，分别在首层地面和待测楼面上安置水准仪，将标高传递到楼面上。如图所示，$H_1$ 是首层水准点（例如±500 标高线）标高，待测楼层基准点标高值 $H_2$ 的计算式为

$$H_2 = H_1 + b_1 + (a_2 - a_1) - b_2$$

用于高层建筑传递高程的钢尺，应经过检定，量高差时尺身应铅直和用规定的拉力，并应进行尺长改正和温度改正。传递点的数目，应根据建筑物的大小和高度确定，高层民用建筑宜从 3 处向上传递，传递的标高较差小于 3mm 时，可取其平均值作为施工层的标高基准，否则，应重新传递。

**3. 全站仪竖向测距传递高程**

高层建筑一般用钢尺与水准仪相结合的方法进行高程传递，但该方法劳动强度大，所需时间长，累积误差随着建筑高度的增加而增加，因而测量精度的控制比较困难。现代全站仪具有测量精度高，观测快捷、方便等优点，因此不少工程技术人员正探索采用全站仪与水准仪相结合的方法进行高程传递。

如图 8-28 所示，根据底层高程控制点或+500mm 标高线，把全站仪望远镜水平放置，读取高程控制点上标尺的读数，读数加上控制点高程得到仪器视线高，然后把望远镜安置到铅垂状态（需要时取下全站仪的提手，以便光线往上射出），利用全站仪的测距功能将高程传递至高层工作面的接收棱镜，最后利用水准仪将高程引测至该工作面的其他位置，供施工放样使用。该方法具有测量方便快捷和累积误差小等优点，是超高层建筑高程传递非常有效的方法。上海金茂大厦施工中就进行过这方面的尝试，取得了良好的效果。

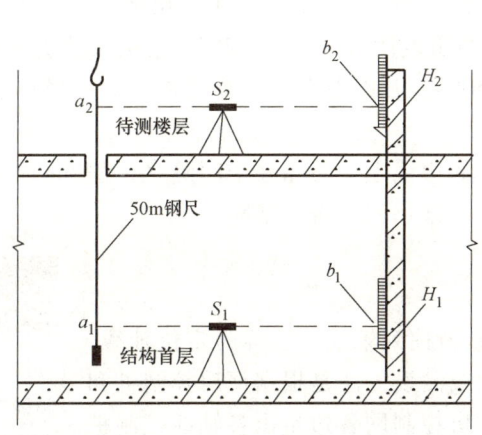

图 8-27 悬吊钢尺传递高程

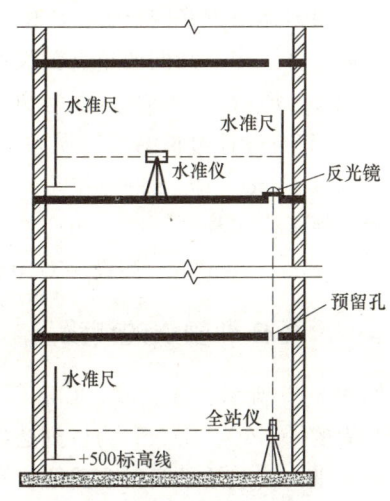

图 8-28 全站仪传递高程

# 子单元 4　工业厂房施工测量

厂房控制网的测设

## 8.4.1　工业厂房施工控制网的建立

工业厂房一般规模较大，内部设施复杂，有的厂房之间还有流水线生产设施，因此对厂房位置和内部各轴线的尺寸都有较高的精度要求。为保证精度，工业厂房的测设，通常要在场区控制网的基础上测设对厂房起直接控制作用的厂房控制网，作为测设厂房位置和内部各轴线的依据。由于厂房多为排柱式建筑，跨距和间距大，但隔墙少，平面布置简单，所以厂房施工中多采用由柱列轴线控制桩组成的矩形方格网，作为厂房控制网。

**1. 厂房控制点坐标的设计**

厂房控制网的四个角点，称为厂房控制点，点位设在基坑开挖范围以外一定距离处。其坐标是根据厂房四个角点的已知坐标推算出来的。如图 8-29 中，$p$、$q$、$r$、$s$ 为厂房角点，$P$、$Q$、$R$、$S$ 为厂房控制点，设四边的间距均为 4m，若厂房角点 $s$ 的坐标为 $A=222$m、$B=186$m，则相应的厂房控制点 $S$ 点的坐标为

$$A=(222-4)\text{m}=218\text{m}$$

$$B=(186+4)\text{m}=190\text{m}$$

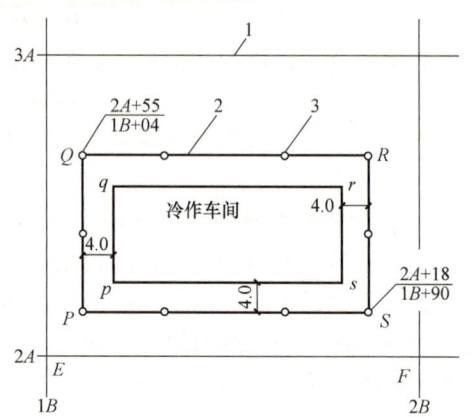

图 8-29　厂房控制网
1—厂区建筑方格网　2—厂房控制网
3—距离指示桩

其余各点的坐标同法推算而得。其中坐标 $A=218$m 也可表示为 $2A+18$，坐标 $B=190$m 也可表示为 $1B+90$。

**2. 厂房控制网的测设**

厂房控制网是以厂区控制网为依据进行测设的，如图 8-29 所示，厂区控制网为建筑方格网，可根据建筑方格网点 $E$、$F$ 和厂房控制网角点的坐标，计算测设数据，利用 $EF$ 边用直角坐标法将厂房控制网四角点测设在地面上，打下大木桩，在桩顶上做出标志点。然后用经纬仪检查 $\angle PQR$、$\angle QRS$ 是否为 90°，矩形网的角度闭合差小于 120″。用钢尺检查 $PS$ 和 $QR$ 边长，其与设计边长的相对误差应小于 1/15000。若误差在容许范围内，钉一根小铁钉固定，以示 $P$、$Q$、$R$、$S$ 的点位。

为了便于标定柱列轴线，还应在厂房控制网的边线上，每隔柱子间隔（一般 6m）的整数倍（如 24m、48m 等）测设一对距离指示桩，用来加密厂房控制网。

## 8.4.2　厂房柱列轴线的测设

厂房柱列轴线的测设

如图 8-30 所示，Ⓐ、Ⓑ、Ⓒ 和 ①、②、…⑮ 为柱列轴线，也称为定位轴线，其中四周的 Ⓐ、Ⓒ、①、⑮ 为柱列边线。柱列轴线测设方法是根据厂房控制桩和距离指示桩，按照柱子间距和跨距，用钢尺沿厂房控制网各边量出各轴线控制桩的位置，打入木桩、钉上小钉，作为柱基测设和构件安装的依据。

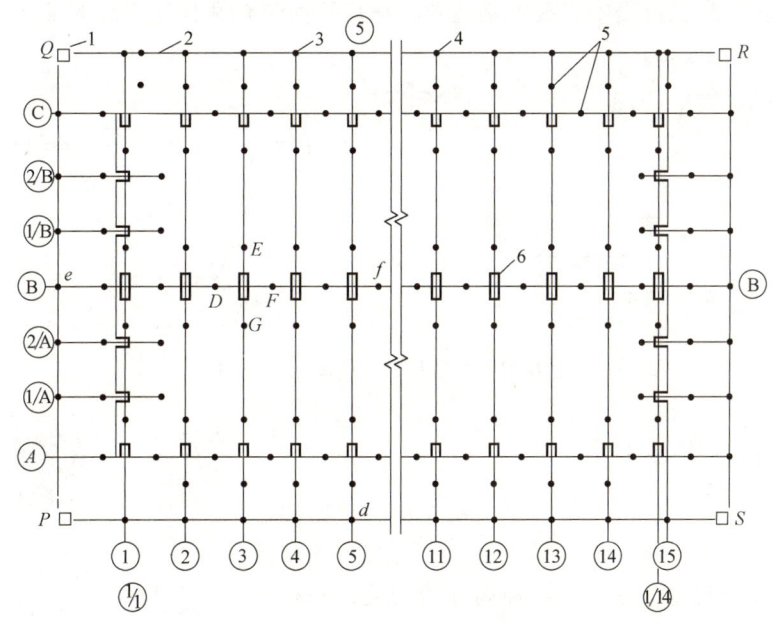

图 8-30 厂房柱列轴线及柱基测设

1—厂房控制点　2—厂房控制网　3—距离指标桩　4—轴线控制桩　5—基坑定位桩　6—柱子

## 8.4.3 柱基的测设

**1. 柱基轴线测设**

用两台经纬仪分别安置在两条互相垂直的柱列轴线控制桩上，如图 8-30 中Ⓑ轴上的 $e$ 桩和⑤轴上的 $d$ 桩，依Ⓑ—Ⓑ和⑤—⑤方向交会出柱基定位点 $f$，即柱列轴线的交点，打木桩，钉小钉。为了便于基坑开挖后能及时恢复轴线，应根据经纬仪指出的轴线方向，在基坑四周距基坑开挖线 1～2m 处打下四个柱基轴线桩 $D$、$E$、$F$、$G$，并在桩顶钉小钉表示点位，供修坑和立模使用。同法交会定出其余各柱基定位点。

按图 8-31 所注基础平面尺寸和基坑放坡宽度，用特制角尺，根据定位点和定位轴线，放出基坑开挖边线，并撒上白灰标明。

**2. 基坑标高测设**

基坑挖到一定深度时，要在坑壁上测设水平桩，作为修整坑底的标高依据。其测设方法与民用建筑相同。坑底修整后，还要在坑底测设垫层高程，打下小木桩并使桩顶高程与垫层顶面设计高程一致，如图 8-32a 所示。深基坑应采用高程上下传递法将高程传递到坑底临时水准点上，然后根据临时水准点测设基坑高程和垫层高程。

**3. 柱基施工放线**

垫层打好后，根据基坑定位桩，借助锤球将定位轴线投测到垫层上，如图 8-32b 所示。再弹出柱基的中心线和边线，作为支立模板的依据，柱基不同部位的标高，则用水准仪测设到模板上。

厂房柱子基础的测设

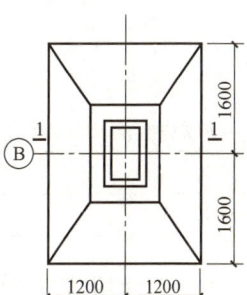

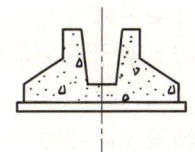

图 8-31 柱基平面与剖面图

厂房杯形柱基施工放线过程中,要特别注意其杯口平面位置和杯底标高的准确性。

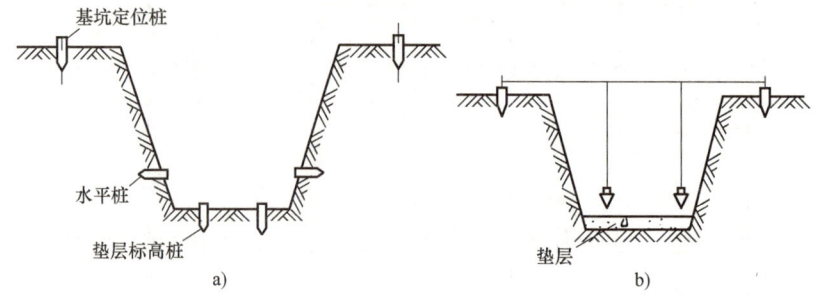

图 8-32 基坑标高测设与轴线投测

### 8.4.4 厂房构件安装测量

厂房柱子的安装测量

厂房吊车梁的安装测量

厂房吊车轨道的安装测量

装配式单层工业厂房主要由柱子、吊车梁、屋架和屋面板等构件组成,建造时一般采用预制钢结构或者预制混凝土构件现场安装的施工方法。各种构件的安装,必须与测量工作配合,以保证预制构件按规定的精度要求安装到设计位置上。测量的主要工作是安装前为构件提供准确位置;安装中对构件位置进行校正;安装后对构件位置进行检查验收。主要预制构件安装测量的允许偏差见表 8-4,表中 $H$ 为柱子高度。下面主要介绍预制混凝土柱、吊车梁、吊车轨和屋架的安装测量。

表 8-4 柱子、桁架或梁安装测量的允许偏差

| 测量内容 | | 允许偏差/mm |
|---|---|---|
| 钢柱垫板标高 | | ±2 |
| 钢柱±0 标高检查 | | ±2 |
| 混凝土柱(预制)±0 标高检查 | | ±3 |
| 柱垂直度检查 | 钢柱牛腿 | 5 |
| | 柱高 10m 以内 | 10 |
| | 柱高 10m 以上 | $H/1000, \leq 20$ |
| 桁架和实腹梁、桁架和钢架的支承结点间相邻高差的偏差 | | ±5 |
| 梁间距 | | ±3 |
| 梁面垫板标高 | | ±2 |

**1. 柱子的安装测量**

单层厂房预制构件的安装工作中,柱子安装是关键,保证柱子位置准确,也就保证了其他构件基本就位。

(1) 柱子吊装前的准备工作

1) 弹出柱基中心线和杯口标高线。如图 8-33 所示,根据柱列轴线控制桩,用经纬仪将柱列轴线投测到每个杯形基础的顶面上,弹出墨线,当柱列轴线为边线时,应平移设计尺寸,在杯形基础顶面上加弹出柱子中心线,作为柱子安装定位的依据。根据±0 标高,用水准仪在杯口内壁测设一条标高线,标高线与杯底设计标高的差应为一个整分米数,以便从这

条线向下量取,作为杯底找平的依据。

2) 弹出柱子中心线和标高线。如图 8-34 所示,在每根柱子的四个侧面,用墨线弹出柱身中心线,并在每条线的上端和接近杯口处,各画一个红"◀"标志,供安装时校正使用。从牛腿面起,沿柱子四条棱边向下量取牛腿面的设计高程,即为±0 标高线,弹出墨线,画上红"▼"标志,供牛腿面高程检查及杯底找平用。

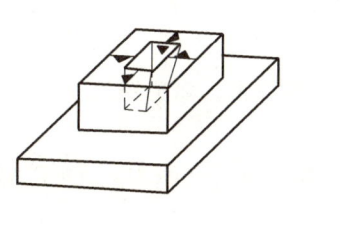

图 8-33 柱基弹线

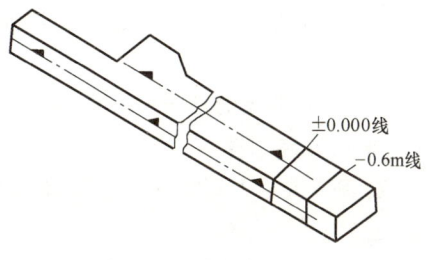

图 8-34 柱子弹线

3) 杯底找平。要使柱子吊装后其牛腿面正好为设计高程,必须进行杯底找平,如图 8-35 所示,柱底到牛腿面的设计长度为 $l$,杯底高程为 $H_1$,牛腿面设计高程为 $H_2$,则

$$H_2 = l + H_1$$

由于模板制作误差和变形的影响,致使柱子的实际长度不等于设计长度,柱子吊装后,牛腿面不在设计高程位置。解决的办法是在基础浇灌时,将杯底设计高程降低 5cm,柱子吊装前,用钢尺从柱子±0 线起沿四角向下量出各棱边长度,与杯底设计高程相比较,依其差值,用 1∶2 的水泥砂浆修正杯底,以使牛腿面的高程符合设计要求。

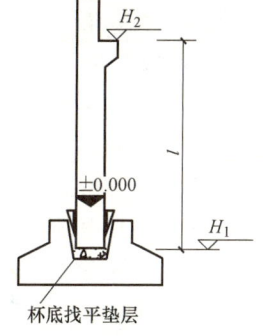

图 8-35 杯底找平

(2) 柱子安装测量  柱子吊入杯口后,应使柱子中心线与基顶中心线对齐,其偏差应小于±5mm,并用钢楔临时固定,然后进行柱身竖直校正。如图 8-36 所示,用两台经纬仪分别安置在拟校柱子的纵横柱列轴线附近,距柱子的距离约为柱高的 1.5 倍。望远镜瞄准柱子中心线的底部,固定照准部,仰视柱子中心线上部,若中心线与视准轴重合,则柱身已经竖直,若不重合,敲击柱脚的钢楔,使得柱子中心线的上部与十字竖丝重合。同法进行另一垂直方向的校直。

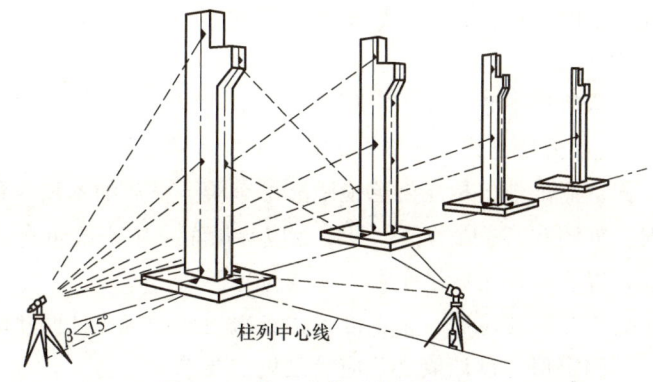

图 8-36 柱子吊装时的垂直度校正

在实际工作中，常常是许多柱子竖起后同时进行校直，这时可将经纬仪分别安置在纵、横柱列轴线的一侧，使视准轴与柱列轴线的水平角 $\beta$ 小于 $15°$，以保证柱子的垂直度。柱子校直的注意事项：

1）柱子校直前应对经纬仪进行检验校正。

2）柱子校直时，照准部水准管应严格居中，望远镜应随时瞄准柱脚中心线，以防差错。

3）柱子校直应在阴天或清晨进行，以避免日照引起柱子变形，柱子向阴面弯曲，柱顶产生水平位移。

4）当校正截面不同的柱子时，经纬仪必须安置在柱列轴线上，以免发生差错。

### 2. 吊车梁的安装测量

吊车梁安装应满足下列要求：梁顶高程与设计高程一致，容许误差为 $-2$mm；梁顶中心线与设计轨道中心线一致，容许误差为 $±3$mm。

（1）吊车梁安装的标高测量

1）检查牛腿面标高。吊车梁安装前先检查牛腿面的实际高程，其与设计高程之差为加垫的依据。检查的方法是用水准仪在地面测量 $±0$ 水准点与各柱子 $±0$ 画线之差，其不符值即为牛腿面高程误差。

2）测设吊车梁安装的标高线。将水准仪安在牛腿面上，用标高上下传递法在各柱子的上部，靠近吊车梁处测设一个高出梁面设计标高 $5\sim10$cm 的标高线，作为吊车梁安装的标高依据。也可用钢尺从 $±0$ 画线处向上量取，测设出该标高线。

（2）吊车梁安装的轴线投测　安装吊车梁前先将吊车轨道中心线投测到牛腿面上，作为吊车梁定位的依据。具体做法如下：

1）用墨线弹出吊车梁面中心线和两端中心线，如图 8-37 所示。

2）根据厂房中心线和设计跨距，由中心线向两侧量出 $1/2$ 跨距 $d$，在地面上标出 $A'A'$ 和 $B'B'$，即为轨道中心线，如图 8-38a 所示。

3）分别安置经纬仪于轨道中心线端点 $A'$ 和 $B'$ 上，瞄准另一端点，固定照准部，抬高望远镜将轨道中心投测到各柱子的牛腿面上。

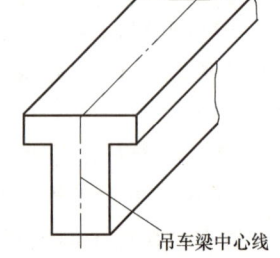

图 8-37　吊车梁弹线

4）安装时，根据牛腿面上轨道中心线和吊车梁端头中心线，两线对齐将吊车梁安装在牛腿面上，并利用柱子上的高程点，检查吊车梁的高程。

### 3. 吊车轨道的安装测量

安装前先在地面上从轨道中心线 $A'A'$、$B'B'$ 向厂房内侧量出一定长度（$a=0.5\sim1.0$m），得平行线 $A''A''$ 和 $B''B''$，称为校正线，如图 8-38b 所示。然后分别安置经纬仪于端点 $A''$ 和 $B''$ 上，瞄准另一端点，固定照准部，抬高望远镜瞄准吊车梁上横放的木尺。移动木尺，当视准轴对准木尺刻划 $a$ 时，如图 8-38c 所示，木尺零点应与吊车梁中心线重合；如不重合，予以纠正并重新弹出墨线，以表示校正后吊车梁中心线位置。

吊车轨道按校正后中心线就位后，用水准仪检查轨道面和接头处两轨端点高程，用钢尺检查两轨道间跨距，其测定值与设计值之差应满足规定要求。

### 4. 屋架的安装测量

屋架安装是以安装后的柱子为依据，使屋架中心线与柱子上相应中心线对齐。

屋架吊装前用经纬仪或其他方法在柱顶面上放出屋架定位轴线，并应弹出屋架两端的中心线，以便进行定位。屋架吊装就位时，应使屋架的中线与柱顶上的定位线对准，允许误差为±5mm。

屋架的垂直度，可用垂球或经纬仪进行检查。用经纬仪检查时，如图8-39所示，可在屋上安装三把卡尺。一把卡尺安装在屋架上弦中点附近（图8-39中标注4），另外两把分别安装在屋架的两端（图8-39中标注1）。自屋架几何中心线（图8-39中标注3）沿卡尺向外量出一定距离（一般为500mm），并作标志。然后在地面上距屋架中线同样距离处安装经纬仪（图8-39中标注2），观测三把卡尺上的标志是否在同一竖直面内。若屋架竖向偏差较大，则用机具校正，最后将屋架固定。垂直度允许偏差：薄腹梁为5mm；桁架为屋架高的1/250。

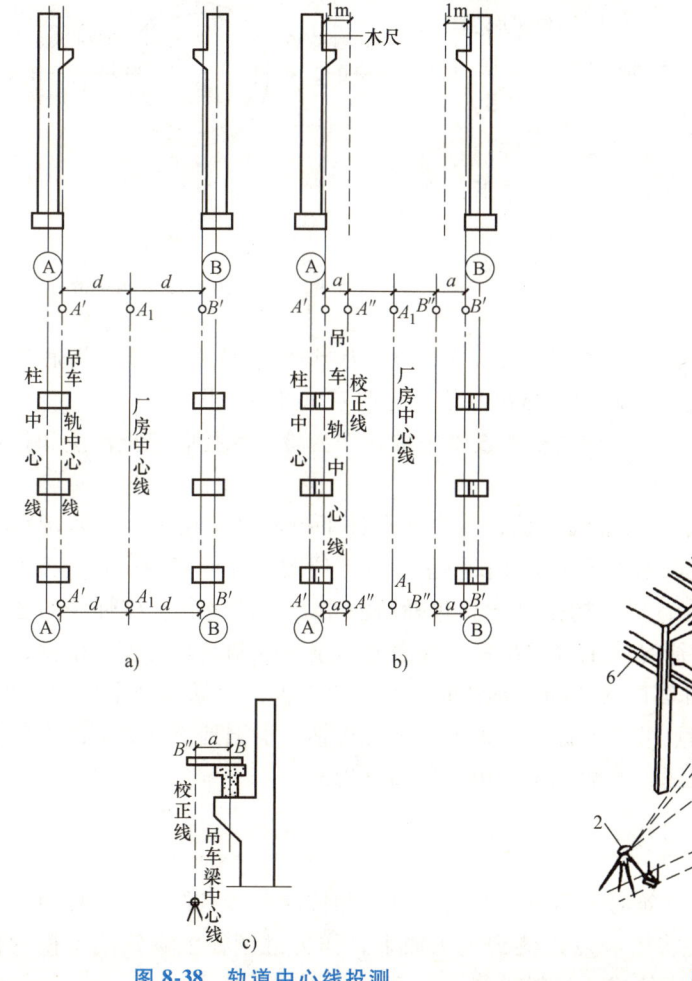

图 8-38　轨道中心线投测

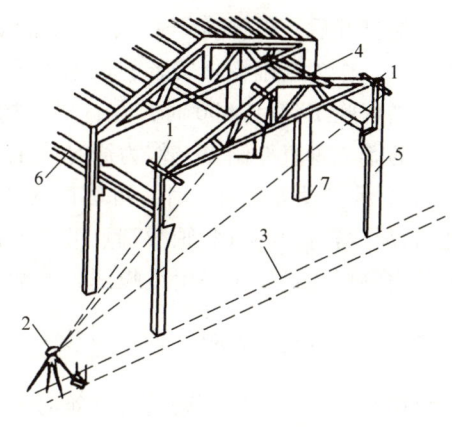

图 8-39　屋架安装测量

## 子单元5　塔形构筑物施工测量

烟囱、水塔、电视塔等都是截圆锥形的高耸塔形构筑物，其共同特点是基础小、主体

213

高，越往上筒身越小。施工测量的主要工作是严格控制筒身中心线的竖直和筒身外壁的设计坡度，以保证构筑物的稳定性。下面主要介绍塔形构筑物的基础施工和筒身施工过程中的测量工作。

## 8.5.1 定位测量

首先，按图纸要求，根据已知控制点或与已有建筑位置的尺寸关系，在地面上测设塔形构筑物的中心位置 $O$，然后在 $O$ 点安置经纬仪，测设出以 $O$ 为交点的两条互相垂直的十字形定位轴线 $AB$ 和 $CD$，并在离塔形构筑物的距离大于其高度处设 $A$、$B$、$C$、$D$ 四个轴线控制桩，用于筒身施工时用经纬仪往上投测中心线，或用于检核筒身的垂直度。各控制桩应妥善保护，必要时在轴线方向上多设几个桩，以便检核。为便于基础施工时中心定位点的恢复，还应在靠近基础开挖边线但又稳固的地方设 $a$、$b$、$c$、$d$ 四个基础定位轴线桩，如图 8-40 所示。

一些大型电视塔结构复杂，其施工测量的控制网，还可采用田字形或辐射形等有检核条件的控制图形，图形的中心点应与塔的中心点重合。

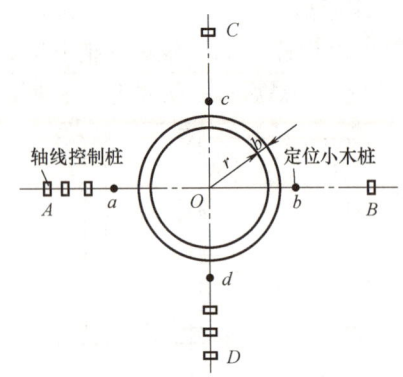

图 8-40 塔形构筑物定位

## 8.5.2 基础施工测量

定出塔形构筑物的中心点 $O$ 后，以 $O$ 为圆心，$R=r+b$ 为半径（$r$ 为烟囱或水塔底部半径，$b$ 为基坑的放坡宽度），在地面上画圆，撒出灰线，标明基坑开挖范围。

当基础开挖接近设计标高时，在基坑内壁测设水平桩，作为检查和控制挖土深度和打垫层的标高依据。

垫层打好后，根据 $a$、$b$、$c$、$d$ 四个轴线桩，将中心点往下投测到垫层上，按基础尺寸弹出边线，作为基础模板安装的依据，再用水准仪将基础各部位的设计标高测设到模板上。

当结构施工到±0.000 时，在首层结构面宜设置包括塔身中心点及十字主控轴线的各端控制点的 5 个垂直控制点，作为筒身施工时用吊锤线或激光铅垂仪控制其垂直度的依据，如图 8-41 所示。设置控制点时，可埋设约 200mm×200mm 大小的钢板，根据基础定位轴线桩，用经纬仪将塔身中心点和轴线端点准确地标在钢板上，也可将轴线引测到筒身底部的内侧和外侧，内侧标志可用于吊锤线投测，外侧标志可用于经纬仪投测。

## 8.5.3 筒身施工测量

烟囱和水塔筒身向上砌筑或浇筑时，筒身中心线、直径和坡度要严格控制，一般每砌一步架或混凝土每升一次模板，要将中心点投测到施工面上，作为继续往上砌筑或支模的依据。中心点投测可用经纬仪、吊垂线或激光铅垂仪。下面介绍吊垂线法。

如图 8-41 所示，在施工作业面上固定一长木方，在其上面用细钢丝悬吊 8~12kg 重的垂球，移动木方，直至垂球尖对准基础中心点，此时钢丝的位置即为筒身的中心。如果中心点处不能安置吊锤，也可用吊锤从筒底的四个轴线端点处往上投测，在作业面上得到四个点，其连线的交点即为中心点。为了防止出错，筒身每升高 10m 左右，应用经纬仪检查一次中心点。检查时分别在 A、B、C、D 四个轴线控制桩上安置经纬仪，照准筒身底部外侧的轴线标志，把轴线投测到施工作业面上，并作标记，然后按标记拉两条细绳，其交点即为筒身中心点。将此中心点与用吊垂线投测上来的中心点相比较，其偏差应符合表 8-2 的要求。

筒身水平截面尺寸的测设，应以投测上来的中心线为圆心，按施工作业面上的筒身设计半径画圆，如图 8-41 所示。

筒身坡度及表面平整度，应随时用靠尺板挂线检查，靠尺板的斜边是严格按筒身的设计坡度制作的。如图 8-42 所示，使用时，把斜边贴靠在筒身外壁上，如垂球线恰好通过下端缺口处，则说明筒壁的收坡符合设计要求。

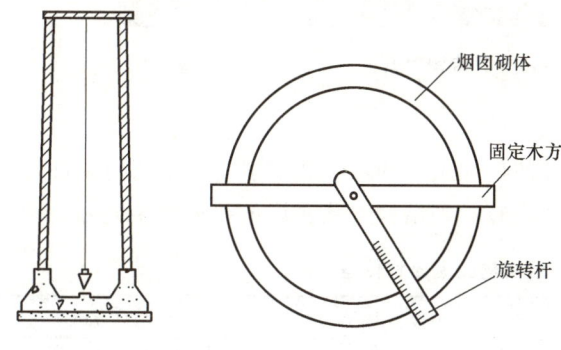

图 8-41　中心投测和筒身放样

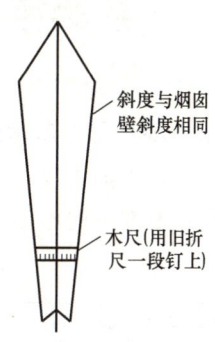

图 8-42　筒身坡度靠尺板

筒身的高度，一般是先用水准仪在筒身底部的外壁上测设出某一高度（如+0.50m）的标高线，然后以此线为准，用钢尺直接向上量取。或者悬吊钢尺，用水准仪测量，将标高传递到施工层面。筒身四周应保持水平，应经常用水平尺检查上口水平，发现偏差应随时纠正。

## 子单元 6　钢结构建筑施工测量

随着建筑市场的发展以及建筑技术水平的提高，钢结构建筑逐步增多。钢结构建筑的形式多样，包括了多层建筑、高层建筑、工业建筑和大型场馆等。在钢结构工程施工过程中，测量是一项专业性很强又非常重要的工作，测量精度的高低直接影响到工程质量的好坏，是衡量钢结构工程质量的一个重要指标。

### 8.6.1　钢结构建筑的特点与精度要求

**1. 钢结构建筑的特点**

钢结构建筑（图 8-43）自重轻、构件截面小、有效空间大、抗震性能好、施工速度快、用工少，除钢结构本身的造价比钢筋混凝土结构稍高外，其综合效益优于同类钢筋混凝土结构，在装配式建筑中钢结构一般是其主要承重结构，建筑物高度超过 100m 的超高层钢结构，其优点更为突出。但是，高层钢结构建筑技术复杂，施工难度较大，在材料选用、设备配置、构件加工、结构安装、质量检验等方面都有严格的要求。

图 8-43 钢结构建筑

**2. 钢结构施工测量技术要求**

钢结构施工的内容很多,包括零件及部件加工、构件组装及加工、钢结构预拼装、基础及支承面和预埋件的施工,最后是构件的安装。钢结构安装允许偏差见表 8-5。

表 8-5 钢结构安装允许偏差

| 项目类别 | 项目内容 | 允许偏差/mm | 检查方法 |
|---|---|---|---|
| 地脚螺栓 | 钢结构的定位轴线 | $L/2000$ | 钢尺和经纬仪检查 |
| | 钢柱的定位轴线 | ±1 | 钢尺和经纬仪检查 |
| | 地脚螺栓的位移 | ±2 | 钢尺和经纬仪检查 |
| | 柱子的底座位移 | ±3 | 钢尺和经纬仪检查 |
| | 柱底的标高 | ±2 | 水准仪检查 |
| 钢柱 | 底层柱基准点标高 | ±2.0 | 水准仪检查 |
| | 同一层各节柱柱顶高差 | ±5.0 | 水准仪检查 |
| | 底层柱底轴线对定位轴线偏移 | ±3.0 | 经纬仪和钢尺检查 |
| | 上、下连接处错位(位移、扭转) | ±3.0 | 钢尺和直尺检查 |
| | 单节柱垂直度 | $\pm H_1/1000$ 且小于 10.0 | 经纬仪检查 |
| 主梁 | 同一根梁两端顶面高差 | $\pm L/1000$ 且小于 10.0 | 水准仪检查 |
| 次梁 | 与主梁上表面高差 | ±2.0 | 直尺和钢尺检查 |
| 主体结构整体偏差 | 垂直度 | $\pm(H/2500+10)$ 且小于 50.0 | 按各节柱的偏差累计计算 |
| | 平面弯曲度 | $\pm L/1500$ 且小于 25.0 | 按每层偏差累计计算 |

注:$H$ 为钢柱和主体结构高度;$L$ 为梁长;$H_1$ 为单节柱高度。

表中的允许偏差是指施工允许偏差,即施工过程中对工程实体的平面位置、高程位置、竖直方向和几何尺寸等允许偏差,是最终建筑结构的总偏差,包括了测量、构件加工和安装等误差,一般测量允许误差不应超出施工允许偏差的 1/3~1/2,因此对测量技术要求很高。

## 8.6.2 钢结构建筑的控制测量

钢结构建筑安装前应设置施工控制网,包括平面控制网和高程控制网。

钢结构建筑的控制测量

**1. 钢结构建筑平面控制网**

钢结构建筑平面控制网,可根据场区地形条件和建筑物的结构形式,布设十字轴线或矩形控制网,四层以下宜采用外控法,四层及四层以上宜采用内控法。平面布置为异形的建筑可根据建筑物形状布设多边形控制网。建筑平面控制网的主要技术要求是:测角中误差为±8″,边长相对中误差为1/24000。

下面以某钢结构体育馆为例,说明钢结构建筑平面控制网的布设。如图 8-44 所示,体育馆外围已建立了场区平面控制网,相当于一级控制网,由 5 个点构成,KO 为体育场中心控制点,KN、KE、KS、KW 为分布于北、东、南、西四个方向的控制点,是长期保存的高精度场区整体控制网,其测角中误差为±5″,边长相对中误差为 1/40000。在此基础上,建立为体育馆钢结构安装服务的建筑施工平面控制网,相当于二级控制网,其网点布置成矩形。

建筑物定位的关键是确定建筑主轴线的位置,它直接影响到钢结构的安装质量,故应给予高度重视。为此应将建筑主轴线的点包含在建筑施工控制网中,其点位和坐标事先在图上设计好,然后以场区控制为依据,采用极坐标法或直角坐标法测设到现场,再进行检测和调整。

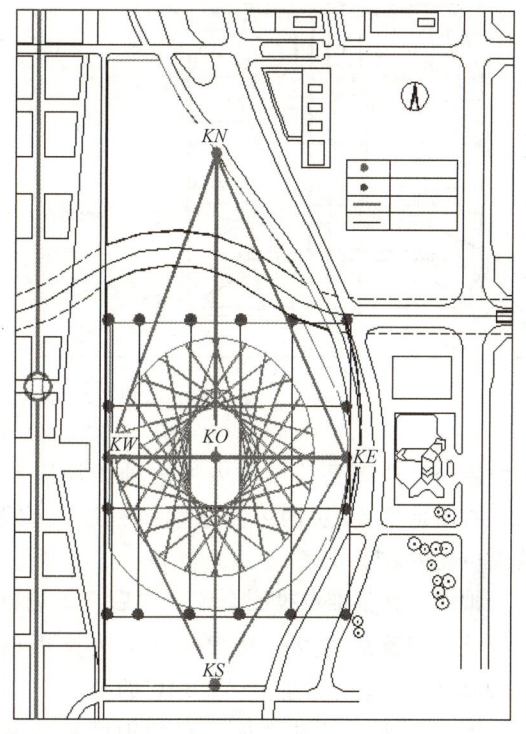

图 8-44 某体育馆平面控制网

随着施工的进行,钢结构不断升高,原有的施工控制网不能正常使用,或者建筑物在不同的高度其轴线的位置有变化,这都需要对施工控制网进行调整,甚至重新进行布设。因此,钢结构建筑的定位施工控制网的测定,可能需要根据工程的进度反复进行。在施工控制网中应包含重要点位和重要轴线,要与主轴线保持平行关系,要保证每个施工流水段中至少有四条两两相交的控制线。

对一般的钢结构建筑,其上下楼层的轴线在同一铅垂线上,在建立上部楼层施工平面控制网时,应以建筑物底层控制网为基础,通过激光铅垂仪垂直往上投测。根据国家标准《钢结构工程施工规范》(GB 50755—2012),控制点竖向投测允许偏差应符合表 8-6 的规定。

由于日光照射不均匀及白天施工高峰期,高层钢结构会生产较大的垂直度变化,为了减少日光及施工对水平控制点传递的影响,向上传递控制点的作业时间宜选择夜间进行。高层建筑一般每 50~80m 设置一个投测控制点基准层,如果建筑在不同高度变截面,建筑控制点的位置可在变截面处做相应的调整。如图 8-45 所示是某 90 层超高层带核心筒钢结构建筑平

表 8-6  钢结构建筑控制点竖向投测允许偏差

| 项　　目 | | 允许偏差/mm |
|---|---|---|
| 每　　层 | | 3 |
| 总高度 $H$/m | $H \leqslant 30$ | 5 |
| | $30 < H \leqslant 60$ | 8 |
| | $60 < H \leqslant 90$ | 13 |
| | $90 < H \leqslant 150$ | 18 |
| | $H > 150$ | 20 |

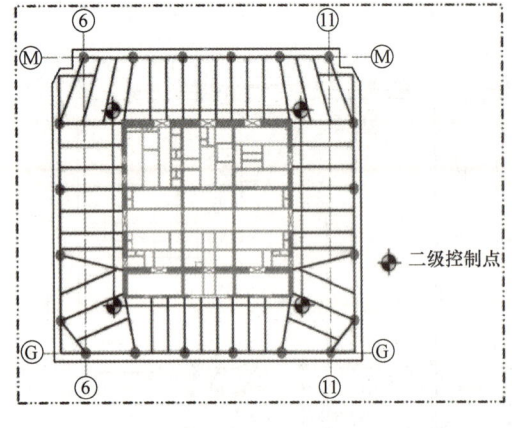
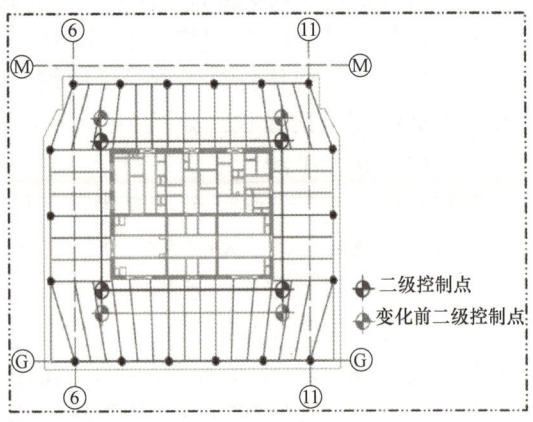

图 8-45　某超高层带核心筒钢结构建筑平面控制网

面控制网，左图是首层的内控法轴线控制点位置示意图，右图是第 50 层的内控法轴线控制点位置示意图，其点位往内做了收缩。

轴线控制基准点投测至施工层后，应进行控制网平差校核。调整后的点位精度应满足边长相对误差达到 1/20000，相应的测角中误差 ±10″ 的要求。

图 8-46 所示是某带核心筒的钢结构超高层建筑平面控制点竖向投测示意图。其核心筒和外围钢结构不是同步施工，先施工核心筒，再施工外围钢结构。因此在核心筒墙侧焊接钢制测量平台，外挑 80cm 宽，用激光垂准仪把控制点投测到施工层上并做好标记。控制点除用于核心筒的施工定位外，同时用于外围钢结构的施工定位。例如，可在控制点上安置全站仪，根据外围钢结构柱子顶面的坐标，用极坐标法指导钢柱的安装。

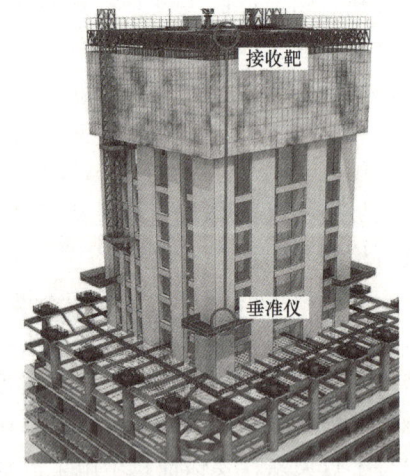

图 8-46　某带核心筒的钢结构超高层建筑平面控制点竖向投测示意图

**2. 钢结构建筑高程控制网**

钢结构建筑高程控制网在场区高程控制网或者城市高程控制网的基础上布设。高程控制网应按闭合环线、附合路线或结点网形布设，高程测量的精度不宜低于三等水准测量的精度要求。对于比赛设施及辅助系统等高精度安装工程，还应建立局部高精度控制网，以保证施工测量的精度。

钢结构建筑高程控制点的水准点，可设置在平面控制网的标桩或外围的固定地物上，也可单独埋设，水准点的个数不应少于 3 个。高程控制点布设相对比较灵活，以保证施测为原则，如图 8-47 所示。

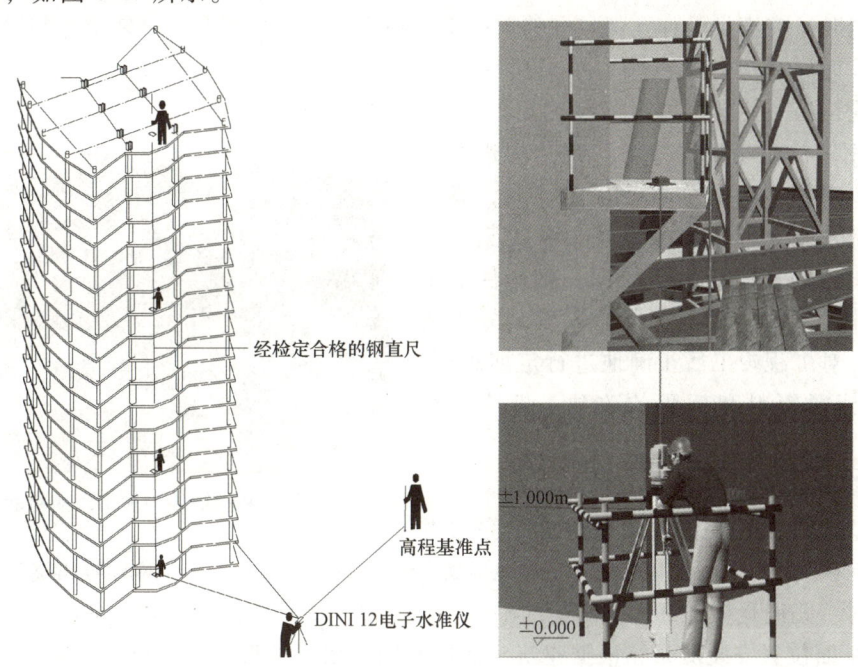

图 8-47 水准仪和全站仪传递高程示意图

建筑物标高的传递宜采用悬挂钢尺测量方法进行，钢尺读数时应进行温度、尺长和拉力修正。高层建筑也可采用全站仪传递。标高向上传递时宜从两处分别传递，面积较大或高层结构宜从三处分别传递。当传递的标高误差不超过 ±3.0mm 时，可取其平均值作为施工楼层的标高基准，超过时则应重新传递。根据《钢结构工程施工规范》（GB 50755—2012），钢结构建筑标高竖向投测的测量允许偏差应符合表 8-7 的规定。

表 8-7 钢结构建筑标高竖向投测的测量允许偏差

| 项目 | | 允许偏差/mm |
|---|---|---|
| 每层 | | ±3 |
| 总高度 H/m | H≤30 | ±5 |
| | 30<H≤60 | ±10 |
| | H>60 | ±12 |

### 8.6.3 钢结构建筑的安装测量

钢结构的安装测量是一项非常重要的测量工作，如何采用适当的测量技术将结构体按照设计图纸准确无误地安装就位，将直接关系到工程的进度和质量。下面以一般的多层和高层钢结构建筑为例，介绍钢结构的安装测量。

建筑轴线放样

钢结构地脚螺栓安装测量

首层钢柱安装测量

二层钢柱安装测量

钢梁安装测量

钢结构其他构件施工测量

## 1. 钢结构加工及进场检验

（1）**钢结构加工时的检验** 多层和高层钢结构的柱与柱、主梁与柱的接头一般用焊接方法连接，焊缝的收缩值以及荷载对柱的压缩变形对建筑物的外形尺寸有一定的影响。钢结构加工下料时，在满足设计几何尺寸的前提下，还应考虑焊接变形、吊装变形和温度变形等对钢结构几何尺寸产生的不利影响，应根据预测变形量对钢结构几何尺寸进行修正，并制定出其他相应措施，使其尺寸符合施工要求，如图 8-48 所示。

（2）**钢结构进场后的检验** 钢结构进场后安装前，要对其几何尺寸进行复测校核，确定出钢结构部件在当时温度条件及吊装时刻下的实际长度，为顺利安装提供依据。钢构件的定位标记（中心线和标高等标记）对安装施工有重要作用，对工程竣工后正确地进行定期观测，积累工程档案资料和工程的改建、扩建也很重要。

图 8-48　钢结构加工时的检验

## 2. 地脚螺栓的安装测量

建筑基础施工时，在基础底层施工完成并铺设底层钢筋网后，应及时安装钢柱的地脚螺栓，以便继续铺设基础钢筋网和浇筑基础混凝土。安装时，关键是控制好地脚螺栓的平面位置，以及支承面的标高和水平度。

（1）**平面位置安装测量** 根据建筑平面控制网，用全站仪、经纬仪和钢尺等测量工具，在基础垫层或底层钢筋网上弹出每根柱子纵横两个方向的轴线，并拉细绳和吊锤，作为安装地脚螺栓的定位依据。

将全部地脚螺栓按其设计尺寸用钢筋焊接为一个整体，并在顶面安装一块临时的定位板，定位板上的圆孔刚好穿过地脚螺栓，其高度用下面地脚螺栓的螺母调节，使板面与地脚螺栓顶面对齐。定位板上面四周绘出纵横两个方向的轴线。前后左右移动地脚螺栓和定位板组成的架子，当定位板上面四周的轴线与吊锤线全都对准时，地脚螺栓到达其正确的平面位置。如图 8-49 所示。

（2）**标高位置安装测量** 用水准仪以高程控制点为后视，前视测量定位板面的标高，如果与地脚螺栓的设计标高不符，上下调节地脚螺栓和定位板组成的架子的高低，改变定位板面的标高，直到其与设计标高一致为止。同时，用一把或两把长水准管器，检查定位板面是否处于水平状态。如图 8-49 所示。

地脚螺栓安装测量时，平面位置和标高位置的调整会互相影响，因此需要反复测量和调整，使定位板最终的平面位置、标高和水平度都准确无误，然后及时将地脚螺栓架子用钢筋焊接到底板钢筋网上，使其固定起来，后续其他施工要注意避免碰动。混凝土浇筑前，应再次检测定位板上的中心线，如发现偏差应即刻校正，直至符合精度要求为止，最后取下定位板进行混凝土浇筑，如图 8-50 所示是完工后的地脚螺栓。

## 3. 首层钢柱安装测量

首层钢柱是指安装在地脚螺栓上的钢柱，如果建筑是阀板基础，首层钢柱中的下部将与阀板基础钢筋网连接在一起，浇筑混凝土后与阀板基础成为一个整体。首层钢柱安装时，是将钢柱底部的圆孔与地脚螺栓对齐放下，然后调整钢柱的标高、位置和铅垂度。

图 8-49　地脚螺栓及定位板

图 8-50　完工后的地脚螺栓

（1）安装前的准备工作　在钢柱安装前，用经纬仪和钢尺在地脚螺栓混凝土面上测设出钢柱的轴线，并弹出墨线，再用水准仪和标尺测量地脚螺栓上螺母上沿的标高，调节螺母高度，使其刚好为钢柱底板的设计标高，如图 8-50 所示。

（2）钢柱安装平面位置校正　将钢柱吊装到对应的基座上，钢柱底部的预留孔穿过地脚螺栓，然后拧上螺母固定。如图 8-51 所示。在钢柱上定出柱身中心线，用角尺检查柱身中心线与基座轴线是否对准，如有少量偏差，松开上面的固定螺母，用撬棍调整钢柱的平面位置，直到四周轴线都对准为止。

（3）钢柱安装垂直度校正　钢柱底部定位后，在相互垂直的两轴线方向上采用两台经纬仪校正钢柱的垂直度。当观测面为不等截面时，经纬仪应安置在轴线上，当观测面为等截面时，经纬仪中心可安置在轴线旁边，一次观测多根钢柱，提高工作效率，但仪器中心与轴线间的水平夹角不得大于 15°。在校正钢柱的垂直度时，一般是通过调节钢柱底板下面螺母的高度，使钢柱的垂直度发生变化，如图 8-52 所示。

图 8-51　钢柱底部定位

图 8-52　钢柱安装垂直度校正

（4）钢柱标高检查及固定　钢柱的位置和垂直度校正完成后，用水准仪检查钢柱底板的标高是否符合要求。如果标高正确，在地脚螺栓上再拧上一个螺母，将钢柱固定起来。这时钢柱靠下面地脚螺栓上的螺母承担其重量，钢柱底板与基座混凝土面之间有一定的空隙。用模板封住空隙的四周，然后灌注高标号的无收缩混凝土，将空隙填满，混凝土达到硬度后，即可为钢柱及上部建筑物提供足够的支承力。

**4. 上层钢柱的安装测量**

首层钢柱安装完毕并完成基础施工后，逐层往上安装钢柱和钢梁。上层钢柱安装时，其与下层钢柱不是用螺栓来连接,而是用焊接的方法连接。其吊装与测量校正的具体方法也略有不同。

(1) 吊装就位　如图 8-53 所示,在下层钢柱和上层钢柱连接处的四周,预先对称地焊接四对临时固定钢板,每块固定钢板上有 2~3 个圆孔,用于穿过固定螺杆。吊装时,安装人员将上下钢柱对齐,然后用四对预先制作了圆孔的活动钢板夹住上下钢柱的固定钢板,拧上螺杆和螺母,将上下钢柱临时固定起来。

(2) 垂直度校正　在上层钢柱的四周标出中线位置,用两台经纬仪根据地面上的建筑物轴线,检查钢柱的垂直度,方法与首层基本相同。如有偏差,根据偏差的方向确定校正的位置,松开临时固定用的螺杆,在上下临时固定钢板之间安置小型液压千斤顶,调整钢柱的垂直度,直至两个方向都符合要求为止,如图 8-54 所示。

图 8-53　用钢板临时固定上层钢柱

图 8-54　校正上层钢柱垂直度

(3) 永久固定　钢柱的长度预先精确加工,因此安装到位并校正好垂直度后,其标高就符合设计要求,这时需要通过焊接来永久固定上下钢柱的连接。如图 8-55 所示,焊接在上下层钢柱之间的接缝进行,在这之前,为了避免钢柱移位和方便操作,先临时在四周焊上四块固定上下层钢柱连接的小钢板,代替原先的临时钢板螺杆连接。接缝焊接完成后,割掉所有的临时钢板并打磨光滑,即完成该层钢柱的安装工作。

图 8-55　焊接上下层钢柱

### 5. 钢梁安装测量

钢梁安装前,应测量钢梁两端柱的垂直度变化,还应监测邻近各柱因梁连接而产生的垂直度变化。此外,应检查钢梁的长度是否正确无误。钢梁安装时,将钢梁两端的圆孔与钢柱侧面钢板的圆孔对齐,插上连接螺杆,拧紧螺母,焊接固定,即可完成钢梁的安装,如图 8-56 和图 8-57 所示。

一个区域的钢梁安装完成后,应进行钢结构的整体复测,无误后可进行楼板和再上一层钢结构的安装。

图 8-56 钢梁吊装

图 8-57 拧上梁柱连接螺杆

### 8.6.4 其他钢结构建筑的安装测量

**1. 钢结构工业厂房安装测量**

工业厂房的钢柱上有突出柱身的牛腿面，用于安装钢梁，并在钢梁上安装铁轨和吊车，另外在钢柱的顶面需要安装钢屋架。

1）为了保证铁轨的精度，钢柱安装完成后，根据建筑平面控制网，用平行借线法，在钢柱的牛腿面上测定钢梁的中心线，钢梁中心线投测允许误差为±3mm，梁面垫板标高允许偏差为±2mm。在钢梁的底面和两端弹出中心线。安装应时使钢梁的中心线对准钢柱牛腿面上的中心线，如图 8-58 所示。

2）钢梁安装完成后，在钢梁上弹出轨道中心线，轨道中心线投测的允许误差为±2mm，中间加密点的间距不得超过柱距的两倍，并将各点平行引测到牛腿顶部靠近柱的侧面，作为轨道安装的平面位置依据。在柱牛腿面架设水准仪，按三等水准精度要求测设轨道安装标高。标高控制点的允许误差为±2mm，根据标高控制点测设轨道标高点，轨道标高点允许误差为±1mm，如图 8-59 所示。

图 8-58 厂房钢梁轨道安装测量

图 8-59 厂房钢屋架安装测量

3）钢屋架安装的关键是控制好其扇面垂直度，安装时可用吊垂或者经纬仪测量检查，调整到垂直的位置。此外，钢屋架安装时的直线度、标高、挠度也要进行测量检查，调整到设计的位置。

**2. 带筒体结构的超高层钢结构安装测量**

超高层钢结构建筑为了提高建筑的结构强度，一般都采用钢筋混凝土构成的核心筒，如图 8-46 所示。施工时一般先浇筑筒体，然后施工外围的钢结构。各层钢结构安装前，先从地面的建筑平面控制网将定位轴线引测到施工层，经检验合格后，才能用于钢柱的安装。同时要从地面的高程控制网将标高引测到施工层。

各施工层的钢柱、钢梁及其他构件的安装，除可采用前面所述的用建筑轴线和标高线校正定位的方法外，也可采用全站仪极坐标法，直接测设构件定位点平面位置和标高，如图 8-60 所示。其中全站仪架设点和后视棱镜架设点，都是通过轴线竖向投测和标高竖向投测的控制点。

图 8-60　全站仪测设核心筒外围钢结构

**3. 倾斜钢结构的安装测量**

如果钢结构建筑的主要承重结构如钢柱是竖直向上的，其安装测量的关键是控制好垂直度，从技术上比较容易实现。但是一些建筑为了造型和结构的需要，出现钢柱甚至建筑倾斜的现象，如图 8-61 所示，不同高度其坐标都不相同，这时安装测量要采用适当的技术和方法，才能满足施工定位的需要。

解决的方法主要是采用全站仪进行构件三维坐标测量。钢柱安装时，用全站仪测量钢柱立面某些特定点的三维坐标，与设计三维坐标进行比较，计算出钢柱的中心偏移量、钢柱的扭转偏差值以及钢柱的标高偏差值。根据这些偏差值，现场校正所安装的钢柱的位置和标高，然后再次测量这些特定点的三维坐标，再进行校正，如此反复直至符合设计要求，如图 8-62 所示。

倾斜钢结构柱子安装测量时，钢柱顶端可能不方便放置全站仪的反射棱镜，这时可在柱顶边缘特征点粘贴反射片标靶，用全站仪测量反射片标靶的三维坐标。为了防止仪器在施工面上受到震动，影响仪器平整性和测量精度，应制作一个防震动及可拆卸的测量平台，提高测量精度和钢柱安装质量。

**4. 场馆钢结构施工测量**

场馆钢结构建筑例如剧场、体育馆、航站楼等，具有跨度大、空间大、形状复杂的特点，根据结构特点和现场条件，可采用高空散装法、分条分块吊装法、滑移法、单元或整体

图 8-61 斜型钢结构建筑

顶升法、整体吊装法、高空悬拼法等安装方法进行施工，这对施工测量提出了更高的要求。例如，鸟巢体育馆的构件吊装时，复杂的构件有十多个接头，每个接头都要准确对上已安装好的钢结构相应的位置，然后进行固定和焊接，如图 8-63 所示。

由于场馆钢结构形状复杂，各构件的安装测量主要采用全站仪极坐标法，在建筑控制网的基础上，直接测量钢构件的三维坐标，指导构件的安装定位。有时也可用全站仪测设其平面位置，用水准仪测设其高程，如图 8-64 所示。

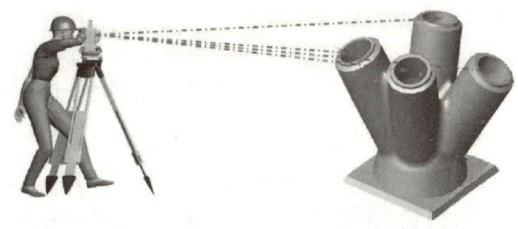

图 8-62 斜型钢结构全站仪测量定位

图 8-63 鸟巢钢结构节点

图 8-64 场馆结构安装测量

采用全站仪三维坐标放样法现场测量之前，必须先根据设计图纸取得构件特征点的平面坐标和高程。现在通常是利用 AutoCAD 软件，在项目工程电子图纸上查询取得特征点的坐标和高程，具体方法在本单元的子单元 7 进行介绍。

## 子单元 7　AutoCAD 在建筑施工测量中的应用

图上查询和标注 XY 坐标

　　AutoCAD 是工程领域最常用的矢量绘图软件，具有精确的图形表达和数据查询功能，可以方便地通过图解的方法得到任意形状建筑物的放样坐标和其他放样数据。与手工计算相比，AutoCAD 解算具有直观、方便、灵活、准确和快速的特点。在复杂图形下进行点位坐标计算时，手工计算将非常困难和繁杂，极易出错，而用 AutoCAD 解算法则只要点几下鼠标，便可得到准确的数据，因此在建筑施工测量中应用 AutoCAD 可提高放样计算的效率。

　　用 AutoCAD 取得放样数据的主要过程一是图形单位设置，使其与测量坐标系统一致；二是标注式样设置，使显示数据符合测量习惯；三是图形的缩放、平移和旋转，解决不同坐标系统之间的图形变换；四是数据的采集和整理，以得到所需要的放样数据，并整齐地打印出来或传输到测量仪器上去。其中前两项在单元 6 的"在计算机上数字地形图的应用"已详细讲述，下面主要对后两项进行介绍。

总平面图的缩放　　总平面图的平移和旋转　　建筑图合并到总平面图

### 8.7.1　图形的缩放、平移和旋转

　　图 8-65 为某小区第 16 栋建筑的基础平面图，基础结构类型为大孔桩，绘图单位为毫米（mm），拟将该图进行适当的缩放、旋转和平移处理，套到单元 7 图 7-19 所示的建筑物总平面布置图的"16 栋"上，以便查询孔桩测量坐标，该总平面布置图的绘图单位是米（m）。方法如下：

　　1）在"修改"工具条上点击缩放工具 ，在图上框选桩基础图，任意选择一个缩放基点，当命令行中提示输入"缩放比例因子"时，输入"0.001"，即可将原图缩小到 1/1000，相当于绘图单位由"毫米"变成"米"。这时如果因尺寸标注没有缩小，可能会出现一些图面混乱，只需删除这些尺寸标注即可。

　　2）将缩小后的桩基础图复制到建筑总平面图上。为使后面选取该图时更加方便，粘贴

时可选"粘贴为块"。基础图粘贴过来后,在"修改"工具条上点击平移工具 ✥,在图上选桩基础图,以两条主要轴线的交点(如①、F轴交点)作为移动基点,将桩基础图平移到总平面图上第16栋的相应位置。

3) 在"修改"工具条上点击旋转工具 ↻,在图上选桩基础图,以刚才的移动基点(①、F轴交点)作为旋转基点,命令行中提示输入"指定旋转角度或[参照(R)]:"时输入"R",然后在图上点取三个点,第一个点是旋转基点(①、F轴交点),第二个点是桩基础图上的另一个点(例如F轴上的另一个任意点),第三个点是总平面图上与基础图第二个点相应的点(例如F轴上同方向的另一个任意点),即可把基础图旋转到与总平面图一致的方向。

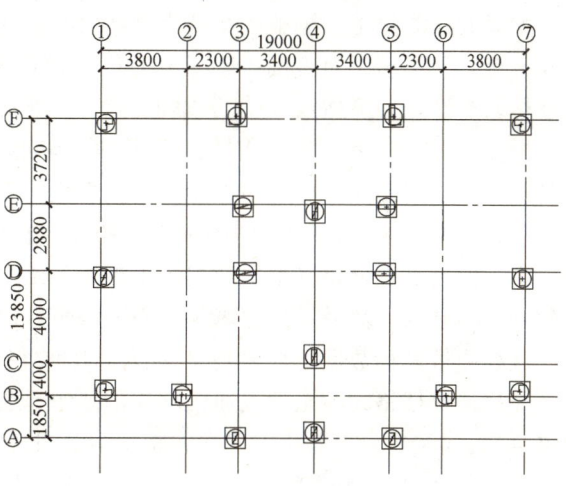

图 8-65　建筑孔桩基础平面图

经过上述操作,得到图 8-66 所示的桩基础图。为了方便下一步的操作,将刚才设为块的建筑孔桩基础平面图用分解工具打散。

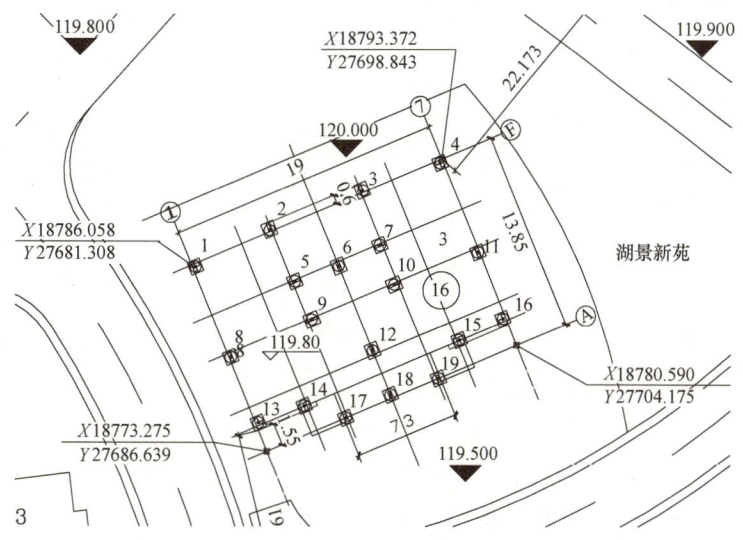

图 8-66　套到总平面布置图上的桩基础图

## 8.7.2　放样坐标的采集

采集坐标的后期处理

得到套到总平面布置图上的桩基础图后,即可按单元 6 中"数字地形图应用"所述的查询图上坐标的方法,逐个取得各桩孔中心的坐标。该坐标是与建筑总平面布置图坐标系一致的平面直角坐标。

如果放样测量是以主轴线交点为测站（例如①、Ⓐ轴交点），则也可不对桩基础图进行缩放、旋转和平移，而直接在原图上采集放样点坐标。方法如下：将图8-65所示桩基础图上坐标原点设置到测站点（①、Ⓐ轴交点），使该点坐标为0，即可建立以①、Ⓐ轴交点为坐标原点，①轴作为 $X$ 轴，Ⓐ轴作为 $Y$ 轴的假定平面直角坐标系统。此时查询的桩孔坐标均是相对于该测站点为原点的独立平面直角坐标系的坐标数据。

上述方法利用AutoCAD的坐标查询功能，在屏幕上捕捉放样点，该点坐标便显示在命令行中。然后逐点地将其坐标数据手工抄录到纸上，或者手工录入为文本文件，也可借助一些软件自动录入。然后可用记事本、Excel和Word等软件打开、编辑和打印。

放样测量坐标数据可传输到全站仪或RTK仪器的电子手簿中，供放样时直接调用。传输前要确认数据格式与全站仪通信软件的要求是否匹配，如不匹配应调整数据格式，主要是调整点号、$x$坐标、$y$坐标、高程和特征码这几个量的排序。可用Excel打开生成的文本文件，调整各个量的排序后，另存为"CSV（逗号分隔）"文件；再将其后缀".csv"改为".txt"，便可得到所需数据格式的文本文件。

### 8.7.3 复杂建筑放样数据的量测

图8-67a为某扁圆形高层住宅，左右对称，左和右均由3个不同半径的圆组成。为了准确测设圆弧轴线，首先利用AutoCAD软件在施工图上把控制轴线按相等的长度等分成若干段，这里每隔1m一段，在AutoCAD图上量出分段点处控制轴线到圆弧轴线的尺寸，即得到所需要的放样数据，如图8-67b所示为其局部大样图。

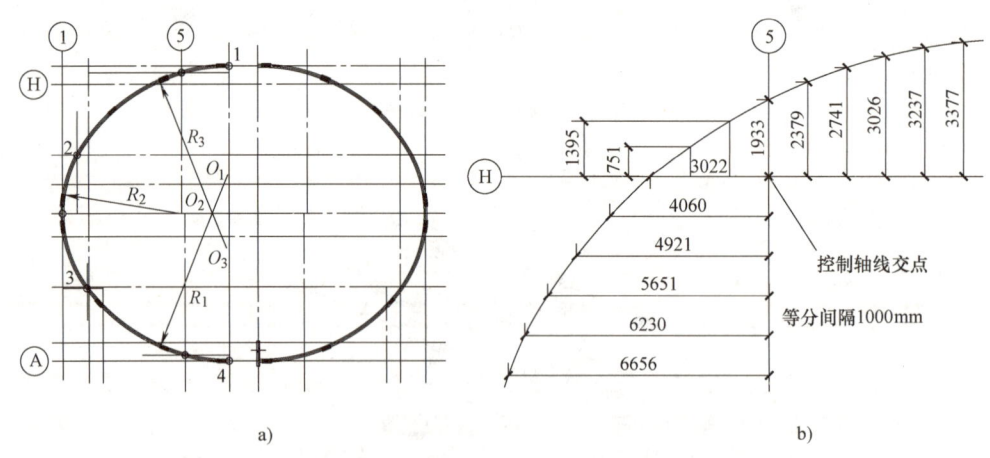

图 8-67　复杂建筑放样数据的量测

实地测量放线时，用吊锤、经纬仪或激光铅垂仪把基础轴线投测到施工楼面作为控制轴线，为了保证所量距离与轴线保持垂直，在楼面再弹出控制轴线的平行线，然后在控制轴线和平行线上均按同样的间隔（1m）分成对应的若干段。

按照在AutoCAD图上量出的尺寸，分别用钢尺紧贴着控制轴线及其平行线上对应的点，量距定出圆弧轴线上各点的位置，然后用一根有弹性的塑料管，把这些点连接起来，顺着塑料管在楼面上绘出弧线，此弧线即为设计圆弧轴线。

复杂建筑放样数据的量测方法与建筑的形状及测量手段有关，应具体问题具体分析。

## 单 元 小 结

本单元在学习建筑场区的施工控制测量的基础上,分为多层建筑、高层建筑、工业厂房以及塔形构筑物和钢结构建筑,学习其施工过程中测量工作的内容、方法和要求,此外对利用 Auto CAD 取得建筑施工测量放样数据的方法作了简单的介绍。

### 1. 施工控制测量

建筑场区的施工控制测量分为平面控制和高程控制,平面控制用作建筑水平定位的依据,主要方式有导线测量、卫星定位测量、建筑基线和建筑方格网,根据实际情况选用,其中建筑基线和建筑方格网用于场地平坦和建筑布局规则的情况,按设计→测设→检测→调整这几个步骤布设。有的场区采用与主建筑物轴线平行的建筑坐标系(也称为施工坐标系),它与测量坐标系的关系由旋转角和坐标原点偏移量确定,可以进行互相换算。

高程控制用作建筑竖向定位的依据,一般用水准测量方法布设,精度要求较低时也可用全站仪测距的三角高程测量。

### 2. 多层建筑施工测量

多层建筑施工测量的基本过程是准备工作、建筑物定位测量、建筑物细部轴线测量、基础测量以及主体结构测量。每个过程又包括很多工作内容。其中准备工作包括总平面图、建筑施工图、结构施工图和设备施工图的校核,测量定位依据点的交接与检测,确定施工测量方案和准备施工测量数据,测量仪器和工具的检验校正以及施工场地的测量;建筑物定位测量是根据场区控制网测设建筑物主要轴线的位置;建筑物细部轴线测量是根据主要轴线测设细部轴线的位置以及开挖边线;基础施工测量的内容包括开挖深度和垫层标高的测设,基础中心线投测和基础标高测量,主体结构施工测量包括首层轴线和标高的测设,二层以上轴线投测和标高传递等。

### 3. 高层建筑施工测量

高层建筑施工测量和一般多层建筑施工测量的内容和方法基本相同,但精度要求更高,重点做好基础定位与放线、轴线投测和标高传递等工作。其中基础定位与放线前通常要建立专门的建筑物控制方格网,轴线投测采用经纬仪法和激光铅垂仪法;标高传递主要采用钢尺传递,也可采用全站仪传递。

### 4. 工业厂房施工测量

工业厂房通常要在厂区施工控制网的基础上测设厂房控制网,作为测设厂房主要轴线和柱基轴线的依据。工业厂房以构件安装的测量精度求较高,柱子、梁、屋架等构件安装时,均应做好弹线、调校和检核等测量工作。

### 5. 塔型构筑物施工测量

塔型高耸构筑物施工测量的关键是做好基础施工中的定位和轴线引测、筒身施工过程中的轴线和标高传递以及筒身坡度的控制等方面的工作。

### 6. 钢结构建筑施工测量

钢结构建筑通常形状复杂,施工速度快,精度要求高。要先做好整体控制测量,以及局部控制测量,做好轴线竖向投测和标高竖向传递,规则的钢结构安装一般用建筑轴线和标高线测量和校正,使用的仪器主要是电子激光经纬仪和自动安平水准仪,不规则的钢结构安装则直接按坐标和高程测设定位点，使用的仪器主要是高精度的全站仪。

### 7. Auto CAD 在建筑放线测量中的应用

利用 Auto CAD 可以方便地通过图解的方法得到任意形状建筑物的放样坐标和其他放样数据。用 Auto CAD 取得放样数据的主要过程一是图形单位设置，使其与测量坐标系统一致；二是标注式样设置，使显示数据符合测量习惯；三是图形的缩放、平移和旋转，解决不同坐标系统之间的图形变换；四是数据的采集和整理，得到所需要的放样数据，并整齐地打印出来或传输到测量仪器上去。

## 思考与拓展题

8-1 简述施工控制网的形式和特点。

8-2 建筑基线常用形式有哪几种？

8-3 建筑基线的测设基本步骤是什么？

8-4 假设直线形建筑基线 $A'$、$O'$、$B'$ 三点已测设于地面，经检测 $\angle A'O'B' = 179°59'36''$，已知 $a=150$m，$b=100$m。试求调整值 $l$，并绘图说明如何调整才能使三点成一直线。

8-5 施工高程控制网如何布设？布设后应满足什么要求？

8-6 已知施工坐标原点 $O'$ 的测量坐标为：$x_{O'}=600$m，$y_{O'}=800$m，施工坐标纵轴相对于测量坐标纵轴旋转的夹角为 $\alpha=30°$；控制点 $P$ 的测量坐标为：$x_P=1002$m，$y_P=1803$m。试计算 $P$ 点的施工坐标。

8-7 已知施工坐标原点 $O'$ 的测量坐标。$x_{O'}=100.000$m，$y_{O'}=200.000$m，施工坐标纵轴相对于测量坐标纵轴旋转的夹角为 $-10°18'00''$，建筑基线点 $P$ 的施工坐标 $A_P=125.000$m，$B_P=260.000$m，试计算 $P$ 点的测量坐标 $x_P$ 和 $y_P$。

8-8 图 8-68 中给出了建筑基线与新建筑物的相对位置关系，试述根据建筑基线测设新建筑物的步骤及方法。

8-9 如图 8-69 所示，已知某工业厂房两个对角点的坐标，测设时顾及基坑开挖线范围，拟将厂房控制网设置在厂房角点以外 5m 处，试求厂房控制网四角点 $T$、$U$、$R$、$S$ 的坐标值。

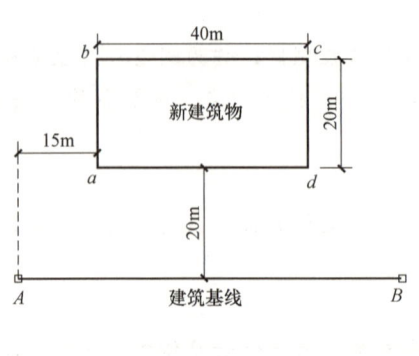

图 8-68

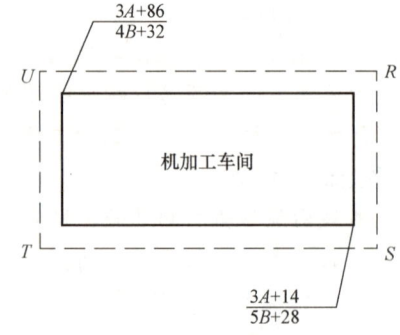

图 8-69

8-10 一般多层建筑主体施工过程中，如何投测轴线？如何传递标高？

8-11　在高层建筑施工中，如何控制建筑物的垂直度和传递标高？

8-12　在工业厂房施工测量中，为什么要建立独立的厂房控制网？在控制网中距离指标桩是什么？其设立的目的何在？

8-13　如何进行柱子吊装的竖直校正工作？应注意哪些具体要求？

8-14　塔形构筑物施工测量有何特点？在烟囱筒身施工测量中如何控制其垂直度？

8-15　练习在 Auto CAD 上进行建筑图的缩放、平移和旋转，并进行定位点坐标的采集。

8-16　试述一般钢结构建筑的柱和梁安装测量的过程和方法。

# 单元9　建筑变形测量与竣工图编绘

> **学习目标：**
> 1. 能进行一般精度的沉降观测、倾斜观测、裂缝观测和水平位移观测。
> 2. 能对变形观测数据进行处理。
> 3. 能进行竣工图的编绘。
>
> **学习重点与难点：**
>
> 　　重点是建筑变形测量中的沉降观测，以及竣工图的编绘；难点是沉降观测的要求和方法。

## 子单元1　建筑变形测量

### 9.1.1　建筑变形测量的内容与要求

**1. 建筑变形测量的内容**

　　建筑变形测量是对建筑物的场地、地基、基础、上部结构及周边环境受各种作用力而产生的形状或位置变化进行观测，并对观测结果进行处理、表达和分析的工作。对于大型工厂柱基、重型设备基础、振动较大的连续性生产车间、高层建筑以及不良地基上的建筑等，在建造和使用期间，由于荷载的增加和连续性生产，会引起建筑的沉降，如果是不均匀沉降，建筑还会发生倾斜和产生裂缝。建筑的这些变形在一定范围内时，可视为正常现象，但如果超过某一限度就会影响建筑物的正常使用，严重的还会危及建筑物的安全。因此在施工过程中和运营使用期间，应对建筑进行变形测量，通过对变形测量数据的分析，掌握建筑的变形情况，以便及时发现问题并采取有效措施，保证工程质量和生产安全。同时，变形测量也可验证设计是否合理，为今后建筑结构和地基基础的设计积累资料。

　　建筑变形测量分为沉降测量和位移测量两大类。沉降测量包括建筑场地沉降、基坑回弹、地基土分层沉降、建筑沉降等观测；位移测量包括建筑主体倾斜、建筑水平位移、基坑壁侧向位移、场地滑坡及挠度等观测，也包括日照变形、风振、裂缝及其他动态变形测量等。

**2. 建筑变形测量的要求**

　　建筑变形测量工作开始前，应根据建筑物的结构类型、测量任务以及测区条件进行技术设计，确定变形测量的内容、精度等级、基准点与监测点布设方案、观测周期、仪器设备及检校要求、观测与数据处理方法、提交成果内容等。建筑变形测量的级别、精度指标及其适用范围应符合表9-1的规定。其中一等属于高精度变形测量，二等、三等属于中等精度变形测量，四等属于低精度变形测量。

表9-1 建筑变形测量的等级划分及精度要求

| 变形测量等级 | 沉降观测 | | 位移观测 | 主要适用范围 |
|---|---|---|---|---|
| | 监测点高程中误差/mm | 相邻监测点高差中误差/mm | 监测点点位中误差/mm | |
| 一等 | ±0.3 | ±0.1 | ±1.5 | 变形特别敏感的高层建筑、高耸构筑物、重要古建筑、工业建筑和精密工程设施等 |
| 二等 | ±0.5 | ±0.3 | ±3.0 | 变形较敏感的高层建筑、高耸构筑物、古建筑、工业建筑、重要工程设施和重要建筑场地的滑坡监测等 |
| 三等 | ±1.0 | ±0.5 | ±6.0 | 一般性的高层建筑、高耸构筑物、工业建筑、滑坡监测等 |
| 四等 | ±2.0 | ±1.0 | ±12.0 | 一般建筑物、构筑物和滑坡监测等 |

表9-1中，监测点的高程中误差和点位中误差，是相对于邻近基准点而言。当水平位移测量用坐标表示时，则单向坐标中误差为表中相应等级点位中误差的$1/\sqrt{2}$。沉降观测可根据需要按变形监测点的高程中误差或相邻变形观测点的高差中误差确定精度等级。

当建筑变形测量过程中发生下列情况之一时，必须通知建设单位提高观测频率或增加观测内容：变形量或变形速率出现异常变化；变形量或变形速率达到或超出预警值，或者接近允许值；建（构）筑物的裂缝或地表的裂缝快速扩大。

**3. 建筑在施工期间的变形测量**

建筑工程由于其具体情况的不同以及所处建设阶段的不同，其变形测量的内容与要求也不同，下面主要介绍建筑在施工期间应进行的变形测量工作。

对各类建筑，应进行基础和主体的沉降观测，需要时还应进行场地沉降观测、地基土分层沉降观测和斜坡位移观测；对基坑工程，应进行地基及支护结构变形观测和周边环境变形观测；对高层和超高层建筑，应进行倾斜观测；当建筑出现裂缝时，应进行裂缝观测；建筑施工需要时，还应进行其他类型的变形观测。

这些变形测量工作从观测技术来说，主要包括沉降观测、倾斜观测、裂缝观测和水平位移观测四个方面，下面分别对其进行具体介绍。

## 9.1.2 沉降观测

建筑物沉降观测是指测定建筑物基础和上部结构的沉降以及测定建筑场地或者建筑基坑边坡的沉降，是最常见的变形测量工作。对于深基础建筑或高层、超高层建筑，沉降观测应从基础施工时开始，其等级和精度要求，应视工程的规模、性质及沉降量的大小及速度确定。沉降观测主要用水准测量方法，有时也采用全站仪三角高程

二等水准测量方法    建筑沉降观测    基坑垂直位移观测

测量法，根据高程基准点，定期测定建筑物、建筑场地或者基坑边坡上所埋设的沉降监测点的高程。

**1. 高程基准点的布设与观测**

（1）高程基准点的布设　高程基准点是为进行沉降观测而布设的稳定的、长期保存的测量点。沉降观测的高程基准点不应少于3个，以便互相检核，防止其本身高程发生变化，保证沉降观测成果的正确性。如果高程基准点离观测的建筑物较远，可在比较稳定且方便使用的位置设置一个工作基点。对通视条件较好的小型工程，可不设立工作基点，直接利用基准点测定变形监测点。

基准点和工作基点应形成闭合环水准网。应避开交通干道主路、地下管线、仓库堆栈、水源地、河岸、松软填土、滑坡地段、机器振动区以及其他可能使标石、标志易遭腐蚀和破坏的地方；应选设在变形影响范围以外且稳定、易于长期保存的地方。在建筑区内，其点位与邻近建筑的距离应大于建筑基础最大宽度的2倍，其标石埋深应大于邻近建筑基础的深度。二等、三等和四等沉降观测，其高程基准点也可选择在满足距离要求的其他稳固的建筑上。

高程基准点的标石应埋设在基岩层或原状土层中，可根据点位所在处的不同地质条件，选埋基岩水准基点标石、深埋双金属管水准基点标石、深埋钢管水准基点标石、混凝土基本水准标石。在基岩壁或稳固的建筑上也可埋设墙上水准标志。高程工作基点的标石可按点位的不同要求，选用浅埋钢管水准标石、混凝土普通水准标石或墙上铸铁或不锈钢水准标志等，如图9-1所示。

（2）高程基准点的观测　高程基准点应在每期沉降观测时进行检测，并定期进行复测。复测周期应视基准点所在位置的稳定情况确定，在建筑施工过程中宜1~2月复测一次，施工结束后宜每季度或每半年复测一次。当某期检测发现基准点有可能变动时，应立即进行复测。当某期多数监测点观测成果出现异常，或当测区受到地震、洪水、爆破等外界因素影响时，应及时进行复测，复测后对基准点的稳定性进行分析。

高程基准点的观测采用水准测量方法，其中一个基准点的高程可自行假定，或由国家水准点引测而来，作为高程起算点。按闭合水准路线或往返水准路线进行观测，基准点及工作基点水准测量的精度级别应不低于沉降观测的精度级别。基准点水准测量的限差要求见表9-2，表中 $n$ 为测站数。

表 9-2　基准点水准测量的限差　　　　（单位：mm）

| 沉降观测等级 | 水准仪等级（最低） | 相邻基准点高差中误差 | 每站高差中误差 | 往返校差或环线闭合差 | 检测已测高差之差 |
|---|---|---|---|---|---|
| 一等 | $DS_{05}$ | 0.3 | 0.07 | $\leq 0.15\sqrt{n}$ | $\leq 0.2\sqrt{n}$ |
| 二等 | $DS_{05}$ | 0.5 | 0.15 | $\leq 0.30\sqrt{n}$ | $\leq 0.4\sqrt{n}$ |
| 三等 | $DS_1$ | 1.0 | 0.30 | $\leq 0.60\sqrt{n}$ | $\leq 0.8\sqrt{n}$ |
| 四等 | $DS_1$ | 2.0 | 0.70 | $\leq 1.40\sqrt{n}$ | $\leq 2.0\sqrt{n}$ |

**2. 沉降监测点的布设**

沉降监测点应布设在所待观测的建筑物、建筑场地或者基坑边坡上，其数量和位置应能全面反映建筑、场地或者边坡的变形特征，并顾及地质情况及建筑结构特点。其中，建筑物

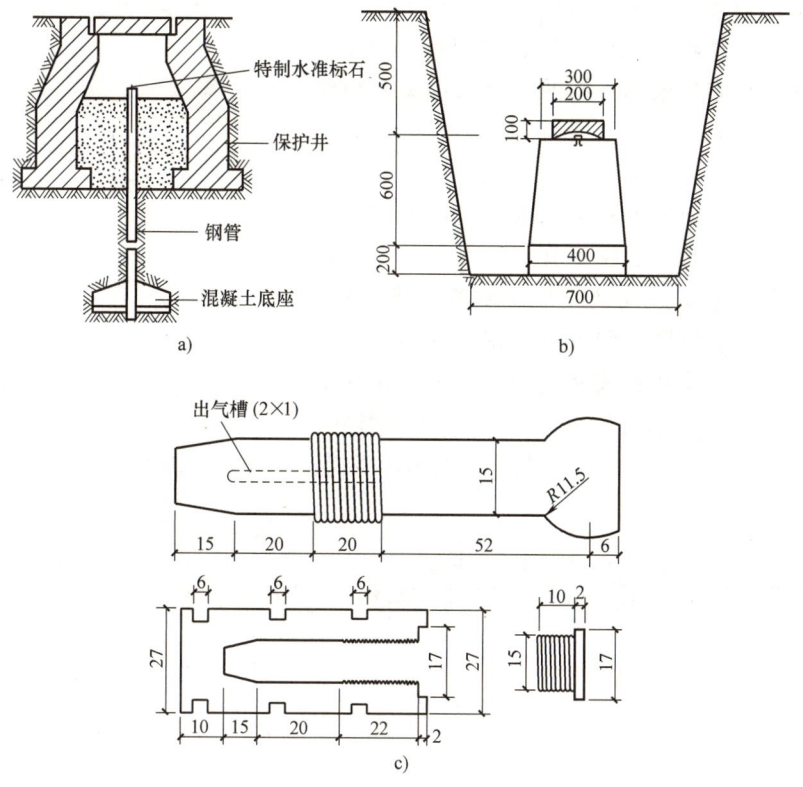

图 9-1 高程基准点标石
a) 浅埋钢管水准标石  b) 混凝土普通水准标石  c) 墙上铸铁或不锈钢水准标志

沉降监测点布设在建筑物的基础或首层结构上，建筑场地沉降观测主要是测定相邻已有建筑和场地的沉降情况，因此沉降监测点设置在有关的建筑和场地上；基坑边坡沉降观测主要是测定基坑支护结构的垂直位移情况，因此沉降监测点设置在支护结构的顶部上。对沉降监测点的具体位置来说，不同观测对象有不同的要求，下面主要介绍建筑物沉降点的布设要求，建筑物沉降点宜选设在下列位置：

1）建筑的四角、核心筒四角、大转角处及沿外墙每 10~15m 处或每隔 2~3 根柱基上。

2）高低层建筑、新旧建筑、纵横墙等交接处的两侧。

3）建筑裂缝、后浇带和沉降缝两侧、基础埋深相差悬殊处、人工地基与天然地基接壤处、不同结构的分界处及填挖方分界处。

4）对于宽度≥15m 或<15m 而地质复杂以及膨胀土地区的建筑，应在承重内隔墙中部设内墙点，并在室内地面中心及四周设地面点。

5）邻近堆置重物处、受振动有显著影响的部位及基础下的暗浜（沟）处。

6）框架结构及钢结构建筑的每个或部分柱基上或沿纵横轴线上，超高层建筑或大型网架结构的每个大型结构柱监测点数不宜少于 2 个，且应设置在对称位置。

7）筏板基础、箱形基础底板或接近基础的结构部分之四角处及其中部位置。

8）重型设备基础和动力设备基础的四角、基础形式或埋深改变处。

9）对于电视塔、烟囱、水塔、油罐、炼油塔、高炉等高耸塔形建筑，应设在沿周边与基础轴线相交的对称位置上，点数不少于4个。

如图9-2所示为某建筑沉降监测点的布置示意图。

沉降观测的标志可根据不同的建筑结构类型和建筑材料，采用墙（柱）标志、基础标志和隐蔽式标志等形式。各类标志的立尺部位应加工成半球形或有明显的突出点，并涂上防腐剂；标志的埋设位置应避开雨水管、窗台线、散热器、暖水管、电气开关等有碍设标与观测的障碍物，并应视立尺需要离开墙（柱）面和地面一定距离。沉降监测点可用特制的标志或角钢埋设在墙上，也可用铆钉或特制的标志埋设在柱子或基础上。如图9-3所示为沉降监测点的几种形式，图中钢筋直径应在20mm以上，水泥砂浆如用环氧树脂代替效果更好。

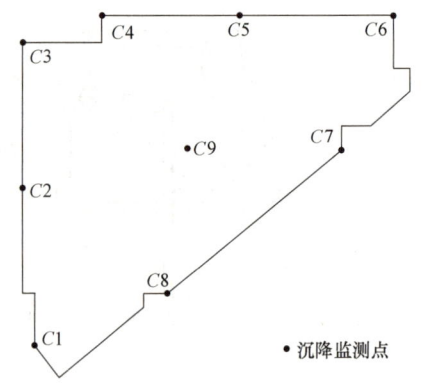

图 9-2　沉降监测点布置图

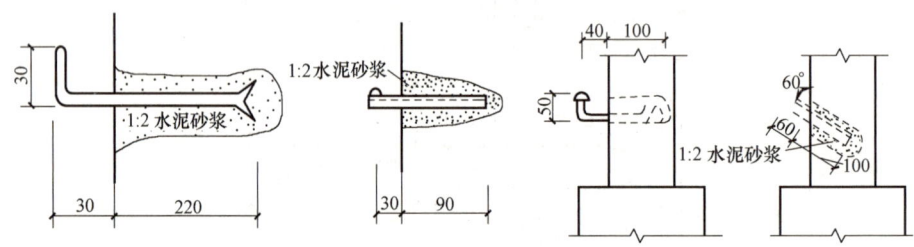

图 9-3　沉降监测点构造

### 3. 沉降观测的要求与方法

（1）观测周期和时间　在建筑施工阶段，普通建筑可在基础完工后或地下室砌完后开始观测，大型、高层建筑可在基础垫层或基础底部完成后开始观测，观测次数与间隔时间应视地基与荷载增加情况而定。民用高层建筑可每加高1~2层观测一次，工业建筑可按回填基坑、安装柱子和屋架、砌筑墙体、设备安装等不同施工阶段分别进行观测。若建筑施工均匀增高，应至少在增加荷载的25%、50%、75%和100%时各测一次。施工过程中若暂停施工，在停工时及重新开工时应各观测一次。停工期间可每隔2~3个月观测一次。

在观测过程中，若有基础附近地面荷载突然增减、基础周围大量积水、长时间连续降雨等情况，均应及时增加观测次数。当建筑突然发生大量沉降、不均匀沉降或严重裂缝时，应立即进行逐日或2~3d一次的连续观测，在进行建筑物加固处理的前后也应进行观测。

在建筑使用阶段，应视地基土类型和沉降速率大小而定。除有特殊要求外，可在第一年观测3~4次，第二年观测2~3次，第三年后每年观测1次，直至稳定为止；建筑沉降是否进入稳定阶段，应由沉降量与时间关系曲线判定。当最后两个观测周期的沉降速率小于0.02mm/d时可认为已进入稳定阶段，全部沉降点都小于此值时，可终止观测。

（2）观测方法与要求　目前多数采用精密数字水准仪进行沉降观测，精度应符合表9-2所示的水准测量限差要求。其中三等沉降观测技术要求相当于二等水准测量，四等沉降观测技术要求相当于三等水准测量。每期沉降观测均按相同的观测路线、采用相同的仪器工具，并尽量由同一个观测员观测，以保证观测结果的精度和各期观测成果的可比性。超出限差的成果，均应先分析原因再进行重测。当测站观测限差超限时，应立即重测；当迁站后发现超限时，应从稳固可靠的固定点开始重测。

使用的水准仪、水准尺在项目开始前和结束后应进行检验，项目进行中也应定期检验。当观测成果出现异常，经分析与仪器有关时，应及时对仪器进行检验与校正。对用于一等、二等沉降观测的仪器，$i$ 角不得大于 $10''$；对用于三等、四等沉降观测的仪器，$i$ 角不得大于 $15''$。

观测应选在成像稳定、清晰的时间进行，一般将各沉降监测点组成闭合水准路线，从水准点开始，逐点观测，最后回到水准点，高程闭合差应在规定范围之内。每测段往测与返测的测站数均应为偶数，否则应加入标尺零点差改正。由往测转向返测时，两标尺应互换位置，并应重新整置仪器。在同一测站上观测时，不得两次调焦。

二等、三等和四等沉降观测，除建筑转角点、交接点、分界点等主要变形特征点外，允许使用间视法进行观测，即在后视和前视之间观测若干个一般沉降监测点，但视线长度不得大于相应等级规定的长度。观测时，仪器应避免安置在有空压机、搅拌机、卷扬机、起重机等振动影响的范围内。每次观测应记载施工进度、荷载量变动、建筑倾斜和裂缝等各种影响沉降变化和异常的情况。

**4. 沉降观测的成果整理**

每次沉降观测之后，应及时整理和检查外业观测数据，若观测高差闭合差超限，应重新观测。若闭合差合格，则将闭合差按测站平均分配，然后计算各沉降监测点的高程。各点本次观测的高程减上次观测的高程，便是该点在两次观测时间间隔内的沉降量，称为本次沉降量，而各次沉降量累加即为从首次观测至本次观测期间的累计沉降量。表 9-3 所示为沉降观测的成果表，内容有各沉降点的高程、沉降量及累计沉降量等，并注明了观测日期和荷载吨数（或建筑物层数），该表每次观测填写一行，并提交有关部门。

表 9-3　沉降观测的成果表

| 观测周期 | 观测日期 | 各监测点的沉降情况 | | | | | | 工程施工及使用情况 | 荷载情况/t |
|---|---|---|---|---|---|---|---|---|---|
| | | 1 | | | 2 | | | | |
| | | 高程/m | 本次下沉/mm | 累计下沉/mm | 高程/m | 本次下沉/mm | 累计下沉/mm | | |
| 1 | 2021.8.12 | 98.134 | | | 98.132 | | | 底层楼板 | 4.6 |
| 2 | 2021.9.12 | 98.124 | -10 | -10 | 98.117 | -15 | -15 | 第二层楼板 | 8.1 |
| 3 | 2021.10.13 | 98.114 | -10 | -20 | 98.103 | -14 | -29 | 第三层楼板 | 11.4 |
| 4 | 2021.11.14 | 98.106 | -8 | -28 | 98.091 | -12 | -41 | 第四层楼板 | 15.0 |
| 5 | 2021.12.16 | 98.100 | -6 | -34 | 98.080 | -11 | -52 | 封顶 | 19.2 |
| 6 | 2022.3.14 | 98.097 | -3 | -37 | 98.074 | -6 | -58 | 竣工 | 19.6 |
| 7 | 2022.6.15 | 98.096 | -1 | -38 | 98.070 | -4 | -62 | 使用 | 20.1 |
| 8 | 2022.12.17 | 98.094 | -2 | -40 | 98.068 | -2 | -64 | | |
| 9 | 2023.6.15 | 98.093 | -1 | -41 | 98.066 | -2 | -66 | | |
| 10 | 2024.6.16 | 98.093 | 0 | -41 | 98.065 | -1 | -67 | | |

一个阶段的沉降观测（如测至建筑物主体封顶）完成后，以及完成所有的沉降观测后，应汇总每次观测的成果，并绘出各沉降点的荷载（层数）—时间—沉降关系曲线图以及建

筑物等沉降曲线图，供分析研究使用。

如图 9-4a 所示，荷载与时间曲线图，是以荷载为纵轴，时间为横轴，根据每次观测日期和每次荷载画出各点，然后用曲线相连。时间与沉降曲线图，以沉降量为纵轴，时间为横轴，根据每次观测日期、累计沉降量画出各点，然后用曲线相连，并在曲线的末端注明点号。两种曲线绘在同一张图上，以便能更清楚地表明各点在一定的时间内，所受到的荷载及沉降量。

如图 9-4b 所示为某建筑物的等沉降曲线图，是根据各沉降监测点的总沉降量，内插绘出等沉降曲线，等高距一般取 1mm。通过该图可以直观地看到整个建筑物各处的沉降量，以便判断是否属于较均匀的沉降状态。

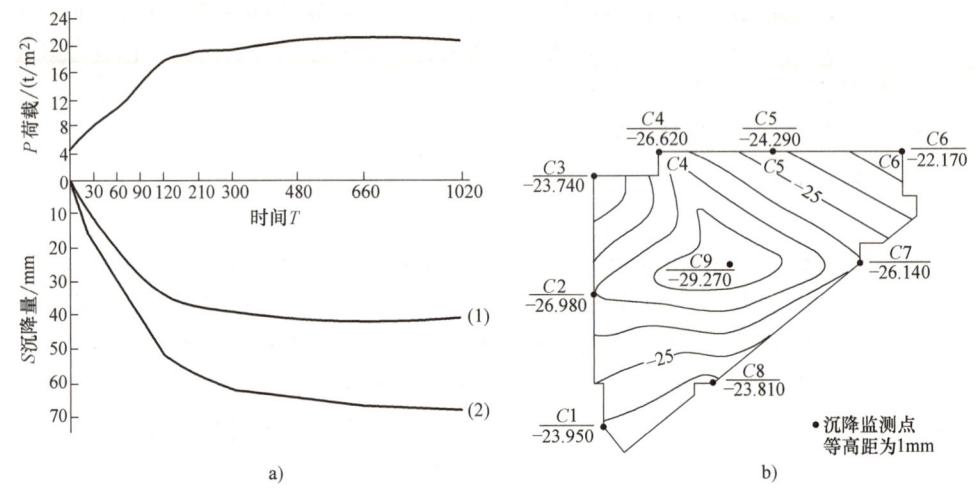

图 9-4　沉降曲线图
a）荷载-时间-沉降曲线图　b）等沉降曲线图

### 9.1.3　倾斜观测

**1. 一般要求**

建筑主体倾斜观测可直接测定建筑顶部监测点相对于底部固定点或上层相对于下层监测点的倾斜度、倾斜方向及倾斜速率。对刚性建筑的整体倾斜，也可通过测量顶面或基础的差异沉降来间接确定。这里主要介绍直接观测法。

当从建筑外部观测时，测站点的点位应选在与倾斜方向成正交的方向线上，距照准目标 1.5~2.0 倍目标高度的固定位置。当利用建筑内部竖向通道观测时，可将通道底部中心点作为测站点。建筑顶部和墙体上的监测点标志可采用埋入式照准标志。不便埋设标志的塔形、圆形建筑以及竖直构件，可粘贴反射片标志，也可以照准视线所切同高边缘确定的位置或用高度角控制的位置作为监测点位。

位于地面的测站点和定向点，可根据不同的观测要求，使用带有强制对中装置的观测墩或混凝土标石；对于一次性倾斜观测项目，监测点标志可采用标记形式或直接利用符合位置与照准要求的建筑特征部位，测站点可采用小标石或临时性标志。

建筑的顶部水平位移和全高垂直度偏差等建筑整体变形的测定中误差，不应超过其变形允许值分量的 1/10；高层建筑层间相对位移、竖直构件的挠度、垂直偏差等结构段变形的测定中误差，不应超过其变形允许值分量的 1/6。

**2. 矩形建筑物的倾斜观测**

当从建筑或构件的外部观测主体倾斜时，宜用经纬仪观测法。在观测之前，要用经纬仪在建筑物同一个竖直面的上、下部位，各设置一个监测点，图 9-5 所示，$M$ 为上监测点、$N$ 为下监测点。如果建筑物发生倾斜，则 $MN$ 连线随之倾斜。观测时，在距离大于建筑物高度的地方安置经纬仪，照准上监测点 $M$，用盘左、盘右分中法将其向下投测得 $N'$ 点，如 $N'$ 与 $N$ 点不重合，则说明建筑物产生倾斜，$N'$ 与 $N$ 点之间的水平距离 $d$ 即为建筑物的倾斜值。若建筑物高度为 $H$，则建筑物的倾斜度为

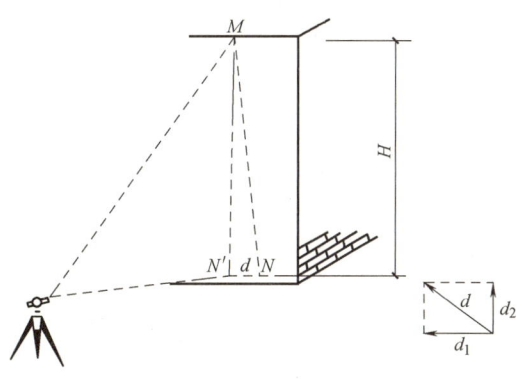

图 9-5 矩形建筑物的倾斜观测

$$i = \frac{d}{H} \tag{9-1}$$

矩形高层建筑物和构筑物的倾斜观测，应分别在相互垂直的两个墙面上进行，如图 9-5 所示，$d_1$ 和 $d_2$ 为建筑物分别沿相互垂直的两个墙面方向的倾斜值，则两个方向的总倾斜值为

$$d = \sqrt{d_1^2 + d_2^2} \tag{9-2}$$

用总倾斜值代入式（9-1）计算倾斜度。

**3. 塔形建（构）筑物的倾斜观测**

对于烟囱、水塔和电视塔等高宽比差异较大的高耸建（构）筑物来说，其倾斜变形较之沉降变形更为明显。例如，设烟囱筒身高为 150m，底部外径为 15m，则其高宽比为 150∶15=10∶1，若底部某点沉降 1mm，其顶部倾斜即达 10mm，因此倾斜观测的对象主要是塔形高耸建（构）筑物。

这些高耸建（构）筑物的主体截面一般为圆形，其倾斜观测是在两个垂直方向上测定顶部中心点 $O'$ 和底部中心点 $O$ 的偏心距。方法如下：

如图 9-6 所示，先在烟囱底部选择 $P$、$Q$ 两点，并使 $OP$ 与 $OQ$ 大致垂直，$P$、$Q$ 两点距烟囱的距离应尽可能大于烟囱高度 $H$ 的 1.5 倍。安置经纬仪于 $P$ 点，并在烟囱底部 $OP$ 的垂直线上拉一直线，用望远镜将烟囱顶部边缘 $A$、$A'$ 和底部边缘 $B$、$B'$ 分别投测到直线上，并在地面做好标志点，如图 9-6 所示的 $a_1$、$a_1'$、$b_1$ 和 $b_1'$，用钢尺沿直线量距分中找出 $a_1$、$a_1'$ 的中点 $a_O$ 和 $b_1$、$b_1'$ 的中点 $b_O$，两点的间距即为该方向的偏心距 $d_1$。

安置经纬仪于 $Q$ 点，同法测得另一方向顶部中心 $O'$ 对底部中心 $O$ 的偏心距 $d_2$。按式（9-2）计算总偏心距 $d$，再按式（9-1）计算烟囱倾斜度 $i$。

在倾斜观测前，应对经纬仪进行检验、校正。每个监测点都应采用正、倒镜投测，取正、倒镜投测的中点来求偏心距。

**4. 倾斜观测的其他方法**

当利用建筑或构件的顶部与底部之间的竖向通视条件进行主体倾斜观测时，宜用下列观

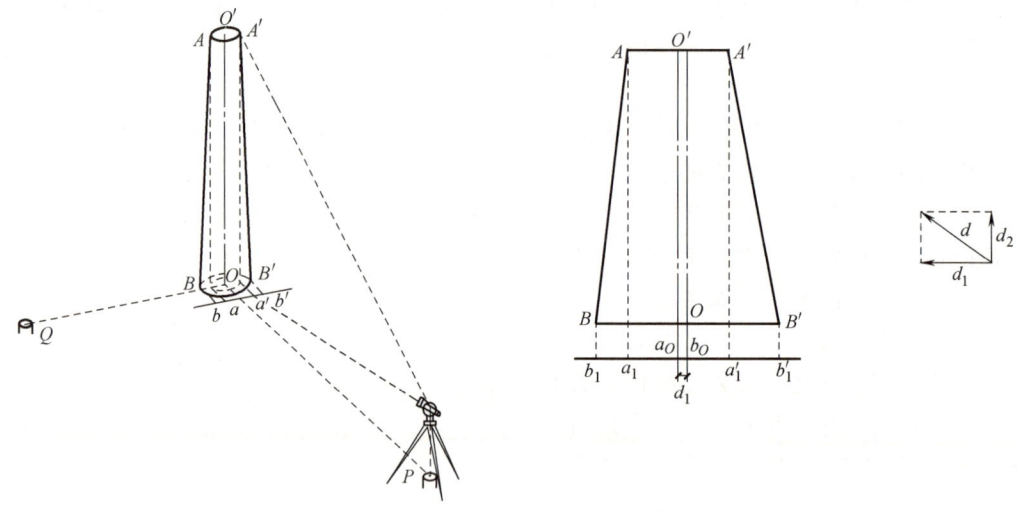

图 9-6 截圆锥形建筑物的倾斜观测

测方法：

（1）吊垂球法 在顶部或所需高度处的监测点位置上，直接支出一点悬挂适当重量的垂球，在垂线下的底部固定毫米格网读数板等读数设备，直接读取或量出上部监测点相对底部监测点的水平位移量和位移方向。

（2）激光铅垂仪观测法 在顶部适当位置安置接收靶，在其垂线下的地面或地板上安置激光铅垂仪或激光经纬仪，按一定周期观测，在接收靶上直接读取或量出顶部的水平位移量和位移方向。作业中仪器应严格置平、对中，应旋转180°观测两次取其中数。对超高层建筑，当仪器设在楼体内部时，应考虑大气湍流影响。

（3）激光位移计自动记录法 位移计宜安置在建筑底层或地下室地板上，接收装置可设在顶层或需要观测的楼层，激光通道可利用未使用的电梯井或楼梯间隔，测试室宜选在靠近顶部的楼层内。当位移计发射激光时，从测试室的光线示波器上可直接获取位移图像及有关参数，并自动记录成果。

（4）正、倒垂线法 垂线宜选用直径 0.6~1.2mm 的不锈钢丝或因瓦丝，并采用无缝钢管保护。采用正垂线法时，垂线上端可锚固在通道顶部或所需高度处设置的支点上。采用倒垂线法时，垂线下端可固定在锚块上，上端设浮筒，用来稳定重锤，浮子的油箱中应装有阻尼液。观测时，由观测墩上安置的坐标仪、光学垂线仪、电感式垂线仪等量测设备，按一定周期测出各测点的水平位移量。

### 9.1.4 裂缝观测

裂缝观测主要是测定建筑上的裂缝分布位置和裂缝的走向、长度、宽度、深度及其变化情况。当建筑物发生裂缝后，应及时进行裂缝观测。建筑物产生裂缝往往与不均匀沉降有关，因此，在裂缝观测的同时，要加强建筑物的沉降观测，以便综合分析，采取有效措施。

对需要观测的裂缝应统一进行编号。每条裂缝应至少布设两组观测标志，其中一组应在裂缝的最宽处，另一组应在裂缝的末端。每组应使用两个对应的标志，分别设在裂缝的两侧。裂缝观测标志应具有可供量测的明晰端面或中心。长期观测时，可采用镶嵌或埋入墙面的金属标志、金属杆标志或楔形板标志,如图 9-7 所示。短期观测时,可采用油漆平行线标志或用建筑胶粘贴的金属片标志。当需要测出裂缝纵横向变化值时,可采用坐标方格网板标志。

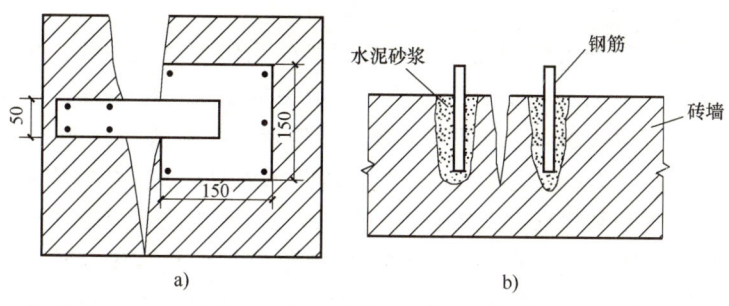

图 9-7 裂缝观测标志
a) 镶嵌金属标志 b) 金属杆标志

观测前,先在裂缝处用尺子直接测量其宽度,作为裂缝的宽度基数,然后定期量取两标志之间的间距,间距的变化,即为裂缝宽度的变化。对于数量少、量测方便的裂缝,可根据标志形式的不同分别采用比例尺、小钢尺或游标卡尺等工具定期量出标志间距离求得裂缝变化值,或用方格网板定期读取"坐标差"计算裂缝变化值。

裂缝观测的周期应根据其裂缝变化速度而定。开始时可半月测一次,以后一月测一次。当发现裂缝加大时,应及时增加观测次数。裂缝观测中,裂缝宽度数据应量至 0.1mm,裂缝的宽度量测精度不应低于 1.0mm,长度量测精度不应低于 10.0mm,深度量测精度不应低于 3.0mm。每次观测应绘出裂缝的位置、形态和尺寸,注明日期,并拍摄裂缝照片。

## 9.1.5 水平位移观测

水平位移观测是指对建筑物或构筑物水平方向移动量的观测,一般通过在不同时间测量水平角、水平距离或者平面坐标的方法,得到点的水平位置变化量和变化速度。建筑工程在施工阶段的水平位移观测,主要是基坑支护结构的水平位移观测,以便监测基坑边坡是否处于安全状态,如图 9-8 所示。下面对基坑支护结构的水平位移观测进行简单介绍。

深层水平位移观测　锚杆和锚索内力监测　地下水位测量　基坑水平位移观测

图 9-8 建筑基坑及支护结构

**1. 位移基准点的布设与测量**

(1) 位移基准点的布设　位移基准点与高程基准点一样,应布设在安全和稳定的地方,并且不应少于 3 个,另外根据位移观测现场作业的需要,可设置若干个位移工作基点。由于测量的对象和方法不同,位移基准点的位置还应满足以下要求:便于埋设标石或建造观测墩;便于安置仪器设备;便于观测人员作业;若采用卫星定位测量方法观测,应位于比较开阔的地方。

位移基准点和工作基点的照准标志应具有明显的几何中心或轴线,并应符合图像反差大、图案对称、相位差小和本身不变形等要求。应根据点位不同情况,选择重力平衡球式标、旋入式杆状标、直插式觇牌、屋顶标和墙上标等形式的标志。

如图9-9所示为某建筑基坑支护结构的位移监测示意图,该支护结构是钢筋混凝土柱和锚索结合的结构,在支护结构顶部设置了24个监测点,不但观测其水平位移,还观测其竖向位移即沉降。根据现场情况,在超过基坑深度2倍以外的稳定安全位置,设置了A、B、C、D共4个位移观测基准点,其中A、B两点位于施工场地附近,可直接用于对监测点的观测。此外,还设置了深层水平位移监测、锚杆内力监测和地下水位测量的标志,以便综合分析判断基坑和地基的变形情况。

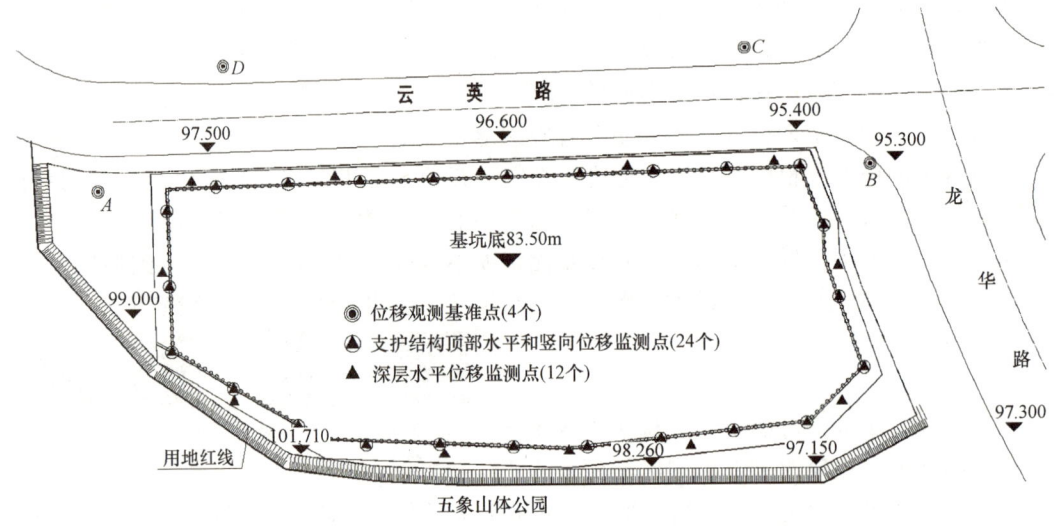

图9-9 建筑基坑及支护结构

(2)位移基准点的测量 位移基准点的测量可采用全站仪边角测量或卫星定位测量等方法,位移工作基点的测量可采用全站仪边角测量、边角后方交会以及卫星定位测量等方法。当需要连同高程一起测量即测量三维坐标时,可采用卫星定位测量方法或采用全站仪边角测量、水准测量或三角高程测量组合方法。

全站仪边角测量法是进行位移基准点网观测及基准点与工作基点间联测的常用方法,其技术要求应符合表9-4的规定。如果平均边长短很多,相应的作业要求可降低一等。

表9-4 全站仪水平位移观测主要技术要求

| 位移观测等级 | 相邻基准点点位中误差/mm | 平均边长/m | 测角中误差(″) | 测边相对中误差 | 作业要求 |
|---|---|---|---|---|---|
| 一等 | 1.5 | ≤300 | 0.7 | ≤1/300000 | 按国家一等三角 |
| 二等 | 3.0 | ≤400 | 1.0 | ≤1/200000 | 按国家二等三角 |
| 三等 | 6.0 | ≤450 | 1.8 | ≤1/100000 | 按国家三等三角 |
| 四等 | 12.0 | ≤600 | 2.5 | ≤1/80000 | 按国家四等三角 |

### 2. 水平位移监测点的布设

基坑边坡顶部水平变形监测点应沿基坑周边布置，在周边中部、阳角处、受力变形较大处应设点；监测点间距不宜大于20m，关键部位应适当加密，且每侧边不宜少于3个；如果同时观测竖向位移量，水平和竖向的监测点宜共用同一点。

### 3. 水平位移观测的方法

基坑支护结构水平位移观测的方法应根据基坑类别、现场条件、设计要求等进行选择，可采用三角形网、极坐标、前方交会、自由设站、视准线、卫星定位测量或测斜仪等方法进行水平位移观测。其中对一级基坑，应采用自动化监测方式；如果同时进行竖向位移观测，可采用水准测量、三角高程测量或静力水准测量方法进行测量。

其中采用全站仪按极坐标法进行位移观测方便灵活，是常用的方法，但应注意检核，避免出错，保证精度。

## 子单元2  竣工图编绘

竣工图记录了工程项目的地面、地下建筑竣工后的实际位置、高程以及形体尺寸、材质等状况，是反映、评估施工质量的技术资料，应作为工程进行交接验收、管理维护、改建扩建的重要依据，作为建设及运营管理单位必须长期保存的技术文件，也是国家建设行政管理部门进行监督审查以及国有资产归档的主要技术文件，因此建筑工程及配套设施竣工后，应根据竣工的实际情况编绘竣工图。

竣工图以能清楚描述建筑物地理空间位置关系为原则，一般采用1∶500的比例尺。为了使竣工图能与原设计图相协调，其范围和比例尺应与施工设计图相同。此外，其坐标系统、高程基准和图例符号等也应与施工设计图相同。考虑到设计施工图多数采用数字图形的形式，也为了方便用户对竣工图的使用和补充，竣工图应采用数字竣工图。竣工图完成后，应经原设计及施工单位技术负责人审核、会签。

竣工图主要根据设计和施工资料进行编绘而成，当资料不全或与实地不符时，需要实测补充或全面实测。下面先介绍竣工图的编绘，再介绍竣工图的实测。

### 9.2.1  竣工图的编绘

在建（构）筑物不密集和地下管线较简单的情况下，可将地面建筑、地下管线、地下建筑编绘成一张竣工总图，其中地下管线着色宜为彩色、地面建筑宜采用黑白实线、地下建筑宜采用黑白虚线加以区分。否则应分别编绘成图，更复杂的项目，可将地下管线按专业单独或合并绘制成图。

竣工图最好是随着工程的陆续竣工相继进行编绘，特别是地下管线，应在回填和覆盖前进行竣工测量和竣工图的编绘，然后将分类竣工图汇总，编绘竣工总图。边竣工边编绘的好处是：当建设项目全部竣工时，竣工总平面图也大部分编制完成，既可及时提交作为验收资料，又可大大减少实测工作量，节省了时间、人力和物力。

#### 1. 收集资料

竣工图编绘应收集下列资料：总平面布置图、施工设计图、设计变更文件、施工检测记录、竣工测量资料和其他相关资料。为确定资料的完整性、正确性，应对所收集的资料进行实地对照检核。不符之处，应实测其位置、高程及尺寸，以便进一步完善竣工图的编绘。

**2. 编绘原则**

由于竣工图基本上是一种设计图的变形，因此，图的编绘内容及深度也基本上和设计图一致。竣工图应与竣工项目的实际位置、轮廓形状相一致。地下管道及隐蔽工程，应根据回填前的实测坐标和高程记录进行编绘。施工中，应根据施工情况和设计变更文件及时编绘。对实测的变更部分，应按实测资料绘制。当平面布置改变超过图上面积 1/3 时，不宜在原施工图上修改和补充，应重新编制。

**3. 编绘内容**

（1）建筑及道路设施　应绘出地面的建（构）筑物、道路、铁路、地面排水沟渠、树木及绿化地等；矩形建（构）筑物的外墙角，应注明 2 个以上点的坐标；圆形建（构）筑物，应注明中心坐标及接地外半径；主要建筑物，应注明室内地坪高程；道路的起终点、交叉点，应注明中心点的坐标和高程；弯道处，应注明交角、半径及交点坐标；路面，应注明宽度及铺装材料；铁路中心线的起终点、曲线交点，应注明坐标；曲线上，应注明曲线的半径、切线长、曲线长、外矢矩、偏角等曲线元素；铁路的起终点、变坡点及曲线的内轨轨面应注明高程。

（2）给水及排水管道　给水管道，应绘出地面给水建筑物及各种水处理设施和地上、地下各种管径的给水管线及其附属设备。对于管道的起终点、交叉点、分支点，应注明坐标；变坡处应注明高程；变径处应注明管径及材料；不同型号的检查井应绘制详图。当图上按比例绘制管道结点有困难时，可用放大详图表示。排水管道，应绘出污水处理构筑物、水泵站、检查井、跌水井、水封井、雨水口、排出水口、化粪池以及明渠、暗渠等。检查井，应注明中心坐标、出入口管底高程、井底高程、井台高程；管道，应注明管径、材质、坡度；对不同类型的检查井，应绘出详图。

（3）电力及通信线路　电力线路，应绘出总变电所、配电站、车间降压变电所、室内外变电装置、柱上变压器、铁塔、电杆、地下电缆检查井等；并应注明线径、送电导线数、电压及送变电设备的型号、容量；通信线路，应绘出中继站、交接箱、分线盒（箱）、电杆、地下通信电缆人孔等；各种线路的起终点、分支点、交叉点的电杆应注明坐标；线路与道路交叉处应注明净空高；地下电缆，应注明埋设深度或电缆沟的沟底高程；电力及通信线路专业图上，还应绘出地面有关建筑物、铁路、道路等。

图 9-10 所示为某学校的竣工图（局部）。

## 9.2.2　竣工图的实测

**1. 需要实测的情况**

对未按设计图施工或施工后变化较大的工程、多次变更设计造成与原有资料不符的工程、缺少设计变更文件及施工检测记录的工程、实地检测误差超过施工验收标准的工程以及地下管线等隐蔽工程，应以实测资料编绘竣工图。

**2. 竣工图实测的方法**

实测部分的竣工图宜采用数字测图法，如全站仪极坐标法和 RTK 测量法等，也可采用地面三维激光扫描法，需要时，其高程可采用水准测量法。测量内容包括工程建设地面建（构）筑物、道路、植被、地下管线及其附属设施、地下防空设施、地下隧道、空中悬空设

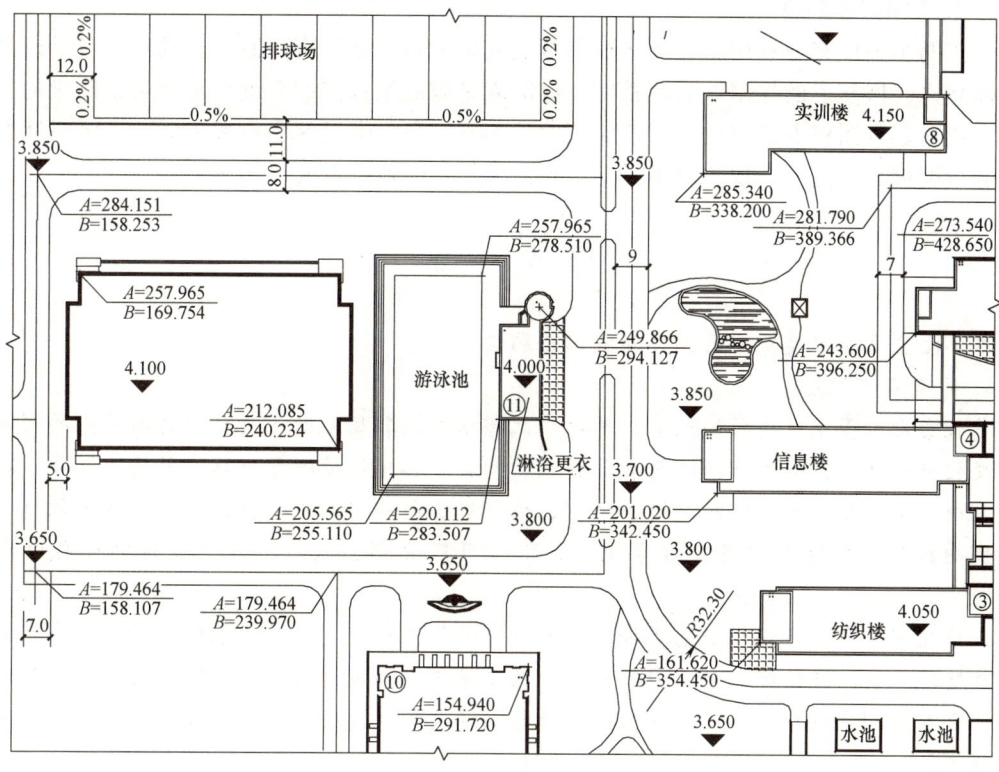

图 9-10 编绘的学校竣工图（局部）

施等要素，包括其主要细部点的坐标和高程。为了反映建筑物的周边关系，竣工图实测范围应包括建设区外第一栋永久建筑物，周边没有建筑物时，范围测至建设区外 30m。如图 9-11 所示为某工厂的实测竣工总图（局部）。

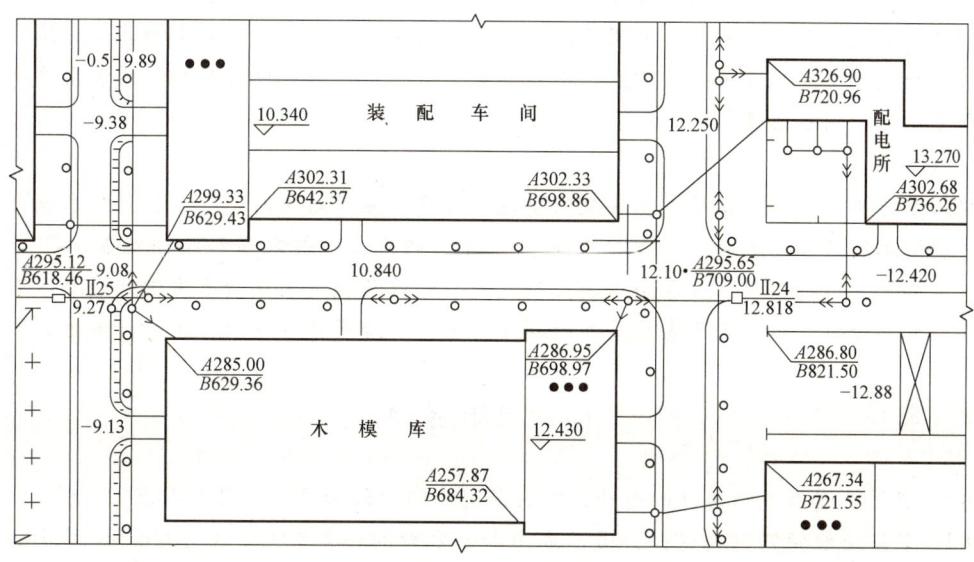

图 9-11 实测工厂竣工图（局部）

### 3. 竣工图实测的精度

竣工图实测应充分利用原有场区控制网点成果资料，如原有控制点被破坏，应予以恢复或重新建立，恢复后的控制点点位精度，应能满足施测细部点的精度要求。竣工测量的主要地物点相对邻近图根点的点位中误差应不大于 5cm，高程中误差应不大于 2cm，次要地物点相对邻近图根点的点位中误差应不大于 7cm，高程中误差应不大于 3cm。

## 单 元 小 结

本单元主要学习建筑变形测量和竣工图编绘。

### 1. 建筑变形测量

建筑变形测量是对建筑的地基、基础、上部结构及其场地受各种作用力而产生的形状或位置变化进行观测，分为沉降测量和位移测量两类。其中沉降测量包括建筑场地沉降、基坑回弹、地基土分层沉降、建筑沉降等观测；位移测量包括建筑主体倾斜、建筑水平位移、基坑壁侧向位移、场地滑坡及挠度等观测，以及日照变形、风振、裂缝及其他动态变形测量等。

沉降观测应合理布设水准基点和监测点，水准基点应稳定并便于检核，监测点应牢固并能代表建筑物的沉降情况。观测应按规定的精度等级和周期进行，应固定人员、仪器和观测路线。每期观测完成后应及时整理数据，计算沉降量和沉降速度，绘制沉降图表，如有异常及时报告。

倾斜观测的方法主要有经纬仪法、吊锤法和激光铅垂仪法等。通过测定建筑顶部监测点相对于底部固定点的倾斜量，并根据建筑物的高度计算其倾斜度。通常要观测两个垂直方向的倾斜量，取其平方和的开方作为总倾斜量，总倾斜量与建筑高度的比为倾斜率。

裂缝观测主要观测裂缝的宽度、长度、走向及其变化情况。每次观测裂缝宽度变化的位置应一致，如果需要长期观测，应在裂缝两侧设立固定标志。裂缝宽度应量至 0.1mm。

水平位移观测在施工阶段主要用于基坑变形监测，这时一般要同时观测其沉降情况。水平位移观测也要设置基准点和监测点，以基准点为依据对监测点进行观测，方法主要有全站仪法和卫星定位测量法等。

### 2. 竣工图编绘

竣工图是工程竣工验收后，真实反映建设工程项目施工结果的图样，其坐标系统、高程基准、制图比例尺、图例符号等，应与施工设计图相同。一般采用编绘法编制，即一边施工，一边编制，由施工单位在原施工图上按变更文件以及规定的编绘方法进行修改。有重大改变或变更部分超过图面 1/3 者应重新绘制竣工图。编绘资料不足的，应进行实测。

## 思考与拓展题

9-1 建筑物沉降观测的目的是什么？沉降观测的时间和方法有什么要求？

9-2 某烟囱经倾斜观测得知，沿 $x$ 方向和 $y$ 方向的偏差分别为 0.102m 和 0.078m，已知烟囱高为 90m，试求烟囱的倾斜量和倾斜度，并判断倾斜量是否超限？

9-3 编绘竣工图的目的是什么？根据什么编绘？怎样编绘？

# 单元10　线路施工测量

**学习目标：**

1. 能进行道路和管线等线路工程的中线测量，包括圆曲线测设。
2. 能进行线路工程的纵断面测量和横断面测量，能进行线路工程的土方量计算。
3. 能进行道路和管线的施工放线测量。

**学习重点与难点：**

重点是中线测量、横断面测量和施工放线测量；难点是圆曲线测设和土方量计算。

在建筑工程项目中，场区内各种道路和给水、排水、燃气、热力、电力、电信等管线作为附属工程是必不可少的配套项目，特别是工业建筑工程，道路和管线是其重要的组成部分。在这些工程的施工阶段所进行的测量工作，称为线路施工测量。其主要内容有控制测量、中线测量、纵横断面测量以及施工放线测量。

控制测量是沿线路延伸的方向布设测量平面控制点和高程控制点，作为其他各项测量工作的依据；中线测量是按设计要求将线路中心线测设于实地上；纵横断面测量是测定线路中线方向和垂直于中线方向的地面高低起伏情况，并绘制纵、横断面图，为线路纵坡设计、边坡设计以及土石方工程量计算提供资料；施工放线测量是根据线路工程施工进度，在实地测设线路的平面位置和高程，为施工提供依据，具体来说，有中线恢复测量、边线测量、填挖高程测量及路面测量等。

线路施工测量的精度要求与线路的类别有关，例如市政道路比小区道路精度要求高，自流管道比压力管道的精度要求高。同类线路在横向、纵向及高程方面的测量精度要求也各不相同，例如，对地下排水管道施工测量来说，一般是高程精度要求最高，以保证正确的排水坡向及坡度；横向精度要求次之，以保证管道与道路及其他管线正确的平面关系；纵向精度要求相对较低，但也应保证预制管道在接口处能正确对接安装。

本单元主要学习道路与管线的中线测量、纵横断面测量和施工放线测量。

## 子单元1　中线测量

中线测量的任务是根据线路的设计平面位置，将线路中心线测设在实地上。如图10-1所示，中线的平面几何线形由直线段和曲线段组成，其中曲线段一般为某曲率半径的圆弧。

铁路和高等级公路在直线段和圆曲线段之间还插入一段缓和曲线，其曲率半径由无穷大逐渐变化为所接圆曲线的曲率半径，以提高行车的稳定性。普通市政道路和小区道路一般不设置缓和曲线，因此这里对缓和曲线不做介绍。

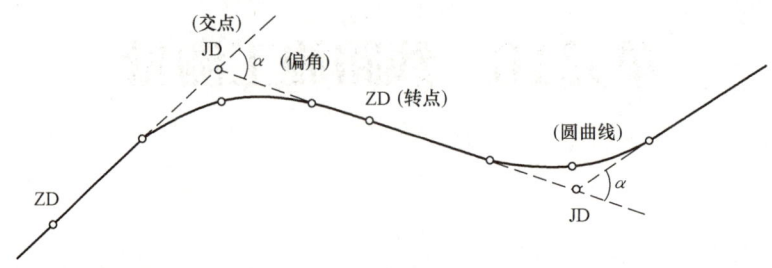

图 10-1  线路的平面线型

中线测量的主要内容是测设中线交点、检测转折角、测设里程桩和加桩、测设曲线等，这里先介绍测设中线交点、转角检测以及测设里程桩和加桩的内容，下一子单元再介绍圆曲线的测设。

### 10.1.1  测设中线交点

线路测设时，应先定出线路的转折点（含线路起点和终点），这些转折点称为交点，是确定线路走向的关键点，习惯用"JD"加编号表示，如"JD6"表示第 6 号交点。交点的位置一般在设计图上用坐标标定，或者用与附近地物的关系尺寸标定，需将其测设于实地上。当线路直线段很长或因地形变化通视困难时，在两个交点之间还应测设定向桩点，称为转点（ZD）。下面主要介绍两种常见的交点测设方法。

**1. 根据平面控制点测设交点**

当线路交点设计坐标已知，可根据平面控制点按极坐标法测设交点。线路工程的平面控制点一般用导线的形式布设，或者用卫星定位测量的方法布设，经测量和计算后，得到沿线各控制点的坐标 ($x$, $y$)。一般来说，交点设计坐标可在设计图样上查到。

如图 10-2 所示，6、7 为导线点，$JD_4$ 为交点，与 6 点通视。可先计算 6 点至 $JD_4$ 的水平距离 $S$、6 点至 7 点的方位角和 6 点至 $JD_4$ 的方位角，然后在 6 点上设站按极坐标法测设 $JD_4$。如采用全站仪施测，可直接输入坐标数据进行测设。

根据平面控制点测设交点时，也可采用 RTK 测设，更加方便灵活，工作效率高。全站仪测设和 RTK 测设是线路工程施工测量中测设交点的主要方法。对一般地下管线和道路工程的交点，其点位允许误差应在 ±25mm 之内。

**2. 根据地物测设交点**

当定位精度要求不太高，而且交点周围有定位特征明显的地物作为参照时，可根据地物测设交点。如图 10-3 所示，交点 $JD_6$ 的位置已在设计图上确定，图上交点附近有房屋、电杆等地物，可在图上量出 $JD_6$ 至两个房角和电杆的距离并做好标注，然后在现场找到相应的地物，经复核无误后，用钢尺按距离交会法测设出该交点。

### 10.1.2  转角检测

中线交点桩测设好后，应检测线路在交点处的转角是否等于设计值，以便检查点位和线

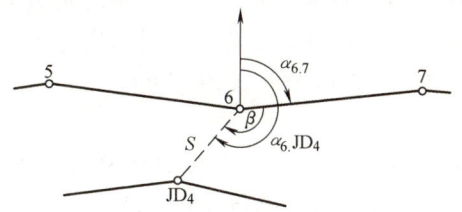

图 10-2 根据导线点测设交点

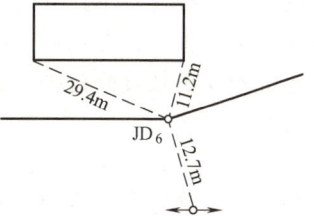

图 10-3 根据地物测设交点

路走向是否正确。转角也称偏角,是线路中线在交点处由一个方向转到另一个方向时,转变后的方向与原方向延长线的夹角,用 $\alpha$ 表示,如图 10-4 所示。当偏转后的方向位于原方向左侧时,为左转角,记为 $\alpha_{左}$;当偏转后的方向位于原方向右侧时,为右转角,记为 $\alpha_{右}$。

一般是通过观测线路右侧的水平角 $\beta$ 来计算转角。观测时,将经纬仪安置在交点

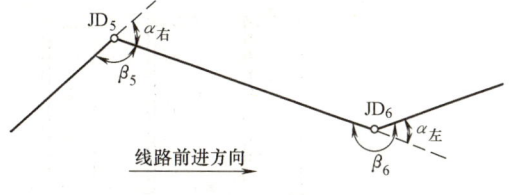

图 10-4 线路转角(偏角)

上,用测回法观测一个测回,取盘左盘右的平均值,得到水平角 $\beta$。当 $\beta>180°$ 时为左转角,当 $\beta<180°$ 时为右转角。左转角和右转角的计算式分别为

$$\alpha_{左} = \beta - 180° \tag{10-1}$$

$$\alpha_{右} = 180° - \beta \tag{10-2}$$

实测转角与设计转角的检测偏差应在 50″ 之内。

### 10.1.3 测设里程桩

**1. 里程桩的设置**

全站仪道路中线测设　　RTK 道路中线测设

为了在实地标出线路中线的位置,由线路起点开始,沿中线方向每隔一定距离钉设一条桩,称为里程桩。里程桩不仅具体地表示了中线的位置,而且其桩号表达了该桩与路线起点之间的距离。例如,某桩点距线路起点的距离为 1278.61m,则它的桩号写为 K1+278.61,桩号中"+"号前面为千米数,"+"号后面为米数。线路起点的桩号为 K0+000。

里程桩分为整桩和加桩两种。整桩是按规定桩距每隔一定距离设置的里程桩,其桩号为整数,百米桩和千米桩均属于整桩。整桩通常直线段的桩距较大,宜为 20m,而曲线段的桩距较小,宜为 5m 或 10m,根据曲线半径和长度选定。

加桩分地形加桩、地物加桩、曲线加桩和关系加桩。沿中线地形起伏变化处,横向坡度变化处,以及天然河沟处所设置的里程桩称为地形加桩,桩号精确到米。沿中线的人工构造物如桥梁、涵洞处,线路与其他公路、铁路、渠道等交叉处以及土壤地质变化处加设的里程桩称为地物加桩,桩号精确到米或分米,对于人工构造物,在书写里程时要冠上工程名称如"涵 K8+154.5"等,如图 10-5a 所示。

曲线加桩是指曲线主点的里程桩,如圆曲线的起点、中点、终点等。曲线加桩要求计算至厘米。关系加桩是指路线上的交点桩,一般量至厘米为止。对于曲线加桩和关系加桩,在书写里程时,应先写其缩写名称如"ZY　K5+125.65""JD　K8+598.52"等。

此外,由于局部地段改线或事后发现量距计算中发生错误,因而出现实际里程与原桩号

不一致的现象，使桩号不连续，这种情况称断链，桩号重叠的叫长链，桩号间断的叫断链。为了不牵动全线桩号，在局部改线或差错地段改用新桩号，其他不变动地段仍采用老桩号，并在新老桩号变更处设断链桩。其写法示例为：改 1+100 = 原 1+080，长链 20m。

### 2. 里程桩的测设

测设里程桩时，可用全站仪极坐标法直接测设打桩或者用 RTK 按坐标直接测设，直线段也可用经纬仪确定中线方向，然后依次沿中线方向按设计间隔，用钢尺量距打桩。

里程桩和加桩一般不钉中心钉，但在距线路起点每隔 500m 的整倍数桩、重要地物加桩（如桥位桩、隧道桩和曲线主点桩等），均应钉大木桩并钉中心钉表示。大木桩打平地面，在旁边再打一个标有桩名和桩号的指示桩，如图 10-5b 所示。

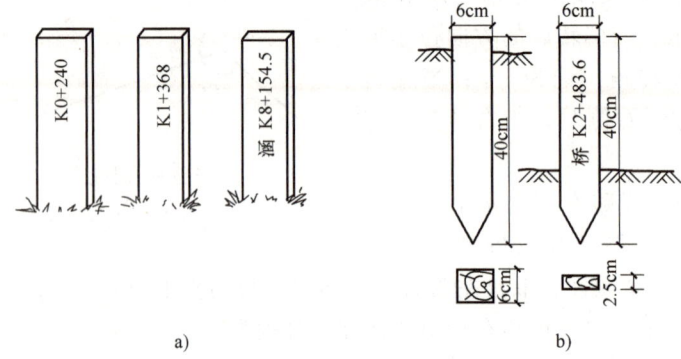

图 10-5 里程桩

对于建筑配套市政道路工程，中桩的点位中误差不应大于 ±50mm，道路起点、终点与交点相对于定位依据点的定位允许误差，应符合表 10-1 的规定。

表 10-1 道路定位测量的允许误差

| 测量项目 | 允许误差/mm |
| --- | --- |
| 道路直线中线定位 | ±25 |
| 道路曲线横向闭合差 | ±50 |

## 子单元 2　圆曲线测设

当道路的平面走向由一个方向转到另一个方向时，必须用平面曲线来连接。曲线的形式较多，其中圆曲线（又称单曲线）是最基本的一种平面曲线。如图 10-6 所示，确定圆曲线的参数是转角 α 和半径 R，设计时根据地形条件和工程要求确定，转角 α 和半径 R 在道路施工图上有标注。圆曲线上起控制作用的点有 3 个，一是圆曲线的起点，即直线与曲线的连接点，简称"直圆点"，用"ZY"表示；二是圆曲线的中点，简称"曲中点"，用"QZ"表示；三

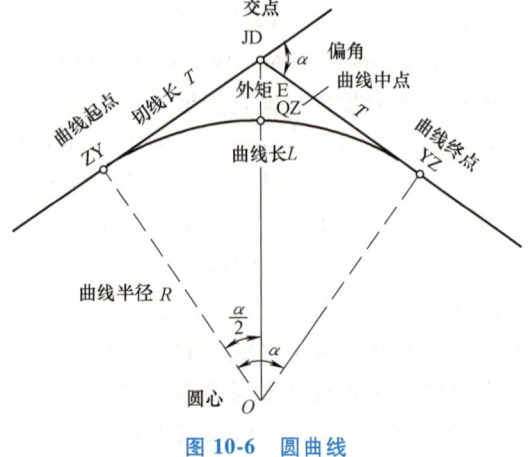

图 10-6 圆曲线

是圆曲线的终点,即曲线与直线的连接点,简称"圆直点",用"YZ"表示。

圆曲线的测设可分两步进行,先测设曲线上起控制作用的主点,即 ZY、QZ 和 YZ,称为主点测设,然后以主点为基础,详细测设其他里程桩,称为详细测设。圆曲线也可以测量控制点为依据,直接用全站仪或者 RTK 进行主点测设和详细测设。

### 10.2.1 圆曲线主点的测设

**1. 主点测设元素计算**

切线长 $T$、曲线长 $L$ 及外距 $E$ 称为主点测设元素。从图 10-6 可知,因 $\alpha$、$R$ 已确定,主点测设元素的计算公式为

切线长
$$T = R\tan\frac{\alpha}{2} \tag{10-3}$$

曲线长
$$L = R\alpha\frac{\pi}{180°} \tag{10-4}$$

外矢距
$$E = \frac{R}{\cos\frac{\alpha}{2}} - R = R\left(\sec\frac{\alpha}{2} - 1\right) \tag{10-5}$$

切曲差(超距)
$$D = 2T - L \tag{10-6}$$

式中 $\alpha$ 以度(°)为单位。

**2. 主点里程计算**

圆曲线交点的里程已由设计标定,根据交点的里程和主点测设元素,可计算各主点的里程,由图 10-6 可知

$$ZY \text{ 里程} = JD \text{ 里程} - T \tag{10-7}$$

$$QZ \text{ 里程} = ZY \text{ 里程} + \frac{L}{2} \tag{10-8}$$

$$YZ \text{ 里程} = QZ \text{ 里程} + \frac{L}{2} \tag{10-9}$$

为了避免计算中的错误,可用下式进行计算检核:

$$JD \text{ 里程} = YZ \text{ 里程} - T + D \tag{10-10}$$

【例 10-1】 已知 JD 的里程为 K6+183.560,转角 $\alpha_{右} = 42°36'$,设计圆曲线半径 $R = 150\text{m}$,求曲线主点测设元素和主点里程。

【解】

(1) 曲线测设元素计算

$$T = (150\tan21°18')\text{m} = 58.482\text{m}$$

$$L = \left(150 \times 42°36' \times \frac{\pi}{180°}\right)\text{m} = 111.526\text{m}$$

$$E = [150(1/\cos21°18' - 1)]\text{m} = 10.998\text{m}$$

$$D = (2 \times 58.482 - 111.526)\text{m} = 5.438\text{m}$$

(2) 主点里程计算

ZY 里程 = K6+183.560−58.482 = K6+125.078

QZ 里程 = K6+125.078+55.763 = K6+180.841

YZ 里程 = K6+180.841+55.763 = K6+236.604

桩号检核计算：按式（10-10）计算

JD 里程 = K6+236.604−58.482+5.438 = K6+183.560

与交点原来里程相等，证明计算正确。

### 3. 主点的测设

根据曲线交点的坐标，计算曲线主点的坐标，然后用全站仪或者 RTK 测量的方法测设线路主点。全站仪测量一般采用极坐标法，具有速度快、精度高、现场条件适应性强的特点。测设时，仪器安置在平面控制点或线路交点上，输入测站坐标和后视点坐标（或后视方位角）进行定向，再输入要测设的主点坐标，仪器即自动计算出测设角度和距离，据此进行主点现场定位。RTK 测量法直接按坐标在现场定点，更加快速便捷。下面介绍主点坐标计算方法。

如图 10-7 所示，根据 $JD_1$ 和 $JD_2$ 的坐标 $(x_1, y_1)$、$(x_2, y_2)$，用坐标反算公式计算第一条切线的方位角 $\alpha_{2-1}$：

$$\alpha_{2-1} = \arctan \frac{y_1 - y_2}{x_1 - x_2} \quad (10\text{-}11)$$

第二条切线的方位角 $\alpha_{2-3}$ 可由 $JD_2$、$JD_3$ 的坐标反算得到，也可由第一条切线的方位角和线路转角推算得到，在本例中有

$$\alpha_{2-3} = \alpha_{2-1} - (180 - \alpha_右) \quad (10\text{-}12)$$

根据方位角 $\alpha_{2-1}$ 和切线长度 $T$，用坐标正算公式计算曲线起点坐标 $(x_{ZY}, y_{ZY})$ 和终点坐标 $(x_{YZ}, y_{YZ})$，如起点坐标为

$$\begin{aligned} x_{ZY} &= x_2 + T\cos\alpha_{2-1} \\ y_{ZY} &= y_2 + T\sin\alpha_{2-1} \end{aligned} \quad (10\text{-}13)$$

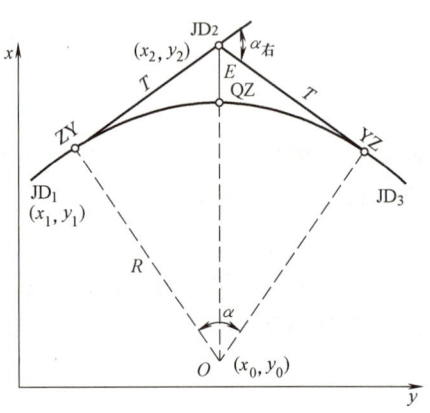

图 10-7 圆曲线主点坐标计算

曲线中点坐标 $(x_{QZ}, y_{QZ})$ 则由分角线方位角 $\alpha_{2-QZ}$ 和矢径 $E$ 计算得到，其中分角线方位角 $\alpha_{2-QZ}$ 也可由第一条切线的方位角和线路转角推算得到，在本例中有

$$\alpha_{2-QZ} = \alpha_{2-1} - \frac{180 - \alpha_右}{2} \quad (10\text{-}14)$$

【例 10-2】 某圆曲线的转角和半径同例 10-1，即转角 $\alpha_右 = 42°36'$，设计圆曲线半径 $R = 150m$，两个交点 $JD_1$、$JD_2$ 的坐标分别为 (1922.821, 1030.091)、(1967.128, 1118.784)，试计算各主点坐标。

【解】 先根据上述各式计算 $JD_2$ 至各主点（ZY、QZ、YZ）的坐标方位角，再根据坐标方位角和例 10-1 算出的测设元素切线长度 $T$、外矢径 $E$，用坐标正算公式计算主点坐标，计算结果见表 10-2。

表 10-2　圆曲线主点坐标计算表

| 主点 | $JD_2$ 至各主点的方位角 | $JD_2$ 至各主点的距离/m | $x$/m | $y$/m |
|---|---|---|---|---|
| ZY | 243°27′19″ | $T$ = 58.482 | 1940.993 | 1066.467 |
| QZ | 174°45′19″ | $E$ = 10.998 | 1956.176 | 1119.789 |
| YZ | 106°03′19″ | $T$ = 58.482 | 1950.954 | 1174.985 |

### 10.2.2 圆曲线的详细测设

当曲线长度小于 40m 时，测设曲线的三个主点已能满足施工的需要。如果曲线较长，除了测设三个主点以外，还要按照一定的桩距 $l$，在曲线上测设里程桩，该工作称为圆曲线的详细测设。曲线上的桩距的一般规定为：$R \geqslant 60$m 时，$l = 20$m；30m $< R <$ 60m 时，$l = 10$m；$R \leqslant 30$m 时，$l = 5$m。

圆曲线详细测设常用坐标测设法，与按坐标测设圆曲线主点一样，用坐标法测设圆曲线细部点时，要先计算各细部点在平面直角坐标系中的坐标值，测设时，用全站仪按极坐标法或者用 RTK 测量法，进行细部点现场定位。下面介绍细部点坐标的计算方法。

**1. 计算直圆点坐标**

如图 10-8 所示，设圆曲线半径为 $R$，用前述主点坐标计算方法，计算第一条切线的方位角 $\alpha_{2-1}$ 和 ZY 点坐标 $(x_{ZY}, y_{ZY})$。

**2. 计算圆心点坐标**

因 ZY 点至圆心方向与切线方向垂直，其方位角为

$$\alpha_{ZY-O} = \alpha_{2-1} \pm 90° \quad (10\text{-}15)$$

上式中的"±"规律是：当偏角为右偏时，取"−"；偏角为左偏时，取"+"。则圆心坐标 $(x_0, y_0)$ 为

$$\begin{cases} x_0 = x_{ZY} + R\cos\alpha_{ZY-O} \\ y_0 = y_{ZY} + R\sin\alpha_{ZY-O} \end{cases} \quad (10\text{-}16)$$

**3. 计算圆心至各细部点的方位角**

设 ZY 点至曲线上某细部里程桩点的弧长为 $l_i$（该桩点里程减直圆点里程），其所对应的圆心角 $\varphi_i$ 为

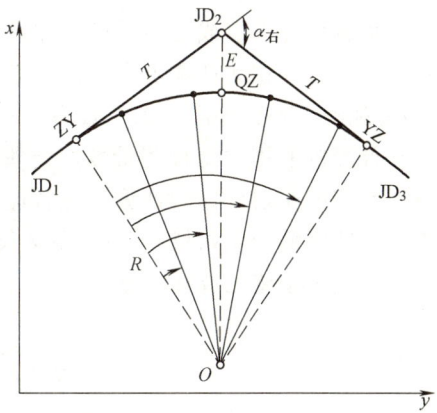

图 10-8　极坐标法测设圆曲线

$$\varphi_i = \frac{l_i}{R} \cdot \frac{180}{\pi} \quad (10\text{-}17)$$

按式（10-17）计算得到 $\varphi_i$，则圆心至各细部点的方位角 $\alpha_i$ 为

$$\alpha_i = (\alpha_{ZY-O} + 180°) \pm \varphi_i \quad (10\text{-}18)$$

上式中的"±"规律是：当偏角为右偏时，取"+"；偏角为左偏时，取"−"。

**4. 计算各细部点的坐标**

根据圆心至细部点的方位角和半径，可计算细部点坐标

$$\begin{cases} x_i = x_0 + R\cos\alpha_i \\ y_i = y_0 + R\sin\alpha_i \end{cases} \quad (10\text{-}19)$$

【**例 10-3**】 根据例 10-2 的曲线元素、桩号、桩距以及两个交点 $JD_1$、$JD_2$ 的坐标，计算各里程桩点的坐标。

【**解**】 由例 10-2 可知，ZY 点坐标为（1940.994，1066.467），JD 至 ZY 点的方位角 $\alpha_{2-1}$ 为 $243°27'19''$，则可按式（10-15）计算 ZY 点至圆心的方位角为 $153°27'19''$，按式（10-16）计算圆心坐标为（1806.805，1133.501）。再计算各桩点与曲线起点 ZY 点的弧长，然后按式（10-17）计算其圆心角，按式（10-18）计算圆心至各细部点的方位角 $\alpha_i$，最后按式（10-19）计算各点坐标，结果见表 10-3。表中包括了主点的坐标计算，其他为 20m 桩距的整桩点。

表 10-3　圆曲线桩点坐标计算表

| 点号 | 桩号 | 弧长 $l$ | 圆心角 $\varphi$ | 方位角 $\alpha$ | $x$ | $y$ |
|---|---|---|---|---|---|---|
| ZY | K6+125.078 | 0 | 0 | 333°27'19'' | 1940.993 | 1066.467 |
|  | K6+140 | 14.922 | 5°41'59'' | 339°9'18'' | 1946.987 | 1080.125 |
|  | K6+160 | 34.922 | 13°20'21'' | 346°47'40'' | 1952.839 | 1099.234 |
|  | K6+180 | 54.922 | 20°58'43'' | 354°26'02'' | 1956.098 | 1118.952 |
| QZ | K6+180.841 | 55.763 | 21°18'00'' | 354°45'19'' | 1956.177 | 1119.790 |
|  | K6+200 | 74.922 | 28°37'05'' | 2°04'24'' | 1956.707 | 1138.928 |
|  | K6+220 | 94.922 | 36°15'27'' | 9°42'46'' | 1954.655 | 1158.807 |
| YZ | K6+236.604 | 111.526 | 42°35'59'' | 16°03'18'' | 1950.954 | 1174.985 |

用可编程计算器或智能手机可方便地完成上述计算。在实际线路测量中，利用这些计算工具，可在野外快速计算出直线或曲线上包括主点在内的任意桩号的中线坐标，配合全站仪或 RTK 施测，大大提高了工作效率。

在计算机上用"工程测量数据处理系统"（ESDPS）软件或"道路之星"等软件，可以很方便地完成曲线坐标的计算，在智能手机上用"测量员"等软件，也可进行曲线坐标的计算。一些新型的全站仪和 RTK 测量仪器的电子手簿内置了曲线坐标计算程序，并可将计算结果直接用于施工放样，进一步提高了工作效率。

## 子单元 3　纵横断面测量

### 10.3.1　纵断面图的测绘

道路纵断面测量

纵断面图的测绘是测出线路中线各里程桩的地面高程，然后根据里程桩号和测得的地面高程，按一定比例绘制成纵断面图，用以表示线路纵向地面高低起伏变化。

纵断图测绘一般分两步进行，先根据各水准点高程，测定线路中线各里程桩的地面高程，然后根据实测的中桩高程，结合设计高程等资料，绘制纵断面图。

**1. 中桩地面高程测量**

中桩地面高程测量又称为中平测量或中桩抄平，可采用水准测量、全站仪三角高程测量或 RTK 测量方法施测，并应起闭于路线高程控制点。下面介绍水准测量法中桩高程测量。

一般是以相邻两水准点为一测段，从一个水准点出发，逐个测定中桩的地面高程，闭合到下一个水准点上。测量时，在每一个测站上除了观测中桩外，还需在一定距离内设置转点，每两转点间所观测的中桩，称为中间点。由于转点起传递高程作用，观测时应先观测转点，后观测中间点。转点读数至毫米，视线长度一般不应超过150m，标尺应立于尺垫、稳固的桩顶或坚石上；中间点读数可至厘米，视线长度也可适当延长，标尺立于紧靠桩边的地面上。

如图10-9所示，水准仪置于1站，分别后视水准点BM1和前视第一个转点TP1，将读数记入表10-4中的后视、前视栏内；然后，观测BM1和TP1之间的里程桩K0+000～K0+060，将其读数记入中视读数栏内。测站计算时，先计算该站仪器的视线高程，再计算转点高程，然后计算各中桩地面高程，计算公式为

视线高程=后视点高程+后视读数

转点高程=视线高程-前视读数

中桩地面高程=视线高程-中视读数

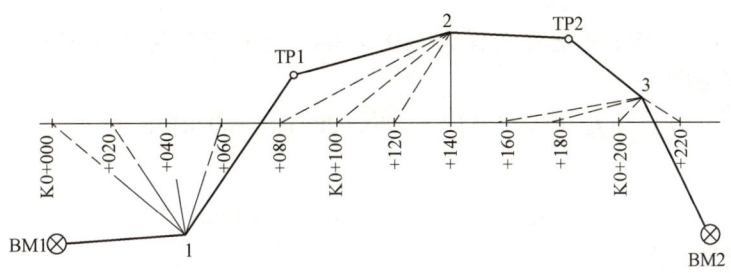

图 10-9  中平测量示意图

再将仪器搬至2站，先后视转点TP1和前视第二个转点TP2，然后观测各中间点K0+080～K0+140，将读数分别记入后视、前视和中视栏，并计算视线高程、转点高程和中桩地面高程。按上述方法继续往前观测，直至附合另一个水准点BM2，完成这个测段的观测工作。

表 10-4  中平测量记录计算表

| 点 号 | 水准尺读数/m | | | 视线高程/m | 高程/m | 备 注 |
|---|---|---|---|---|---|---|
| | 后视 | 中视 | 前视 | | | |
| BM1 | 1.986 | | | 280.679 | 278.693 | |
| K0+000 | | 1.57 | | | 279.11 | |
| K0+020 | | 1.93 | | | 278.75 | |
| K0+040 | | 1.56 | | | 279.12 | |
| K0+060 | | 1.12 | | | 279.56 | |
| TP1 | 2.283 | | 0.872 | 282.090 | 279.807 | |
| K0+080 | | 0.68 | | | 281.41 | |
| K0+100 | | 1.59 | | | 280.50 | |
| K0+120 | | 2.11 | | | 279.98 | |
| K0+140 | | 2.66 | | | 279.43 | |
| TP2 | 2.185 | | 2.376 | 281.899 | 279.714 | |
| K0+160 | | 2.18 | | | 279.72 | |
| K0+180 | | 2.04 | | | 279.86 | |
| K0+200 | | 1.65 | | | 280.25 | |
| K0+220 | | 1.27 | | | 280.63 | |
| BM2 | | | 1.387 | | 280.512 | (280.528) |

每一测段观测完后，应立即根据该测段第二个水准点的观测推算高程和已知高程，计算高差闭合差 $f_h$，即

$$f_h = 推算高程 - 已知高程$$

对公路测量来说，闭合差应符合表 10-5 的要求。

表 10-5　中桩地面高程测量精度

| 公路等级 | 闭合差/mm | 两次测量之差/mm |
| --- | --- | --- |
| 高速公路、一级公路 | $\leqslant 30\sqrt{L}$ | $\leqslant 50$ |
| 二级及以下公路 | $\leqslant 50\sqrt{L}$ | $\leqslant 100$ |

注：$L$ 为水准线路长度，单位为 km。

若闭合差符合要求，可不进行闭合差的调整，而以原计算的各中桩点地面高程作为绘制纵断面图的数据。

本例中，水准点 BM2 的推算高程为 280.512m，已知高程为 280.528m，水准线路长度为 300m，则闭合差为

$$f_h = (280.512 - 280.528)\,\text{m} = -0.016\,\text{m}$$

闭合差限差为

$$f_{h容} = \pm 30\sqrt{0.3}\,\text{mm} = 16.4\,\text{mm}$$

因 $f_h < f_{h容}$，故成果合格。

### 2. 纵断面图的绘制

纵断面图是反映中平测量成果的最直观的图件，是进行线路竖向设计的主要依据，纵断面图包括图头、注记、展线和图尾四部分。不同的线路工程其具体内容有所不同，下面以道路设计纵断面图为例，说明纵断面图的绘制方法。

如图 10-10 所示，在图的上半部，从左至右绘有两条贯穿全图的线，一条是细线，表示中线方向的地面线，是以中桩的里程为横坐标，以中桩的地面高程为纵坐标绘制的。里程的比例尺一般与线路带状地形图的比例尺一致，高程比例尺则是里程比例尺的若干倍（一般取 10 倍），以便更明显地表示地面的起伏情况，例如里程比例尺为 1∶1000 时，高程比例尺可取 1∶100。另一条是粗线，表示带有竖曲线在内的纵坡设计线，根据设计要求绘制。

在图的顶部，是一些标注，例如水准点位置、编号及其高程，桥涵的类型、孔径、跨数、长度、里程桩号及其设计水位，与某公路、铁路交叉点的位置、里程及其说明等，根据实际情况进行标注。

图的下部绘有七栏表格，注记有关测量和纵坡设计的资料，自下而上分别是平曲线、桩号、现有地面高程、路面设计高程、路面设计与地面的高差、竖曲线、坡度及距离。其中平曲线是中线平面走向的示意图，其曲线部分用成直角的折线表示，上凸的表示曲线右偏，下凸的表示曲线左偏，并注明交点编号和曲线半径，带有缓和曲线的应注明其长度，在不设曲线的交点位置，用锐角折线表示。

里程栏按横坐标比例尺标注里程桩号，一般标注百米桩和千米桩；地面高程栏按中平测量成果填写各里程桩的地面高程；设计高程栏填写设计的路面高程；设计与地面的高差栏填写各里程桩处，设计高程减地面高程的所得的高差；竖曲线栏标绘竖曲线的示意图及其曲线元素；坡度栏用斜线表示设计纵坡，从左至右向上斜的表示上坡，下斜的表示下坡，并在斜

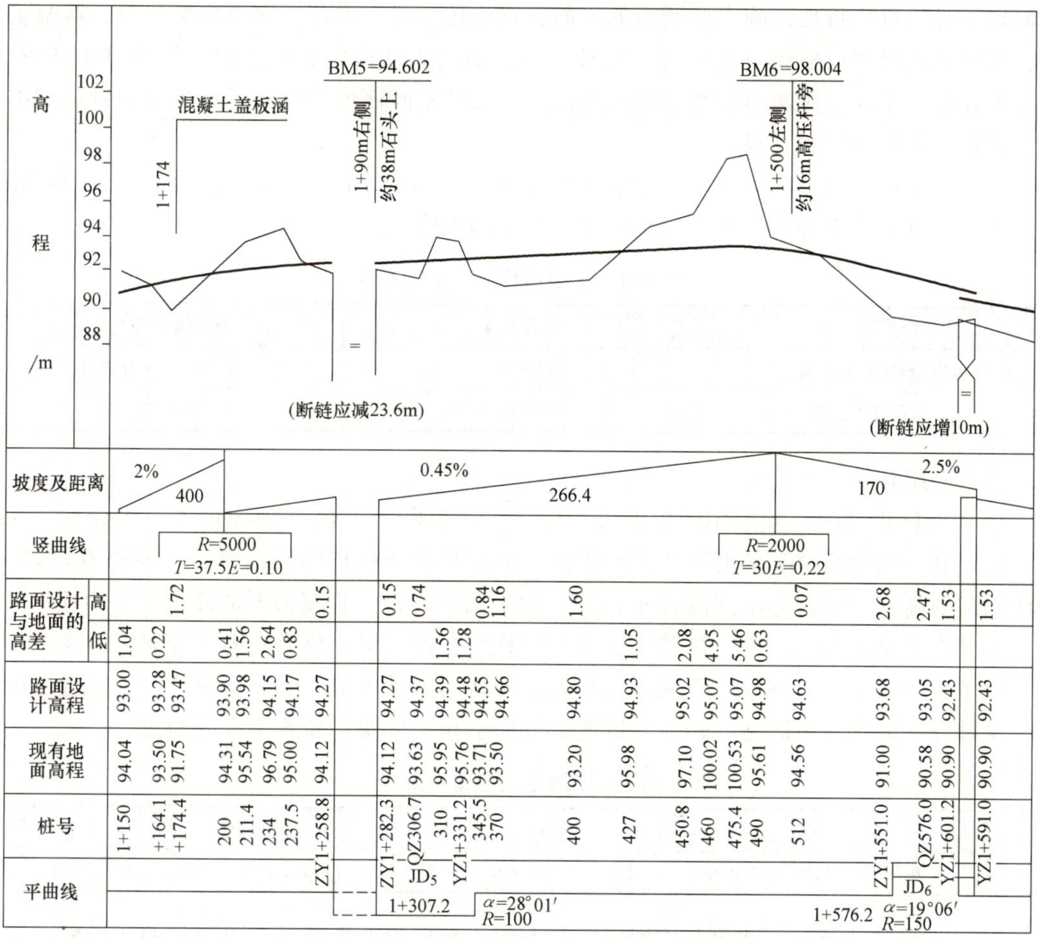

图 10-10 道路纵断面图

线上以百分比注记坡度的大小，在斜线下注记坡长。

## 10.3.2 横断面图的测绘

道路横断面测量

RTK 横断面测量

横断面图的测绘，是测定中桩两侧垂直于线路中线的地面高程，绘制成横断面图，供路基设计、土石方量计算以及施工放边桩之用。横断面图测绘的宽度，应能满足绘图的需要，一般测至填挖边线以外，可根据各中桩的填挖高度、边坡大小以及有关工程的特殊要求确定。横断面的宽度通常为路基设计宽度的 2~3 倍，城市道路应测至两侧建筑物。横断面测绘的密度，除各中桩应施测外，在大中桥头、隧道洞口、挡土墙等重点工程地段，根据需要适当加密。

在管线施工时，若管径较小，地形变化不大，埋深较浅时一般不做横断面测量，而以中桩的地面高程代表两侧地形即可，依据纵断面计算土方。

**1. 横断面的施测方法**

由于横断面图测绘是测量中桩处垂直于中线的地面线高程，所以首先要测设横断面的方向，然后在这个方向上，测定地面坡度变化点或特征点的距离和高差。直线上横断面方向与中线垂直，圆曲线上横断面方向应与中线在该桩的切线方向垂直，即指向圆心方向。当道路路幅较小时，可用目估法确定横断面的方向，路幅较大时，可用十字方向架测设，路幅更大时，可用全站仪测设横断面上的两个边桩，用以确定横断面的方向。用 RTK 法测绘横断面时，可在电子手簿上用图形和数据显示当前点与设计横断面的位置关系，指导测量员到横断面上测量，非常方便和直观。

横断面测量中的距离、高差的读数取位至 0.1m，检测互差限差应符合表 10-6 的规定。表中 $L$ 为测点至中桩的水平距离（m），$H$ 为测点至中桩的高差（m）。

表 10-6 横断面检测互差限差表

| 公路等级 | 闭合差/m | 两次测量之差/m |
| --- | --- | --- |
| 高速公路、一级公路 | $L/100+0.1$ | $H/100+L/200+0.1$ |
| 二级及以下公路 | $L/50+0.1$ | $H/50+L/100+0.1$ |

这里介绍几种常用的测量方法。

（1）标杆皮尺法　如图 10-11 所示，$A$、$B$、$C$ 为断面方向上的变坡点，将标杆立于 $A$ 点，皮尺靠中桩地面拉平量出至 $A$ 点的距离，而皮尺截于标杆的红白格数（每格 0.2m）即为两点间的高差。同法测出测段 $A-B$、$B-C$ 的距离和高差，直至需要的测绘宽度为止。

记录表格见表 10-7，表中按路线前进方向分左右侧，用分数形式表示各测段的高差和距离，分子表示高差，分母表示距离，正号表示升高，负号表示降低。自中桩由近及远逐段记录。这种方法的优点是简易、轻便、迅速，适用于起伏多变，高差不大的地段。

表 10-7 横断面测量记录表

| 左 侧 | | | 桩 号 | 右 侧 | | |
| --- | --- | --- | --- | --- | --- | --- |
| -0.6/11.0 | -1.8/8.5 | -1.6/6.0 | K4+000 | +1.5/5.2 | +1.8/6.9 | +1.2/9.8 |

（2）水准仪皮尺法　水准仪安置后，以中桩地面高程点为后视，以中桩两侧横断面方向地形特征点为前视，读数至厘米，同时用皮尺分别量出各特征点到中桩的平距，量至分米。记录格式与表 10-7 类似，但分子为中桩地面与特征点地面的高差，分母为中桩至各特征点的距离。水准仪皮尺法适用于横断面较宽的平坦地区，在一个测站上可以观测多个横断面。

（3）全站仪法　利用全站仪的对边测量功能，可直接测得各横断面上各地形特征点相对中桩的水平距离和高差；也可测出各横断面上各地形特征点的坐标和高程，通过数据转换得到相对中桩的水平距离和高差。有的全站仪有横断面测量功能，其操作、记录与成图更为方便。

（4）RTK 法　事先在 RTK 的电子手簿上输入道路的平面设计参数，包括道路起点里程、交点坐标、曲线半径、偏角等。输入某横断面的里程，电子手簿用图形显示移动站与断面的位置关系，依次采集此断面上坡度变化点的坐标和高程，及其相对中点的平距和高差。

**2. 横断面图的绘制**

根据横断面的测量，取得横断面上各变坡点间的高差和水平距离，即可在毫米方格纸上绘出各中桩的横断面图，现在一般是利用计算机绘图。绘图时，先注明桩号，标定中桩位置。由中桩位置开始，以平距为横坐标，高差为纵坐标，逐一将变坡点标在图上，再用折线把相邻点连接起来，即绘出断面的地面线。在横断面图上绘出路基断面设计线，并标注中线填挖高度、横断面上的填挖面积以及放坡宽度等，如图 10-12 所示。

由于计算面积的需要，横断面图的距离比例尺与高差比例尺是相同的，常用比例尺有

1∶50、1∶100 和 1∶200。绘制横断面图应与实地核对，如有不符，立即纠正，保证横断面图的正确性。

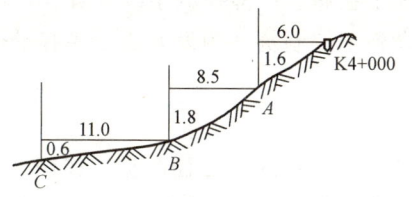

图 10-11　标杆皮尺法测量横断面

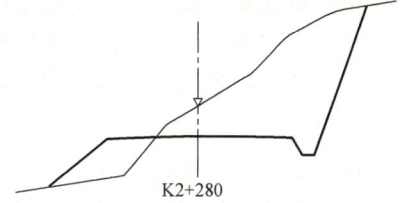

图 10-12　横断面图

### 3. 断面法土方量计算

线路工程的土方量计算一般采用断面法。如图 10-13 所示为某线路上其中三个相邻桩号的断面图，图中"$A_t$"表示填方断面积，"$A_w$"表示挖方断面积，单位为 $m^2$。由图可知三个桩号的断面积分别 $s_1 = 7.28 m^2$，$s_2 = 19.19 m^2$，$s_3 = 12.76 m^2$，且均为挖方；1、2 断面间隔为 $d_{12}$ 和 2、3 断面的间隔 $d_{23}$ 均为 20m。则 1、2 断面之间的挖土方量 $v_{12}$ 和 2、3 断面之间的挖土方量 $v_{23}$ 可按下式计算。

$$v_{12} = \frac{s_1 + s_2}{2} d_{12} = \frac{7.28 + 19.19}{2} m^2 \times 20m = 264.70 m^3$$

$$v_{23} = \frac{s_2 + s_3}{2} d_{23} = \frac{19.19 + 12.76}{2} m^2 \times 20m = 319.50 m^3$$

总土方量为

$$v = v_{12} + v_{23} = 264.70 m^3 + 319.50 m^3 = 584.20 m^3$$

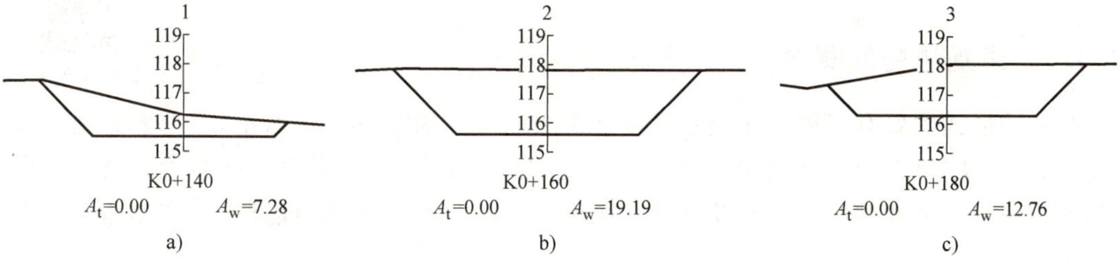

图 10-13　断面法土方量计算

## 子单元 4　道路施工测量

### 10.4.1　恢复中线测量

道路勘测完成到开始施工这一段时间内，有一部分中线桩可能被碰动或丢失，因此施工前应根据原定线条件进行复核，并将碰动或丢失的交点桩和中线桩校正和恢复好。在施工过程中，如有桩位碰动或破坏，也需要进行恢复中线的测量。恢复中线测量方法与线路中线测量方法基本相同，只不过恢复中线是局部性的工作。在恢复中线时，应将道路附属物，如涵洞、检查井和挡土墙等的位置一并定出。对于部分改线地段，应重新定线，并测绘相应的纵横断面图。

### 10.4.2 施工控制桩的测设

由于中线桩在路基施工中都要被挖掉或堆埋，为了在施工中能控制中线位置，可以在不受施工干扰、便于引用、易于保存桩位的地方，测设施工控制桩。测设方法主要有平行线法和延长线法两种，可根据实际情况互相配合使用。

**1. 平行线法**

平行线法是在设计的路基宽度以外，测设两排平行于中线的施工控制桩，如图 10-14 所示。为了施工方便，控制桩的间距一般取 10~20m。平行线法多用于地势平坦、直线段较长的道路。

**2. 延长线法**

延长线法是在道路转折处的中线延长线上，以及曲线中点至交点的延长线上测设施工控制桩，如图 10-15 所示。每条延长线上应设置两个以上的控制桩，量出其间距及与交点的距离，做好记录，据此恢复中线交点。延长线法多用于地势起伏较大、直线段较短的道路。

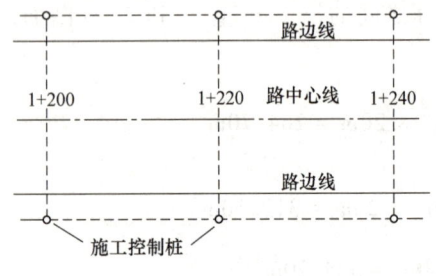

图 10-14 平行线法

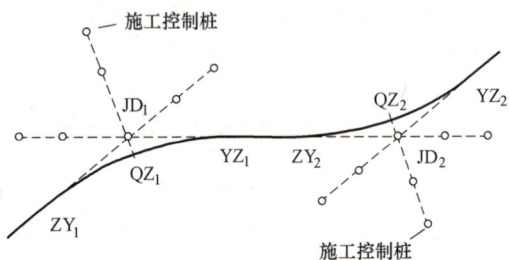

图 10-15 延长线法

路基边桩测设

### 10.4.3 路基边桩的测设

路基的形式主要有三种，即填方路基（称为路堤，如图 10-16a 所示）、挖方路基（称为路堑，如图 10-16b 所示）和半填半挖路基（如图 10-12 所示）。路基边桩测设，就是把设计路基的边坡与原地面相交的点测设出来，在地面上钉设木桩（称为边桩），作为路基施工的依据。

每个断面上在中桩的左、右两边各测设一个边桩，边桩距中桩的水平距离取决于设计路基宽度、边坡坡度、填土高度或挖土深度以及横断面的地形情况。边桩的测设方法如下：

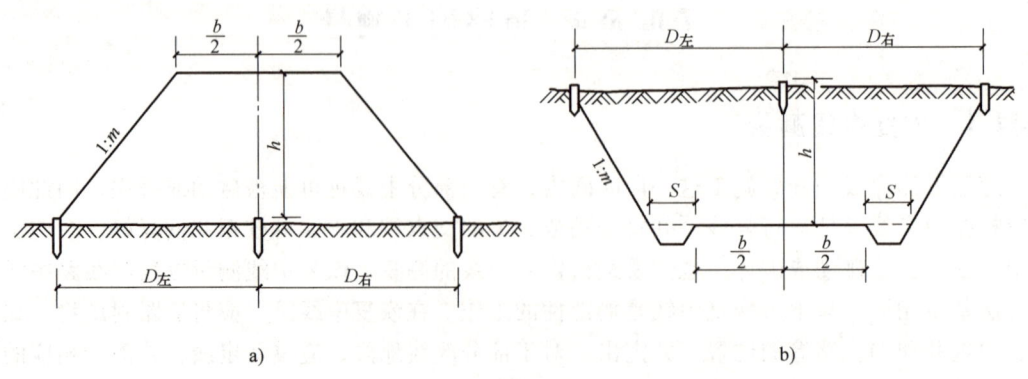

图 10-16 平坦地面的填、挖路基

## 1. 图解法

图解法是将地面横断面图和路基设计断面图绘在同一张图上，设计断面高出地面部分采用填方路基，其填土边坡线按设计坡度（一般为1∶1.5）绘出，与地面相交处即为坡脚；设计断面低于地面部分采用挖方路基，其开挖边坡线按设计坡度（一般为1∶1）绘出，与地面相交处即为坡顶。得到坡脚或坡顶后，根据比例尺直接在横断面图上量取中桩至坡脚点或坡顶点的水平距离。现在一般利用 AutoCAD 图解得到中桩至边桩的平距。然后到实地，以中桩为起点，用皮尺沿着横断面方向往两边测设相应的水平距离，即可定出边桩。

道路设计图样中，各桩号的横断面图上一般都标注有左、右两个边桩距中桩的水平距离，施工时如经复核设计横断面图上的地面线与实地相符，可直接采用所标注的数据测设边桩。

## 2. 解析法

解析法是通过计算求出路基中桩至边桩的距离，在平地和山坡，计算和测设方法不同。下面分别介绍。

（1）平坦地面　如图 10-16 所示，平坦地面的路堤与路堑的路基放线数据可按下列公式计算。

路堤：
$$D_{左} = D_{右} = \frac{b}{2} + mh \tag{10-20}$$

路堑：
$$D_{左} = D_{右} = \frac{b}{2} + s + mh \tag{10-21}$$

式中　$D_{左}$、$D_{右}$——道路中桩至左、右边桩的距离；

　　　　$b$——路基的宽度；

　　　　$m$——路基边坡坡度；

　　　　$h$——填土高度或挖土深度；

　　　　$s$——路堑边沟顶宽。

（2）倾斜地面　图 10-17 为倾斜地面路基横断面图，设地面为左边低、右边高，则由图可知：

路堤：
$$D_{左} = \frac{b}{2} + m(h + h_{左}) \tag{10-22}$$

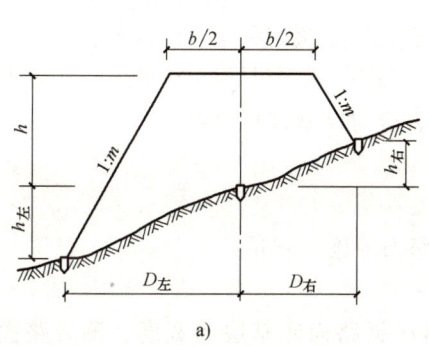
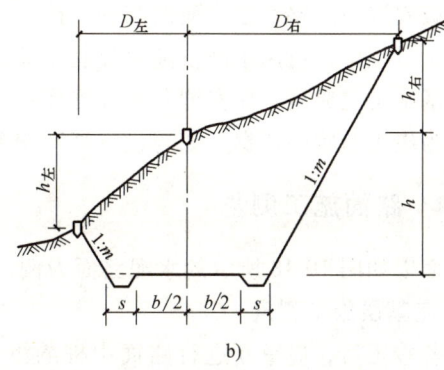

图 10-17　倾斜地面路基边桩测设

$$D_{右} = \frac{b}{2} + m(h - h_{右}) \qquad (10\text{-}23)$$

路堑：

$$D_{左} = \frac{b}{2} + s + m(h - h_{左}) \qquad (10\text{-}24)$$

$$D_{右} = \frac{b}{2} + s + m(h + h_{右}) \qquad (10\text{-}25)$$

上式中，$b$、$m$ 和 $s$ 均为设计时已知，因此 $D_{左}$、$D_{右}$ 随 $h_{左}$、$h_{右}$ 而变，而 $h_{左}$、$h_{右}$ 为左右边桩地面与路基设计高程的高差，由于边桩位置是待定的，故 $h_{左}$、$h_{右}$ 均不能事先知道。在实际测设工作中，是沿着横断面方向，采用逐渐趋近法测设边桩。

【例 10-4】 如图 10-17b 所示，设路基宽度为 10m，左侧边沟顶宽度为 2m，中心桩挖深为 5m，边坡坡度为 1:1，测设步骤如下：

（1）估计边桩位置　根据地形情况，估计左边桩处地面比中桩地面低 1m，即 $h_{左} = 1\text{m}$，则代入式（10-24）得左边桩的近似距离。

$$D_{左} = \left[\frac{10}{2} + 2 + 1 \times (5 - 1)\right] \text{m} = 11\text{m}$$

在实地沿横断面方向往左测量 11m，在地面上定出 1 点。

（2）实测高差　用水准仪实测 1 点与中桩之高差为 1.5m，则 1 点距中桩之平距应为

$$D_{左} = \left[\frac{10}{2} + 2 + 1 \times (5 - 1.5)\right] \text{m} = 10.5\text{m}$$

此值比初次估算值小，故正确的边桩位置应在 1 点的内侧。

（3）重估边桩位置　正确的边桩位置应在距离中桩 10.5~11m 之间，重新估计边桩距离为 10.8m，在地面上定出 2 点。

（4）重测高差　测出 2 点与中桩的实际高差为 1.2m，则 2 点与中桩之平距应为

$$D_{左} = \left[\frac{10}{2} + 2 + 1 \times (5 - 1.2)\right] \text{m} = 10.8\text{m}$$

此值与估计值相符，故 2 点即为左侧边桩位置。

在路基施工测量中，随着挖土或填土工程的施工，中桩和边桩会不断受到破坏，需要随时进行恢复中线和边线的测量工作。其中边线随着路基高度的变化，其放坡宽度也应作相应调整，应实测当时路基工作面的高程，按式（10-20）~式（10-25）计算边桩的偏距。同时，在路基施工过程中，应用水准仪随时控制路基高程，避免发生超挖和超填的现象。

路基施工完成后，应实测各里程桩横断面的竣工高程，每个断面至少测左、中、右 3 个点，作为竣工验收的依据，如与设计高程偏差太大，应对路基进行整改。

### 10.4.4　路面施工测量

下面以如图 10-18 所示的水泥路面为例，介绍路面的施工测量。

**1. 底基层施工测量**

路基竣工后，应重新进行路面中桩的测设，再根据路面底基层的宽度，测设路面的边桩，然后用水准仪将底基层顶面的设计高程测设到中桩和边桩上，作为摊铺三合土的标高依

单元10 线路施工测量

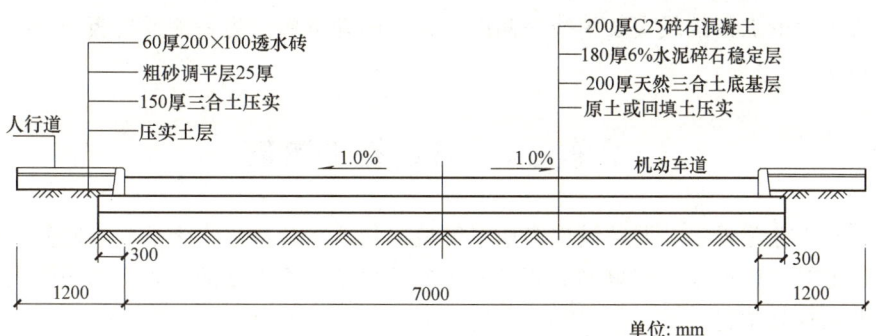

图 10-18 某小区道路结构图

据。需要注意的是由于路面横坡的原因,边桩一般比中桩略低一些,具体数据见图样说明。此外,由于三合土压实后厚度会降低,因此摊铺高程应比设计高程略高一些,具体数据需经过试验获得,其加高量与厚度的比称为"松铺系数"。

**2. 水泥碎石稳定层施工测量**

在竣工的底基层上重新进行路面中桩的测设,再根据路面水泥碎石稳定层(简称水稳层)的宽度,测设路面的边桩,由于底基层较硬,一般采用短钢筋做桩。然后用水准仪将水稳层顶面的设计高程测设到中桩和边桩上,作为摊铺水稳层的依据。由于水稳层的上方就是碎石混凝土路面层,其高程精度要求较高,并且要求比较平顺,在摊铺时可在各桩之间拉细绳,控制标高和平整度。

**3. 混凝土路面施工测量**

混凝土路面一般是分块浇筑,每块宽度一般不超过 4m,较宽的路面除了把中桩和边桩测设出来之外,还应把分块纵缝测设出来,作为支模的依据。为了提高定位精度,可用铁钉打在水稳层上作为桩位,旁边再打一根短钢筋,用水准仪将高程标志测设到短钢筋上。支模时,模板的位置以钉头及其拉线为准,模板的标高以短钢筋上的标高为准。

对较小半径的圆曲线道路,为了提高路型的圆滑度,除了采用较小的间距(如 5m)直接测设中桩,也可在两个已测设的里程桩点之间加密若干个桩,再以此为依据安装模板。如图 10-19 所示,某道路的半径 $R=80$m,混凝土分块宽度 4m(路面分左右两幅浇筑混凝土),两相邻里程桩

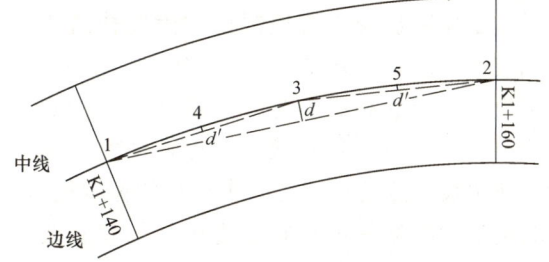

图 10-19 较小半径道路圆滑修正

间隔为 $l=20$m,欲在两相邻里程桩之间加密三根桩(相当于 5m 间距)。

加密方法是在 1-2 点之间拉细绳,用钢尺量距定出 1-2 点之间的中点,沿垂线方向往外修正 $d$,得到点 3,将细绳移到点 3,再用钢尺量距定出点 1-3 和点 2-3 的中点,沿其垂线方向往外修正 $d'$,得到点 4 和点 5。修正值 $d$ 的算式为

$$d = R\left(1 - \cos\frac{90l}{\pi R}\right) \qquad (10\text{-}26)$$

将 $R=80$m 和 $l=20$m,代入上式得点 3 处的修正值 $d=0.624$m,同理可用上式计算点 4 和点 5 处的修正值 $d'=0.156$m。

根据修正后的点位拉线安装中线一侧的模板,同理可修正另一侧的模板边线,得到较圆滑的曲线路面。

## 子单元 5  管道施工测量

在城市和工业建设中,要敷设许多地下管道,如给水、排水、天然气、暖气、电缆、输气和输油管道等。管道施工测量的主要任务,就是根据工程进度的要求,向施工人员随时提供中线方向和标高位置。

### 10.5.1 施工前的测量工作

**1. 熟悉图样和现场情况**

施工前,要收集管道测量所需要的管道平面图、纵横断面图、附属构筑物图等有关资料,认真熟悉和核对设计图样,了解精度要求和工程进度安排等,还要深入施工现场,熟悉地形,找出测量控制点和管线各交点桩、里程桩、加桩等。

**2. 恢复中线**

管道中线测量时所钉设的交点桩和中线桩等,到施工时可能会有部分碰动和丢失,为了保证中线位置准确可靠,应根据设计的定线条件进行复核,并将碰动和丢失的桩点重新恢复。方法是全站仪极坐标法或者 RTK 法。在恢复中线时,应将检查井、支管等附属构筑物的位置同时定出。管线点相对于邻近控制点的测量点位中误差不应大于 50mm,高程中误差不应大于 20mm。

**3. 施工控制桩的测设**

由于施工时中线上各桩要被挖掉,为了便于恢复中线和附属构筑物的位置,可以在不受施工干扰、引测方便、易于保存桩位的地方,测设施工控制桩。

施工控制桩分中线控制桩和附属构筑物控制桩两种,如图 10-20 所示。中线控制桩一般测设在管道起止点和各转折点处的中线延长线上,若管道直线段较长,可在中线一侧的管槽边线外测设一排与中线平行的控制桩;附属构筑物控制桩测设在管道中线的垂直线上,恢复附属构筑物的位置时,通过两控制桩拉细绳,细绳与中线的交点即是管道中线点。

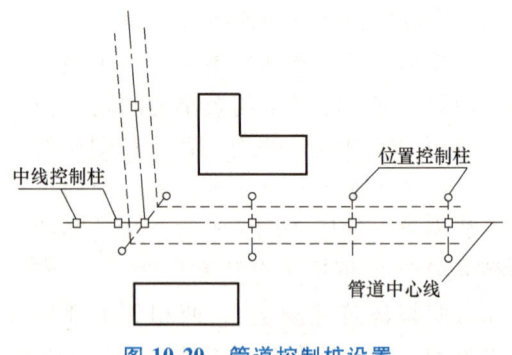

图 10-20  管道控制桩设置

**4. 施工水准点的加密**

为了在施工过程中引测高程方便,应根据原有水准点,在沿线附近每 100~150m 左右增设一个临时水准点,其精度要求由管线工程性质和有关规范确定。

### 10.5.2 管道施工测量

**1. 槽口放线**

槽口放线是根据管径大小、基础宽度、埋设深度和土质情况,决定管槽开挖宽度,并在地面上钉设边桩，沿边桩拉线撒出灰线，作为开挖的边界线。

若埋设深度较小、土质坚实，管槽可垂直开挖，这时槽口宽度即等于设计槽底宽度，若需要放坡，且地面横坡比较平坦，槽口宽度可按下式计算：

$$D_{左}=D_{右}=\frac{b}{2}+mh \tag{10-27}$$

式中 $D_{左}$、$D_{右}$——管道中桩至左、右边桩的距离；

　　　$b$——槽底宽度；

　　　$m$——边坡坡度；

　　　$h$——挖土深度。

**2. 施工过程中的中线、高程和坡度测设**

管槽开挖及管道的安装和埋设等施工过程中，要根据进度，反复地进行设计中线、高程和坡度的测设。下面介绍平行轴腰桩法。

如图 10-21 所示，开挖前，在中线一侧（或两侧）测设一排（或两排）与中线平行的轴线桩，平行轴线桩与管道中线的间距为 $a$，各桩间隔 20m 左右，各附属构筑物位置也相应设桩。

管槽开挖时至一定深度以后，为方便起见，以地面上的平行轴线桩为依据，在高于槽底约 1m 的槽坡上再钉一排平行轴线桩，它们与管道中线的间距为 $b$，称为腰桩。用水准仪测出各腰桩的高程，腰桩高程与该处相对应的管底设计高程之差，即是下返数。施工时，根据腰桩可检查和控制管道的中线和高程。

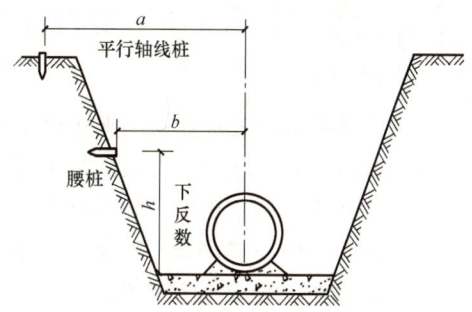

图 10-21　平行轴腰桩法

也可在槽坡上另外单独测设一排坡度桩，使其连线与设计坡度线平行，并与设计高程相差一个整数，这样使用起来更为方便。管线安装高程测量允许偏差，自流管为 ±3mm，压力管为 ±10mm。

### 10.5.3　顶管施工测量

当管线穿越铁路、公路或其他建筑物时，如果不便采用开槽的方法施工，这时就常采用顶管施工法。顶管施工测量的主要任务，是控制好管道中线方向、高程和坡度。

**1. 中线测设**

如图 10-22 所示，先挖好顶管工作坑，根据地面上标定的中线控制桩，用经纬仪将顶管中心线引测到坑下，在前后坑底和坑壁设置中线标志。将经纬仪安置于靠近后壁的中线点上，后视前壁上的中线点，则经纬仪视线即为顶管的设计中线方向。在顶管内前端水平放置一把直尺，尺上标明中心点，该中心点与顶管中心一致。每顶进一段（0.5~1m）距离，用经纬仪在直尺上读出管中心偏离设计中线方向的数值，据此校正顶进方向。

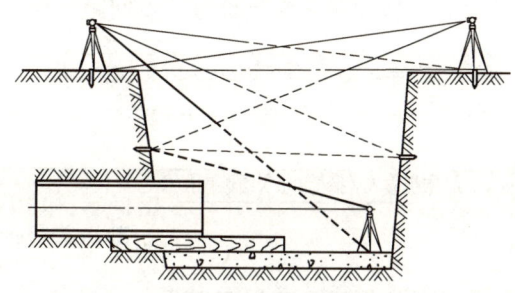

图 10-22　顶管中线测设

如果使用激光经纬仪或激光准直仪，则沿中线发射一条可见光束，使管道顶进中的校正更为直观和方便。

如果顶进距离不长，也可在前后坑壁中线钉之间拉一条细绳，细绳上挂两个吊锤，两吊锤线的连线即为中线方向。

**2. 高程测设**

先用水准仪根据地面上的水准点将高程引测到工作坑内，设置临时水准点，将水准仪安置于坑内，后视临时水准点，前视立于管内各测点的短标尺，即可测得管底各点的高程。将测得的管底高程与管底设计高程进行比较，即可得到顶管高程和坡度的校正数据。

如果将激光经纬仪或激光准直仪的安置高度和视准轴的倾斜坡度与设计的管道中心线相符合，则可以同时控制顶管作业的方向和高程。

ESDPS 曲线坐标计算

道路之星曲线坐标计算

# 子单元 6　用软件进行曲线放样数据计算

道路之星竖向高程计算

手机软件道路坐标计算

用工程测量数据处理系统（ESDPS）和"道路之星"等软件可以很方便地完成曲线放样坐标数据的计算，并输出美观的成果报表和图形，下面以 ESDPS4.0 为例进行介绍。其他曲线计算软件的使用方法与该软件基本相同。此外，一些智能手机上运行的软件也能进行道路曲线的计算，例如"测量员"就是一款功能强大、使用方便的智能手机测量软件。

**1. 曲线放样功能及适用范围**

道路平面线形总是由直线、圆曲线及缓和曲线组合而成的，我们称直线段、圆曲线和缓和曲线为组成平面线形的单元，即线元，它是构成道路平面线形的基本元素。一条复杂多变的道路平面线形总是由若干个线元首尾相连而构成的。一旦各个线元确定，道路的平面线形也就随之而定。

ESDPS 软件可以进行各种线形的坐标计算，例如直线、圆曲线和"缓+圆+缓"曲线等，还可对 S 形、C 形、卵形等复杂形式的线形进行坐标计算。除了计算中桩坐标外，可同时计算边桩的坐标。

**2. 曲线数据输入**

下面以本单元子单元 2 的圆曲线为例，说明曲线坐标计算方法。将"工程类型"切换到"施工放样"下面的"圆曲线放样"，在软件右侧的<数据输入>窗口输入曲线已知数据：曲线半径、转向角、交点桩号、点间距、交点坐标、ZY 点方位角，如图 10-23 所示。

| 序.. | 曲线半径(m) | 转向角(dms) | 交点桩号(m) | 点间距(m) | 交点坐标X(m) | 交点坐标Y(m) | 交点->ZY方位角 |
|---|---|---|---|---|---|---|---|
| 001 | 150 | 42.36 | 6183.56 | 10 | 1967.128 | 1118.784 | 243.2719 |

图 10-23　圆曲线数据输入

数据输入时要注意以下事项：

1) 转向角右偏为正，左偏为负，本例 "42.36" 表示右偏，角度的输入格式以度分秒格式表示，如 "42.36" 表示 42°36′00″，计算结果中的角度也是同样。

2）交点桩号的输入格式以米为单位，本例交点桩号为"K6+183.56"，则输入为"6183.56"。

3）软件只提供交点至直圆点（ZY）方位角的输入，而本例已知两个交点的坐标，因此需要先反算交点 2 至交点 1 的方位角 243°27′19″，即为本曲线交点至 ZY 点的方位角。

4）点间距是指需要计算坐标的桩号间隔，一般为 20m，也可根据需要设为 10m 或 5m，本例为 10m。

5）如果需要计算左、右边桩的坐标，在左下角的"属性"窗中"曲线设置"页面下进行设置，本例中左、右边距均为 4m，如图 10-24 所示。

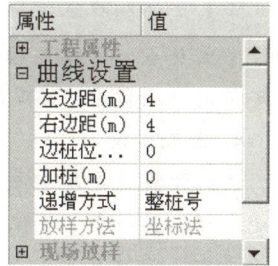

图 10-24　曲线属性设置

### 3. 曲线坐标计算与成果输出

曲线数据输入完毕并检查无误后，点击"开始计算"，即在"报表输出"窗口显示计算成果表（表 10-8），在"图形显示"窗口显示曲线坐标点位图（图 10-25）。

表 10-8　圆曲线放样坐标计算成果表（局部）

| 点号及桩位 | 桩号/m | 坐标 $X$/m | 坐标 $Y$/m | 切线方位角 |
| --- | --- | --- | --- | --- |
| ZY　中桩 | K6+125.08 | 1940.992 | 1066.466 | 63.2719 |
| ZY　左边桩 | K6+125.08 | 1944.571 | 1064.679 | 63.2719 |
| ZY　右边桩 | K6+125.08 | 1937.414 | 1068.254 | 63.2719 |
| 001　中桩 | K6+130.00 | 1943.120 | 1070.905 | 65.2008 |
| 001　左边桩 | K6+130.00 | 1946.755 | 1069.236 | 65.2008 |
| 001　右边桩 | K6+130.00 | 1939.485 | 1072.574 | 65.2008 |
| 002　中桩 | K6+140.00 | 1946.987 | 1080.125 | 69.0919 |
| 002　左边桩 | K6+140.00 | 1950.725 | 1078.702 | 69.0919 |
| 002　右边桩 | K6+140.00 | 1943.249 | 1081.549 | 69.0919 |

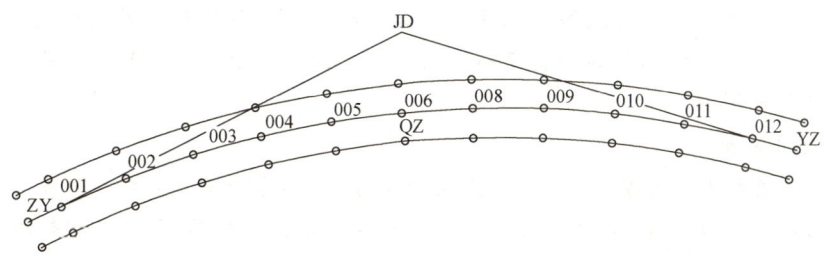

图 10-25　圆曲线坐标点位图

## 单　元　小　结

在建筑工程中，各种道路和管线作为附属工程是必不可少的配套项目，特别是工业建筑工程，道路和管线是其重要的组成部分，因此线路测量是工程测量的基本技能之一。本单元主要学习中线测量、曲线测设、纵横断面测量以及道路和管道的施工放线测量。

### 1. 中线测量

中线测量的任务是根据线路设计的平面位置，将线路中心线测设在实地上，内容主要是测设中线交点、测设里程桩和进行曲线测设。目前主要是用全站仪按极坐标法测设或者用卫星定位动态测量方法（RTK）测设。

### 2. 曲线测设

曲线测设是道路中线测量的重要内容之一。决定圆曲线形状、位置和走向的主要设计参数是半径、转折角、交点里程、交点坐标和直线方向。首先要计算曲线的切线长度和曲线长度等元素，并计算各主点的桩号，然后计算曲线主点及细部桩点的坐标，最后根据坐标到现场测设。

曲线坐标计算是学习的重点和难点，为了提高计算效率，可采用工程测量数据处理系统（ESDPS）和"道路之星"等计算机软件计算，或者采用可编程计算器和智能手机计算。

### 3. 纵横断面测量

纵断面测量是测出线路中线各里程桩的地面高程，然后根据里程桩号和测得的地面高程，按一定比例绘制成纵断面图，用以表示线路纵向地面高低起伏变化。通常根据各水准点高程，用水准仪、全站仪或 RTK 测定各中桩的地面高程，绘图时高程比例尺一般为里程比例尺的 10 倍。

横断面测量是测定中桩两侧垂直于线路中线的地面高程，绘制成横断面图，供路基设计、土石方量计算以及施工放边桩之用。横断面测量的主要方法有标杆皮尺法、水准仪皮尺法、全站仪法和 RTK 法，其关键是测量出各边坡点相对于中桩点的高差和平距。横断面图绘制时高差和距离的比例尺一致，并绘出设计路面和放坡边线，其挖、填断面积可用于路基土方量的计算，挖、填边坡距离可用于路基施工放线。

### 4. 道路施工测量

道路施工测量过程中需要反复进行中线测量和边线测量，条件许可时可设置施工控制桩来控制中线位置，以便减少恢复中线测量工作。边线桩可以根据中线桩测设，也可以按其坐标直接测设。路基施工时，边线桩的位置应根据实际地面高程和设计坡度进行适当的调整。路面施工时，要注意各结构层的平整度和标高，其中较小半径的混凝土路面模板安装时，还应注意保持路形的圆顺。

### 5. 管道施工测量

管道施工测量的关键是控制好管道的走向和标高，以及管井和交接处的位置。其中标高精度要求较高的是自流的雨水、污水管道，一般采用水准测量法测设其管内底的标高和坡度。

## 思考与拓展题

10-1　什么是中线测量？中线测量的内容是什么？

10-2　什么叫里程桩？怎样测设直线段上的里程桩？

10-3　线路转角的定义是什么？绘图说明左、右转角的意义。

10-4　在图 10-2 中，设导线点 6 的坐标为（456.990，785.900），导线点 7 的坐标为（481.885，907.580），线路中线交点 $JD_4$ 的坐标为（402.569，747.079），在导线点 6 设站，按极坐标法测设交点 $JD_4$，请计算测设角度和距离值，并说明用全站仪测设的步骤。

10-5  什么是圆曲线的主点？圆曲线元素有哪些？如何用全站仪测设圆曲线的主点？

10-6  圆曲线细部放样方法有哪几种？各适用于什么情况？

10-7  已知线路交点里程为 K12+478.56，线路转角（右角）为 28°24′，圆曲线半径 $R=300$m，请计算圆曲线元素和各主点里程。

10-8  已知线路交点的里程桩为 K4+342.18，线路转角 $\alpha_左 = 25°38′$，圆曲线半径为 $R=250$m，曲线整桩距为 20m，若交点的平面坐标为（2088.273，1535.011），交点至曲线起点（ZY）的坐标方位角为 243°27′18″，请计算曲线主点坐标和细部坐标。

10-9  线路纵、横断面测量的任务是什么？包括哪些内容？

10-10  线路中心线的纵断面图是怎样绘制的？它有哪些主要内容？

10-11  某段线路中平水准测量记录见表 10-9，请计算各点的高程，并绘出纵断面图，其中距离比例尺为 1∶1000，高程比例尺为 1∶100。

表 10-9  线路中平水准测量记录

| 点号 | 水准尺读数/m | | | 视线高程/m | 高程/m | 备注 |
|---|---|---|---|---|---|---|
| | 后视 | 中视 | 前视 | | | |
| BM1 | 1.247 | | | 89.373 | 88.126 | |
| K0+000 | | 1.65 | | | | |
| 0+020 | | 2.21 | | | | |
| 0+040 | | 2.58 | | | | |
| TP1 | 1.105 | | 2.658 | | | |
| 0+060 | | 2.23 | | | | |
| 0+080 | | 1.62 | | | | |
| 0+100 | | 1.88 | | | | |
| BM2 | | | 1.782 | | | BM2 高程 86.032m |

10-12  横断面测量有哪些常用的方法？适用于什么情况？

10-13  中线为圆曲线时，如何确定横断面方向，请绘图加以说明。

10-14  道路边桩放样有哪些方法？各适用于什么情况？

10-15  管道施工测量的项目有哪些？

# 参 考 文 献

[1] 周建郑，来丽芳，李向民，等. 建筑工程测量［M］. 4版. 北京：中国建筑工业出版社，2024.
[2] 王云江，李向民，袁坚敏，等. 市政工程测量［M］. 3版. 北京：中国建筑工业出版社，2015.
[3] 林文介，文鸿雁，程朋根，等. 测绘工程学［M］. 广州：华南理工大学出版社，2003.